BIBLIOTHÈQUE DU MARIN

COURS ÉLÉMENTAIRE

D'ASTRONOMIE

PAR MM.

E. GUYOU	H. WILLOTTE
CAPITAINE DE FRÉGATE	INGÉNIEUR
ANCIEN PROFESSEUR A L'ÉCOLE NAVALE	DES PONTS ET CHAUSSÉES

Avec 170 figures dans le texte et deux planches

BERGER-LEVRAULT ET Cie, LIBRAIRES-ÉDITEURS

PARIS	NANCY
5, RUE DES BEAUX-ARTS, 5	18, RUE DES GLACIS

1893

Tous droits réservés

BERGER-LEVRAULT ET Cⁱᵉ, LIBRAIRES-ÉDITEURS
Paris 5, rue des Beaux-Arts — Nancy, rue des Glacis

Bibliothèque du Marin

Théorie du navire, par E. Guyou, capitaine de frégate, suivie d'une étude des évolutions et allures, par le contre-amiral Mottez. (Ouvrage couronné par l'Académie des Sciences.) 2ᵉ édition, 1894. Un volume in-8° de 418 pages avec 143 figures. **6 fr.**

Cours élémentaire d'astronomie, par E. Guyou, capitaine de frégate, et Villarceau, ingénieur des ponts et chaussées. Un volume in-8° avec 170 figures dans le texte et deux planches. **10 fr.**

Précis du Droit maritime international et de diplomatie, d'après les documents les plus récents, par A. Le Moine, capitaine de frégate, licencié en droit. Un vol. in-8° de 360 pages. **6 fr.**

Histoire des flottes militaires, par Ch. Chabaud-Arnault, capitaine de frégate de réserve. (Ouvrage adopté par l'École navale.) Un vol. in-8° de 512 p. avec 10 plans de batailles. **6 fr.**

Électricité expérimentale et pratique. Cours professé à l'École des officiers torpilleurs, par H. Leduc, agrégé des sciences physiques, ancien élève de l'École normale supérieure.
Tome I. — Étude générale des phénomènes électriques et des lois qui les régissent. 2ᵉ édition. Un volume in-8° de 498 pages avec 84 figures et 9 planches. **6 fr.**
Tome II. — Machines électriques. Un vol. in-8° de 275 p., avec 95 fig. **8 fr.**
Tome III. — Description et emploi du matériel électrique à bord des navires.
    1ᵉʳ fascicule. — Un vol. in-8° de 500 pages, avec 110 fig. **6 fr.**
    2ᵉ fascicule. — Un vol. in-8° de 468 pages, avec 132 fig. **8 fr.**
Les Moteurs électriques à courant continu, par le même. Un volume in-8° de 600 pages, avec 120 figures. **10 fr.**

Torpilles et Torpilleurs des nations étrangères, suivis d'un Atlas des flottes étrangères, par H. Rouman, lieutenant de vaisseau. Un volume in-8° de 248 pages et 114 planches. **6 fr.**

Éléments de Météorologie nautique, par J. Du Soux, lieutenant de vaisseau, membre de la Société météorologique de France. Un volume in-8° de 300 pages avec 57 figures et planches. **6 fr.**

Marines étrangères. Situation. Budget. Organisation. Matériel. Personnel. Troupes. Défenses sous-marines. Armement. Défenses du littoral. Marine marchande (Allemagne, Angleterre, République Argentine, Autriche-Hongrie, Brésil, Bulgarie, Chili, Chine, Danemark, Espagne, États-Unis, Grèce, Hollande, Italie, Japon, Norvège, Portugal, Roumanie, Russie, Suède, Turquie), par H. Rouman. Ouvrage contenant 40 planches d'uniformes et d'insignes. Un volume in-8° de 800 pages. **10 fr.**

Éléments de Navigation et de calcul nautique, précédés de notions d'astronomie, par J.-B. Guyon-Crou, ancien officier de vaisseau, professeur d'hydrographie. 1ʳᵉ partie : Astronomie et navigation, in-8° ; 2ᵉ partie : Types de calculs nautiques, in-8°. Ensemble 2 vol. avec 137 gravures et 2 pl. **12 fr.**

Service administratif à bord des navires de l'État. Manuel du commandant complété et de l'officier d'administration, par G. Naver et A. Iguan, commissaires de la marine. Mis à jour, jusqu'au 1ᵉʳ janvier 1892, par des Appendices. Un vol. grand in-8° de 800 pages. **10 fr.**
(Ouvrage rendu réglementaire à bord des navires de l'État et adopté pour les bibliothèques des divisions.)

Sous presse

Traité d'artillerie, à l'usage des officiers de marine, par E. Nicol, lieutenant de vaisseau.

COURS ÉLEMENTAIRE

D'ASTRONOMIE

DU MÊME AUTEUR

Théorie du navire, par E. GUYOU, capitaine de frégate, suivie d'un Traité des évolutions et allures, par le contre-amiral MOTTEZ. (Bibliothèque du marin.) 1887. Un vol. in-8°, broché. (Couronné par l'Académie des sciences.). . . . . **6 fr.**

Traité de Trigonométrie rectiligne et sphérique, par E. GUYOU, capitaine de frégate, ancien professeur à l'École navale. 1891. Un vol. in-8° avec 43 fig., broché. . . . . **5 fr.**

Développements de géométrie du navire, avec applications aux calculs de stabilité des navires, par E. GUYOU et G. SIMART, lieut. de vaiss. 1889. (Extrait du *Recueil des Mémoires présentés à l'Académie des sciences*, t. XXX.) In-4° avec 10 fig. et tableaux, broché . . **4 fr.**

Théorie nouvelle de la stabilité de l'équilibre des corps flottants, par E. GUYOU, lieutenant de vaisseau. 1879. Grand in-8° avec 8 fig., broché. (*Épuisé.*). . . . . **75 c.**

Des Variations de stabilité des navires, par E. GUYOU, lieutenant de vaisseau, professeur à l'École navale. 1884. Grand in-8° avec 13 figures. **75 c.**

Théorie mécanique de la houle cylindrique, simple et permanente, par E. GUYOU, lieutenant de vaisseau. 1877. Grand in-8°, broché . . . . **1 fr. 50 c.**

Tables de poche donnant le point observé et les droites de hauteur, par E. GUYOU, lieutenant de vaisseau, professeur de navigation à l'École navale. 1884. In-18, cart. . . . . **1 fr. 50 c.**

Nouvelles Éphémérides astronomiques pour 1891, préparées en vue de faciliter et de simplifier les calculs de navigation, par E. GUYOU, capitaine de frégate. Un vol. in-8°, broché . . . . . **3 fr.**

(*Berger-Levrault et C*^{ie}*, éditeurs.*)

BIBLIOTHÈQUE DU MARIN

COURS ÉLÉMENTAIRE

D'ASTRONOMIE

PAR MM.

E. GUYOU	**H. WILLOTTE**
CAPITAINE DE FRÉGATE	INGÉNIEUR
ANCIEN PROFESSEUR A L'ÉCOLE NAVALE	DES PONTS ET CHAUSSÉES

Avec 170 figures dans le texte et deux planches

BERGER-LEVRAULT ET Cie, LIBRAIRES-ÉDITEURS

PARIS	NANCY
5, RUE DES BEAUX-ARTS	18, RUE DES GLACIS

1893

Tous droits réservés

ERRATA

Page	Ligne	Au lieu de :	Lire :
10	17	lien	point S
43	titre	*effacer* Douxième système de coordonnées locales.	
60	25	p, p'_1	$p' p'_1$
72	6	par	pour
87	7 et 8 en bas	supprimer	
87	1 à 8	remplacer P par R et R par P	
87	9	$MR = MN + NP + PR$	$MP = MR + RN + NP$
88	1	MR, MP, PN, NR	MP, MR, RN, NP
97	2	soustractive	additive
101	6 en bas	latitude	colatitude
114	12	ZA	AZ
151	7	Chaconac	Chacornac
154	10	septième	dix-septième
155	titre	*effacer* nutation.	
210	2 en bas	$\overline{TS}^2$	$\frac{1}{2}\overline{TS}^2$
221	note	$\gamma \gamma'$	$\gamma \gamma_1$
221	7, 12, 13 en bas	D	D'
222	2	augmenté	diminué
222	7 et 8	*lire :* y a 0,008 que le jour sidéral est accompli, la durée de la rotation surpasse donc le jour sidéral.	
249	19	cos V	cos u
257, 434, 435, 448, 449	passim	absides	apsides
258	11 et 20	18 ans 2/3	18 ans et 214 jours
259	3	équinoxe	équateur
285	30	(2)	(3)
309	4	T_1	A_1
313	2	Ces	Les

VIII   ERRATA.

Page	Ligne	Au lieu de :	Lire :
333	4 en bas	Jupiter quatre	Jupiter cinq (p 498).
367	8 en bas	id.	id.
362	15, 22, 25	λ_2	λ'_1
370	dernière	$\dfrac{a^2}{K}$	$\dfrac{K^2}{a}$
402	10	AO	OA ou N
435	5	apogée	aphélie
437	5	AB	AD
438	5	$-j\dfrac{da}{a^2}$	$-\dfrac{j}{a^2}\cdot\dfrac{da}{dt}$
498	légende de la figure		Planète Jupiter
525	1re en bas	Orion	Orion (fig. 166)
526	4	Sobieski	Sobieski (fig. 167)
529	1	six..... vingt-quatre	vingt-quatre..... six

COURS D'ASTRONOMIE

LIVRE PREMIER

LA TERRE ET LA SPHÈRE CÉLESTE.

CHAPITRE PREMIER

PREMIER SYSTÈME DE COORDONNÉES LOCALES.
SPHÉRICITÉ DE LA TERRE.
ATMOSPHÈRE ET RÉFRACTIONS.

§ 1er. — Premier système de coordonnées locales, théodolite.

1. Distances angulaires. — On appelle *distance angulaire de deux points* A et B (*fig.* 1), pour un observateur placé en C, l'angle qui a pour sommet le point C et pour côtés les directions CA et CB.

La *distance angulaire d'un point B à un plan* M passant par le point C est l'angle formé par la direction CB avec sa projection orthogonale CD sur le plan.

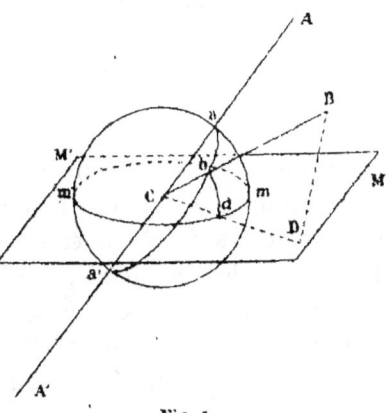

Fig. 1.

La *distance angulaire d'un point B à une ligne indéfinie* AA' est l'un ou l'autre des angles supplémentaires formés par la direction CB avec l'une des parties CA et CA' de la droite indéfinie. Pour distinguer ces deux angles l'un de l'autre, on emploie d'une manière générale, en Astronomie, l'artifice suivant : on imagine sur la droite indéfinie deux points A et A' situés de part et d'autre de l'observateur C, à des distances arbitraires ; alors l'angle de CB avec CA est appelé distance angulaire du point B au point A, et l'angle de CB avec CA' est appelé distance angulaire du point B au point A'.

Emploi de la sphère. — Les figures formées dans l'espace par les lignes et les plans menés par un même point étant assez difficiles à voir par la pensée et à représenter sur des plans, on leur substitue en général celles qui sont formées par leurs traces sur une sphère de rayon arbitraire ayant le point considéré comme centre.

Ainsi, à la direction CB du point B on substitue sa trace b sur la sphère ; au plan MM' on substitue le grand cercle mm' ; enfin les deux points idéaux A et A', à l'aide desquels on distingue les deux branches d'une même droite indéfinie AA', peuvent être supposés sur la sphère elle-même en a et a'.

De cette manière, la distance angulaire de deux points A et B est représentée par l'arc de grand cercle ab de la sphère ; la distance d'un point B à un plan M est représentée par la plus courte distance bd du point b de la sphère au grand cercle mm'.

2. **Définitions.** — On appelle *verticale* d'un point C (*fig.* 2) la ligne droite suivant laquelle tombent les corps abandonnés en ce point à eux-mêmes sans vitesse initiale. Cette ligne coïncide avec le fil à plomb ; elle est normale à la surface des liquides tranquilles qu'elle rencontre. Pour distinguer l'une de l'autre les deux parties de la verticale situées au-dessus et au-dessous du point C, on imagine, comme nous venons de l'expliquer, deux points idéaux situés de part et d'autre

de C sur cette ligne, à des distances arbitraires; celui qui est situé au-dessus de C est le *Zénith*; celui qui est situé au-dessous est le *Nadir*.

L'angle que forme la direction CA d'un point A avec la branche ascendante de la verticale est appelée la *distance zénithale* du point A; celui qu'elle forme avec la branche descendante est la *distance au Nadir*.

On appelle *horizon* d'un lieu C le plan HH′ perpendiculaire à la verticale menée par ce lieu; et l'on donne le nom de *verticaux* aux plans passant par la verticale du lieu. Les plans MM′, VV′, V_1V_1' sont des verticaux; cependant on considère

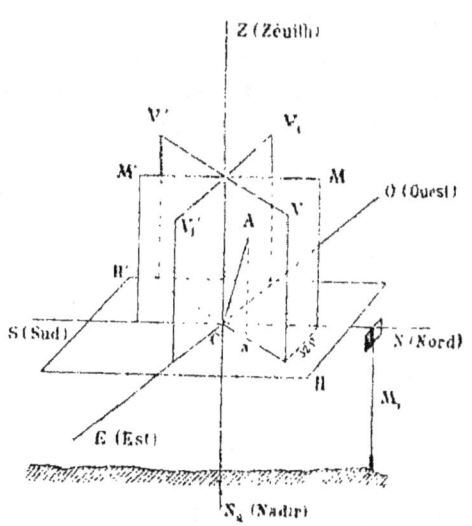

Fig. 2.

comme distinctes l'une de l'autre les deux parties du même plan qui sont séparées par la verticale; ainsi les deux plans V et V′ sont considérés comme deux verticaux distincts; le vertical d'un point A est le vertical V qui contient ce point, et non le vertical V′.

On donne le nom de *méridien* d'un lieu à un vertical MM′ spécial de ce lieu, dont la position se détermine, comme nous le verrons bientôt, à l'aide de l'observation des astres; pour le moment nous supposerons que la position de ce plan est déterminée par une mire M_1, placée dans sa direction, en vue du lieu considéré.

On appelle *premier vertical* le vertical $V_1 V_1'$ perpendiculaire au méridien.

Le méridien et le premier vertical déterminent dans

l'horizon du lieu deux lignes indéfinies rectangulaires SCN et ECO ; la première est appelée la *méridienne* du lieu, et la seconde la *perpendiculaire*.

Conformément à ce que nous avons expliqué plus haut, les deux branches de chacune de ces droites, qui émanent du point C, sont distinguées l'une de l'autre par quatre points idéaux situés sur leurs directions et auxquels on donne le nom de *points cardinaux*. L'un des points situés sur la méridienne est appelé le *Nord* ; nous supposerons que c'est dans sa direction qu'on a placé la mire M_1. Le point situé à l'opposé est appelé le *Sud* ; enfin les deux points cardinaux de la perpendiculaire sont appelés l'*Est* et l'*Ouest* : le premier est celui qu'un observateur a sur sa droite quand il regarde le Nord, le second celui qui est situé à sa gauche.

3. Coordonnées locales d'un point A pour un lieu C. — On appelle *azimut* ou *relèvement* d'un point A, dans un lieu C, l'angle dont il faut faire tourner l'une quelconque des parties M ou M′ du méridien pour l'amener en coïncidence avec le vertical V de ce point ; la valeur numérique de cet angle doit être accompagnée d'indications qui font connaître à la fois la partie du plan méridien que l'on a fait tourner et le sens dans lequel a eu lieu la rotation. Pour cela, on fait suivre cette valeur numérique des noms de deux points cardinaux : *Nord-Est, Nord-Ouest, Sud-Est, Sud-Ouest*, ou, plus simplement, des premières lettres de ces noms : NE, NO, SE, SO ; le premier de ces noms indique la partie du méridien qu'il faut faire tourner, et le second le sens du mouvement. Ainsi, lorsque l'on dit que l'azimut d'un point est 52° Nord-Est, on indique que, pour obtenir le vertical passant par le point considéré, il faut faire tourner la partie Nord du plan méridien de 52° vers la droite, car l'Est est à droite du Nord. Au contraire, 128° SE indique qu'il faut faire tourner la partie Sud du plan méridien de 128° à gauche, car l'Est est à gauche du Sud. Un azimut peut ainsi être plus grand que 90° et même que 180° ; et une même direction Ca (*fig.* 3) peut être désignée des quatre manières suivantes :

52°NE,   308°NO,   128°SE,   232°SO.

Souvent on nomme le point cardinal méridien avant la valeur numérique de l'angle ; on exprime alors les azimuts de la manière suivante :

N 52° E,   N 308° O,   S 128° E,   S 232° O.

Souvent aussi on désigne par un signe le sens des rotations ; alors on donne le signe + aux rotations qui ont lieu dans le sens des aiguilles d'une montre déposée sur l'horizon, et le signe — à celles qui ont lieu dans le sens opposé. Ainsi, au lieu des désignations précédentes, on peut employer celles qui suivent :

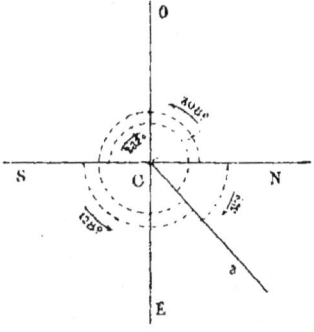

Fig. 3.

N 52° +   N 308° —
S 128° —   S 232° + ;

le sens du Nord vers l'Est et celui du Sud vers l'Ouest sont en effet positifs, et ceux du Nord vers l'Ouest et du Sud vers l'Est sont négatifs.

Les géographes ne considèrent en général que des azimuts plus petits que 90°. Dans ce cas, on choisit pour origine la partie du méridien qui est la plus voisine du point considéré et on la fait tourner vers l'Est si le point est à l'Est du méridien et vers l'Ouest si le point est à l'Ouest. De cette manière, les noms des points cardinaux qui accompagnent l'azimut désignent le quadrant de l'horizon dans lequel se projette le point considéré. Si, par exemple, l'angle NCa (*fig.* 2) est de 52°, l'azimut du point A compté à la manière des géographes est 52° NE, et la projection a de ce point est précisément située dans le quadrant compris entre le Nord et l'Est.

On appelle *amplitude* d'un point A l'angle dont il faut faire tourner l'une des parties du premier vertical pour l'amener à passer par ce point. De même que pour l'azimut, on doit joindre à la valeur numérique de l'amplitude les noms de deux points cardinaux : Est-Nord, Est-Sud, Ouest-Nord, Ouest-Sud ; le premier indique la partie du premier vertical qu'on a fait tourner, le second le sens du mouvement. L'amplitude n'est employée que pour un très petit nombre de problèmes (levers et couchers des astres) ; on la compte toujours plus petite que 90°, de sorte que les deux noms indiquent le quadrant dans lequel est situé le point considéré. Ainsi, l'amplitude du point A est 38° EN.

La *hauteur* d'un point A, pour le lieu C, est la distance angulaire ACa de ce point à l'horizon. On la compte positivement au-dessus de l'horizon et négativement au-dessous ; de sorte que la somme algébrique de la hauteur et de la distance zénithale d'un point est toujours égale à 90°.

On appelle *coordonnées locales* d'un point A, pour un lieu C, les éléments à l'aide desquels on peut préciser la direction dans laquelle se trouve ce point. La hauteur et l'azimut ou, ce qui revient au même, la distance zénithale et l'amplitude forment un système de coordonnées locales, car l'azimut ou l'amplitude donnent la position du vertical du point considéré, et la hauteur ou la distance zénithale donnent la direction du point A dans ce vertical. Nous en ferons connaître un second système plus loin.

4. Sphère des coordonnées locales, ou sphère locale. — La *sphère des coordonnées locales* dans un lieu C (*fig.* 4) est une sphère idéale transparente et fixe, ayant pour centre le point C. Le méridien, le premier vertical et l'horizon coupent cette sphère suivant des grands cercles ZnNs, ZeNo, $neso$, auxquels on donne les noms des plans eux-mêmes ; on donne de même le nom de vertical d'un point A au demi-grand cercle $ZabN$ qui passe par la projection a de ce point sur la sphère. Le zénith et le nadir, ainsi que les quatre points cardinaux, pouvant être supposés à des distances arbitraires du point C, on les prend sur la sphère elle-même ; ainsi le zénith du lieu C est le point Z, le nadir le point N ; les points cardinaux sont les points n, s, e, o.

Sur cette sphère, les azimuts et les amplitudes sont représentés par des arcs d'horizon, ou par des angles formés au zénith par des grands cercles.

Ainsi, l'on peut prendre, pour azimut du point A, l'angle

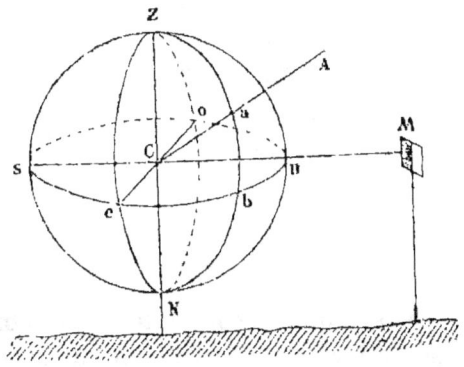

Fig. 4.

nZb ou l'arc nb avec l'indication Nord-Est ; l'angle sZb ou l'arc sb avec l'indication Sud-Est. On peut enfin prendre les angles plus grands que 180°, dont il faudrait faire tourner la branche ZnN ou la branche ZsN du grand cercle méridien vers la gauche ou vers la droite pour les amener en coïncidence avec le vertical ZaN.

De même, l'amplitude est représentée par l'arc d'horizon eb, ou par l'angle eZb avec l'indication Est-Nord.

Les distances zénithales et les hauteurs sont représentées par des arcs de verticaux ; ainsi, la distance zénithale du point A est l'arc Za, et sa hauteur l'arc ba.

5. Lunette astronomique. — Une lunette astronomique se compose de trois parties essentielles : 1° *l'objectif* O (*fig.* 5) qui est une lentille convergente ; 2° le *réticule* R qui, sous la forme la plus simple, se compose de deux fils en croix (R′); 3° l'*oculaire* O′ qui est une sorte de loupe à fort grossissement placée de manière à permettre d'examiner le réticule. Lorsqu'un point lumineux A est situé à une très grande distance, il envoie sur l'objectif un faisceau $A_1O_1A_2O_2$ de rayons que l'on peut considérer comme parallèles ; ces rayons, réfractés par la lentille, viennent former une image en un point a, situé sur la ligne OA qui joint le centre de l'objectif au point A et

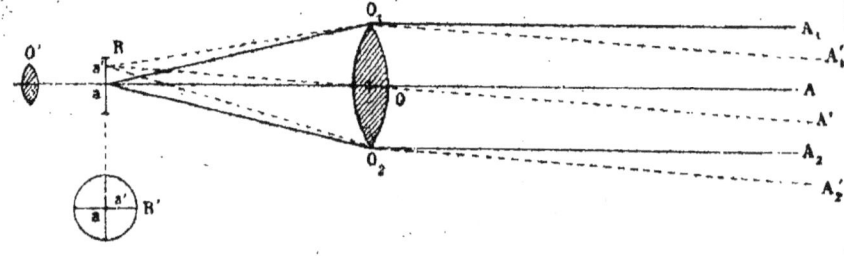

Fig. 5.

à une distance de O qui est constante et que l'on appelle la distance focale principale. C'est à cette distance qu'est placé le réticule R.

Ce réticule est invariablement lié à l'objectif O ; on appelle *axe optique* de la lunette la ligne qui joint le centre de l'objectif à la croisée des fils du réticule. Lorsque l'axe optique est pointé exactement dans la direction OA, l'image du point A vient se faire au centre a du réticule. Si, au contraire, le point observé se trouve dans une direction OA′ différente de celle de l'axe optique, le faisceau de rayons $A_1'O_1A_2'O_2$ est oblique et vient former l'image dans le plan focal en un point a' situé dans la direction OA′. L'oculaire O permet d'apercevoir à la fois le réticule et l'image ; lors donc que l'on veut pointer la lunette de manière que son axe optique coïncide avec OA, il suffit de la placer de manière que l'on aperçoive l'image de A à la croisée même des fils.

Grâce au grossissement fourni par l'oculaire, de très

petits écarts entre l'image a' et la croisée des fils sont rendus perceptibles ; la lunette astronomique fournit donc un moyen très précis pour déterminer la direction d'un point lumineux.

6. Théodolite. — Le théodolite est un instrument construit en vue de la mesure des coordonnées locales que nous venons de définir. Il se compose essentiellement d'un axe AB (fig. 6) porté par un pied formé de trois vis calantes C, C, C, à l'aide desquelles on peut le dresser verticalement. Ce pied porte en même temps un cercle fixe H perpendiculaire à l'axe AB et gradué sur son pourtour de 0 à 360 degrés, dans le sens des aiguilles d'une montre, c'est-à-dire, comme nous l'avons dit plus haut, dans le sens adopté pour les rotations positives.

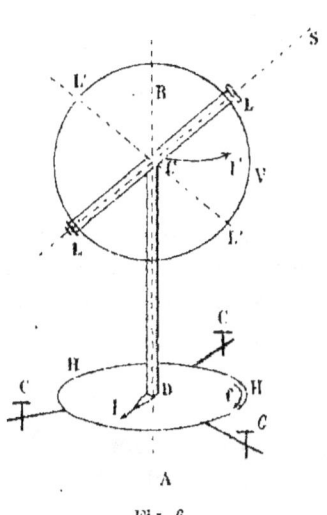

Fig. 6.

L'axe AB est entouré d'une douille CD pouvant tourner autour de lui ; cette douille porte à sa partie supérieure un cercle vertical V gradué comme le cercle horizontal. Le plan de ce cercle est mobile, comme la douille qui le porte, autour de l'axe AB. A sa partie inférieure, la douille entraîne un index I qui, en se mouvant sur le cercle horizontal, indique les angles dont on fait tourner le cercle vertical. Le cercle vertical porte en son centre une lunette astronomique L, mobile autour du point C, et dont l'axe optique décrit un plan vertical quand l'instrument est bien calé. Cette lunette entraîne en tournant un index I', dont les déplacements sur la graduation du cercle V donnent la mesure des mouvements angulaires de la lunette.

MESURE DES COORDONNÉES LOCALES AVEC LE THÉODOLITE. — La rectification et le calage s'obtiennent à l'aide du niveau à bulle d'air par des procédés qui varient avec les détails de construction de l'instrument et dont nous n'avons pas à nous occuper ici. Nous admettrons donc que l'instrument a été calé et rectifié.

Pour mesurer avec le théodolite l'azimut et la distance zénithale d'un point S en vue, on commence par faire tourner le cercle vertical V de manière que la direction de la mire méridienne soit dans le plan vertical décrit par l'axe optique de la lunette, ce dont on s'assure en constatant que la croisée du réticule vient exactement couvrir l'axe de la mire. On lit à cet instant la graduation marquée par l'index I ; soit 137° cette graduation. On fait ensuite tourner le cercle V jusqu'à ce que la lunette puisse être pointée dans la direction CS considérée. Lorsque l'on aura obtenu ce résultat, on lira de nouveau la graduation marquée par l'index I ; soit 322° cette graduation ; l'angle dont il faut faire tourner la partie Nord du méridien pour l'amener en coïncidence avec le vertical du lieu est évidemment égal à la différence des graduations, savoir 185°. Comme, d'ailleurs, les graduations du limbe tournent à droite, l'azimut sera Nord-Est ; on aura donc pour azimut

$$185° \text{ NE} \quad \text{ou} \quad \text{N } 185° +.$$

Pour la mesure de la distance zénithale, on remarque que l'angle cherché BCM est celui dont il faut faire tourner la lunette depuis la position où elle serait pointée sur le zénith jusqu'à la position actuelle ; si, donc, l'on connaît la graduation marquée par l'index I' quand la lunette est sur le zénith, on obtiendra la distance zénithale en faisant la différence entre cette graduation et celle qui correspond à la position actuelle.

On peut d'ailleurs se dispenser de déterminer la graduation correspondant au pointage zénithal en procédant de la manière suivante : après avoir pointé la lunette sur S comme l'indique la figure, on fait décrire un demi-tour au cercle V ; la lunette vient ainsi dans la position L'. On la pointe alors de nouveau sur le point S ; on lui fait ainsi décrire l'angle

L'CS, c'est-à-dire le double de la distance zénithale cherchée ; il suffira donc de prendre la différence des graduations indiquées par I' dans les deux pointages et de diviser le résultat obtenu par 2.

Remarque. — Par suite des épaisseurs des montures, le plan vertical décrit par l'axe optique de la lunette ne passe pas exactement par l'axe de rotation AB. Aussi, lorsque l'on considère des points S assez voisins du lieu pour que cette distance ne soit pas négligeable, on doit faire subir aux résultats certaines corrections. Mais, dans tous les cas que nous aurons à considérer, ces corrections seront négligeables.

§ 2. — Premier aperçu de la sphéricité de la Terre.

La *Terre*, c'est-à-dire le corps en partie liquide et en partie solide sur lequel nous vivons, est sensiblement sphérique. Pour le démontrer nous considérerons d'abord la surface des mers : nous ferons voir que l'examen à la vue simple montre que cette surface est convexe en tous ses points. Nous montrerons ensuite comment, avec un théodolite, on peut constater qu'elle est sensiblement sphérique. Passant ensuite aux parties solides, nous comparerons les hauteurs des montagnes les plus élevées à une valeur approchée du rayon de la sphère liquide, et nous reconnaîtrons que ces aspérités ne constituent que des rugosités à peine sensibles relativement à la grosseur du globe.

7. La surface des mers est convexe en tous ses points. — Un observateur placé en un point A (*fig.* 7), extérieur à une surface convexe, ne peut apercevoir de cette surface que la partie comprise dans l'intérieur du cône tangent ayant son œil pour sommet. La ligne de contact hh, de ce cône partage donc la surface en deux régions, dont l'une est visible et l'autre invisible à l'observateur. Un objet B qui se déplace sur cette surface de manière à s'éloigner du point A reste tout entier visible tant qu'il est situé dans l'intérieur de la ligne hh_i; mais, aussitôt qu'il a dépassé cette limite, celles de ses parties qui sont voisines de la surface échappent à la vue, et il arrive un instant où l'objet tout entier devient invisible.

Si l'observateur A, s'éloignant de la surface, s'élève en A′, la ligne de contact hh_i du cône s'éloigne de lui; il voit donc apparaître des objets qui d'abord étaient invisibles et

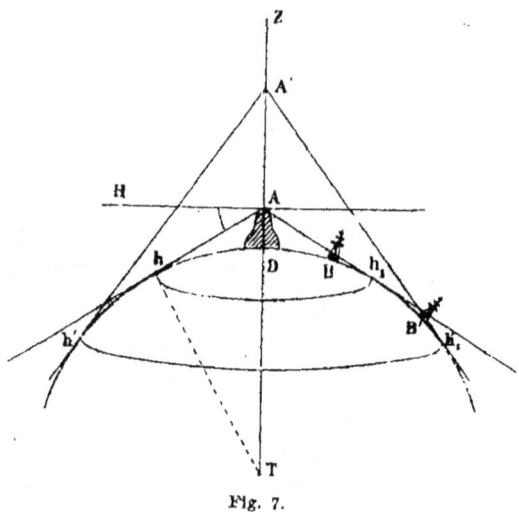

Fig. 7.

peut apercevoir de nouveau ceux qui avaient disparu en s'éloignant.

Tous ces caractères s'offrent à la vue d'un observateur qui, placé sur le bord de la mer en un lieu quelconque, ou en mer sur un navire, regarde un navire qui s'éloigne de lui. On peut conclure de là que la surface des mers est convexe en tous ses points, car ces caractères ne pourraient évidemment pas se reproduire dans les lieux où la surface serait plane ou concave ou présenterait des ondulations.

La ligne hh_i suivant laquelle le cône tangent mené de l'œil de l'observateur à la surface de la mer touche cette surface et qui forme une ligne de démarcation très nette entre la mer et le ciel se nomme l'*horizon de la mer*.

8. La surface de la mer est sensiblement sphérique. — La sphère est le seul corps qui jouisse de cette propriété que tous ses cônes tangents sont des cônes de révolution. Il suffit donc de s'assurer que les cônes tangents à la surface de la mer, menés par des points quelconques, sont des cônes de révolution. Pour cela, l'observateur pourra se placer en un lieu A, sur un îlot, de manière à découvrir de toutes parts l'horizon de la mer. Il calera un théodolite en ce lieu et dirigera la lunette de cet instrument sur un point quelconque h de l'horizon. Il fixera la lunette à l'aide de la vis de pression sur le cercle vertical et fera ensuite tourner ce cercle autour de son axe. Il pourra alors constater, en regardant dans la lunette, que, dans toutes les positions, l'axe optique reste pointé sur la ligne hh_1 qui limite la région aqueuse visible ; le cône hAh_1 est donc un cône de révolution.

Cette vérification peut être exécutée dans un grand nombre de lieux sur la Terre ; on peut aussi l'effectuer partiellement dans les lieux d'où l'on n'aperçoit qu'une partie de l'horizon de la mer.

Il résulte de cette expérience que, *au degré de précision dont l'observation qui vient d'être faite est susceptible*, la surface des mers peut être considérée comme sphérique. On voit également qu'en chaque lieu la verticale AZ est l'axe du cône tangent, et que par conséquent cette ligne passe par le centre de la sphère.

9. Comparaison de la hauteur des montagnes avec le rayon de la sphère liquide. — L'expérience précédente fournit les éléments nécessaires au calcul d'une valeur approchée du rayon de la sphère liquide. L'angle HAh est, en effet, donné par le théodolite ; on peut également mesurer la hauteur AD du point A au-dessus de l'eau par les méthodes ordinaires de nivellement; à l'aide de ces éléments on peut résoudre le triangle AhT, rectangle en h, et, par suite, obtenir le rayon Th[1].

En opérant ainsi, on trouve que la longueur du rayon est d'environ 1 600 lieues de 4 kilomètres. Toutefois, pour obtenir des résultats satisfaisants, il faut observer d'une très grande hauteur afin d'atténuer l'influence des erreurs inévitables de mesure; il faut également tenir compte des effets de la *réfraction atmosphérique* dont nous parlerons bientôt, car l'angle que donne directement le théodolite est altéré par ce phénomène et est un peu plus faible que l'angle HAh.

Les plus hautes montagnes ne dépassant pas deux lieues et demie on voit que si l'on représentait la Terre par un globe de 1 600 millimètres de rayon ou 3^m,20 de diamètre, les plus hautes montagnes seraient représentées sur ce globe par des aspérités ayant au plus 2 millimètres et demi.

§ 3. — Atmosphère; notions sur ses réfractions.

10. Atmosphère. — Le globe terrestre est enveloppé de toutes parts d'une couche d'air à laquelle on donne le nom d'*atmosphère*. L'air étant un fluide pesant et élastique, les couches inférieures sont comprimées par les couches supérieures; par suite la pression et, par conséquent, la densité diminuent lorsque l'on s'éloigne de la surface de la Terre.

---

1. Si l'on désigne par d l'angle HAh = ATh, par e l'élévation du point A, et par r le rayon de la terre, on a :
$$r = (r + e) \cos d \ ;$$
l'angle d étant très petit, on peut remplacer $\cos d$ par $1 - \frac{d^2}{2} \sin^2 1''$; il vient alors
$$r + e = \frac{2 e}{d^2 \sin^2 1''},$$
ou sensiblement
$$r = \frac{2 e}{d^2 \sin^2 1''}.$$

ATMOSPHÈRE ; RÉFRACTIONS.

Les rayons lumineux émanant des corps célestes ou terrestres, en traversant des couches d'air d'inégales densités, subissent des déviations ou *réfractions* qui nous les font apercevoir dans des directions différentes de celles dans lesquelles ils se trouvent réellement ; il est donc indispensable de corriger les angles observés des altérations qui en sont la conséquence, si l'on veut obtenir une grande précision.

Les déviations d'un rayon lumineux dépendent des variations de la densité de l'air sur son parcours. Ces variations étant intimement liées aux variations de la température, il serait indispensable de connaître la loi de ces dernières pour établir en toute rigueur la théorie de ces effets.

On admet en général que, pour les petites hauteurs, la température décroît en moyenne de 1° par 180 mètres d'élévation, mais ce chiffre varie avec le lieu, la saison et l'heure du jour ; en France, les ascensions aérostatiques ont donné des résultats qui varient entre 130 et 230 mètres par degré ; enfin, il arrive souvent qu'un renversement de température se produit, que les couches inférieures sont plus froides que les couches supérieures.

Pour les grandes hauteurs, la loi de décroissance est entièrement inconnue.

Nous verrons bientôt que, heureusement, pour les distances zénithales inférieures à 74°, la connaissance de cette loi n'est pas nécessaire à la théorie des réfractions astronomiques.

Les limites de l'atmosphère ne sont pas mieux connues ; on a utilisé pour la détermination de leur distance à la Terre l'observation des durées du *crépuscule* et de l'*aurore* ; les résultats obtenus ainsi sont très différents : Bradley a trouvé 115 kilomètres, M. Liais 330 kilomètres. Enfin, l'observation des *étoiles filantes*, qui s'enflamment en pénétrant dans l'atmosphère, conduit à admettre une épaisseur supérieure à 300 kilomètres.

Cependant, il est vraisemblable que, au delà de 10 à 12 lieues, la densité devient tellement faible que les effets que nous avons à étudier ne s'y produisent plus. On voit ainsi que, sur une sphère de 1 600 millimètres de rayon représentant la Terre, la partie efficace de l'atmosphère serait représentée par une mince enveloppe de 10 à 12 millimètres.

11. Réfraction en général. — Lorsqu'un rayon lumineux traverse l'espace vide ou rempli d'un corps homogène, il est rectiligne ; mais lorsque, dans son trajet, il rencontre des milieux différents, il se brise à la rencontre de leurs surfaces de séparation. Ce phénomène se nomme la *réfraction*.

Considérons, par exemple, un espace rempli de deux milieux que nous désignerons par (A) et (B) [*fig.* 8]; soit C un

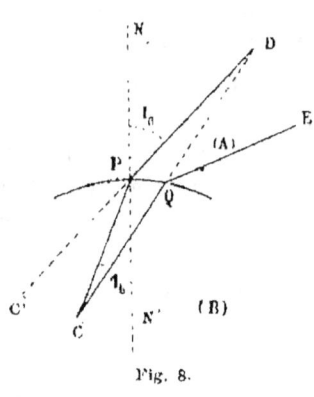

Fig. 8.

objet situé dans le milieu (B) et CQ un rayon lumineux émanant de cet objet. Ce rayon rencontrant en Q le milieu (A) se brise et continue sa route dans une direction telle que QE. Il résulte de là que l'œil d'un observateur situé en D, sur le prolongement de la direction primitive, ne perçoit pas ce rayon ; celui qu'il perçoit est un autre rayon tel que CP qui, en se brisant au point P, prend la direction PD ; c'est donc dans la direction DPC' que l'œil aperçoit l'objet C.

Les lois de la réfraction seront énoncées plus loin ; nous nous bornerons ici aux indications suivantes :

1° Lorsque le rayon lumineux atteint normalement la surface de séparation des deux milieux, il continue son trajet en ligne droite ; mais lorsqu'il atteint obliquement cette surface, il se réfracte dans le plan qui contient la normale NN' au point de rencontre P ;

2° Lorsque les deux milieux sont formés d'un même corps, l'air par exemple, à deux états de densité différents, la partie du rayon située dans le milieu le plus dense est la plus rapprochée de la normale. Dans la figure, le milieu (B) est supposé plus dense que le milieu (A), aussi l'angle N'PC est plus petit que l'angle NPD.

12. Réfractions atmosphériques. — Pour expliquer les phénomènes qui résultent des réfractions atmosphériques, nous admettrons que la densité des couches d'air ne dépend que de leur distance à la surface de la Terre et décroît quand ces distances augmentent, c'est-à-dire que la densité reste constante sur une même couche sphérique concentrique à la Terre et diminue par degrés insensibles à mesure que l'on s'éloigne de sa surface. Pour qu'il en fût ainsi rigoureusement, il faudrait que la Terre fût immobile dans l'espace, que sa forme fût rigoureusement sphérique et que l'air fût en repos. Ces conditions n'étant pas réalisées entièrement, l'hypothèse n'est pas rigoureusement exacte, mais elle est suffisamment approchée de la vérité pour que l'on puisse l'appliquer à une simple explication des phénomènes.

TRAJECTOIRE D'UN RAYON LUMINEUX DANS L'ATMOSPHÈRE. — Supposons d'abord que l'atmosphère soit formée de couches sphériques homogènes d'épaisseurs sensibles, et que les densités des diverses couches aillent en augmentant depuis la limite extérieure de l'atmosphère jusqu'à la surface de la Terre.

Soient S (*fig.* 9) un point lumineux que, pour plus de généralité, nous supposerons extérieur à l'atmosphère, S*a* un rayon lumineux émanant de ce point. Prenons pour plan de la figure le plan passant par S*a* et par le centre T de la Terre ; ce plan coupe les surfaces de séparation des couches et celle de la Terre suivant des circonférences concentriques.

Au point *a*, le rayon lumineux rencontrant obliquement l'atmosphère se brise et suit une nouvelle direction *ab* ; cette direction est comprise dans le plan de la figure, car ce plan contient, par construction, le rayon primitif S*a* et la normale T*a* ; de plus l'angle T*ab* est plus petit que l'angle T'*a*S ; par conséquent, l'angle S*ab* formé par les deux parties du rayon présente sa concavité au centre de la Terre. De même, au point b, le rayon ab pénétrant dans une couche plus dense se brise encore, et suit une nouvelle direction bc. Pour la même raison que précédemment, le rayon bc est encore situé dans le plan de la figure, et l'angle abc présente sa concavité au centre de la Terre.

Il en sera de même dans les diverses couches que traversera le rayon lumineux; par conséquent, la trajectoire com-

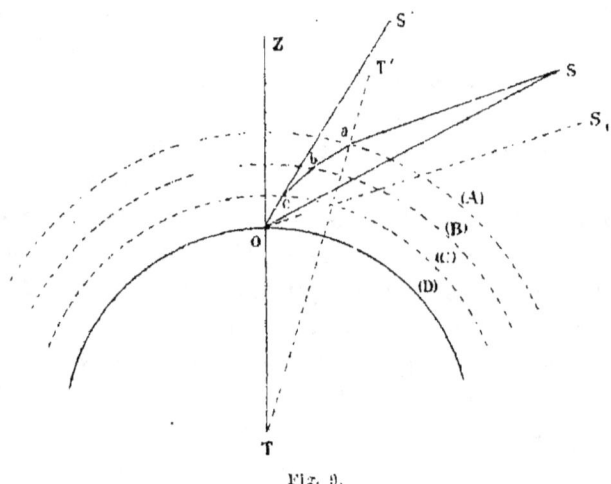

Fig. 9.

plète $SabcO$ d'un rayon lumineux arrivant de l'espace vide à la surface de la Terre se composera, dans l'hypothèse où nous sommes placés, de couches d'épaisseurs sensibles, d'une partie rectiligne Sa et d'une ligne polygonale $abcO$, plane et présentant sa concavité au centre de la Terre.

L'observateur placé en O apercevra le point lumineux S dans la direction OcS' du dernier élément de cette trajectoire, au lieu de l'apercevoir dans la direction OS.

Si l'on suppose actuellement que les couches de l'atmosphère deviennent de plus en plus minces, les côtés de la ligne polygonale deviendront de plus en plus petits, mais tous les autres caractères persisteront. Si, enfin, on suppose que les couches deviennent infiniment minces et infiniment nombreuses, c'est-à-dire que la densité varie par degrés insensibles à mesure que l'on s'éloigne de la surface de la Terre, les côtés de la ligne polygonale deviendront infiniment petits et infiniment nombreux ; la ligne brisée se transformera en une courbe continue située tout entière dans le plan de la figure et présentant sa concavité au centre de la Terre. Enfin, l'observateur placé en O apercevra le point lumineux S dans la direction du dernier élément de cette courbe, c'est-à-dire dans la direction de sa tangente à la rencontre avec la surface de la Terre.

LA RÉFRACTION ATMOSPHÉRIQUE N'ALTÈRE PAS LES AZIMUTS, MAIS ELLE DIMINUE LES DISTANCES ZÉNITHALES. — Le plan de la figure 9 contenant la verticale du lieu O et l'objet S, est en effet le vertical de cet objet. La trajectoire du rayon lumineux étant tout entière dans le plan, il en est de même de sa tangente en O. Par conséquent, la direction OS', dans laquelle l'objet est aperçu, est située dans le même vertical que l'objet lui-même ; l'azimut de la direction OS' est donc le même que celui de l'objet.

On voit, d'un autre côté, que la distance zénithale réfractée ZOS' est plus petite que la distance zénithale ZOS.

13. Réfractions astronomiques. — On donne le nom de *réfraction astronomique* à l'angle dont est dévié le rayon lumineux émanant d'un astre pendant son trajet dans l'atmosphère, c'est-à-dire à l'angle formé par les rayons aS et OS' ou, ce qui revient au même, à l'angle $S'OS_1$, formé par OS' avec la parallèle OS_1 menée à aS.

CORRECTION DES DISTANCES ZÉNITHALES RÉFRACTÉES. — On a, sur la figure 9 :

$$ZOS = ZOS' + S'OS,$$
$$S'OS = S'OS_1 - SOS_1,$$

et par suite :

$$ZOS = ZOS' + S'OS_1 - SOS_1.$$

Si l'on désigne par N la distance zénithale vraie ZOS, par

N_r la distance zénithale réfractée ZOS' et par R la réfraction S'OS$_1$, on a :

$$N = N_r + R — SOS_1.$$

Lorsque le point S est très éloigné des limites de l'atmosphère, l'angle SOS$_1$ est très petit; il est en effet égal à l'angle aSO, c'est-à-dire à l'angle sous lequel du point S on aperçoit la corde aO de la partie du rayon située dans l'atmosphère. Or cette corde est très petite, puisque l'atmosphère est très mince; de plus, sa direction diffère très peu de la direction Sa, car l'angle qu'elle forme avec Sa, c'est-à-dire avec OS$_1$, est plus petit que l'angle S'OS, qui ne dépasse pas quelques minutes. Pour la Lune qui est l'astre le plus rapproché de la Terre, l'angle SOS$_1$ est insensible, nous pourrons donc toujours le négliger lorsque nous considérerons les distances zénithales des astres; nous aurons ainsi la formule :

$$N = N_r + R.$$

14. Théorie élémentaire de la réfraction astronomique. — *Lois de la réfraction*. — On démontre en Optique que la réfraction s'effectue suivant les lois ci-après :

1.° Les sinus des angles NPD et N'PC (*fig.* 8), formés avec la normale à la surface de séparation des deux milieux par les deux parties du rayon lumineux, sont inversement proportionnels à des nombres constants pour chaque milieu. Ces nombres sont les *indices de réfraction* des milieux; l'indice de réfraction du vide est pris pour unité, ceux des autres milieux sont plus grands que 1. Ainsi, en désignant par n_a et n_b les indices de réfraction des milieux (A) et (B) [*fig.* 8] et par I_a et I_b les angles DPN et CPN' formés par le rayon lumineux avec la normale, on a :

$$n_a \sin I_a = n_b \sin I_b.$$

2° Pour un milieu de nature donnée, l'air par exemple, à différents états de densité, la quantité $n^2 — 1$ est sensiblement proportionnelle à la densité, lorsque cette densité reste assez faible, comme dans les cas que nous allons considérer.

Il résulte de cette loi que le rayon lumineux est plus voisin de la normale dans le milieu le plus dense, car, si le milieu (B) [*fig.* 8] est plus dense que le milieu (A), on a :

$$n_b^2 - 1 > n_a^2 - 1 \quad \text{d'où} \quad n_b > n_a$$

et il résulte de la loi précédente que l'on a alors :

$$\sin I_b < \sin I_a.$$

FORMULE DE LA RÉFRACTION POUR LES PETITES DISTANCES ZÉNITHALES. — Pour le cas des petites distances zénithales, on peut négliger la courbure des couches atmosphériques d'égale densité, c'est-à-dire supposer ces couches planes et parallèles.

Considérons, en effet (*fig.* 10), un cône SOS' ayant pour sommet un lieu O de la terre et pour axe la verticale de ce lieu. L'angle que forme le plan tangent à l'une des surfaces sphériques en B' avec le plan horizontal en A' est égal à celui de leurs normales, c'est-à-dire à l'angle ZTB'; par conséquent, le plus grand angle que puisse former avec le plan horizontal

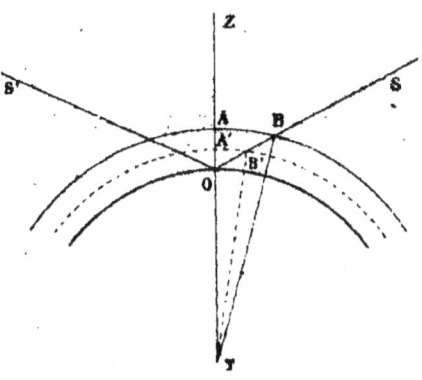

Fig. 10.

en O le plan tangent à l'une des couches dans l'intérieur du cône est inférieur à l'angle ZTB. Pour une même ouverture du cône SOS', cet angle diminue avec l'épaisseur de l'atmosphère et, pour une épaisseur donnée, il diminue avec l'ouverture du cône. En supposant à la partie réfringente de l'atmosphère une épaisseur de 12 lieues, soit $\frac{1}{133}$ du rayon de la Terre, on trouve que cet angle a pour valeur 26′ pour $ZOS = 45°$ [1]. Il est donc en général assez petit pour que l'on puisse le négliger avec une très grande approximation pour les distances zénithales inférieures à cette limite.

Prenons actuellement pour plan de la figure 11 le vertical du point lumineux S. Ce plan coupera les surfaces de séparation des couches atmosphériques suivant des lignes horizontales; soit S *fedcb* A la trajectoire du rayon. Désignons par (F) l'espace vide extérieur à l'atmosphère, par (E), (D), (C), (B), (A) les couches atmosphériques successives, par I_f, I_e, I_d, ..., I_a, les valeurs respectives des angles formés par le rayon lumineux avec la verticale dans chacune de ces couches, et enfin par n_f, n_e, ..., n_a, les indices de réfraction cor-

---

1. Dans le triangle OTB, on connaît l'angle $O = 180° - N$, $TO = R$ et $TB = R + e$, en désignant par e l'épaisseur de l'atmosphère ; il vient donc, en désignant par x l'angle OTB,

$$\frac{\sin O}{\sin B} = \frac{TB}{TO} \quad \text{ou} \quad \frac{\sin N}{\sin (N - x)} = \frac{R + e}{R};$$

on déduit de là

$$\sin N - \sin (N - x) = \sin N \frac{e}{R + e}.$$

En développant le premier membre, on obtient

$$\sin N (1 - \cos x) + \cos N \sin x = \sin N \frac{e}{R + e}.$$

En exprimant l'arc x en fonction du rayon et en remplaçant le sinus par l'arc et le cosinus par l'unité, il vient, avec une approximation suffisante,

$$x = \lg N \frac{e}{R + e}$$

ou en prenant 1600 lieues pour valeur de R et 12 lieues pour valeur de l'épaisseur e de la partie de l'atmosphère qui produit des réfractions sensibles

$$x = \lg N \frac{1}{134}$$

d'où, pour x exprimé en minutes,

$$x' = \lg N \cdot \frac{180 \times 60}{134 \times \pi} = \lg N \times 26 \text{ environ.}$$

On voit que, jusqu'aux distances zénithales de 45° ($\lg N = 1$), l'inclinaison des couches sur le plan horizontal est moindre que 26′; on conçoit donc que la formule à laquelle nous serons conduits en adoptant l'hypothèse du parallélisme sera très voisine de l'exactitude; mais elle s'écartera d'autant plus de la réalité que N sera plus grand.

respondants. On aura, pour le passage du vide (F) dans la première couche (E),

$$n_f \sin I_f = n_e \sin I_e ;$$

pour le passage de la couche (E) dans la couche (D) on aura de même :

$$n_e \sin I_e = n_d \sin I_d ;$$

et ainsi de suite.

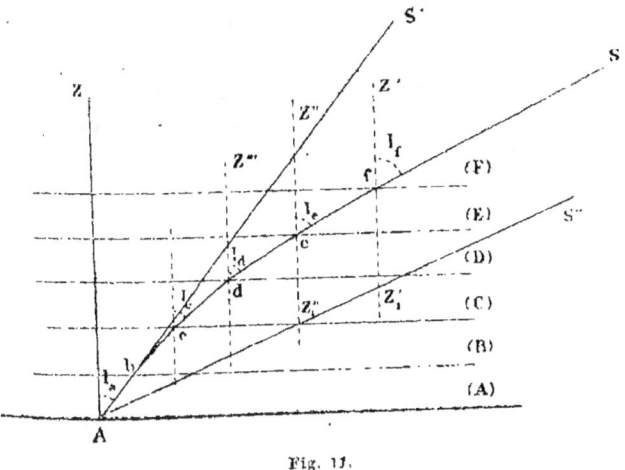

Fig. 11.

On aura donc :

$$n_f \sin I_f = n_e \sin I_e = \ldots = n_a \sin I_a ,$$

et par suite, l'indice du vide n_f étant l'unité,

$$\sin I_f = n_a \sin I_a .$$

Actuellement, on voit sur la figure que l'angle I_a est la distance zénithale réfractée (nous la désignerons par N_r), et que l'angle I_f, égal à ZAS'', est égal au précédent augmenté de la réfraction $S'AS''$ que nous désignerons par R ; on a donc :

$$I_f = N_r + R$$

et la formule précédente devient :

$$\sin(N_r + R) = n_a \sin N_r$$
$$\sin N_r \cos R + \cos N_r \sin R = n_a \sin N_r .$$

L'indice n_a est très voisin de l'unité ; par conséquent, l'angle R est très petit, et l'on peut remplacer $\sin R$ par $R \sin 1''$ et $\cos R$ par l'unité ; il vient alors, en secondes de degré,

$$R = \frac{n_a - 1}{\sin 1''} \operatorname{tg} N_r.$$

Telle est la formule qui donne les valeurs de R pour les distances zénithales qui ne sont pas très grandes.

Cette formule nous conduit à l'importante propriété suivante :

La réfraction astronomique est indépendante de l'état des couches supérieures de l'atmosphère ; elle est proportionnelle à la densité de la couche inférieure.

La formule que nous venons d'établir montre en effet que la réfraction ne dépend que de l'indice n_a de la couche inférieure. De plus, on voit qu'elle est proportionnelle à $(n_a - 1)$; il suffit donc de montrer que cette quantité est elle-même proportionnelle à la densité de l'air.

En la désignant par ε, il vient :

$$n_a = 1 + \varepsilon,$$

d'où :

$$n_a^2 = 1 + 2\varepsilon + \varepsilon^2,$$

d'où, encore :

$$n_a^2 - 1 = 2\varepsilon + \varepsilon^2 = 2\varepsilon \left(1 + \frac{\varepsilon}{2}\right).$$

La quantité ε étant très petite, on peut négliger $\frac{\varepsilon}{2}$ devant l'unité dans la parenthèse du second membre, et l'on a, à une très grande approximation :

$$\varepsilon = \frac{n_a^2 - 1}{2} ;$$

par conséquent, d'après la loi énoncée plus haut, ε est proportionnelle à la densité de la couche (A).

En remplaçant n_a par sa valeur, déterminée expérimentalement pour la température 0° et la pression 760 millimètres, dans la formule que nous avons établie plus haut, on obtient:

$$R = 60'',567 \, \text{tg} \, N_r$$

Les résultats de cette formule coïncident avec ceux de la formule exacte jusqu'aux distances zénithales de 50°; à partir de cette valeur, elles s'en écartent de plus en plus ; à 70° l'écart est de 2″, à 80° il est de 14″.

FORMULES EXACTES DE LA RÉFRACTION ASTRONOMIQUE. — Pour établir la théorie complète de la réfraction astronomique, il serait nécessaire de connaître la loi de décroissance des densités des couches d'air. Cependant Laplace a démontré que, pour les distances zénithales plus petites que 74°, la réfraction était indépendante de cette loi, et a donné pour ces limites une expression de la forme :

$$R = A \, \text{tg} \, N_r - B \, \text{tg}^3 \, N_r$$

où A et B sont des nombres dépendant d'une quantité α qui varie avec l'état de l'atmosphère à la surface de la terre.

Les formules complètes qui donnent la réfraction jusqu'aux distances zénithales de 90° ont été déduites de diverses hypothèses sur la décroissance des densités. La formule de Laplace est celle dont les résultats concordent le mieux avec l'observation ; elle est trop compliquée pour trouver place ici. L'intérêt pratique qu'elle présente est d'ailleurs considérablement réduit par ce fait que les couches inférieures traversées par les rayons très obliques sont le siège de perturbations de toutes sortes qui produisent des réfractions anormales.

Laplace a démontré également que la réfraction était proportionnelle à la densité de l'atmosphère à la surface de la Terre; de sorte qu'il suffit de connaître les valeurs de R correspondant à 0° et 760 millimètres pour en déduire les réfractions qui correspondent à tout autre état de l'atmosphère.

La constante α a été déduite par Delambre d'un grand nombre d'observations de Piazzi, et de plusieurs centaines de hauteurs de Soleil ; la valeur 60″,616 ainsi trouvée a été confirmée plus tard par des expériences de Biot et Arago sur le pouvoir réfringent de l'air. Avec cette valeur de α, les constantes A et B de la formule qui précèdent sont

$$A = 60″,567, \qquad B = 0″,067.$$

15. Réfractions terrestres. — Nous avons considéré plus haut le cas où le point lumineux observé était extérieur à l'atmosphère ; considérons actuellement celui où il est situé dans l'intérieur. Prenons pour plan de la figure 12 celui qui passe par l'observateur A, le point visé B et le centre de la Terre.

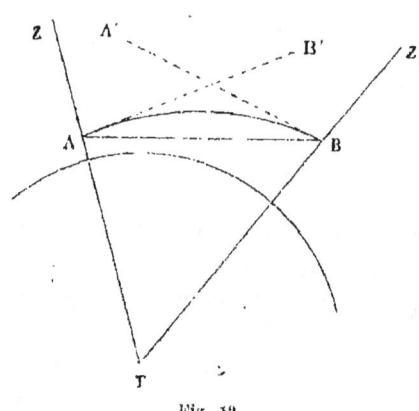

Fig. 12.

La trajectoire du rayon lumineux est, d'après ce que nous avons vu, située tout entière dans le plan de la figure et présente sa concavité au centre de la Terre. L'observateur placé en A aperçoit l'objet B dans la direction AB′ et, réciproquement, un observateur placé en B apercevrait un objet A dans la direction BA′.

On appelle *angle de réfraction terrestre* ou plus simplement *réfraction terrestre* la différence entre la distance zénithale vraie et la distance zénithale réfractée, c'est-à-dire, pour l'observateur A visant l'objet B, l'angle BAB′. A défaut de théorie satisfaisante, on admet que les angles BAB′ et ABA′ sont égaux et que leur valeur commune est proportionnelle à celle de l'angle ATB des verticales des deux lieux[1],

---

[1]. Biot a justifié ces hypothèses en s'appuyant sur une remarque expérimentale relative aux variations de la densité de l'air par de petites hauteurs ; il donne pour valeur moyenne du coefficient γ, à zéro et 760, la valeur

on a ainsi en désignant par γ le coefficient de proportionnalité :

$$R = \gamma T$$

La valeur du coefficient γ dépend de l'état de l'atmosphère (température, pression, état hygrométrique de l'air).

§ 4. — Tables donnant les corrections des effets de la réfraction.

16. Tables de réfractions; réfractions moyennes. — Désignons par R_t^b la réfraction correspondant à une température t et à une hauteur barométrique b, par $R_{t'}^{b'}$ la réfraction correspondant à la température t' et à la hauteur barométrique b', et enfin par D_t^b, $D_{t'}^{b'}$ la densité de l'air dans les mêmes conditions.

On aura, d'après ce que nous avons vu plus haut (**14**),

$$\frac{R_t^b}{R_{t'}^{b'}} = \frac{D_t^b}{D_{t'}^{b'}};$$

mais la densité de l'air est inversement proportionnelle au binôme de dilatation $1 + \varepsilon t$ (ε étant le coefficient de dilatation de l'air), et proportionnelle à la pression. On a donc, en désignant par p et p' les pressions correspondant à b et b',

$$\frac{D_t^b}{D_{t'}^{b'}} = \frac{1 + \varepsilon t'}{1 + \varepsilon t} \frac{p}{p'};$$

d'un autre côté les pressions sont proportionnelles aux hauteurs barométriques et à la densité du mercure; cette densité étant inversement proportionnelle au binôme de dilatation du métal $(1 + \eta t)$, p et p' sont proportionnelles à b et b' et inversement proportionnelles aux binômes de dilatation du mercure, on a donc

$$\frac{p}{p'} = \frac{b}{b'} \frac{1 + \eta t'}{1 + \eta t},$$

$\frac{1}{11,9}$: Delambre, en discutant un grand nombre d'observations de signaux faites pendant la mesure de la méridienne de France, a trouvé 0,08, ou $\frac{1}{12,5}$. C'est ce nombre que l'on adopte généralement.

et, par suite,
$$\frac{D_t^b}{D_{t'}^{b'}} = \frac{(1+\varepsilon t')(1+\eta t')\,b}{(1+\varepsilon t)(1+\eta t)\,b'};$$

d'où
$$\frac{R_t^b}{R_{t'}^{b'}} = \frac{(1+\varepsilon t')(1+\eta t')\,b}{(1+\varepsilon t)(1+\eta t)\,b'}.$$

On appelle *réfractions moyennes* les réfractions correspondant à l'état moyen de la température et de la pression *en France*, c'est-à-dire pour 10° et 760 millimètres. En faisant $t = 10°$, $b = b' = 760$, et $t' = 0$, et en désignant par R_m la réfraction moyenne et par R_0 la réfraction à 0° et 760 millimètres, il vient

$$\frac{R_m}{R_0} = \frac{1}{(1+10\varepsilon)(1+10\eta)},$$

R_0 étant donné par la formule

$$R_0 = 60'',567\ \mathrm{tg}\,N - 0'',067\ \mathrm{tg}^3 N,$$

jusqu'aux valeurs de N égales à 74°, et par la formule complète de Laplace pour les distances zénithales plus grandes.

Les valeurs R_m ont été calculées par M. Caillet, ancien examinateur d'hydrographie, et sont données dans la *Connaissance des Temps* et dans les différents recueils de navigation.

Les valeurs des réfractions correspondant à un autre état de l'atmosphère s'obtiennent par la formule suivante :

$$\frac{R_t^b}{R_m} = \frac{(1+10\varepsilon)(1+10\eta)}{(1+\varepsilon t)(1+\eta t)}\,\frac{b}{760}.$$

Pour réduire ces formules en tables, on a calculé séparément les facteurs.

$$f = \frac{(1+10\varepsilon)(1+10\eta)}{(1+\varepsilon t)(1+\eta t)} \qquad \text{et} \qquad f' = \frac{b}{760}$$

et l'on obtient R_t^b par la formule

$$R_t^b = R_m \times f \times f'.$$

C'est à ce point de vue que sont dressées les tables de la *Connaissance des Temps*.

Dans les recueils de navigation on emploie une méthode un peu moins précise, mais plus rapide dans l'application.

Les facteurs f et f' étant très voisins de l'unité, on pose
$$f = (1+\theta), \quad f' = (1+\theta');$$
et il vient
$$R_t^b = R_m(1+\theta)(1+\theta')$$
$$= R_m + R_m\theta + R_m\theta' + R_m\theta\theta'$$

La correction $R_m\theta$ dépend du thermomètre seul, la correction $R_m\theta'$ du baromètre seul; ces deux corrections sont données dans des tables en fonction de R_m et de t pour la première, et de R_m et de b pour la seconde. Quant à la correction complémentaire $R_m\theta\theta'$, elle est très petite et on la néglige habituellement.

Il est bon de ne pas perdre de vue que les tables dont il s'agit supposent que le baromètre est à la même température que l'air extérieur; s'il n'en était pas ainsi, il faudrait, avant d'en faire l'application, réduire la hauteur barométrique observée à la valeur qu'elle prendrait si le baromètre était placé à l'extérieur.

17. Aplatissement des disques du Soleil et de la Lune par la réfraction.

— La réfraction a pour effet d'aplatir les disques du Soleil et de la Lune dans le sens vertical. Si, en effet, la réfraction était la même pour tous les points du contour des disques, la figure serait relevée sans subir aucune altération, mais, la réfraction décroissant avec la hauteur, la partie supérieure du disque est moins réfractée que la partie inférieure; par suite il y a aplatissement.

Soit CZ (*fig. 13*) la verticale du lieu; décrivons du point C une sphère de rayon quelconque, coupant le cône mené de l'œil au contour du disque;

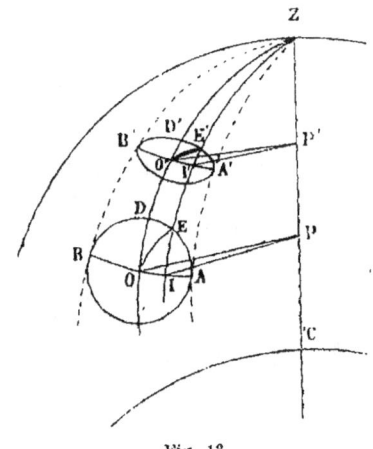

Fig. 13.

soient BDA le cercle suivant lequel ce cône est coupé, c'est-à-dire le disque qu'apercevrait l'observateur s'il n'y avait pas de réfraction, et B'D'A' le disque réfracté. Menons le vertical et les parallèles des centres, et le vertical d'un point E du contour. Les disques étant très petits, on peut considérer, sur la figure, les arcs OI, EI, O'I', et E'I' comme rectilignes. Posons

$$OI = X, \quad IE = Y, \quad O'I' = X', \quad I'E' = Y',$$
$$\Delta = OD = OA, \quad \Delta' = O'D', \quad \Delta'' = O'A'.$$

Pour de petites variations, on peut admettre que les différences des réfractions sont proportionnelles aux différences des distances zénithales; on a donc, en remarquant que EE' est la réfraction du point E, II' celle du point I, et IE la différence des distances zénithales,

$$\frac{II' - EE'}{IE} = \text{constante},$$

d'où, en remplaçant EE' par II' + I'E' − IE

$$\frac{IE - I'E'}{IE} = \text{constante},$$

et par suite, en égalant ce rapport au rapport analogue correspondant au centre du disque,

$$\frac{IE - I'E'}{IE} = \frac{OD - O'D'}{OD}.$$

Avec les notations ci-dessus, cette égalité devient :

$$\frac{Y - Y'}{Y} = \frac{\Delta - \Delta'}{\Delta} \qquad \text{d'où} \qquad \frac{Y'}{Y} = \frac{\Delta'}{\Delta}. \qquad (1)$$

Considérons actuellement la valeur de X'; on a, en remarquant que les arcs O'I' et OI sont compris entre des rayons parallèles de deux cercles ayant pour centre P et P',

$$\frac{O'I'}{OI} = \frac{O'P'}{OP};$$

on a de même

$$\frac{O'A'}{OA} = \frac{O'P'}{OP}.$$

Il vient donc

$$\frac{O'I'}{OI} = \frac{O'A'}{OA},$$

ou

$$\frac{X'}{X} = \frac{\Delta''}{\Delta}. \qquad (2)$$

ATMOSPHÈRE ; RÉFRACTIONS.

Mais on a, entre les valeurs de X et Y, la relation

$$X^2 + Y^2 = \Delta^2;$$

en remplaçant X et Y par leurs valeurs en fonction de X' et Y' tirées de (1) et (2), on obtient

$$\frac{X'^2}{\Delta''^2} + \frac{Y'^2}{\Delta'^2} = 1,$$

équation d'une ellipse dont les axes sont $2\Delta''$ et $2\Delta'$.

Désignons par ρ l'accourcissement du demi-diamètre OE incliné de l'angle φ sur le diamètre vertical, par v et h les accourcissements des demi-diamètres verticaux et horizontaux, on aura

$$O'E' = \Delta - \rho, \qquad \Delta'' = \Delta - h, \qquad \Delta' = \Delta - v,$$
$$Y' = (\Delta - \rho)\cos\varphi, \qquad X' = (\Delta - \rho)\sin\varphi,$$

et en substituant

$$\frac{(\Delta - \rho)^2 \sin^2\varphi}{(\Delta - h)^2} + \frac{(\Delta - \rho)^2 \cos^2\varphi}{(\Delta - v)^2} = 1,$$

$$[(\Delta - \rho)(\Delta - v)]^2 \sin^2\varphi + [(\Delta - \rho)(\Delta - h)]^2 \cos^2\varphi = [(\Delta - h)(\Delta - v)]^2. \quad (3)$$

Les quantités ρ, v, h étant très petites, on peut, dans les développements des produits entre parenthèses et de leurs carrés, ne conserver que les termes qui contiennent leurs premières puissances, c'est-à-dire négliger les carrés et les produits de ces quantités ; il vient alors, après réductions,

$$\rho + v \sin^2\varphi + h \cos^2\varphi = v + h;$$

d'où

$$\rho = v \cos^2\varphi + h \sin^2\varphi. \quad (4)$$

Pour réduire cette formule en tables, il faut encore calculer v et h ; or on a, sur la figure

$$v = OD - O'D' = (OD + DO') - (DO' + O'D') = OO' - DD'$$

c'est la différence des réfractions du centre et du bord supérieur ; en désignant par N la distance zénithale réfractée du centre, et en se bornant au premier terme de la réfraction qui est suffisant pour apprécier les petites variations de cette quantité, on a

$$OO' = A \operatorname{tg} N \qquad DD' = A \operatorname{tg}(N - \Delta'),$$

d'où

$$OO' - DD' = A\,[\mathrm{tg}\,N - \mathrm{tg}\,(N - \Delta')],$$
$$= A\left[\frac{\sin N \cos(N-\Delta') - \cos N \sin(N-\Delta')}{\cos N \cos(N-\Delta')}\right],$$
$$= \frac{A \sin \Delta'}{\cos N \cos(N-\Delta')},$$

et, en remplaçant $\sin \Delta'$ par $\sin \Delta$ et $\cos(N-\Delta')$ par $\cos N$ qui en diffèrent très peu

$$v = \frac{A \sin \Delta}{\cos^2 N} = \frac{A \Delta \sin 1''}{\cos^2 N}. \qquad (5)$$

Pour l'accourcissement horizontal on a

$$h = \Delta'' - \Delta;$$

mais on a trouvé

$$\frac{\Delta''}{\Delta} = \frac{O'P'}{OP};$$

on a donc, d'après la figure, en désignant par R la réfraction du centre

$$\frac{\Delta''}{\Delta} = \frac{\sin N}{\sin(N+R)}$$
$$\Delta - \Delta'' = \Delta\left[\frac{\sin(N+R) - \sin N}{\sin(N+R)}\right],$$

ou sensiblement

$$\Delta - \Delta'' = \Delta\,\frac{R \cos N \sin 1''}{\sin N} = \Delta \sin 1''\, R\, \mathrm{cotg}\, N,$$

et, en remplaçant R par $A\,\mathrm{tg}\,N$,

$$h = \Delta - \Delta'' = \Delta \sin 1''\, A. \qquad (6)$$

En substituant dans (4) les valeurs (5) et (6), il vient enfin

$$\rho = A \Delta \sin 1'' \left(\frac{\cos^2 \varphi}{\cos^2 N} + \sin^2 \varphi\right). \qquad (7)$$

Pour la formation des tables on a posé $\Delta = 16' \pm \delta$; on a ainsi décomposé le second membre en une somme de deux parties de même forme, dont l'une est la valeur de ρ correspondant à la valeur moyenne $\Delta = 16'$, et la deuxième la petite correction à apporter à cette première valeur pour obtenir la valeur exacte de l'accourcissement. Ces deux corrections sont données dans les différents recueils de tables nautiques.

Remarque. — La formule (5) qui donne v suppose que la réfraction satisfait à la formule

$$R = A \, tg N ;$$

or, on sait que, pour les très petites hauteurs où l'aplatissement est le plus sensible, cette formule n'est plus suffisamment exacte; on prend donc de préférence la valeur de v dans la table des réfractions, en calculant la variation qui correspond à un accroissement de hauteur égal au demi-diamètre.

18. Dépression apparente de l'horizon de la mer. — On appelle *dépression vraie* de l'horizon de la mer, l'angle HAh (*fig. 14*) formé au-dessous de l'horizon par la tangente menée de l'œil de l'observateur à la surface de la mer. La *dépression apparente* est l'angle HAh'' qui correspond à la tangente déviée par la réfraction terrestre.

On remarquera que, par suite de la forme curviligne du rayon lumineux, le point de tangence est reculé de h en h' sur la mer; par suite l'angle T correspondant est différent de celui que

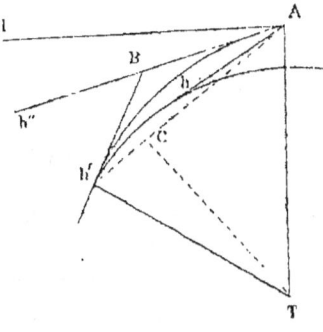

Fig. 14.

nous avons considéré plus haut (9) et dont la valeur, tirée de la formule établie à cet endroit, est

$$d = \frac{1}{\sin 1''} \sqrt{\frac{2c}{R}}.$$

Si l'on ne tient pas compte de la variation de l'angle T, on obtient pour valeur de l'angle HAh' d'après la loi de la réfraction terrestre

$$HA h' = d_1 = d - \gamma T = d - \gamma d = d(1 - \gamma),$$

$$d_1 = \frac{(1 - \gamma)}{\sin 1''} \sqrt{\frac{2c}{R}}. \qquad (1)$$

COURS D'ASTRONOMIE.

C'est cette formule que l'on emploie pour le calcul des tables qui donnent d_1 en fonction de e; on prend pour γ la valeur 0,08 donnée par Delambre (15).

On peut établir cette formule d'une manière plus rigoureuse par la méthode suivante.

Menons TC perpendiculaire à Ah'; on a

$$TC = TA \cos ATC = Th' \cos h'TC;$$

mais ATC est égal à HAC et par suite à $d_1 + \gamma T$, et $h'TC$ est égal à Bh'A $= \gamma T$; il vient donc

$$(R + e) \cos(d_1 + \gamma T) = R \cos \gamma T,$$

d'où l'on tire

$$\frac{e}{R} = \frac{\cos \gamma T - \cos(d_1 + \gamma T)}{\cos(d_1 + \gamma T)} = \frac{2 \sin \frac{d_1}{2} \sin\left(\frac{d_1}{2} + \gamma T\right)}{\cos(d_1 + \gamma T)}.$$

Tous les angles de cette formule étant très petits, nous pouvons remplacer les sinus par les arcs et le cosinus du dénominateur par l'unité; il vient alors :

$$\frac{e}{R} = d_1 \left(\frac{d_1 + 2\gamma T}{2}\right) \sin^2 1''. \qquad (2)$$

Remarquons actuellement que l'angle B, du triangle Ah'B, a pour valeur $180° - BAh' - Bh'A = 180° - 2\gamma T$; en égalant à 360° la somme des angles du quadrilatère ABh'T, il vient

$$B + BAT + T + Bh'T = 360°,$$

c'est-à-dire

$$(180° - 2\gamma T) + (90° - d_1) + T + 90° = 360°,$$

d'où

$$d_1 = T(1 - 2\gamma), \qquad \text{et} \qquad T = \frac{d_1}{1 - 2\gamma}$$

En remplaçant γT par cette valeur dans l'équation (2), il vient :

$$\frac{e}{R} = \frac{d_1^2 \sin^2 1''}{2(1 - 2\gamma)},$$

d'où

$$d_1 = \frac{1}{\sin 1''} \sqrt{\frac{2e(1 - 2\gamma)}{R}}.$$

Cette formule diffère très peu de (1); si l'on ajoute en effet la quantité très petite γ^2 dans la parenthèse du numérateur, il vient

$$d_1 = \frac{1-\gamma}{\sin 1''}\sqrt{\frac{2e}{R}}.$$

Ainsi que nous l'avons dit plus haut, c'est cette formule que l'on emploie pour calculer les tables employées par les navigateurs.

CHAPITRE II

SPHÈRE CÉLESTE ; CLASSIFICATION DES ASTRES. — MOUVEMENT DIURNE. — ROTATION DE LA TERRE; IMMOBILITÉ DES ÉTOILES.

§ 1ᵉʳ. — Étude de la sphère céleste.

19. Définitions. — On donne d'une manière générale le nom d'*astres* au Soleil, à la Lune et à tous les corps étrangers à la Terre qui sont répartis dans l'espace et dont un grand nombre se manifestent à nos yeux par les nuits sereines.

On appelle *sphère céleste* une sphère idéale transparente de rayon arbitraire, ayant pour centre l'œil d'un observateur quelconque, et sur laquelle les astres sont supposés marqués en leurs projections perspectives. Le spectacle qu'aperçoit l'observateur est évidemment le même que si la sphère céleste existait réellement et que tous les astres fussent supprimés.

Un *globe céleste* est un globe matériel sur lequel les astres sont représentés de manière à former une image exacte de la sphère idéale que nous venons de définir.

Remarque. Nous avons déjà considéré au chapitre I une sphère idéale transparente ayant pour centre l'œil d'un observateur et à laquelle nous avons donné le nom de *sphère locale* ; il est important de ne pas la confondre avec la *sphère céleste* qui lui est concentrique. Nous verrons bientôt que ces deux sphères sont mobiles l'une par rapport à l'autre.

20. Invariabilité des figures formées par la presque totalité des astres sur la sphère céleste. — L'observateur qui examine le ciel pendant plusieurs nuits et de différents lieux est immédiatement frappé de la permanence de l'aspect que présentent les figures formées par la presque totalité des points lumineux qu'il aperçoit. Ces points lumineux paraissent, il est vrai, se déplacer dans l'espace, mais leur mouvement est un mouvement d'ensemble dans lequel les positions relatives semblent ne subir aucune altération. Pour s'assurer que l'invariabilité que révèle l'examen à l'œil nu est bien réelle, il suffit de mesurer les distances angulaires des astres deux à deux et d'examiner si ces distances sont constantes, car, s'il en est ainsi, les projections des astres sur la sphère céleste auront leurs distances constantes, et formeront entre elles des figures invariables.

Cette vérification peut être effectuée au moyen d'un instrument de navigation appelé *sextant* destiné à la mesure des distances angulaires. On constatera ainsi que, au degré de précision dont l'instrument est susceptible et que permettent les observations au travers de l'atmosphère, les distances de la plupart des astres entre eux sont invariables. Lorsque plus tard nous disposerons d'instruments et de procédés d'observation plus exacts, nous vérifierons de nouveau, à un degré de précision plus élevé, l'exactitude de cette propriété.

21. Construction d'un globe céleste. — Après que l'on a constaté l'invariabilité des figures formées par presque tous les astres sur la sphère céleste, on est naturellement conduit à en construire une image. On prend pour cela un globe matériel O (*fig. 15*) recouvert de papier blanc, sur lequel on marque un point *a* que l'on choisit arbitrairement pour représenter un astre A. Pour représenter un autre astre B, on mesure sa distance angulaire au précédent et l'on prend sur le globe un point *b* situé *arbitrairement* sur le petit cercle décrit du point *a* comme centre avec cette distance angulaire comme rayon sphérique. Pour placer un troisième astre C, on mesure ses distances ca et cb aux précédents et on marque le point c à la rencontre de deux cercles décrits de a et b comme centres avec ac et bc comme rayons; ces cercles se rencontreront en deux points symétriques, mais il n'y en aura qu'un qui soit tel que le point c soit en perspective avec l'astre C, si l'on place le globe de manière à mettre en perspective le point a avec l'astre A, et le point b avec l'astre

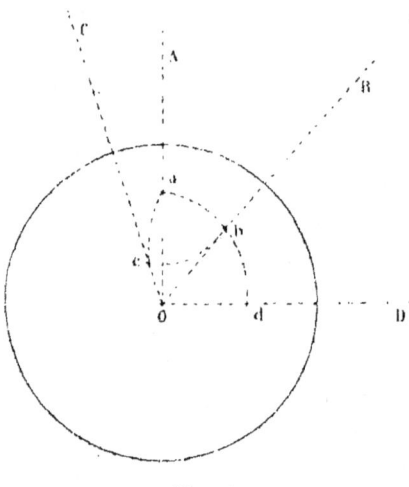

Fig. 15.

B; ce point sera d'ailleurs facile à distinguer de l'autre. On continue ainsi de proche en proche à placer tous les astres à l'aide de leurs distances à deux astres déjà marqués.

Cette opération ne peut évidemment être faite que la nuit, car l'éclat des astres diminue quand le jour approche et ils finissent bientôt par devenir invisibles; on ne pourra donc placer sur le globe dans une nuit que les astres qui sont visibles entre le coucher et le lever du Soleil. Mais, si l'on opère pendant plusieurs nuits consécutives, on remarque que quelques-unes des figures tracées dans les nuits précédentes ont disparu, et qu'au contraire des figures nouvelles ont apparu; on pourra représenter ces dernières en les rattachant aux figures voisines déjà tracées, et on arrivera en continuant ce travail pendant toute une année, à recouvrir le globe matériel entier sauf une calotte sphérique dont l'étendue et la position dépendent, comme on le verra bientôt, du lieu qu'occupe l'observateur sur la Terre.

Enfin, en se déplaçant dans un sens convenable, l'observateur apercevrait des astres dans la région restée vide, et s'il se déplaçait d'une quantité suffisante, il arriverait à recouvrir le globe dans toutes ses parties.

22. Astres errants. — Un examen suffisamment prolongé du ciel, même à l'œil nu, révèle l'existence d'un très petit nombre d'astres qui circulent parmi les figures invariables dont on vient de constater l'existence.

La Lune est un de ces astres, on verra bientôt qu'il en est de même du Soleil.

A l'exception de la Lune et du Soleil, les astres errants ne présentent à la vue simple aucune différence notable d'aspect avec les astres fixes. La lumière émise par ces derniers est, il est vrai, *scintillante*, tandis que celle des astres errants est plus *tranquille*, mais ce caractère est peu saillant. Cette communauté d'aspect disparaît lorsque l'on examine les astres avec des instruments de vision suffisamment puissants. Tous les astres errants offrent en effet des disques sensibles à l'œil suffisamment armé, quelques-uns même affectent quelquefois la forme d'un croissant comme la Lune; les astres fixes, au contraire, conservent l'aspect de points lumineux sans dimension dans les télescopes les plus puissants.

23. Classification des astres. — Les résultats que l'on vient de constater ont conduit dès l'origine à classer les astres en deux catégories :

Les *astres fixes* ou *étoiles*, dont l'ensemble forme une figure invariable sur la sphère céleste, et qui n'offrent aucun diamètre sensible dans les plus puissants instruments.

Les *astres errants* qui sont mobiles sur la sphère céleste, et qui offrent des disques sensibles. Les anciens appelaient ces derniers des *planètes* ; mais on verra bientôt que ce nom est réservé aujourd'hui à une partie seulement d'entre eux.

Il est impossible de soumettre le Soleil au mode d'observation qui vient d'être indiqué, puisque les étoiles sont invisibles pendant le jour ; mais nous sommes déjà conduits à le classer dans la 2ᵉ catégorie à cause de la grandeur de son disque ; nous verrons bientôt en effet que c'est un astre errant et qu'il est le plus important des astres de cette catégorie. Pour cette raison nous désignerons désormais les astres errants sous le nom d'*astres du système solaire*.

24. Classification des étoiles. — Les étoiles sont classées par ordre de *grandeur* et par *constellations*.

Grandeurs. — La classification par *grandeurs* est uniquement basée sur l'éclat des étoiles ; les étoiles de *première grandeur* sont les plus brillantes du ciel ; celles de *deuxième grandeur* viennent immédiatement après, et ainsi de suite ; on peut apercevoir à l'œil nu jusqu'aux étoiles de la *sixième grandeur*. On évalue à 6000 le nombre des étoiles de la première à la sixième grandeur.

Pendant longtemps la désignation de la grandeur d'une étoile a été déduite de la vue simple ; aujourd'hui on la conclut de mesures photométriques précises. L'unité de grandeur est l'éclat d'Aldébaran (Œil du Taureau) ; cette étoile n'étant pas la plus brillante, celles qui la surpassent en éclat ont une grandeur supérieure à l'unité. (Sirius, Achernar, la Chèvre, Rigel, α d'Orion, α du Navire, Procyon, Arcturus, α et β du Centaure, Véga, Altaïr.)

Nous verrons plus loin que l'éclat des étoiles n'est pas constant.

Constellations. — La classification en *constellations* ou groupes d'étoiles date de la plus haute antiquité. Les anciens astronomes, pour partager la sphère céleste en compartiments distincts, ont imaginé de couvrir sa surface de figures contiguës d'hommes, d'animaux et d'objets divers. L'ensemble des étoiles comprises dans le contour d'une de ces figures a été appelé constellation, et l'on a donné aux diverses constellations les noms des figures qu'elles représentaient. Les étoiles de chaque constellation se distinguaient les unes des autres par leurs places dans les figures (l'*Œil du Taureau*, l'*Épi de la Vierge*, le *Cœur du Lion*[1]).

La classification des étoiles d'une même constellation d'après les places qu'elles occupent dans la figure n'étant pas d'un emploi facile pour un grand nombre d'étoiles, l'astronome Bayer les a distinguées sur les cartes qu'il a publiées (1603) par des lettres grecques α, β, γ..., la lettre α étant attribuée à la plus brillante du groupe, la lettre β à celle qui venait après et ainsi de suite. Les astronomes ont adopté depuis cette méthode; on attribue aux étoiles d'abord les lettres grecques, puis les lettres romaines, puis des numéros d'ordre.

25. Méthode des alignements. — On appelle *méthode des alignements* une méthode à l'aide de laquelle on peut trouver les étoiles principales de la sphère céleste quand on connaît l'une des constellations.

La constellation que l'on prend pour base de ces recherches dans les régions tempérées de l'hémisphère nord est la *Grande Ourse*, facile à reconnaître à ses sept étoiles, dont six sont de deuxième grandeur, disposées comme le montre la planche ci-jointe. Voici comment on peut, en partant de cette constellation, reconnaître les principales étoiles visibles en France.

Petite Ourse. — Prolongez la ligne βα de la Grande Ourse du côté de α d'environ quatre fois sa longueur, vous rencontrez la Polaire α, étoile de deuxième grandeur située à l'extrémité de la queue d'une figure analogue à la Grande Ourse, disposée en sens inverse et qui forme la constellation de la Petite Ourse.

Pégase et Andromède. — Prolongez la ligne précédente au

---

[1]. La partie australe de la sphère céleste n'était pas entièrement connue des anciens; lorsque les voyages des astronomes Halley et Lacaille l'eurent fait découvrir, on lui appliqua le même procédé de division; on constate aisément, en examinant les cartes célestes, que beaucoup de noms des constellations australes sont d'origine moderne.

delà de la Petite Ourse, ainsi que la ligne qui joint la Polaire à δ de la Grande Ourse, vous rencontrez deux étoiles faisant partie d'un trapèze analogue à celui de la Grande Ourse et prolongé également d'une queue formée par trois étoiles. Cette figure est à peu près symétrique de celle de la Grande Ourse par rapport à la Polaire. Elle est formée par des étoiles appartenant à Pégase et Andromède ; l'étoile de l'extrémité de la queue est α de Persée.

Cassiopée. — La constellation de Cassiopée se trouve à peu près à mi-distance entre le carré de Pégase et la Petite Ourse.

Castor et Pollux. — Ces deux étoiles sont situées sur le prolongement de la ligne δβ de la Grande Ourse du côté de β.

La Chèvre (α du Cocher), *Deneb* (α du Cygne), *Vega* (α de la Lyre) se trouveront ensuite facilement à l'aide de la figure ci-jointe, en rapportant leurs positions à la Polaire désormais connue. Vega et la Chèvre se trouvent en effet à peu près à égale distance de la Polaire dans le voisinage d'une ligne perpendiculaire à celle qui joint le carré de Pégase, la Polaire et le quadrilatère de la Grande Ourse. Deneb est située entre Vega et le carré de Pégase.

Orion, Sirius, Aldébaran. — La belle constellation d'Orion est située dans le prolongement de la ligne qui a servi à déterminer la Chèvre. Sa figure est celle d'un quadrilatère au milieu duquel se trouvent trois étoiles en ligne oblique (le *Baudrier d'Orion*, les *Trois Rois*, ou le *Râteau*). De chaque côté de ce quadrilatère, dans la direction du Baudrier, se trouvent *Sirius*, la plus belle étoile du ciel, et Aldébaran ; la dernière est la plus rapprochée de la Polaire, elle est située non loin du groupe des *Pléiades*.

Altaïr (α de l'Aigle). — Une ligne menée par la Polaire entre Deneb et Vega et prolongée de sa longueur au delà de ces deux étoiles rencontre l'étoile de première grandeur Altaïr.

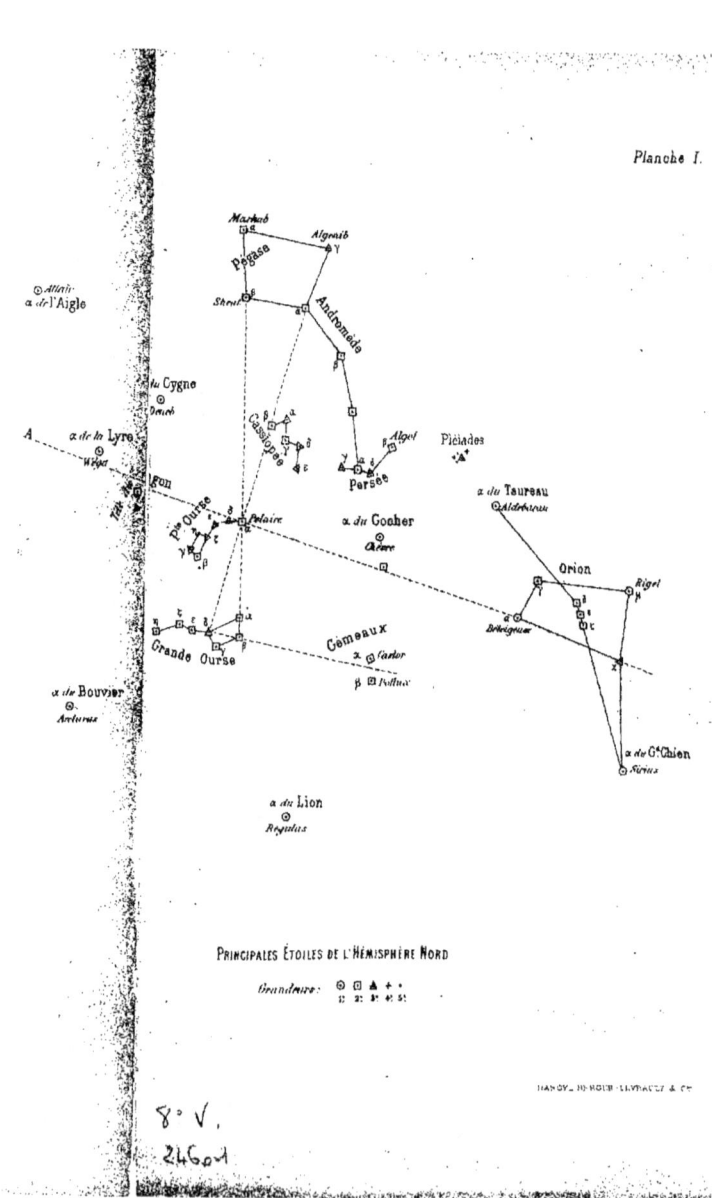

§ 2. — Mouvement diurne ; phénomènes diurnes. Orientation de la méridienne. — Mesure de la latitude. — Vérification des lois du mouvement diurne. — Deuxième système de coordonnées locales.

26. Mouvement diurne ; étude graphique. — Supposons que l'observateur, après avoir construit l'image de la sphère céleste sur un globe transparent (G) [*fig. 16*], pose ce globe de manière qu'il soit en position perspective avec le ciel à

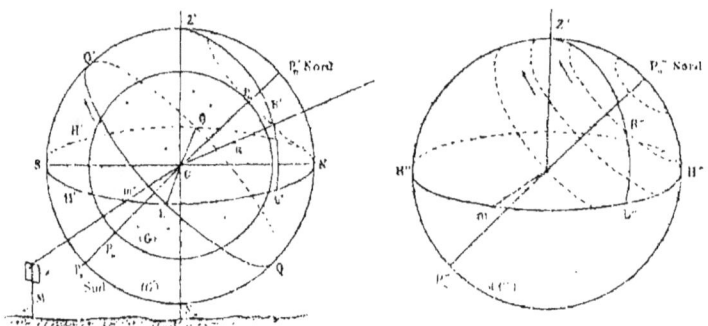

Fig. 16.

un instant donné, et que, quelques instants après, il place son œil en son centre. Il constatera alors que les étoiles ne sont plus couvertes par leurs images et qu'il faut lui faire subir un petit déplacement pour rétablir la coïncidence. Pour déterminer la nature du mouvement qu'il faut donner au globe céleste pour maintenir les étoiles en perspective, il suffit d'étudier les trajectoires que décrivent leurs projections sur la sphère locale (G′) supposée fixe. Représentons sur cette sphère le zénith Z′, le nadir N_a et l'horizon H′H′ ; et soit M une mire placée en vue du lieu et à partir de laquelle nous conviendrons, pour les recherches actuelles, de compter les azimuts.

Le théodolite (6) permet de mesurer à chaque instant l'azimut $m'b'$ et la hauteur $b'B'$ d'une étoile B quelconque. Prenons donc une sphère matérielle (G″) recouverte de papier blanc et marquons sur cette sphère un point Z″ pour représenter le zénith, ainsi que le grand cercle perpendiculaire H″H″ pour représenter l'horizon; marquons enfin sur ce grand cercle un point $m″$ quelconque pour représenter le point m' où la mire se projette sur la sphère locale.

A l'aide des éléments mesurés au théodolite, $m″b″ = m'b'$ et $b″B″ = b'B'$, on pourra représenter les positions telles que B″ d'une certaine étoile aux différents instants d'une même nuit. On constatera, en opérant ainsi, que les points obtenus sont situés sur un arc de petit cercle de la sphère et que les petits cercles décrits par différentes étoiles sont parallèles entre eux, c'est-à-dire ont les mêmes pôles $P″_n$ et $P″_s$.

Il résulte de là que le mouvement général de la sphère céleste (G) est tel que toutes les étoiles décrivent sur la sphère locale (G′) des petits cercles ayant même axe, et que, par suite, cette sphère est animée d'un mouvement de rotation autour de celui de ses diamètres qui coïncide avec l'axe $P'_n P'_s$ des trajectoires décrites sur la sphère locale.

Si, enfin, on a pris soin de noter à une montre les instants des observations, on pourra constater que les arcs parcourus sur les petits cercles sont proportionnels aux intervalles employés à les parcourir. Le mouvement de rotation est donc uniforme.

C'est à ce mouvement de la sphère céleste qu'on donne le nom de *mouvement diurne*.

Pour marquer sur un globe céleste les extrémités P_n et P_s du diamètre autour duquel la sphère céleste tourne, il suffit de connaître les distances de l'un de ces deux points à deux étoiles; or, on voit, sur la figure, que la distance angulaire $P_n B$ est égale au rayon $P'_n B'$ de la trajectoire décrite sur la sphère locale. On mesurera donc sur la sphère matérielle

(G″) les rayons sphériques des trajectoires de deux étoiles, et, avec ces rayons, ramenés à la valeur qui convient au diamètre du globe céleste que l'on possède, on placera le point P_n. Le point P_s sera situé à l'opposé sur le globe.

Les points P'_n et P'_s sont appelés les *pôles de la sphère locale*, les points P_n et P_s sont les *pôles de la sphère céleste*.

Pour compléter l'étude du mouvement diurne, il reste à comparer les résultats que l'on vient d'obtenir avec ceux que l'on obtient à différentes époques et dans différents lieux de la Terre.

RÉSULTATS OBTENUS A DES ÉPOQUES DIFFÉRENTES. — Si l'on compare les résultats obtenus à différentes époques dans un même lieu, on constate qu'ils sont absolument analogues. Si, de plus, on a conservé la même mire M, et le même globe matériel (G″), on trouve que le mouvement s'accomplit autour du même axe $P''_n P''_s$ de ce globe ; par conséquent la direction $P'_n P'_s$ est fixe dans ce lieu.

Si, au contraire, on marquait sur le globe céleste les pôles de la sphère céleste à des époques assez éloignées, on constaterait qu'ils sont mobiles. Leur mouvement est d'une telle lenteur que les observations les plus anciennes que l'on possède actuellement sont insuffisantes pour permettre d'en découvrir la loi par le procédé graphique que nous employons en ce moment, mais nous verrons plus tard que ce mouvement est un mouvement circulaire autour d'un point fixe de la sphère céleste, et que la durée de la révolution est de 26 000 ans.

RÉSULTATS OBTENUS DANS DES LIEUX DIFFÉRENTS. — Si l'on compare les résultats obtenus dans des lieux différents *à la même époque*, on constate que les phénomènes présentent exactement la même apparence. Les sphères célestes ont exactement la même figure ; le diamètre autour duquel elles tournent est le même pour tous les lieux à la même époque ; enfin la ligne des pôles de la sphère locale est fixe dans tous les lieux.

LOIS DU MOUVEMENT DIURNE. — Les lois auxquelles nous

ont conduits les observations qui précèdent peuvent être formulées ainsi :

1° La sphère céleste est animée d'un mouvement de rotation autour d'un de ses diamètres ; ce diamètre est placé de la même manière parmi les étoiles quel que soit le lieu d'observation ;

2° Le mouvement est uniforme ;

3° La direction de l'axe de rotation est invariable dans chaque lieu ;

4° Le diamètre de la sphère céleste qui coïncide avec l'axe de rotation varie dans cette sphère ; mais ce mouvement est d'une extrême lenteur et peut être négligé lorsqu'il ne s'agit pas de comparer entre elles des observations trop éloignées.

Le procédé graphique que nous avons employé pour découvrir ces lois étant très grossier, il sera nécessaire d'en vérifier l'exactitude par des procédés plus précis. Nous admettrons cependant dès maintenant qu'elles sont vraies pour donner quelques définitions nécessaires à la clarté de l'exposition, et quelques indications relatives aux phénomènes qui sont la conséquence du mouvement diurne.

27. Définitions relatives à la sphère locale. — Nous avons dit que les points fixes où la sphère locale est percée par l'axe de rotation de la sphère céleste étaient appelés *pôles*. On appelle *pôle Nord* celui vers lequel doit être dirigée la tête d'un observateur couché le long de l'axe pour que le mouvement diurne ait lieu de gauche à droite, c'est-à-dire dans le même sens que celui des aiguilles d'une montre sur laquelle l'observateur serait debout. Le *pôle Sud* est le pôle opposé. Ainsi, si le mouvement a lieu dans le sens des flèches sur le globe (G) (*fig. 16*), le point P''_n est le pôle Nord, et le point P'_s le pôle Sud.

Le *méridien* d'un lieu, dont nous avons déjà parlé au début (2), est le vertical $Z'P''_n N_a P'_s$ passant par la ligne des pôles ; la méridienne SCN est donc la projection de la ligne des pôles sur l'horizon. La branche Nord de la méridienne est la projection de la branche Nord de la ligne des pôles.

Nous avons jusqu'ici supposé le méridien séparé en deux par la verticale et nous avons distingué les deux demi-grands cercles l'un de l'autre, en leur donnant les noms de *Nord* et de *Sud*.

Dans d'autres questions on suppose la division faite par la ligne des pôles elle-même, et l'on distingue les deux demi-cercles en donnant le nom de *méridien supérieur* à celui qui contient le zénith ($P'_n Z' P'_s$), et de *méridien inférieur* à celui qui contient le nadir ($P'_n N_a P'_s$).

L'*équateur de la sphère locale* est le plan, ou le grand cercle, QQ' perpendiculaire à la ligne des pôles; l'équateur QQ' et l'horizon HH' sont perpendiculaires au méridien, puisqu'ils sont l'un et l'autre perpendiculaires à des lignes CP'_n et CZ' situées dans ce plan; leur intersection EO est donc perpendiculaire au méridien et par suite à la méridienne. Par conséquent, la *perpendiculaire* est l'intersection de l'équateur et de l'horizon.

On appelle *pôle élevé* celui des deux pôles qui est au-dessus de l'horizon, et *pôle abaissé* le pôle situé au-dessous; dans le cas de la figure 16 le pôle élevé est le pôle Nord.

Les petits cercles parallèles à l'équateur sont appelés des *parallèles*.

La *latitude d'un lieu* est la hauteur du pôle élevé au-dessus de l'horizon, c'est-à-dire l'arc NP'_n; la *colatitude* est le complément de la latitude, ou, ce qui revient au même, la distance zénithale $Z'P'_n$ du pôle. On donne à la latitude d'un lieu le nom du pôle élevé; ainsi, dans le cas de la figure, la latitude du lieu est Nord.

On donne le nom d'*horizon visible* à la ligne suivant laquelle la sphère locale est coupée par le cône tangent mené de l'œil de l'observateur aux régions environnantes; à la mer l'horizon visible est un petit cercle (*fig. 17*) d'autant plus voisin de l'horizon vrai HH' que l'observateur est moins élevé, mais toujours très voisin de lui. L'horizon visible sépare la sphère locale en deux régions, l'une sur laquelle se projettent tous les astres qui peuvent être aperçus par l'observateur, et l'autre sur laquelle se projetteraient tous ceux que la Terre dérobe à sa vue.

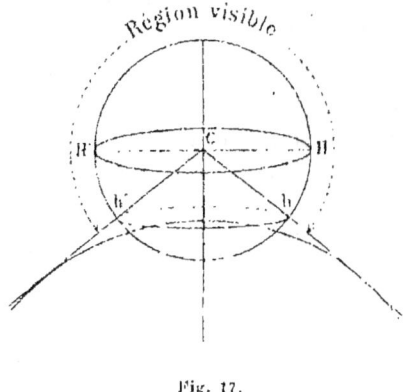

Fig. 17.

On sait que, dans le langage vulgaire, on donne le nom de *levers* et de *couchers* aux apparitions des astres au-dessus de l'horizon visible et à leurs disparitions ; en Astronomie on rapporte tous ces phénomènes à l'horizon théorique HH'. Ainsi, le lever d'un astre est son apparition au-dessus de l'horizon et son coucher sa disparition au-dessous.

28. Définitions relatives à la sphère céleste. — Considérons (*fig. 18*) un globe céleste recouvert de ses étoiles ; marquons sur ce globe les positions actuelles des pôles et supposons

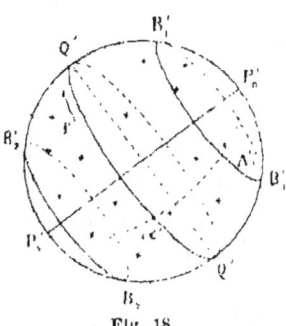

Fig. 18.

que le sens du mouvement diurne soit celui de la flèche *f*. On donne aux pôles de la sphère céleste les mêmes noms qu'à ceux de la sphère locale ; ainsi P'_n est le pôle Nord, P'_s le pôle Sud. Il existe actuellement dans le voisinage du pôle Nord une étoile à laquelle on a donné le nom d'*étoile polaire* (α de la petite Ourse).

Lorsqu'il s'agit plus spécialement de la sphère céleste, on emploie de préférence les expressions de pôle ou hémisphère *Boréal* au lieu de Nord, et de pôle ou hémisphère *Austral* au lieu de Sud.

Enfin on donne aussi au pôle Nord le nom de pôle *Arctique* (du mot grec qui signifie Ourse) et au pôle Sud celui d'*Antarctique*.

Le grand cercle perpendiculaire à la ligne des pôles s'appelle l'*équateur céleste*; les deux hémisphères en lesquels ce grand cercle partage la sphère portent les mêmes noms que les pôles qu'ils contiennent: ainsi $Q'P''_sQ'$ est l'hémisphère Nord, et $Q'P'_sQ'$ l'hémisphère Sud. La distance d'une étoile au pôle est sa *distance polaire*, sa distance à l'équateur est sa *déclinaison*; la déclinaison reçoit le nom de l'hémisphère dans lequel se trouve l'étoile: ainsi l'étoile A' a pour distance polaire P''_sA' et sa déclinaison est Nord ou Boréale et égale à $a'A'$.

Nous reviendrons plus loin sur ces définitions, car la déclinaison et la distance polaire font partie d'un système de coordonnées que nous aurons à faire connaître.

29. Remarque. — Il est bon de rappeler dès maintenant que les pôles ainsi que tous les cercles que nous avons définis sur la sphère locale sont invariables dans le lieu et par suite sur la sphère elle-même qui est fixe. Sur la sphère céleste au contraire, les seuls repères fixes sont les étoiles; les pôles étant animés d'un mouvement lent, il en est de même de l'équateur; par suite les déclinaisons et les distances polaires des étoiles sont variables.

30. Phénomènes diurnes. — Les mouvements apparents des étoiles au-dessus de l'horizon présentent des caractères un peu différents suivant les positions qu'occupent ces astres sur la sphère céleste et suivant la latitude du lieu d'observation.

Pour étudier ces apparences nous rappellerons d'abord que les rayons sphériques des trajectoires diurnes des étoiles rapportés au pôle élevé de la sphère locale (*fig. 19*), sont précisément leurs distances au pôle de même nom de la sphère céleste (*fig. 18*).

VISIBILITÉ DES ÉTOILES; LEVERS ET COUCHERS. — Menons, sur la sphère locale (*fig. 19*), l'équateur QQ, et les deux parallèles $B_1 n$ et $B_2 s$ tangents à l'horizon sn. Sa surface sera ainsi partagée en quatre zones : 1° la zone comprise entre le pôle élevé P_n et le petit cercle $B_1 n$ tangent au-dessus de l'horizon; 2° la zone comprise entre le pôle abaissé P_a et le petit cercle $B_2 s$ tangent au-dessous de l'horizon; 3° la zone comprise entre l'équateur QQ et le petit cercle $B_1 n$; 4° la zone comprise entre l'équateur et le petit cercle $B_2 s$. Traçons de même les cercles correspondants sur la sphère céleste (*fig. 18*).

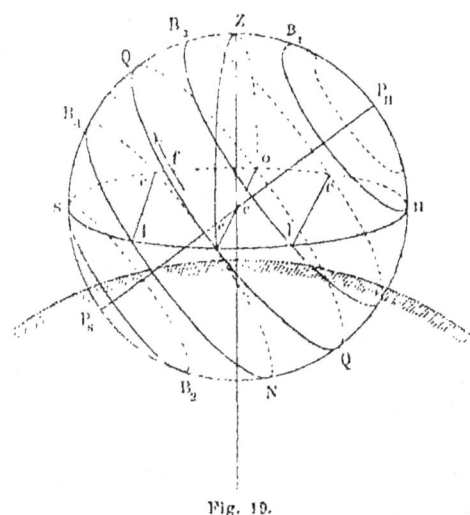

Fig. 19.

La première zone de la sphère locale comprend les trajectoires des étoiles situées dans la zone $P_n B_1$ de la sphère céleste, c'est-à-dire des étoiles dont la distance au pôle élevé est au plus égale à la latitude du lieu. On voit que ces étoiles restent constamment au-dessus de l'horizon; on les appelle les étoiles *circumpolaires*. Les étoiles circumpolaires sont visibles pendant toute la durée des nuits; on les apercevrait également dans le jour si la clarté du Soleil n'éteignait pas leur éclat.

La deuxième zone comprend les trajectoires des étoiles

situées dans la région P_1B_2 de la sphère céleste, c'est-à-dire des étoiles dont la distance au pôle abaissé est au plus égale à la latitude. Ces étoiles sont toujours sous l'horizon et restent par conséquent invisibles à l'observateur placé dans le lieu considéré. La région P_1B_2 de la sphère céleste est précisément celle que l'observateur a dû laisser en blanc en construisant un globe céleste sans changer de lieu d'observation (21).

La troisième et la quatrième zone comprennent les étoiles dont les trajectoires diurnes coupent l'horizon. Pendant une partie de leur trajet ces étoiles restent invisibles; elles apparaissent à un certain instant en des points tels que l, accomplissent leur parcours au-dessus de l'horizon et vont disparaître au-dessous en des points tels que c. Ces trajectoires étant des petits cercles parallèles à l'équateur, les intersections lc de leurs plans avec l'horizon sont parallèles à la ligne Est-Ouest; les points de lever sont situés du côté de l'Est et ceux du coucher du côté de l'Ouest.

On voit enfin que, pour les étoiles qui se meuvent dans la zone QB_1, c'est-à-dire qui sont situées du même côté de l'équateur que le pôle élevé, la partie visible de la trajectoire est plus grande que la partie invisible, et les points de lever et de coucher sont situés, par rapport aux points Est et Ouest, du côté du point cardinal qui a le même nom que le pôle élevé. Pour les étoiles qui se meuvent dans la zone QB_2, au contraire, c'est-à-dire qui sont situées par rapport à l'équateur du côté opposé au pôle élevé, la partie visible de la trajectoire diurne est plus petite que la partie invisible, et les points de lever et de coucher sont situés, par rapport à la ligne Est et Ouest, du côté du pôle abaissé.

Enfin, les étoiles dont la distance aux pôles est égale à 90°, c'est-à-dire les étoiles situées sur l'équateur céleste, décrivent l'équateur de la sphère locale. Elles se lèvent à l'Est, se couchent à l'Ouest, et la partie visible de leur trajectoire est égale à la partie invisible.

MOUVEMENT EN HAUTEUR. — Considérons d'abord les distances zénithales dont les variations sont plus faciles à suivre sur les figures que celles des hauteurs, et, sans nous préoccuper de l'horizon, considérons les variations de ces grandeurs pendant tout le trajet d'une même étoile quelconque. Quelle que soit celle des trajectoires que l'on considère, il résulte d'un théorème connu de géométrie que la distance du point Z à un point décrivant ces trajectoires circulaires est maxima quand ce point est sur le méridien inférieur $P_n NP_s$, qu'elle décroît ensuite d'une manière continue jusqu'à ce qu'il atteigne le méridien supérieur $P_n ZP_s$, et que, sur l'autre moitié du parcours, elle subit des variations inverses.

Par conséquent la distance zénithale des étoiles décroît, depuis le passage au méridien inférieur pour les étoiles circumpolaires, et depuis le lever pour les autres, jusqu'au passage au méridien supérieur, et croît ensuite jusqu'au passage au méridien inférieur pour les premières et jusqu'au coucher pour les secondes. Les mouvements en hauteur sont évidemment inverses des précédents.

MOUVEMENT EN AZIMUT. — Représentons sur la figure 20 la partie visible de la sphère locale; traçons l'équateur eQo et le premier vertical eZo. Pour étudier le mouvement d'une étoile en azimut il suffit d'imaginer un vertical, tel que ZD, mobile autour du zénith et accompagnant l'étoile pendant tout son trajet au-dessus de l'horizon. La figure montre que, pour les étoiles telles que A et B qui passent au méridien supérieur entre le pôle élevé P_n et le zénith Z, l'azimut nD compté à partir du pôle élevé reste plus petit que 90°; il a un maximum qui correspond à la position dans laquelle le vertical mobile ZD est tangent à la trajectoire.

Les étoiles qui passent au méridien supérieur en un point tel que B', compris entre le zénith et l'équateur, traversent le premier vertical; l'azimut passe donc par la valeur 90°.

Enfin, pour les étoiles qui passent au méridien supérieur en un point tel que B″ situé au dessous de l'équateur, l'azimut compté à partir du pôle élevé reste supérieur à 90° dans l'Est et dans l'Ouest.

On conclut de là que : 1° Pour les étoiles (A et B) dont la déclinaison est de même nom que la latitude nP ou QZ, et plus grande qu'elle, l'azimut compté à partir du pôle élevé croît vers l'Est, depuis zéro si l'étoile est circumpolaire, et depuis l'azimut du lever si elle ne l'est pas, jusqu'à un certain maximum inférieur à 90°, puis décroît jusqu'à la valeur zéro qu'il prend au passage supérieur. L'azimut croît ensuite vers l'Ouest de zéro au même maximum et décroît

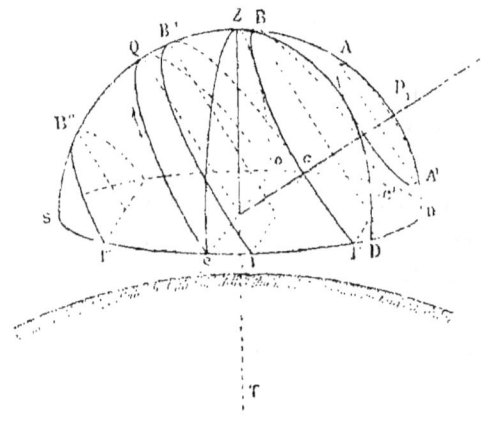

Fig. 20.

enfin de nouveau jusqu'à zéro si l'étoile est circumpolaire et jusqu'à l'azimut du coucher si elle ne l'est pas.

2° Pour les étoiles (B') dont la déclinaison est de même nom que la latitude QZ et plus petite qu'elle, l'azimut croît vers l'Est, depuis zéro si l'étoile est circumpolaire, ou depuis l'azimut du lever si elle ne l'est pas, passe par la valeur 90°, continue à croître jusqu'au moment du passage supérieur où sa valeur est 180°. L'astre passe ensuite dans l'Ouest et son azimut, compté vers l'Ouest, décroît depuis 180° jusqu'à 90° et enfin jusqu'à zéro si elle est circumpolaire et jusqu'à l'azimut du coucher si elle ne l'est pas.

3° Pour les étoiles (B″) dont la déclinaison est de nom contraire à la latitude, l'azimut du lever est plus grand que 90°; l'azimut croît vers l'Est, depuis sa valeur du lever jusqu'à 180° et décroît ensuite dans l'Ouest depuis la valeur 180° jusqu'à la valeur correspondant au coucher.

Enfin, dans tous les cas, la trajectoire de l'étoile étant symétrique par rapport au plan méridien, l'azimut a la même valeur dans l'Est et dans l'Ouest quand la hauteur est la même.

Remarque. — Lorsque, comme dans le cas de la figure, la latitude nP_n est plus petite que 45°, toutes les étoiles circumpolaires passent au méridien supérieur entre le pôle et le zénith, et appartiennent par suite à la première des trois catégories que nous venons d'examiner. Lorsque la latitude est plus grande que 45°, le pôle élevé est plus voisin du zénith que de l'horizon, par conséquent la zone des circumpolaires comprend le zénith, et les étoiles de cette région peuvent appartenir aux deux premières catégories.

Ce cas est celui qui se présente pour les lieux situés en France au nord du parallèle qui passe dans le voisinage de Bordeaux et de Grenoble; dans tous les lieux situés sur ce parallèle, les étoiles qui rasent l'horizon en passant au méridien inférieur atteignent le méridien supérieur dans le voisinage du zénith.

31. Orientation de la méridienne d'un lieu. — Nous avons pu supposer au début, pour donner les définitions, que la méridienne du lieu était déterminée par une mire placée arbitrairement, parce que, dans les observations que nous avons indiquées il était inutile de connaître la vraie position de cette ligne. Nous possédons actuellement les connaissances nécessaires pour placer la mire ; soient en effet P_n (*fig. 21*) le pôle élevé et B et B' les positions dans lesquelles une même étoile atteint la même hauteur dans l'Est et dans l'Ouest. La direction de la méridienne est la bissectrice des traces Cb et Cb' des verticaux de l'étoile dans ces deux positions.

Supposons donc que l'on cale un théodolite dans le lieu, et soit ZI la trace, sur la sphère locale, du plan décrit par l'axe optique de la lunette quand l'index du limbe horizontal de l'instrument marque zéro.

En pointant la lunette sur une étoile dans une position B avant son passage au méridien, on obtiendra la hauteur bB, et l'index du limbe horizontal donnera l'angle Ib. On attendra que l'étoile, après le passage, reprenne la même hauteur, on obtiendra ainsi l'angle Ib'. L'angle In est égal à la moyenne des angles Ib et Ib'; par conséquent, si l'on fait tourner le

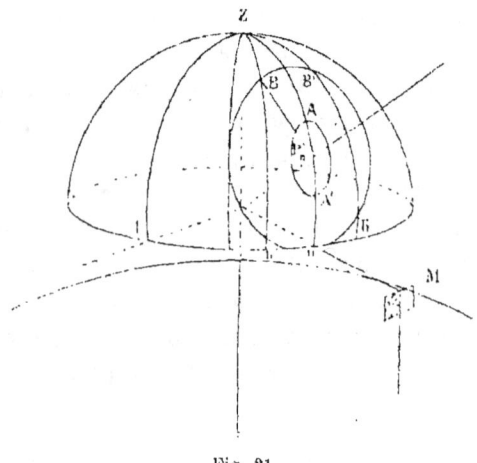

Fig. 21.

cercle vertical de manière à amener l'index horizontal sur la graduation

$$\frac{Ib + Ib'}{2},$$

l'axe optique de la lunette, dans cette position, décrira le plan méridien. Il suffira donc alors de placer la mire M de manière que sa ligne médiane soit exactement couverte par la croisée des fils du réticule.

Pour que l'on puisse observer l'astre dans les deux positions B et B' pendant une nuit, il faudra le choisir parmi ceux qui passent au méridien vers minuit. D'un autre côté, pour atténuer l'influence des erreurs inévitables d'observation, il sera bon de choisir un instant où l'azimut varie très lentement et où la hauteur varie très vite ; car une même erreur sur la hauteur correspondant alors à un intervalle plus petit, l'erreur sur l'azimut sera moindre. On peut voir sur la figure que l'instant le plus favorable est celui où l'azimut est maximum, car alors cet angle reste constant pendant un petit intervalle, de plus, la trajectoire de l'étoile étant tangente au vertical, son mouvement se produit verticalement.

Pour opérer avec précision il faudrait tenir compte de la réfraction ; si les circonstances atmosphériques ne varient pas, cette correction sera la même dans les deux observations, puisque les hauteurs sont égales il n'y aura donc pas lieu de s'en préoccuper. Si les circonstances n'étaient pas les mêmes, il faudrait corriger la première hauteur de la réfraction, calculer ensuite la réfraction convenant au deuxième instant et ajouter cette réfraction à la hauteur vraie pour obtenir la hauteur à observer.

Vérification de la méridienne. — Si l'on dispose d'une bonne horloge, on peut vérifier la position de la mire de la manière suivante : On cale un théodolite dans le lieu et on dirige la lunette dans le plan de la mire. On choisit ensuite une étoile circumpolaire A *(fig. 21)* passant au méridien inférieur au commencement de la nuit, et l'on note l'instant où cette étoile passe dans le plan décrit par l'axe optique. On attend ensuite le passage au méridien supérieur qui se produira environ douze heures après le précédent, on note encore l'instant du passage ; on note enfin une seconde fois, au commencement de la nuit suivante, l'instant où l'étoile repasse au méridien inférieur. De ces trois observations, on déduit les intervalles nécessaires à l'étoile pour décrire la partie Est et la partie Ouest de sa trajectoire ; si ces intervalles sont égaux, la mire est bien placée, s'ils sont inégaux, c'est que le plan est un peu à l'Ouest ou un peu à l'Est, on déplacera alors la mire de manière à obtenir des intervalles égaux.

Cette dernière vérification ne peut guère s'effectuer avec

un instrument mobile comme le théodolite qui est susceptible d'être dérangé pendant le long intervalle qu'exige l'opération; nous verrons plus loin (p. 109) qu'elle s'effectue avec un instrument fixé à demeure à des bâtis solides; nous ne la citons ici que pour signaler son principe.

On conçoit que cette vérification n'est possible que lorsque l'on peut observer les deux passages d'une étoile dans une même nuit; ces passages se succédant au bout d'un intervalle d'environ douze heures, il faudra choisir une longue nuit d'hiver.

32. Détermination de la latitude. — On voit sur la figure 21 que la latitude nP_n est égale à la demi-somme des hauteurs maxima et minima d'une même étoile circumpolaire. Par conséquent, pour obtenir sa valeur dans un lieu, on choisira encore une nuit assez longue pour que les étoiles accomplissent la moitié de leur révolution dans l'intervalle compris entre le lever et le coucher du Soleil; on suivra l'étoile avec la lunette du théodolite dans les environs de ses deux passages au méridien et on notera les hauteurs maxima et minima. On corrigera ces hauteurs de la réfraction et la latitude sera donnée par leur demi-somme.

Remarque. — On remarquera ici que la demi-différence des hauteurs corrigées est précisément égale à la distance polaire de l'étoile; par conséquent, la même observation permettra de déterminer les distances du pôle à deux étoiles et fournira par suite un moyen précis pour marquer la position de ce point sur un globe céleste (**26**).

33. Vérification des lois du mouvement diurne par le calcul. — Le procédé graphique que nous avons employé plus haut pour démontrer les lois du mouvement diurne (**26**) étant très imparfait, il n'est pas inutile de montrer comment on peut arriver avec plus de précision à en vérifier l'exactitude.

Pour vérifier l'exactitude de la première et de la deuxième

loi, il suffit de s'assurer que les distances des étoiles au pôle P_n de la sphère locale pendant la durée d'une révolution restent constantes, et que l'angle formé au pôle par le rayon $P_n B$ avec le méridien varie uniformément. Pour cela, on mesurera de temps à autre avec un théodolite les distances zénithales ZB d'une étoile ainsi que les azimuts $nb = P_n ZB$ rapportés à la méridienne désormais connue, et on notera à une bonne montre les instants des observations. On corrigera les distances zénithales de la réfraction; on connaîtra ainsi, pour une même étoile et à différents instants, deux côtés ZB et ZP_n et l'angle compris BZP_n du triangle sphérique $ZP_n B$; on pourra donc résoudre ce triangle et calculer le côté $P_n B$ et l'angle en P_n, et s'assurer par suite que le premier est constant et que l'autre varie uniformément.

L'exactitude de la troisième loi résulte de ce fait aisé à vérifier que la position de la méridienne et la valeur de la latitude ne changent pas dans le lieu.

Enfin le déplacement lent des pôles sur la sphère céleste se constatera en comparant les valeurs obtenues, à des époques éloignées, pour la distance polaire d'une même étoile.

§ 3. — Rotation de la Terre ; immobilité des étoiles.

L'homme n'éprouvant sur la Terre aucune des sensations qu'il constate habituellement lorsqu'il se trouve sur un corps en mouvement est naturellement porté à supposer que ce globe est immobile et que les apparences du mouvement diurne sont dues à des déplacements propres des étoiles dans l'espace.

En se plaçant à ce point de vue, les apparences du mouvement diurne peuvent être expliquées par l'hypothèse suivante:

34. Première hypothèse : *Le globe terrestre est immobile dans l'espace; les étoiles, situées à des distances infinies par rapport à* *son rayon, forment un système invariable qui tourne d'un mouvement uniforme autour d'un axe* PP_1 *(fig. 22)*[1] *passant par le centre de la Terre.*

Nous allons voir en effet que les apparences qui s'offriraient à l'observateur terrestre si l'Univers était ainsi constitué seraient précisément celles que nous avons constatées.

1° *Les sphères célestes aperçues par les différents observateurs placés à la surface de la Terre seraient identiques entre elles aux*

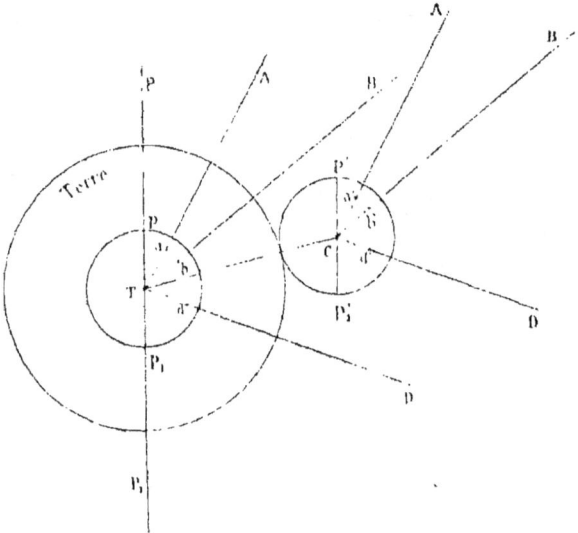

Fig. 22.

mêmes instants. — Joignons en effet une étoile A au centre T de la Terre et à l'œil C d'un observateur placé à sa surface. Si la distance de l'étoile est assez grande par rapport au rayon TC de la Terre, l'angle formé par les deux droites AT et AC sera très petit et insensible au plus précis de nos instruments de mesure ; par conséquent leurs directions pourront être

---

1. Dans cette figure, ainsi que dans plusieurs autres qui suivent, nous avons dû, pour la clarté, exagérer considérablement les distances des observations à la surface de la Terre. Ces distances devront être réduites par la pensée à des longueurs négligeables par rapport au rayon du globe.

considérées comme parallèles. Il en sera de même des rayons qui joignent les autres étoiles à ces deux points; par suite, les faisceaux formés par des rayons stellaires émanant des points T et C à un même instant seront parallèles et les figures formées par les traces de ces faisceaux sur des sphères ayant pour centres les points T et C seront identiques. La sphère céleste d'un observateur quelconque à un instant donné étant identique à celle que pourrait apercevoir un observateur idéal placé au centre de la Terre, les sphères célestes de tous les observateurs terrestres seront identiques entre elles au même instant. Nous voyons de plus que ces sphères seront parallèles entre elles et à la sphère centrale. Nous appellerons cette sphère la *sphère céleste géocentrique*.

2° *Les sphères célestes seront invariables dans tous les lieux et paraîtront tourner uniformément autour d'un de leurs diamètres.* — Si, en effet, le système formé par les étoiles reste invariable de forme et tourne uniformément autour de l'axe PP_1, la figure formée sur la sphère géocentrique sera invariable et son aspect sera le même que si la sphère tournait uniformément autour du diamètre pp_1. Comme d'ailleurs les sphères célestes des observateurs placés à la surface sont à tout instant identiques et parallèles à la sphère géocentrique, ces sphères seront elles-mêmes invariables et paraîtront tourner uniformément autour d'un diamètre $p_1 p_1'$ qui, pour tous les lieux, sera placé de la même manière parmi les étoiles.

3° *La direction de la ligne des pôles sera invariable dans chaque lieu.* — Cette direction est, en effet, celle d'une parallèle à l'axe PP_1 que nous supposons percer la Terre en des points fixes, par suite elle sera invariable dans chaque lieu.

4° La quatrième loi du mouvement diurne relative au déplacement des pôles sur la sphère céleste pourrait être expliquée par un certain déplacement lent de l'ensemble du système des étoiles par rapport à la Terre; mais, pour ne pas compliquer inutilement une hypothèse que nous allons bientôt abandonner définitivement, nous nous bornerons aux considérations précédentes qui suffisent pour expliquer les apparences pendant une période assez longue.

35. — Si l'on ne s'astreint pas à considérer la Terre comme immobile, on peut encore expliquer les apparences constatées par l'hypothèse suivante :

Deuxième hypothèse : *Le globe terrestre est animé d'une rotation uniforme autour d'un diamètre fixe, et les étoiles sont immobiles à des distances infinies par rapport à son rayon.* — Remarquons, en effet, que l'observateur terrestre n'aperçoit rien autre chose que la Terre et les astres ; il ne possède aucun repère fixe dans l'espace, auquel il puisse rapporter les mouvements absolus de ces corps, et les apparences qu'il constate résultent uniquement de la comparaison des positions des étoiles entre elles et par rapport à la Terre. Si l'on donne à l'ensemble du système Terre et étoiles, supposé invariable, un mouvement général quelconque, les positions relatives ne seront pas altérées et les apparences resteront les mêmes que si ce mouvement général n'existait pas. De même, si au système animé de mouvements quelconques, on donne un mouvement d'ensemble, les apparences seront les mêmes que si les mouvements primitifs existaient seuls.

Par conséquent, dans tout mouvement résultant de la superposition d'un mouvement d'ensemble quelconque à celui que nous venons de décrire (34), les apparences du mouvement diurne seront encore réalisées.

Imaginons donc que l'on superpose au mouvement décrit dans la précédente hypothèse un mouvement d'ensemble consistant dans une rotation autour de l'axe PP_1, de vitesse uniforme égale et contraire à celle dont le système des étoiles est animé. Alors la Terre, précédemment immobile, tournera uniformément autour du diamètre PP_1, et les étoiles seront réduites à l'immobilité. Ce sont précisément les conditions que nous venons d'énoncer, et il résulte de ce que nous venons de dire, que ces conditions nouvelles satisfont aux résultats de l'observation.

36. Explication du déplacement des pôles célestes.

Considérons d'abord la sphère céleste géocentrique, et imaginons que la Terre tourne autour d'un diamètre, fixe en elle-même, mais animé d'un mouvement de balancement dans l'espace. Les étoiles étant immobiles ainsi que le centre T (*fig. 23*) de la Terre, la sphère céleste géocentrique ne changera pas, mais la ligne des pôles se déplaçant et venant en $P'P'_1$ percera cette sphère en des points différents.

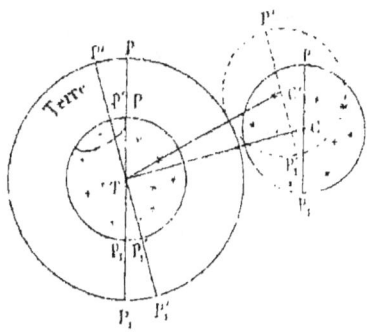

Fig. 23.

Considérons actuellement un observateur placé en C à la surface de la Terre : après le dérangement de ce globe, il sera venu dans une position telle que C'. La sphère céleste C' étant encore parallèle et identique à la sphère géocentrique, sera par suite parallèle et identique à la sphère céleste C ; la ligne des pôles $p'C'p'_1$ de cette sphère, parallèle à une ligne fixe PP_1 de la Terre, sera restée invariable dans le lieu, mais elle percera actuellement la sphère céleste C' en des points homologues aux points p' et p'_1 ; elle se sera donc déplacée parmi les étoiles.

Nous verrons plus loin que le lieu géométrique des traces de l'axe sur la sphère céleste est un cercle ; en considérant en particulier la sphère céleste géocentrique, on voit que le balancement de l'axe de la Terre consiste en un mouvement conique autour d'une ligne fixe de l'espace absolu.

Par suite, le mouvement de la Terre est analogue à celui d'une toupie qui tourne rapidement autour d'un axe, qui décrit lui-même un mouvement conique.

37. Conclusion.

Au point de vue de l'aspect que les mouvements du ciel offrent à l'observateur, les deux hypothèses que nous venons d'indiquer sont également satisfaisantes.

Au point de vue mécanique, la deuxième hypothèse oblige à admettre que les objets placés à la surface de la Terre, et qui nous semblent immobiles, sont animés dans l'espace de vitesses proportionnelles à leurs distances à l'axe de rotation, et dont la grandeur peut dépasser 300 mètres par seconde.

Au premier abord, l'esprit se refuse à admettre que de semblables vitesses puissent exister sans que nous soyons frappés de l'existence de réactions analogues à celles que nous constatons en général dans les mouvements rapides que nous parvenons à produire. Aussi, pendant longtemps, c'est la première hypothèse qui a prévalu chez les astronomes.

Mais les objections qui pouvaient être formulées contre la deuxième hypothèse ont été écartées successivement par les progrès de la science. La mécanique rationnelle enseigne en effet que les réactions que les corps en mouvement exercent sur leurs appuis sont dues, non pas à la grandeur de leurs vitesses, mais aux changements que subissent les intensités et les directions de ces vitesses. Les objets terrestres décrivant des cercles d'un mouvement uniforme, leurs réactions ne peuvent provenir que des changements de direction que subissent leurs vitesses en suivant le contour des cercles. Ces réactions consistent en une force peu intense appelée *force centrifuge* qui tend à écarter les corps de la surface de la Terre et dont l'effet se réduit à une légère modification de la direction et de l'intensité de la pesanteur.

Quelque faibles que soient les effets dynamiques de la rotation de la Terre, on a réussi cependant à les mettre en évidence dans des expériences délicates (Pendule et gyroscope de Foucault). Nous admettrons donc désormais la deuxième hypothèse. Nous serons conduits plus tard, il est vrai, à admettre que le centre de la Terre se meut dans l'espace, mais avant d'adopter cette nouvelle hypothèse, nous montrerons qu'elle n'est pas en contradiction avec les résultats acquis jusque-là.

§ 4. — Importance des propriétés de la sphère céleste pour les observations astronomiques.

38. — Il résulte de ce que nous venons de voir que la sphère céleste reste invariable et invariablement orientée dans l'espace absolu quelle que soit l'époque et quel que soit le lieu d'observation.

Un observateur qui, à l'époque actuelle, regarde une étoile d'un lieu quelconque de la Terre a donc les yeux tournés vers une direction que l'on peut considérer comme rigoureusement parallèle à celle dans laquelle regardait un observateur, placé en un lieu quelconque de la Terre, à une époque aussi reculée qu'on pourra le supposer, lorsque cet observateur examinait la même étoile.

Enfin si l'on place à des époques et en des lieux quelconques des globes célestes en position perspective avec le ciel, les lignes homologues de ces globes seront placées dans des directions rigoureusement parallèles.

Nous allons faire voir que, grâce à ces propriétés, cette sphère constitue une sorte de compas idéal d'une extrême exactitude, à l'aide duquel on peut préciser les directions dans l'espace absolu et mesurer les angles formés par des directions observées de lieux différents à des époques quelconques.

39. Préciser une direction de l'espace absolu. — Pour préciser sans ambiguïté une direction CA (*fig. 22*) dans l'espace absolu, il suffit de déterminer la distance à deux étoiles du point a' où cette direction perce la sphère; car on pourra réaliser une parallèle à cette direction à une époque quelconque en marquant la position du point a sur un globe céleste et en plaçant le globe en position perspective avec le ciel.

40. Mesurer l'angle de deux directions. — Pour mesurer les angles formés par deux directions données, il suffit de déterminer les positions des points où ces directions percent la sphère céleste et de marquer ces points sur un globe céleste ; l'angle des deux directions aura en effet pour mesure leur distance angulaire sur la sphère, puisque, en mettant le globe en position perspective, les rayons aboutissant en ces points deviennent parallèles aux directions considérées.

Il ne faut pas perdre de vue ici que, la Terre étant en mouvement dans l'espace, les directions qui sont fixes par rapport à elle sont mobiles dans l'espace absolu et percent la sphère céleste en des points variables. Par suite, si l'on voulait appliquer le même procédé à la mesure de l'angle de deux droites liées à la Terre, il faudrait prendre les points où elles percent la sphère céleste *au même instant,* car en prenant ces points à deux instants différents, on obtiendrait l'angle formé par les directions dans les positions où elles ont été amenées successivement par le mouvement de rotation.

41. Utilité de la sphère céleste en Astronomie et en Navigation. — L'usage que les astronomes et les navigateurs font de la sphère offre une grande analogie avec celui que les géographes font de la boussole. La propriété essentielle de ce dernier instrument est de fournir à un observateur qui se déplace dans une région restreinte de la Terre une direction fixe lui servant de repère pour préciser des directions *dans l'horizon*; il permet ainsi de comparer entre elles les directions observées de lieux différents et à des époques différentes. La sphère céleste rend des services de même nature *dans toutes les directions de l'espace.* Ses repères, c'est-à-dire les étoiles, étant des points mathématiques, sont incomparablement plus précis que les pointes grossières de l'aiguille aimantée ; de plus, les directions de ces repères sont invariables, quelle que soit l'époque et quel que soit le lieu, tandis que les directions données par l'aiguille aimantée ne sont comparables entre elles que pour une région et une durée restreintes.

Cette sphère constitue, en quelque sorte, une boussole

universelle d'une précision incomparable, grâce à laquelle l'homme a pu mesurer l'Univers par des procédés offrant une analogie complète avec ceux que l'on emploie en topographie avec la boussole ordinaire.

L'objet principal des observations du ciel sera de déterminer les positions apparentes des astres mobiles sur le globe idéal. Pour donner une idée de l'utilité que peuvent offrir ces observations nous allons montrer comment on peut les appliquer à la détermination de la distance d'un astre à la Terre et de la position d'un navire à la mer.

Mesure de la distance d'un astre a la Terre. — Soient T (*fig. 24*) le centre de la Terre, C et C' deux observateurs et A un astre; prenons pour plan de la figure le plan passant par les trois points T, C et C', et supposons que l'astre soit situé en deçà de ce plan.

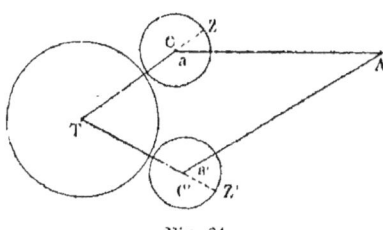

Fig. 24.

L'astre et la Terre étant mobiles, nous supposerons que les observations sont faites simultanément des deux lieux; nous verrons plus tard comment on peut obtenir cette instantanéité.

Les observateurs C et C' détermineront les positions de leurs zéniths Z et Z' sur la sphère céleste en mesurant les distances zénithales de deux étoiles; ils mesureront également les distances à deux étoiles des projections a et a' de l'astre A.

Les éléments ainsi recueillis et la valeur du rayon de la Terre suffisent à la détermination de la figure TCAC'T. Nous savons en effet que si, après avoir marqué les points z, z', a et a' sur un globe céleste, on place ce globe en position perspective, les rayons aboutissant en ces points seront parallèles aux lignes TC, CA, TC' et C'A. On conçoit donc que l'on pourrait mener, par un point de l'espace représentant le point T, des droites parallèles à TC et TC', prendre sur ces droites des longueurs égales au rayon de la Terre et en menant par leurs extrémités de nouvelles droites parallèles à CA et C′A, obtenir une figure égale à la figure considérée. La figure pouvant être construite, les éléments dont on dispose suffiront évidemment pour sa résolution par le calcul.

C'est par cette méthode que l'on a déterminé la distance à la Terre de la Lune et de la planète Mars.

DÉTERMINATION DE LA POSITION D'UN NAVIRE A LA MER. — L'observateur à la mer peut déduire les distances zénithales des astres de l'observation au sextant de leur distance angulaire à l'horizon de la mer. Supposons que, à un instant déterminé, il mesure la distance zénithale za d'une étoile A

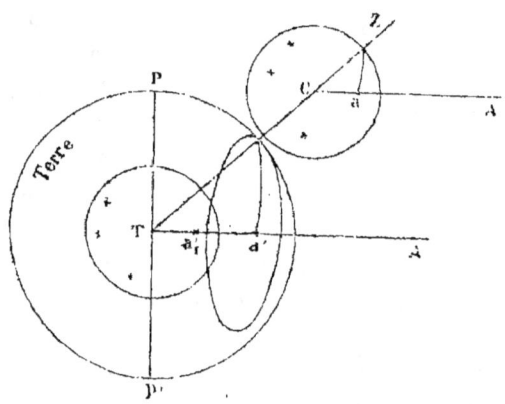

Fig. 25.

(fig. 25). Joignons le centre de la Terre à la même étoile; soit a' le point où cette ligne perce la surface. On voit sur la figure que la distance zénithale Za est égale à la distance angulaire du lieu C où se trouve le navire au lieu a' où l'étoile se projette sur la Terre, c'est-à-dire au lieu qui a l'étoile à son zénith au moment de l'observation.

Remarquant actuellement que la sphère céleste géocentrique invariable tourne uniformément autour de la ligne des pôles, on conçoit que l'on puisse connaître, à l'aide d'un chronomètre réglé au départ du navire, la manière dont cette sphère est tournée par rapport à la Terre au moment de l'observation, et, par suite, la position de la projection a' de l'étoile considérée à sa surface.

Par suite, l'observation donne au navigateur sa distance à un point connu de la Terre; si donc il trace le cercle ayant ce point pour centre et cette distance comme rayon, il obtiendra un lieu géométrique passant par la position du navire.

L'observation simultanée d'une seconde hauteur donnera les éléments d'un second lieu géométrique, et l'intersection de ces deux lieux sera le *Point* du navire.

CHAPITRE III

COORDONNÉES URANOGRAPHIQUES, GÉOGRAPHIQUES ET LO-
CALES (DEUXIÈME SYSTÈME). — ASPECT GÉNÉRAL DU
MOUVEMENT DIURNE. — CONVERSION DES COORDONNÉES.
— CALCUL D'ANGLE HORAIRE.

§ 1ᵉʳ. — Coordonnées uranographiques. Coordonnées géographiques. Coordonnées locales.

42. Coordonnées uranographiques ou célestes. — Nous venons de voir que la direction d'une ligne *dans l'espace absolu* est déterminée par la position, parmi les étoiles, du point où cette direction perce la sphère céleste. Cette position peut être déterminée elle-même par les distances du point à deux étoiles; mais les distances de cette nature ne peuvent pas être mesurées avec une grande précision; de plus, elles ne se prêteraient pas avec commodité aux calculs astronomiques; on leur substitue des coordonnées appelées *coordonnées uranographiques* ou *célestes*, analogues à celles dont nous avons parlé pour la sphère locale et rapportées à des repères dont la position par

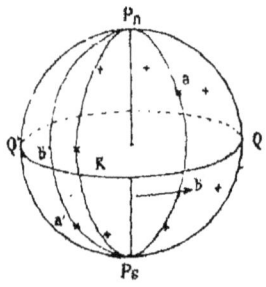

Fig. 26.

rapport aux étoiles est bien déterminée. Ces repères sont: le pôle nord P_n (*fig. 26*), l'équateur céleste QQ', et un grand cercle $P_n K P_s$, perpendiculaire à ce dernier, dont la position est choisie d'une manière particulière que nous ferons connaître plus tard, mais que nous supposerons provisoirement arbitraire et déterminée par une étoile quelconque choisie par les astronomes d'un commun accord. C'est ainsi que nous avons déjà procédé au début pour le méridien que nous avons supposé déterminé par une mire, placée arbitrairement jusqu'à l'instant où nous avons pu faire connaître quelle était la vraie position de ce plan.

DÉCLINAISONS ET ASCENSIONS DROITES. — Nous avons vu (28) que la *déclinaison* d'une étoile est la distance ba (*fig. 26*) de la projection de l'étoile à l'équateur céleste, et que cet élément reçoit le nom de l'hémisphère dans lequel l'étoile se trouve. Ainsi la déclinaison de l'étoile a est ba *nord* ou *boréale*; celle de l'étoile a' est $b'a'$ *sud* ou *australe*. Souvent on remplace les noms nord et sud par des signes; alors le signe + est donné aux déclinaisons nord et le signe − aux déclinaisons sud.

Les grands cercles passant par la ligne des pôles sont appelées *cercles de déclinaison*; ces grands cercles sont considérés comme divisés en deux parties distinctes par la ligne des pôles : le cercle de déclinaison d'une étoile est le demi-grand cercle qui contient l'étoile.

On appelle *ascension droite* d'une étoile a l'angle KP_*b dont il faut faire tourner le plan P_*KP_* pour l'amener à passer par l'étoile. Cet angle se compte dans le sens de la flèche, c'est-à-dire dans le *sens opposé à celui du mouvement apparent de la sphère céleste*. Il a même valeur que l'arc Kb décrit sur l'équateur céleste par la trace du cercle de déclinaison pendant le mouvement que nous venons d'indiquer.

Les unités dont on fait usage pour mesurer les ascensions droites sont : *l'heure*, qui est la vingt-quatrième partie de la circonférence, la *minute* et la *seconde d'heure*, qui sont respectivement la soixantième partie de l'heure et de la minute.

Nous verrons bientôt pourquoi ces mêmes expressions peuvent être employées encore pour désigner des intervalles de temps; mais, pour le moment, nous conviendrons de les considérer exclusivement comme désignant des parties de la circonférence.

D'après les conventions qui viennent d'être indiquées, si l'on suppose l'équateur céleste gradué de zéro à vingt-quatre heures dans le sens de la flèche à partir du point K, la graduation marquée par le pied du cercle de déclinaison d'une étoile sera précisément son ascension droite.

43. Mobilité des repères de la sphère céleste. — Nous avons déjà constaté que les positions des pôles de la sphère céleste se déplacent lentement parmi les étoiles; par conséquent, les repères auxquels sont rapportées les déclinaisons et les ascensions droites sont variables; les coordonnées des étoiles sont donc variables.

La position d'un point sur la sphère céleste ne sera déterminée par ces deux coordonnées que si l'on connaît en même temps les positions des repères parmi les étoiles à la même époque. Il faudra donc avoir soin, lorsque l'on mesurera les coordonnées d'un point de la sphère céleste, de déterminer au préalable les positions des repères eux-mêmes. Cependant, en raison de l'extrême lenteur de leurs mouvements, nous pourrons admettre le plus souvent que, dans une période relativement courte, une année par exemple, ces déplacements peuvent être négligés.

44. Coordonnées locales, deuxième système. — Les coordonnées locales du système que nous allons considérer servent, comme celles du premier système (3), à déterminer la position d'un point sur la sphère locale, et par suite à préciser une direction par rapport à des repères *fixes dans le lieu*, mais entraînés comme lui dans le mouvement de la Terre. Les repères de ce nouveau système sont : le pôle élevé P_n (*fig.* 27), l'équateur de la sphère locale QQ' et le méridien supérieur $P_n Z P_i$.

ANGLES HORAIRES ET DÉCLINAISONS. — On donne le nom de *cercles horaires* aux grands cercles de la sphère locale qui passent par la ligne des pôles. Ces grands cercles sont, comme les verticaux de la même sphère, considérés comme divisés en deux parties distinctes par la ligne des pôles; le cercle horaire d'une étoile est le demi-grand cercle qui contient l'étoile.

On appelle *angle horaire* d'une étoile a l'angle dont il faudrait faire tourner le méridien supérieur P_nZP_s dans le *sens du mouvement diurne* par amener ce demi-cercle en coïncidence avec le cercle horaire de l'étoile. Il est donc égal à l'angle $QP_n b$ engendré par le cercle horaire depuis le dernier passage de l'étoile au méridien supérieur; sa valeur est égale à celle de l'arc Qb d'équateur compté à partir de l'intersection avec le méridien supérieur jusqu'au pied du cercle horaire de l'étoile, dans le sens du mouvement diurne.

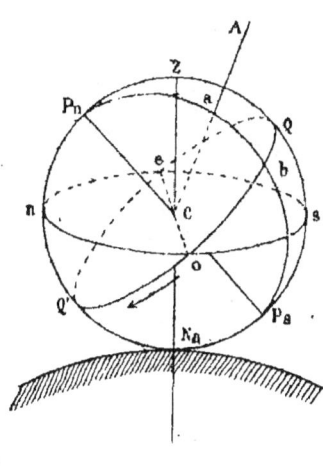

Fig. 27.

Il résulte de là que, si l'on imagine l'équateur de la sphère locale gradué de zéro à vingt-quatre heures dans le sens de la flèche à partir du point Q, la graduation marquée par le pied d'un cercle horaire à un instant donné sera précisément la valeur de l'angle horaire à cet instant.

La deuxième coordonnée de ce système est la distance ba de la projection de l'étoile à l'équateur; on donne à cette coordonnée le nom de *déclinaison* comme sur la sphère céleste.

TEMPS D'UNE ÉTOILE, TEMPS SIDÉRAL. HORLOGE SIDÉRALE. — On appelle quelquefois l'angle horaire d'une étoile le *temps* de l'étoile; il est bien entendu que, au moins actuellement, cette expression désigne un *angle* et n'a aucune signification de *durée*.

On appelle *temps sidéral* l'angle horaire de l'étoile choisie comme origine des ascensions droites sur la sphère céleste.

COORDONNÉES URANOGRAPHIQUES.

Considérons, sur la figure 28, la sphère locale d'un observateur C et la sphère céleste concentrique que nous supposerons représentée à l'intérieur de la précédente. Soit K le point de l'équateur céleste à partir duquel se comptent les ascensions droites; ces éléments se comptent dans le sens de la flèche f, tandis que les angles horaires se comptent sur l'équateur de la sphère locale à partir du point Q et dans le sens de la flèche F.

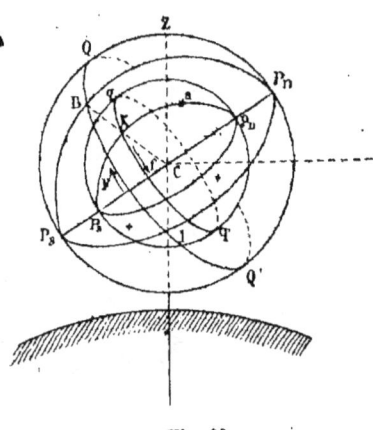

Fig. 28.

Joignons le point K à l'œil de l'observateur C et prolongeons jusqu'à la sphère locale en B. L'angle horaire du point K est l'arc QQ'B compté en passant par derrière la figure. Si l'on imagine que la sphère céleste tourne autour de la ligne des pôles de manière à rester en position perspective avec le ciel et si l'équateur QQ' est gradué, comme nous l'avons dit, de zéro à vingt-quatre heures dans le sens de la flèche F à partir du point Q, le point K marquera sur ce cadran idéal le temps sidéral du lieu.

On appelle *horloge sidérale* une horloge mécanique dont le cadran est divisé en 24 heures et dont l'aiguille marche uniformément et marque zéro toutes les fois que l'origine des ascensions droites passe au méridien supérieur, c'est-à-dire aux instants où le temps sidéral est nul.

L'aiguille de l'horloge sidérale tournant sur son cadran avec la même vitesse que le point K sur son cadran idéal, elle indique à tout instant la valeur du temps sidéral dans le lieu. Lorsque cette horloge est destinée à un lieu fixe, comme un observatoire, elle a pour régulateur un pendule; on l'appelle alors *pendule sidérale*. Lorsqu'elle est destinée à être transportée dans divers lieux, son régulateur est un ressort spiral ; on l'appelle alors *montre sidérale* ou *chronomètre sidéral*.

Le temps sidéral à un instant donné est égal à l'ascension droite des astres qui passent au méridien à cet instant. — On voit en effet que, à l'instant représenté sur la figure 28, le temps sidéral compté sur l'équateur de la sphère locale dans le sens F est l'arc QQ'B ; or, les étoiles qui passent à cet instant au méridien supérieur sont situées sur le cercle de déclinaison $p_{\prime\prime}qp_{\prime}$; leur ascension droite comptée à partir du point K sur l'équateur céleste dans le sens f est donc l'arc K$q'q$, ou, ce qui revient au même, l'arc BQ'Q compté en sens opposé à la flèche F, et cet arc est évidemment égal à l'arc QQ'B compté en sens inverse.

45. Coordonnées géographiques. — On appelle *surface de la Terre* la surface du globe idéal obtenu en supposant la surface des mers prolongée sous les continents. Nous verrons bientôt que cette surface n'est pas rigoureusement sphérique.

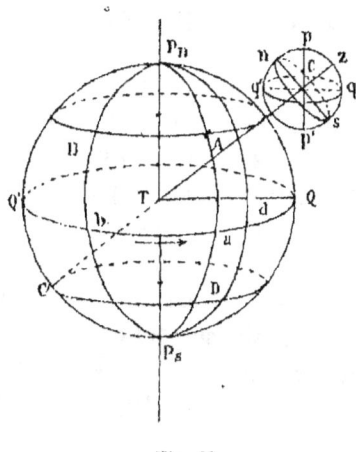

Fig. 29.

Néanmoins nous conserverons cette hypothèse pour les définitions qui suivent, nous réservant d'indiquer plus loin les réserves à y apporter pour tenir compte de la non-sphéricité.

Les *coordonnées géographiques* d'un lieu sont les éléments à l'aide desquels on peut déterminer la position de ce lieu sur la Terre. Les repères auxquels sont rapportées ces coordonnées sont : les pôles $P_{\prime\prime}P_{s}$ (*fig.* 29) de la Terre, l'équateur terrestre QQ' et un demi-grand cercle particulier $P_{\prime\prime}AP_{s}$, perpendiculaire à ce dernier et appelé *premier méridien*.

Méridien, longitudes, latitudes. — On appelle *méridien géographique* d'un lieu le demi-grand cercle de la Terre passant par les pôles et par ce lieu. Le plan de ce méridien coïncide avec celui du méridien de la sphère locale (**27**), car il contient comme ce dernier la verticale TCz et la ligne des pôles pCp' de la sphère locale qui est parallèle à la ligne des pôles de la Terre.

La *latitude géographique* d'un lieu est l'angle formé par la verticale du lieu avec l'équateur, ou, ce qui revient au même, l'arc de méridien QC; on lui donne le nom de l'hémisphère dans lequel se trouve le lieu. Ainsi, la latitude du lieu C est *Nord*, celle du lieu D est *Sud*. On remplace souvent les noms Nord et Sud par les signes $+$ et $-$; dans ce cas le signe $+$ correspond à l'hémisphère nord et le signe $-$ à l'hémisphère sud. La latitude ainsi définie a même valeur et même nom que celle que nous avons définie plus haut (**27**), car la hauteur du pôle nCp est égale à l'angle QTC dont les côtés sont perpendiculaires aux siens. De plus, la figure montre que le pôle de la sphère céleste qui est élevé au-dessus de l'horizon est le pôle homologue de celui de la Terre qui est dans le même hémisphère que le lieu.

La *longitude géographique* d'un lieu C est l'angle AP_uQ dont il faut faire tourner le premier méridien P_uAP_s pour l'amener en coïncidence avec le méridien du lieu, ou encore l'arc aQ décrit par la trace du méridien sur l'équateur pendant ce mouvement. Les longitudes se comptent en heures et parties d'heure; on leur donne les noms *Est* ou *Ouest* suivant que l'on a fait tourner le premier méridien vers l'Est ou vers l'Ouest relativement aux lieux situés sur son contour.

On remplace souvent les noms d'Est et Ouest par des signes $+$ ou $-$; alors les longitudes sont positives à l'Ouest et négatives à l'Est.

En général ces arcs sont comptés de zéro à 12 heures dans un sens et dans l'autre; ainsi la longitude du lieu C est aQ Est ou $-aQ$; celle du lieu B est ab Ouest ou $+ab$.

Mais en Astronomie et en Navigation, on les compte de

zéro à 24 heures ; il peut même arriver que, dans les calculs, les longitudes se présentent avec des valeurs supérieures à 24 heures ; il est donc indispensable de conserver le point de vue général, c'est-à-dire de considérer, dans une expression telle que $\pm 18^h17^m$ ou 18^h17^m Ouest ou Est, le signe ou le nom comme l'indication du sens dans lequel il faut faire tourner de 18^h17^m le premier méridien, pour l'amener à passer par le lieu.

Premiers méridiens. — Malgré les grands avantages qu'offrirait au point de vue de la simplicité comme à celui de la logique l'adoption d'un premier méridien unique, les différents peuples conservent encore des premiers méridiens distincts. Ceux dont l'usage est le plus répandu sont : le méridien de l'Observatoire de Paris et celui de l'Observatoire de Greenwich.

Une commission internationale s'est réunie en 1885 à Washington sur l'initiative du gouvernement des États-Unis pour arriver à une entente à ce sujet et n'a pu aboutir. Cependant la plupart des nations se sont ralliées, au moins provisoirement, au choix du méridien de Greenwich, parce que les cartes marines anglaises sont celles dont l'usage est le plus répandu. L'Angleterre étant la première puissance maritime possède, pour l'établissement de ces cartes, une organisation que ne pourraient créer chez elles les puissances secondaires qu'au prix de frais disproportionnés avec leurs ressources, aussi la plupart de ces puissances prennent les cartes anglaises ; quelques pays emploient les cartes françaises, mais c'est le plus petit nombre.

§ 2. — Aspect général du mouvement diurne dans les différents lieux.

46. — Représentons sur la figure 30 divers lieux C_1, C_2, C_3, C_4, C_5 répartis le long d'un méridien terrestre, et traçons les sphères locales de ces différents lieux, en laissant en pointillé les parties de ces sphères situées au-dessous de l'horizon. (Pour la clarté de la figure, nous avons considérablement exagéré les distances des observateurs à la surface de la Terre; il faut donc rapprocher par la pensée les points $C_1, C_2, \ldots\ldots C_9$ du

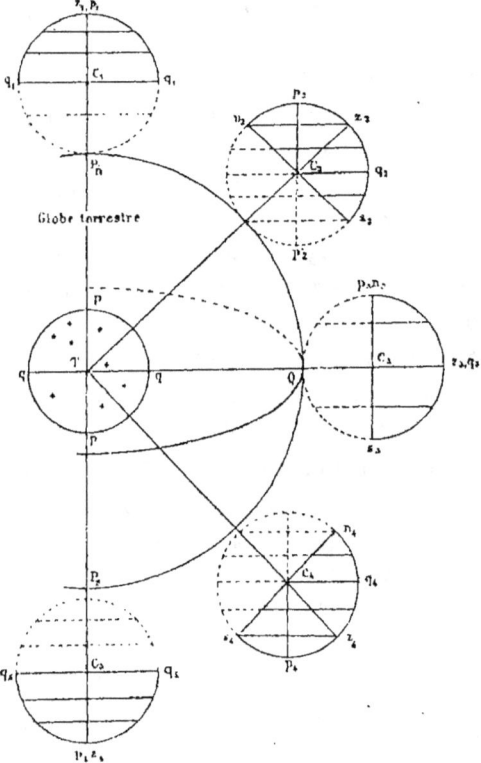

Fig. 30.

méridien, et ne pas perdre de vue que l'horizon sépare sensiblement dans chaque lieu les régions visibles de celles qui sont invisibles.)

Imaginons actuellement les sphères célestes des observateurs, identiques comme figures entre elles et avec la sphère céleste géocentrique T. Ces sphères semblent tourner autour d'axes parallèles à l'axe $P_n P_s$ de la Terre et les étoiles décrivent, sur les sphères locales, des petits cercles perpendiculaires aux axes de rotation. Pour plus de simplicité, représentons ces parallèles par leurs projections orthogonales sur la figure en ayant soin de laisser en pointillé les parties des trajectoires qui sont situées sous l'horizon.

Considérons successivement les différents observateurs : Pour l'observateur C_1 qui serait situé au pôle nord, le pôle nord de la sphère locale serait au zénith ; les étoiles décriraient donc autour du zénith des cercles parallèles à l'horizon, et l'hémisphère sud de la sphère céleste serait tout entier invisible.

Pour l'observateur C_5 placé au pôle sud, ce serait le contraire, le pôle sud serait au zénith, et l'hémisphère nord de la sphère céleste serait invisible.

Pour l'observateur C_3 situé à l'équateur, la ligne des pôles de la sphère locale coïncide, dans l'horizon, avec la méridienne ; toutes les trajectoires diurnes, perpendiculaires à l'horizon, sont divisées par ce plan en deux parties égales, la durée du séjour des étoiles sur l'horizon est donc égale à la durée de leur séjour en-dessous.

Enfin, pour les observateurs C_2 et C_4 situés dans l'hémisphère nord ou dans l'hémisphère sud, le pôle élevé est celui qui porte le nom de l'hémisphère dans lequel ils se trouvent. Les étoiles dont la distance à ce pôle est plus petite que la latitude $p_2 n_2 = C_2 TQ$ ou $p_4 s_4 = C_4 TQ$ sont circompolaires ; celles dont la distance au pôle abaissé est plus petite que la même quantité restent toujours sous l'horizon, et sont par conséquent invisibles ; enfin, pour les autres étoiles, la figure montre que les trajectoires seront coupées obliquement par l'horizon, et que la durée du séjour au-dessous de l'horizon sera plus grande ou plus petite que celle du séjour au-dessus, suivant que les déclinaisons seront de même nom ou de noms contraires avec la latitude du lieu.

APPAREIL DE DÉMONSTRATION. — Les apparences du mouvement diurne aux différents lieux de la Terre peuvent être placées sous les yeux à l'aide de l'appareil représenté sur la figure 31. Cet appareil se compose d'un pied vertical A, portant un cercle vertical $P_s H'ZP_n HQ$, et un cercle horizontal HH'. Ce dernier cercle est fixé au cercle vertical et soutenu par un demi-cercle inférieur V à angle droit avec les deux autres.

Le cercle vertical porte à l'intérieur de son contour une rainure représentée par un trait pointillé sur la figure, et dans laquelle glisse un cercle concentrique, dissimulé dans cette rainure, qui entraîne un axe $P_n P_s$ et un grand cercle QQ' perpendiculaire à cet axe ; la sphère cé-

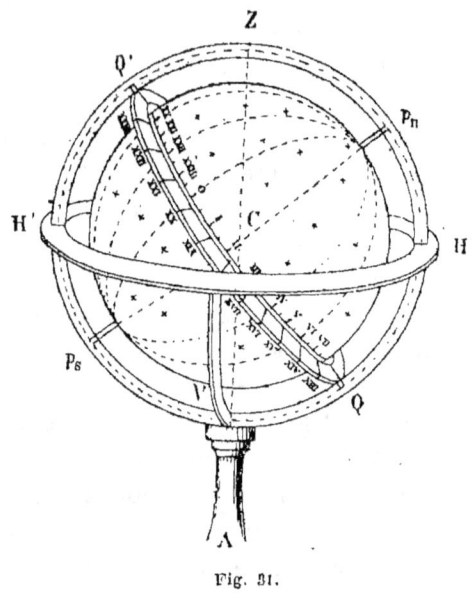

Fig. 31.

leste recouverte de ses étoiles est montée sur l'axe et tourne librement autour de lui et à l'intérieur du cercle QQ'.

Si l'on oriente cet appareil de manière que le cercle vertical soit situé dans le méridien, et si l'on incline la ligne des pôles de manière que le pôle élevé ait pour hauteur la latitude du lieu, le cercle vertical représentera le méridien de la sphère locale, le cercle horizontal l'horizon, le cercle QQ' l'équateur de cette sphère. Enfin le demi-cercle V représentera la partie inférieure du premier vertical.

Conformément aux conventions adoptées, l'équateur céleste est gradué sur la sphère elle-même de zéro à 24 heures, dans le sens indiqué sur la figure, et l'équateur QQ' de la sphère locale dans le sens opposé à partir du point Q'.

Le cercle de déclinaison d'une étoile marquera, sur la graduation de la sphère, l'ascension droite de l'étoile. Les cercles horaires étant les traces sur la sphère locale des plans des cercles de déclinaison, il n'est pas utile qu'ils soient représentés matériellement. Si le globe céleste est placé en position perspective, le cercle de déclinaison d'une étoile marquera, sur la graduation de l'équateur QQ', l'angle horaire de l'étoile ; le zéro de l'équateur céleste marquera, sur le même cercle, le temps sidéral à l'instant correspondant à la position de l'instrument. On pourra encore obtenir l'heure sidérale en lisant sur l'équateur céleste la graduation marquée par le point Q', car cette graduation est l'ascension droite des astres passant à cet instant au méridien supérieur.

Pour achever de mettre le globe céleste en position perspective, il suffira donc de le faire tourner autour de son axe de manière à amener son zéro à marquer l'heure sidérale sur QQ', ou à amener l'heure sidérale de son équateur sous le méridien supérieur en Q'. Enfin, pour le maintenir en position perspective, il suffira de le faire tourner sur son axe, de manière que ces deux graduations soient constamment d'accord avec l'indication d'une horloge sidérale.

On pourra placer cet appareil de manière que la latitude prenne toutes les valeurs de zéro à 90°, nord et sud ; et il suffira d'imaginer que l'on ait l'œil placé en son centre et de faire tourner le globe sur lui-même pour se rendre compte des apparences qu'offre le mouvement diurne aux différents lieux de la terre.

Ces appareils sont quelquefois complétés par un arc métallique de 90° mobile autour du zénith Z et gradué de zéro à 90° à partir de l'horizon. Cet arc est destiné à représenter les différents verticaux ; en le faisant passer par une étoile, lorsque l'on a mis le globe en position perspective, on peut y lire sa hauteur. Lorsque l'appareil est muni de ce cercle, l'horizon HH est gradué à partir de la méridienne HH' ; la trace du vertical sur cette graduation indique alors l'azimut de l'étoile.

§ 3. — Sphère universelle. Conversions des angles horaires simultanés.

47. Sphère universelle. — Nous avons considéré jusqu'ici trois sphères distinctes : la *sphère terrestre*, la *sphère locale* dont le centre est à l'œil de l'observateur et dont les repères (zénith, horizon, méridien, pôles, équateur) sont fixes dans le lieu, et par suite par rapport à la Terre, et enfin la *sphère céleste* dont le centre peut être supposé au centre de la Terre ou à l'œil de l'observateur, puisqu'elle a la même figure dans les différents lieux, et qu'elle est orientée d'une manière invariable dans l'espace absolu.

La représentation de ces trois sphères dans leurs positions respectives conduit à des figures assez compliquées, que l'on peut éviter dans le cas, qui est le plus général, où l'on n'a à s'occuper que des angles formés par les lignes et les plans dans l'espace. On n'apporte en effet à ces angles aucun changement en supposant ces sphères transportées parallèlement à elles-mêmes en un même point de l'espace; et, si l'on suppose à ces sphères le même rayon, on obtient une sphère unique, sur laquelle sont portées à la fois toutes les directions à comparer, ainsi que les repères des différents systèmes.

Nous donnerons à cette sphère nouvelle le nom de *sphère universelle*. On peut la définir comme une sphère idéale de démonstration, dont le centre est placé en un point arbitraire et sur laquelle les différents points et les différents cercles: pôles, zénith, nadir, équateur, horizon, méridiens, verticaux, cercles de déclinaison, sont représentés dans les positions que l'on obtiendrait en transportant les trois sphères parallèlement à elles-mêmes en son centre à l'instant considéré [1].

---

[1]. C'est naturellement de cette sphère que les astronomes font exclusivement usage. Mais, dans un ouvrage destiné à l'enseignement et s'adressant par suite à des esprits peu familiers encore avec le sujet, il importe de présenter les faits sous la forme la plus voisine de la réalité; aussi nous ferons le moins possible usage de cette sphère conventionnelle.

Pour obtenir la figure de la sphère universelle à un instant déterminé, on mène, par le point U choisi pour centre (fig. 32), une parallèle PP' à la ligne des pôles de la sphère céleste,

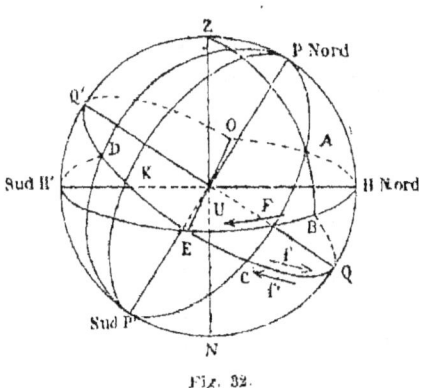

Fig. 32.

un plan QQ' parallèle à l'équateur céleste, puis un plan PKP' parallèle au cercle de déclinaison de la sphère céleste dont la trace sur l'équateur sert d'origine aux ascensions droites ; on a ainsi les repères de la sphère céleste.

Pour obtenir les repères de la sphère locale on mène une parallèle ZUN à la verticale du lieu, et un plan HH' parallèle à l'horizon et, par suite, perpendiculaire à ZUN. L'équateur et la ligne des pôles de la sphère locale coïncideront évidemment avec l'équateur QQ' et la ligne PP' précédemment tracés.

Le plan PUZ sera parallèle au méridien du lieu, qui sera ainsi représenté par le cercle PZP'N ; la ligne HH' sera parallèle à la méridienne et la ligne EO à la perpendiculaire du lieu.

Pour obtenir enfin les repères des coordonnées géographiques, il suffira de mener le plan PDP' parallèle au premier méridien, car PP' et QQ' sont parallèles à l'axe de rotation et à l'équateur de la Terre.

La figure ainsi tracée donne la représentation des angles que font entre eux les plans qui servent de repères sur les trois sphères ; et, si l'on mène une parallèle UA à la direction d'une étoile quelconque, le point A où cette droite perce la sphère est placé par rapport aux repères des coordonnées locales et célestes de la même manière que sa projection sur les sphères adoptées pour la représentation de ces coordonnées.

On a ainsi :

Coordonnées géographiques du lieu Z.	Latitude . . .	HP	*Nord.*
	Colatitude. . .	PZ	*Nord.*
	Longitude. . .	DQ'	*Ouest* ou DQQ' *Est.*
Coordonnées géographiques du lieu qui a l'astre A au zénith.	Latitude . . .	CA	*Nord.*
	Colatitude. . .	PA	*Nord.*
	Longitude. . .	DC	*Est* ou DQ'QC *Ouest.*
Coordonnées locales de l'astre A (1er système).	Hauteur. . . .	BA	
	Distance zénithale	ZA	
	Azimut . . .	HB	*Nord-Est.*
	Amplitude. . .	EB	*Est-Nord.*
Coordonnées locales de l'astre A (2° système).	Déclinaison . .	CA	*Nord.*
	Distance polaire.	PA	*Nord.*
	Angle horaire. .	Q'QC	(flèche f'').
Coordonnées uranographiques de l'astre A.	Déclinaison . .	CA	*Nord.*
	Distance polaire.	PA	*Nord.*
	Ascension droite	KC	(flèche f).
Temps sidéral		Q'QK	(flèche f'').
ou ascension droite du méridien supérieur.		KQQ'	(flèche f) égal au précédent.

Il est important de ne pas perdre de vue que la figure ainsi tracée ne peut convenir qu'à *un instant déterminé,* car les positions relatives des repères sont sans cesse changeantes.

48. Conventions pour les signes à attribuer aux coordonnées. — Considérons sur une sphère O (*fig.* 33) un grand cercle AB, un des pôles C de ce grand cercle et un point D situé sur AB. Les coordonnées d'un point M de la sphère, dans un système analogue à ceux que nous avons envisagés précédemment, sont l'arc DE et l'arc perpendiculaire EM. Pour que les valeurs de ces arcs déterminent sans ambiguïté la position du point M, il faut encore savoir dans quels sens ils doivent être portés. A l'arc EM, on convient de donner le signe + s'il est porté vers celui des pôles que l'on a choisi et le signe — s'il est porté vers l'autre pôle.

Pour l'arc DE, on convient d'attribuer un sens propre au grand cercle AB, celui qui est indiqué par la flèche f par exemple, et on donne le signe + à l'arc DE s'il est porté à partir du point D dans le sens de la flèche, et le signe − s'il est porté dans le sens opposé. On convient également de compter les rotations autour du pôle C positivement dans le sens indiqué par la même flèche et négativement dans le sens opposé; il résulte de là que l'arc DE a même valeur en grandeur et en signe que l'angle dont il faudrait faire tourner le grand cercle CD pour l'amener à passer par le point M.

On dit que le système de coordonnées est *direct* lorsque, pour un observateur situé au pôle C et regardant le grand

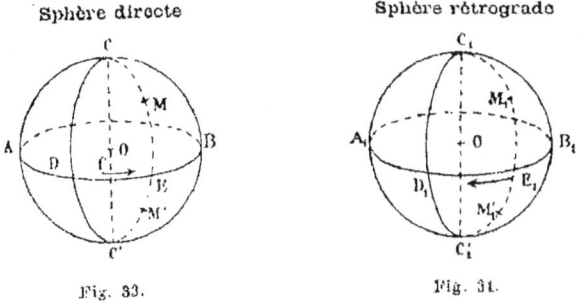

Fig. 33. Fig. 34.

cercle AB, le sens adopté f est *contraire à celui du mouvement des aiguilles d'une montre*, c'est le cas de la figure 33, et qu'il est *rétrograde* lorsque le sens est celui de ce dernier mouvement; c'est le cas représenté sur la figure 34.

Sur la *sphère locale* et sur la *sphère terrestre* on a adopté le *sens rétrograde* et sur la *sphère céleste* le *sens direct*.

Dans le premier système de coordonnées locales, le point C_1 (*fig. 34*) est le zénith, le grand cercle A_1B_1 est l'horizon, le point D_1 est l'extrémité de la méridienne qui porte le nom du pôle élevé. Les hauteurs sont comptées positivement vers le zénith (E_1M_1), négativement en sens opposé (E_1M_1') les distances zénithales C_1M_1 ou C_1M_1' sont toujours complémentaires des hauteurs ; enfin l'azimut reçoit le signe + s'il est compté vers la droite et le signe — s'il est compté vers la gauche.

Dans le second système de coordonnées locales, le point C_1 est le pôle Nord, même pour les habitants de l'hémisphère Sud dont ce pôle est le pôle abaissé ; le grand cercle $A_1 B_1$ est l'équateur de la sphère locale, et le point D_1 l'intersection du méridien supérieur avec l'équateur. Les déclinaisons sont comptées positivement au Nord $(E_1 M_1)$, et négativement au Sud $(E_1 M'_1)$; les distances polaires sont rapportées au pôle Nord et sont par suite toujours complémentaires des déclinaisons ; enfin les angles horaires sont comptés positivement vers l'Ouest et négativement vers l'Est ; en général on les compte positivement.

Pour la *sphère terrestre* les coordonnées sont rétrogrades comme les précédentes. Le point C_1 est toujours le pôle *Nord*, le grand cercle $A_1 B_1$ est l'équateur terrestre et le point D_1 l'intersection du premier méridien avec l'équateur.

Les latitudes sont donc comptées positivement pour l'hémisphère Nord, négativement pour l'hémisphère Sud ; enfin les longitudes comptées vers l'Ouest sont positives et vers l'Est négatives.

Enfin, pour la *sphère céleste* qui seule est directe (*fig.* 33), le point C est le pôle Nord, le grand cercle AB l'équateur céleste, le point D l'origine des ascensions droites. Les déclinaisons sont donc comptées positivement dans l'hémisphère Nord et négativement dans l'hémisphère Sud. Enfin, les ascensions droites sont comptées positivement dans le sens de la flèche *f*.

Les remarques qui précèdent sont surtout importantes pour rappeler le sens dans lequel doivent être comptés les arcs d'équateur sur la sphère universelle. On évitera toute erreur en conservant présente à la mémoire la règle très simple suivante : tout arc d'équateur, qui a pour origine un point qui est *fixe par rapport à la Terre* (méridien, premier méridien), est compté dans le sens rétrograde, qui est celui du mouvement apparent, et tout arc qui a pour origine un point *fixe de la sphère céleste* est compté dans le sens direct, qui est celui du mouvement vrai de la Terre.

Cela posé, voici, avec des signes au lieu de noms, les éléments que nous avons déjà considérés plus haut (les lettres désignent les valeurs absolues des éléments de la figure 32) :

Coordonnées géographiques du lieu Z.	Latitude	$+HP$.
	Colatitude . . .	PZ.
	Longitude . . .	$+DQ'$ ou $-DQQ'$.
Coordonnées géographiques du lieu qu'a l'astre A au zénith.	Latitude	$+CA$.
	Colatitude . . .	PA.
	Longitude . . .	$-DC$ ou $+DQ'QC$.
Coordonnées locales de l'astre A (1ᵉʳ système).	Hauteur	$+BA$.
	Distance zénithale	ZA.
	Azimut	$+HB$.
Coordonnées locales de l'astre A (2ᵉ système).	Déclinaison . . .	$+CA$.
	Distance polaire.	PA.
	Angle horaire. .	$+Q'QC$ ou $-Q'DC$ (rarement[1]).
Coordonnées uranographiques de l'astre A.	Déclinaison . . .	$+CA$.
	Ascension droite.	$+KC$ ou $-KQ'QC$ (rarement[1]).

49. Conversions des angles horaires simultanés. — Formule générale. — Si l'on désigne par Tag[2] l'angle horaire ou temps d'un astre A, dans un lieu dont la longitude a pour valeur G, par Aa l'ascension droite de l'astre A et par Tsp le temps sidéral au même instant dans un lieu situé sur le premier méridien, on a la formule générale

Tsp = Tag + Aa + G (à une ou plusieurs circonférences près).

Cette formule est une conséquence de la propriété suivante,

---

1. Ces angles se comptent toujours positivement, mais il peut arriver que, dans le cours des calculs, on les obtienne avec des valeurs négatives ; il est donc indispensable de conserver à la définition sa généralité.
2. Cette notation est celle qui est usitée en France par les marins ; elle est d'un emploi très commode lorsque l'on a des conversions de toutes natures à effectuer fréquemment, comme cela a lieu en navigation.

que nous aurons fréquemment à employer. Si l'on convient de compter les arcs d'une circonférence positivement quand ils sont parcourus dans un sens déterminé et négativement quand ils sont parcourus dans le sens opposé, et si l'on admet qu'une notation telle que MR (fig. 35), M et R désignant deux points de la circonférence, représente la valeur algébrique de l'arc parcouru par un point partant de M et allant en R, on a, quelles que soient les positions des points intermédiaires N, P,... et quel que soit leur nombre :

MR = MN + NP + PR (à une ou plusieurs circonférences près).

Cette formule exprime la propriété presque évidente qu'un point partant de M et arrivant en R ne peut parcourir sur la circonférence que des arcs dont la somme algébrique diffère d'un nombre entier de circonférences.

Supposons que la circonférence U (fig. 35) représente l'équateur de la sphère universelle vu du pôle Nord ; alors les angles horaires et les longitudes se compteront positivement dans le sens de la flèche f et les ascensions droites dans le sens de la flèche f'. Soit UM la projection du premier méridien, UP la projection du cercle origine des ascensions droites,

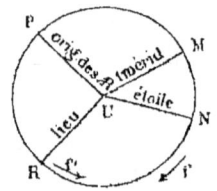

Fig. 35.

UN la projection du cercle horaire de l'étoile A, UR la projection du méridien d'un lieu. On aura :

Temps sidéral du premier méridien . . . . Tsp = MP (flèche f)
Longitude du méridien UR . . . . G = MR (flèche f)
Angle horaire de l'étoile pour le méridien UR Tag = RN (flèche f)
Angle horaire de l'étoile pour le premier
  méridien. . . . . Tap = NP (flèche f)
Ascension droite de l'étoile . . . . Aa = PN (flèche f').

Pour appliquer la formule qui précède, il faut rapporter tous les arcs au même sens ; or, la valeur de l'ascension droite étant celle de l'arc PN compté de P en N dans le sens f', elle est évidemment égale à celle de l'arc inverse NP compté de N en P dans le sens f ; on a donc : Aa = NP (flèche f) ;

les arcs MR, MP, PN et NR étant maintenant tous comptés dans le même sens, on peut appliquer la formule générale qui précède; il vient alors, en remplaçant dans cette formule les arcs par les notations qui expriment leur signification,

$$\text{Tsp} = G + \text{Tag} + \text{Æa}.$$

C'est la formule générale des conversions énoncée plus haut.

CONVERSION DES ANGLES HORAIRES SIMULTANÉS. — Si, à l'instant où le temps sidéral du premier méridien a pour valeur Tsp, on considère deux astres A et A' et deux lieux quelconques de longitudes G et G', on aura à la fois

$$\text{Tsp} = \text{Tag} + \text{Æa} + G,$$
$$\text{Tsp} = \text{Ta'g'} + \text{Æa'} + G',$$

et par suite

$$\text{Tag} + \text{Æa} + G = \text{Ta'g'} + \text{Æa'} + G'.$$

Cette formule donne la solution de tous les problèmes de conversion qu'on peut avoir à effectuer.

1° *Changement de l'astre pour le même lieu.* — On fait alors $G' = G$ et on remplace g' par g dans l'indice de T; il vient alors

$$\text{Tag} + \text{Æa} = \text{Ta'g} + \text{Æa'},$$

d'où

$$\text{Ta'g} = \text{Tag} + (\text{Æa} - \text{Æa'}).$$

Si l'astre A' est celui qui sert d'origine aux ascensions droites, Æa' est nulle et Ta'g est l'heure sidérale Tsg du lieu; on a donc

$$\text{Tsg} = \text{Tag} + \text{Æa}.$$

2° *Changement de lieu pour le même astre.* — On fait alors $\text{Æa} = \text{Æa'}$, et on remplace a' par a dans Ta'g'; il vient ainsi

$$\text{Tag} + G = \text{Tag'} + G',$$

d'où

$$\text{Tag'} = \text{Tag} + (G - G').$$

Si le lieu dont la longitude est désignée par G' est le premier méridien, G' est nulle et Tag' devient Tap ; on a donc

$$Tap = Tag + G.$$

§ 4. — Formules de conversion des coordonnées locales. — Calcul d'angle horaire. Problème des longitudes.

50. — Supposons que l'on connaisse les coordonnées locales d'un astre par rapport au pôle et à l'équateur (deuxième système), et que l'on veuille obtenir les coordonnées locales du même astre rapportées au zénith et à l'horizon.

Soit Z (*fig. 36*) le zénith sur la sphère universelle U, P le pôle élevé et A l'astre considéré. Représentons l'équateur et l'horizon et adoptons pour axes de coordonnées rectangulaires les deux systèmes suivants.

1er système. UX et UY dirigés dans l'horizon, le premier vers l'Est, le second vers le Nord de la méridienne ; UZ dirigé vers le zénith.

2° système. UX' et UY' dans l'équateur, le premier coïncidant avec UX

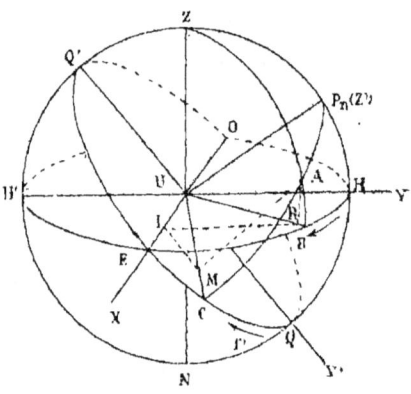

Fig. 36.

et le second étant la branche de Q'Q qui vient coïncider avec UY quand on amène le pôle Nord en coïncidence avec le zénith ; UZ' dirigé vers le pôle élevé.

Abaissons, du point A, AR et AM perpendiculaires sur l'horizon et l'équateur, et RI et MI perpendiculaires à UX ; ces deux dernières tombent au même point I, pied de la perpendiculaire abaissée du point A sur UX.

Les coordonnées du point A, dans les deux systèmes, sont

$$X = X' = \overline{UI},$$
$$Y = \overline{IR}, \qquad Y' = \overline{IM},$$
$$Z = \overline{RA}, \qquad Z' = \overline{MA}.$$

D'un autre côté, on a, pour expressions de ces coordonnées

$$X = \overline{UI} = \overline{UR}\cos XB, \qquad X' = \overline{UM}\cos XC,$$
$$Y = \overline{IR} = \overline{UR}\cos YB, \qquad Y' = \overline{IM} = \overline{UM}\cos Y'C,$$
$$Z = \overline{RA} = \overline{UA}\cos ZA, \qquad Z' = \overline{MA} = \overline{UA}\cos Z'A,$$

et comme d'ailleurs on a

$$\overline{UR} = \overline{UA}\cos BA, \qquad \overline{UM} = \overline{UA}\cos CA,$$

il vient enfin

$$X = \overline{UA}\cos BA \cos XB, \qquad X' = \overline{UA}\cos CA \cos X'C,$$
$$Y = \overline{UA}\cos BA \cos YB, \qquad Y' = \overline{UA}\cos CA \cos Y'C,$$
$$Z = \overline{UA}\cos ZA, \qquad Z' = \overline{UA}\cos Z'A.$$

Ces formules, dans lesquelles n'entrent que des cosinus, ne nécessitent aucune hypothèse sur les sens dans lesquels les arcs doivent être comptés positivement puisque les cosinus sont indépendants des signes des arcs.

Convenons actuellement de compter les arcs d'équateur et d'horizon positivement dans les sens adoptés pour les angles horaires et les azimuts, et les arcs BA et CA dans les sens adoptés pour les hauteurs et les déclinaisons. On a, sur la figure, en désignant la hauteur par H et l'azimut compté du pôle Nord par Az,

$$BA = H, \qquad XB = XY + YB = -90° + Az,$$
$$YB = Az, \qquad ZA = 90° - H$$

et, en désignant la déclinaison de l'astre par D, l'angle horaire par T,

$$CA = D, \quad XC = XQ' + Q'C \text{ à une circonférence près} = 90° + T$$
$$Y'C = Y'Q' + Q'C \text{ à une circonférence près} = 180° + T$$
$$Z'A = 90° - D.$$

On a donc, en supposant UA égal à l'unité,

$$\begin{aligned} X &= + \cos H \sin Az, & X' &= -\cos D \sin T \\ Y &= \cos H \cos Az, & Y' &= -\cos D \cos T \\ Z &= \sin H; & Z' &= \sin D \end{aligned} \quad (1)$$

D'un autre côté, X est égal à X'; Y et Z étant les projections de UA sur OY et OZ sont égales respectivement à la somme des projections de X', Y', Z' sur les mêmes axes; on a donc

$$\begin{aligned} X &= X', \\ Y &= X' \cos YX' + Y' \cos YY' + Z' \cos YZ', \\ Z &= X' \cos ZX' + Y' \cos ZY' + Z' \cos ZZ'. \end{aligned} \quad (2)$$

et l'on a sur la figure

$$YX' = 90°, \quad YY' = P_n Z = 90° - L, \quad YZ' = L,$$
$$ZX' = 90°, \quad ZY' = 90° + YY' = 180° - L, \quad ZZ' = 90° - L,$$

et, par suite, en substituant,

$$\begin{aligned} X &= X', \\ Y &= Y' \sin L + Z' \cos L, \\ Z &= - Y' \cos L + Z' \sin L, \end{aligned} \quad (3)$$

d'où l'on conclut enfin

$$\begin{aligned} \cos H \sin Az &= -\cos D \sin T, \\ \cos H \cos Az &= -\cos D \cos T \sin L + \sin D \cos L, \\ \sin H &= +\cos D \cos T \cos L + \sin D \sin L. \end{aligned} \quad (4)$$

Ces formules, établies dans l'hypothèse où le pôle élevé est le pôle Nord, sont encore vraies si c'est le pôle Sud qui est au-dessus de l'horizon, à la condition de continuer à rapporter l'azimut, la latitude et la déclinaison au pôle Nord.

Si l'on voulait au contraire calculer T et D connaissant H et Az, on remarquerait que Z' et Y' sont égales à la somme des projections de X, Y et Z sur les axes OZ' et OY'; il viendrait ainsi, en remarquant que les projections de X sont nulles,

$$\begin{aligned} Y' &= Y \cos Y'Y + Z \cos Y'Z, \\ Z' &= Y \cos Z'Y + Z \cos Z'Z, \end{aligned} \quad (5)$$

et par suite

$$Y' = Y \sin L - Z \cos L, \atop Z' = Y \cos L + Z \sin L, \} \quad (6)$$

et enfin, en remplaçant Y et Z par leurs valeurs (1) et reproduisant la première des équations (4)

$$\begin{array}{l} -\sin T \cos D = \cos H \sin Az, \\ -\cos D \cos T = \cos H \cos Az \sin L - \sin H \cos L, \\ +\sin D \quad = \cos H \cos Az \cos L + \sin H \sin L. \end{array} \} \quad (7)$$

Les formules (4) et (7) s'écrivent habituellement sous la forme :

$$\begin{array}{l} \sin H = \sin L \sin D + \cos L \cos D \cos T, \\ \cos H \cos Az = \sin D \cos L - \cos D \sin L \cos T, \\ \cos H \sin Az = -\cos D \sin T. \end{array} \} \quad (4)'$$

$$\begin{array}{l} \sin D = \sin L \sin H + \cos L \cos H \cos Az, \\ \cos D \cos T = \sin H \cos L - \cos H \sin L \cos Az, \\ \cos D \sin T = -\cos H \sin Az. \end{array} \} \quad (7)'$$

Le système (7)' peut se déduire du système (4)' en multipliant la première relation par sin L, la deuxième par cos L et en ajoutant membre à membre, puis en faisant les multiplications inverses et en retranchant.

Le système (7)' est celui qui serait employé pour effectuer par le calcul la vérification des lois du mouvement diurne indiquée précédemment (page 57). Le système (4)' est d'un usage constant en Navigation.

51. Calcul de l'heure d'un lieu. — Par la première des formules (4') on peut déterminer l'angle horaire d'un astre dont on a mesuré la hauteur dans un lieu. On obtient en effet en résolvant par rapport à T

$$\cos T = \frac{\sin H - \sin D \sin L}{\cos D \cos L},$$

d'où l'on déduit

$$1 - \cos T = 2 \sin^2 \frac{T}{2} = \frac{\cos(L - D) - \sin H}{\cos D \cos L}.$$

En remplaçant D par sa valeur en fonction de la distance polaire $D = 90° — \Delta$, il vient

$$2\sin^2\frac{T}{2} = \frac{\sin(\Delta + L) - \sin H}{\sin\Delta \cos L} = \frac{2\cos\frac{\Delta + L + H}{2}\sin\frac{\Delta + L - H}{2}}{\sin\Delta \cos L}$$

et enfin, en posant $\Delta + L + H = 2S$,

$$\sin^2\frac{T}{2} = \frac{\cos S \sin(S - H)}{\sin\Delta \cos L};$$

c'est cette formule que les marins emploient à la mer pour déterminer l'angle horaire d'un astre dont ils ont observé la hauteur.

PROBLÈME DES LONGITUDES. — De la formule établie plus haut (49)

$$\text{Tap} = \text{Tag} + G,$$

on déduit

$$G = \text{Tap} - \text{Tag},$$

G positif à l'Ouest, négatif à l'Est.

Par conséquent, pour obtenir G, il suffit de connaître les valeurs simultanées de l'angle horaire d'un astre dans le lieu et dans un lieu situé sur le premier méridien. L'angle horaire dans le lieu se déduit, comme nous venons de le voir, de la hauteur de l'astre ; la valeur du même élément au premier méridien s'obtient soit par des chronomètres, soit par l'observation de phénomènes célestes comme les distances Lunaires, les éclipses et les occultations.

CHAPITRE IV

COORDONNÉES APPARENTES DES ASTRES VOISINS DE LA TERRE. — PARALLAXES ; DEMI-DIAMÈTRES

§ 1er. — Des astres voisins de la Terre.

52. Positions vraies et apparentes des astres voisins de la Terre. — Considérons (*fig. 37*) la sphère terrestre T, un observateur C, et un astre A assez voisin de la Terre pour que

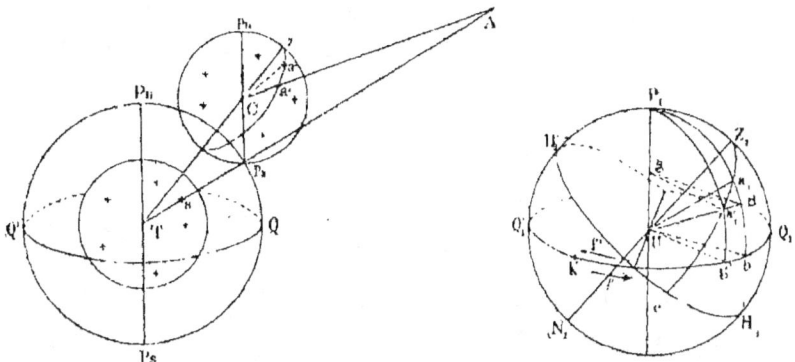

Fig. 37.

l'angle des deux directions CA et TA dans lesquelles il est situé par rapport à l'observateur et au centre de la Terre ne soit pas négligeable.

Dans ce cas, les points a' et a où ces directions percent la sphère céleste de l'observateur et la sphère céleste géocentrique ne sont pas placés de la même manière parmi les étoiles.

On appelle *position vraie* de l'astre sa position a sur la sphère géocentrique et *position apparente* sa position a' sur la sphère céleste de l'observateur. Pour obtenir la position vraie sur la sphère céleste et la sphère locale de l'observateur, il suffit de mener par le centre C de ces sphères une parallèle Ca'' à la direction TA ; réciproquement, on obtiendrait la position apparente sur la sphère géocentrique en menant par le point T une parallèle à la direction CA.

53. Parallaxe. — On appelle *parallaxe* d'un astre A, à un instant donné, dans un lieu donné C, l'angle TAC sous lequel de l'astre, on aperçoit à cet instant le rayon TC de la Terre dans le lieu.

Pour ne pas surcharger inutilement la figure, imaginons la sphère locale de l'observateur tracée avec le même rayon que la sphère céleste ; et représentons la trace, sur cette sphère, du plan passant par la verticale TCz et par l'astre A. Ce grand cercle passera par les points a' et a'' ; par conséquent la position vraie et la position apparente sont toujours situées dans le même vertical ; de plus la distance angulaire de ces deux points est égale à la parallaxe.

La figure montre que la proximité des astres a pour effet de les faire paraître abaissés dans leur vertical d'un angle égal à la parallaxe.

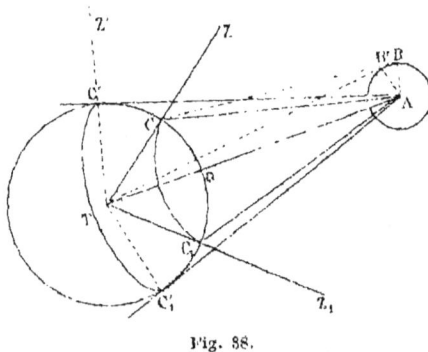

Fig. 38.

La grandeur de la parallaxe varie avec la hauteur de l'astre. Considérons en effet, sur la figure 38, un lieu C de la Terre et un astre A. La parallaxe TAC est la même pour tous les lieux situés sur le petit cercle CC_1 dont le centre est le lieu a, qui a l'astre à son zénith. Dans tous ces lieux la distance zénithale ZCA est évidemment la même.

La parallaxe de l'astre est nulle au lieu a; la figure montre qu'elle croît avec la distance zénithale ZCA et qu'elle est maxima dans les lieux situés sur la ligne de contact du cône tangent mené de l'astre à la Terre, c'est-à-dire dans les lieux où la distance zénithale Z'C'A est égale à 90°.

On appelle *parallaxe horizontale* l'angle C'AT correspondant aux observateurs qui ont l'astre à l'horizon, et *parallaxe en hauteur* la valeur correspondant à une hauteur déterminée.

Par suite des variations de hauteur dues au mouvement diurne, la parallaxe d'un astre d'abord égale à la parallaxe horizontale au moment du lever apparent, décroît jusqu'à ce que l'astre passe au méridien supérieur; elle croît ensuite jusqu'au moment du coucher.

54. Coordonnées vraies et apparentes. — On appelle respectivement *coordonnées vraies* et *coordonnées apparentes* d'un astre les coordonnées de la position vraie et de la position apparente. Pour montrer les changements que les parallaxes apportent aux coordonnées, nous emploierons la sphère universelle U (*fig. 37*).

Menons par le centre U de cette sphère des parallèles UP_1 et UZ, à la ligne des pôles et à la verticale du lieu; représentons l'équateur $Q_1 Q_1'$ et l'horizon $H_1 H_1'$, ainsi que les droites Ua_1 et Ua' parallèles aux directions TA et CA; nous aurons en a_1 la position vraie et en a_1' la position apparente. Les coordonnées apparentes et vraies dans les différents systèmes seront les suivantes :

Coordonnées locales, premier système. — L'azimut et l'amplitude ne sont pas changés, et l'on a

Hauteur apparente . . . . . $= ca_1'$
Hauteur vraie . . . . $= ca_1$
Distance zénithale apparente . $= Z_1 a_1'$
Distance zénithale vraie . . . $= Z_1 a_1$

La correction $a'_1 a_1$ à apporter à la hauteur apparente pour obtenir la hauteur vraie est toujours soustractive; elle est donc de sens contraire à la réfraction.

Coordonnées uranographiques. — Soit K l'origine des ascensions droites. Menons les cercles de déclinaison $P_1 b$ et $P_1 b'$ passant par les positions vraies et apparentes de l'astre; on a

Ascension droite apparente. $= K b'$ (flèche f)
Ascension droite vraie. . . $= K b$ (flèche f)
Déclinaison apparente . . . $= b' a'_1$
Déclinaison vraie. . . . . $= b a_1$.

Les corrections à apporter aux coordonnées apparentes pour obtenir les coordonnées vraies sont donc $b'b$ et $d a_1$.

Ces corrections peuvent être tantôt positives, tantôt négatives; on les appelle *parallaxes en ascension droite* et *en déclinaison*.

Coordonnées locales, deuxième système. — On a pour les coordonnées de ce système

Angle horaire apparent. $= Q_1 b'$ (flèche f')
Angle horaire vrai . . $= Q_1 b$ (flèche f')
Déclinaisons . . . . . $=$ (comme ci-dessus).

La correction de l'angle horaire est la même en valeur absolue que celle de l'ascension droite, mais elle a un signe contraire.

55. Demi-diamètres. — Le demi-diamètre angulaire d'un astre A (*fig. 38*) est l'angle BCA sous lequel le rayon de l'astre est aperçu du lieu C. La grandeur du demi-diamètre ne dépend que du rayon AB du globe et de la distance CA de l'astre à l'observateur. Elle est donc la même pour tous les lieux pour lesquels cette distance est la même, c'est-à-dire, comme l'indique la figure, pour tous ceux qui ont même parallaxe.

On appelle *demi-diamètre vrai* d'un astre la valeur correspondant au centre de la Terre, et *demi-diamètres apparents* les valeurs correspondant aux différents points de la surface.

Sur le pourtour du cercle $C'C'_1$ contenant les lieux qui ont l'astre apparent à l'horizon, la distance $C'A$ est sensiblement égale à TA_1; par suite le demi-diamètre est égal au demi-diamètre vrai. Dans tous les autres lieux d'où l'on peut apercevoir l'astre, la distance CA est plus petite que TA, par suite le demi-diamètre apparent est plus grand que le demi-diamètre vrai.

Les variations de la hauteur, dans le mouvement diurne, font subir au demi-diamètre des variations analogues à celles de la parallaxe entre le lever et le coucher de l'astre.

Par analogie avec les désignations adoptées pour la parallaxe, on emploie quelquefois les expressions : *demi-diamètre horizontal* et *demi-diamètre en hauteur*.

56. Positions apparentes d'un astre voisin de la Terre sur la sphère céleste, pour les différents lieux. — Représentons, sur la figure 38 *bis*, la Terre T et le centre E_1 d'un astre voisin. Imaginons la sphère céleste géocentrique tracée avec un rayon

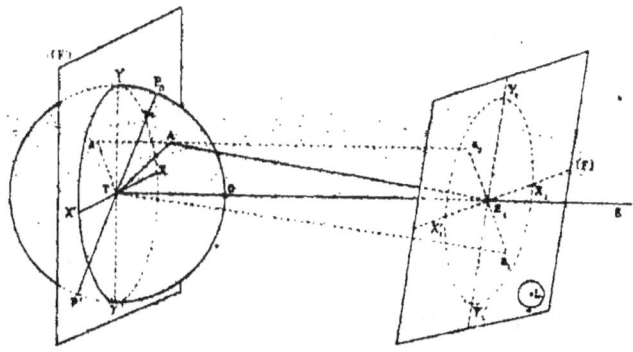

Fig. 38 *bis*.

égal à TE_1; la région de cette sphère que nous avons à considérer étant très voisine du point E_1, nous pourrons admettre qu'elle se confond avec le plan tangent (F) mené par ce point.

Soit actuellement A un observateur terrestre quelconque. Cet observateur apercevant l'astre dans la direction AE_1, on aura la position apparente sur la sphère céleste géocentrique (F) en menant (**52**), du point T, la droite Ta_1 parallèle à AE_1.

Or, remarquons que si l'on prolonge E_1A jusqu'à sa rencontre a avec le plan (F') parallèle à (F), la figure TaE_1a_1 est un parallélogramme; par suite, E_1a_1 est égal et parallèle à Ta. Par conséquent, la position a_1 est celle dans laquelle on amènerait le point a en faisant tourner le plan F' de 180° autour de TE et en le transportant parallèlement à lui-même en E_1.

Il résulte de là que si l'on projette en perspective l'hémisphère XOX' sur le plan F' en prenant pour point de vue le point E_1, et si, après avoir fait tourner la figure de 180° autour de TE, on la transporte parallèlement à elle-même en E_1, la projection de chaque lieu viendra se placer au point où l'observateur qui y est situé aperçoit le centre de l'astre.

Cette projection est de la forme représentée sur la figure 38 *ter*. Elle est supposée vue par la face postérieure du plan (F').

Les méridiens et les parallèles terrestres se projettent suivant des ellipses qui diffèrent peu des projections orthogonales des cercles de la sphère, car, l'angle TE_1A étant toujours très petit, la droite Aa, prolongement de AE_1, est sensiblement perpendiculaire au plan F'.

La flèche marquée sur la figure 38 *ter*, dans le voisinage du pôle nord, indique le sens de la rotation de la Terre. Les chiffres inscrits le long de la projection de l'équateur sont les valeurs de l'angle horaire de l'astre E_1 aux différents méridiens.

Fig. 38 *ter*.

Les droites X_1X_1' et Y_1Y_1' du plan F représentent le cercle de déclinaison et le parallèle passant par l'astre E_1 (*fig. 38 bis*), les droites correspondantes du plan F' représentent respectivement la projection de la ligne des pôles PP' de la Terre et l'intersection du plan (F') avec l'équateur de la Terre; ce plan n'a pas été tracé sur la figure 38 *bis* pour ne pas surcharger le dessin.

La figure montre que la parallaxe en hauteur $TE_1 A$ dans le lieu A est égale à l'angle sous lequel est vue du point T la distance $E_1 a_1$, c'est-à-dire la distance EA_1 de la figure 38 *ter*. L'angle sous lequel est aperçu le rayon de la projection de la Terre est donc la parallaxe des lieux situés sur le contour du cercle XY'X'Y, c'est-à-dire la parallaxe horizontale de l'astre [1].

57. Positions d'une étoile relativement au disque d'un astre voisin de la Terre. — Au lieu de considérer, comme nous venons de le faire, les différentes positions dans lesquelles peut apparaître l'astre voisin par rapport aux étoiles supposées fixes, proposons-nous de représenter l'ensemble des positions dans lesquelles peut apparaître une même étoile par rapport au disque de l'astre.

Pour cela faisons abstraction de ce que nous avons dit précédemment relativement aux figures et considérons (*fig. 38 bis*) la Terre T, une étoile E, et un astre voisin L. Menons par le point L un plan F perpendiculaire à TE_1.

Tous les observateurs regardant ce plan apercevront le disque de l'astre en L, mais ils verront l'étoile E se projeter en des points différents; l'observateur géocentrique la verra en E_1 et l'observateur A en a_2 dans la direction parallèle à TE, c'est-à-dire perpendiculaire aux plans (F) et (F'). Si l'on prolonge cette droite jusqu'au plan (F'), on voit que la figure

---

[1]. La parallaxe horizontale de la Lune est d'environ un degré et son demi-diamètre un quart de degré; par suite, les positions dans lesquelles les observateurs terrestres aperçoivent la Lune à un même instant couvrent sur la sphère céleste un cercle ayant pour diamètre cinq fois le diamètre de l'astre et pour centre la position vraie de son centre.

$a\mathrm{TE}_1 a_2$ est un parallélogramme et que, par suite, la position du point a_2 est celle que l'on obtiendra en projetant orthogonalement le point A sur le plan (F') et en transportant ce plan parallèlement à lui-même en E_1.

L'ensemble des positions de l'étoile E sur le plan F sera donc une projection orthogonale de l'hémisphère XOX' sur le plan F ou le plan F'. La ligne des pôles se projettera sur le cercle de déclinaison $\mathrm{Y}_1\mathrm{Y}_1'$ de l'étoile ; le plan F fait avec la ligne des pôles un angle $\mathrm{P}n\mathrm{T}\mathrm{Y}$, complémentaire de la distance polaire $\mathrm{P}_n\mathrm{TE}$ de l'étoile et égal, par suite, à la déclinaison. La figure de cette projection est sensiblement la même que dans le cas précédent (*fig. 38 ter*), car l'inclinaison des lignes projetantes dans la projection perspective est assez faible pour que cette projection puisse être considérée comme orthogonale.

TRACÉ DE LA PROJECTION. — La position A_1 de la projection d'un observateur s'obtiendrait par la construction suivante. Représentons en XYX'Y' sur la figure 38 (4°) le cercle $\mathrm{X}_1\mathrm{Y}_1'\mathrm{X}_1'\mathrm{Y}_1$ de la figure 38 *ter*, et rabattons sur ce plan celui qui se projette suivant l'axe $\mathrm{Y}_1\mathrm{Y}_1'$, c'est-à-dire le plan dans lequel se trouve l'étoile E. La ligne des pôles $\mathrm{P}_n\mathrm{P}_s$ viendra se placer comme l'indique la figure, l'angle YEP_n étant égal à la déclinaison. L'intersection du parallèle du lieu avec ce plan viendra suivant la ligne RI, l'arc $\mathrm{P}_n\mathrm{I}$ étant égal à la latitude ; le point I est celui du parallèle où l'angle horaire

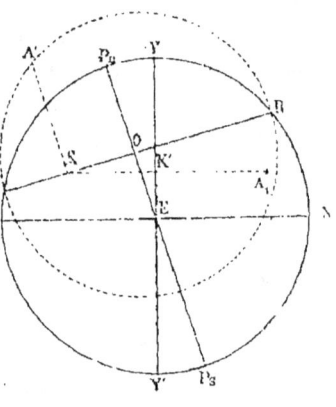

Fig. 38 (4°).

est nul. Rabattons encore le parallèle du lieu sur la figure de manière que le sens de la rotation soit toujours le sens direct, c'est-à-dire le sens opposé à celui des aiguilles d'une montre ; le point A viendra dans une position A' telle que l'arc IRA' compté dans le sens direct soit égal à l'angle horaire dans le lieu.

Si l'on suppose maintenant que l'on remette la figure en place, en relevant d'abord le parallèle, et en relevant ensuite le méridien central, on voit que le point K ne bouge pas dans le premier mouvement et que, dans le second, il vient se projeter en K'. La ligne KA' dans le premier mouvement vient se placer perpendiculairement à la figure et, par suite, à l'axe YY' de la seconde rotation; cette seconde rotation la faisant tourner de 90°, la place parallèlement à la figure; par suite le point A' vient se projeter en A_1 à une distance $K'A_1$ égale à KA'.

Cette construction nous servira plus loin pour la prédiction des éclipses et des occultations.

Remarque. — Nous avons supposé que l'astre E était une étoile, mais la même construction graphique convient évidemment encore aux cas où la parallaxe de l'astre est assez faible pour que, au degré de précision dont le tracé est susceptible, les directions dans lesquelles il est aperçu du centre de la Terre et des lieux placés à sa surface puissent être considérées comme parallèles. C'est le cas du Soleil.

§ 2. — Formules des parallaxes et des demi-diamètres.

58. Coordonnées des projections des lieux terrestres. — A la méthode graphique que nous venons d'indiquer, il y a avantage à substituer le calcul direct des coordonnées des projections du lieu.

Pour établir les formules de calcul, nous adopterons les notations suivantes:

L, Latitude du lieu,
D, Déclinaison de l'astre,
T, Angle horaire local.

Considérons la figure 38 *ter* comme une figure de l'espace; soit R le centre du parallèle MN du lieu. On a, en considérant le contour $ERSA_1$, formé par les trois segments à angle droit ER, RS, SA_1,

$$\left.\begin{array}{l} x \\ y \end{array}\right\} = \text{proj. de ER} + \text{proj. de RS} + \text{proj. de } SA_1 \left\{\begin{array}{l} \text{sur } EX_1, \\ \text{sur } EY_1, \end{array}\right.$$

Évaluons d'abord ces trois segments de l'espace : ER est la distance du parallèle de latitude L au centre de la Terre, RA_1 est le rayon du parallèle, on a donc, en comptant les latitudes positives au nord et négatives au sud, ainsi que le segment ER, et en désignant par r le rayon de la Terre :

$$ER = r \sin L, \qquad RA_1 = r \cos L.$$

RS est la projection de RA_1 sur une parallèle à EX_1; on a donc, en remarquant que l'angle RA_1 avec EX_1 compté dans le sens de la flèche est égal à l'angle horaire diminué de 6^h,

$$RS = RA_1 \cos(T - 6^h) = r \cos L \sin T.$$

Enfin SA_1 est la projection de RA_1 sur une droite qui fait un angle égal à -6^h avec l'axe EX_1, on a donc

$$SA_1 = -RA_1 \sin(T - 6^h) = +r \cos L \cos T.$$

On a maintenant pour la projection de ces segments sur EX_1,

$$\text{proj. de ER} = 0, \qquad \text{proj. RS} = RS, \qquad \text{proj. de } SA_1 = 0$$

d'où

$$x = RS = r \cos L \sin T. \qquad (1)$$

Pour les projections sur EY_1 on voit que le segment ER de l'espace fait avec EY_1 l'angle $+D$, et le segment SA_1 l'angle $90° + D$, il vient donc

proj. de ER $= ER \cos D = r \sin L \cos D$,
proj. RS $= 0$,
proj. $SA_1 = SA_1 \cos(90° + D) = -r \cos L \cos T \sin D$,

d'où

$$y = r(\sin L \cos D - \cos L \sin D \cos T). \qquad (2)$$

Les formules (1) et (2) donnent, en vraie grandeur, les coordonnées des points a et a_2 sur les plans F et F'.

59. Formules des parallaxes. — PARALLAXES HORIZONTALE ET EN HAUTEUR. — Désignons par π la parallaxe horizontale de l'astre, par r le rayon de la Terre, par R la distance de l'astre à la Terre, par P la parallaxe en hauteur, et par H_a la hauteur apparente de l'astre $90°$ — ZCA (*fig.* 38) dans le lieu C.

La figure donne, pour la parallaxe horizontale, dans le triangle rectangle TC'A

$$TC' = TA \sin TAC' \quad \text{d'où} \quad \sin \pi = \frac{r}{R},$$

et pour la parallaxe en hauteur, dans le triangle TCA,

$$\frac{TC}{TA} = \frac{\sin TAC}{\sin TCA} = \frac{\sin TAC}{\sin ZCA},$$

$$\sin P = \frac{r}{R} \cos H_a.$$

Les angles π et P étant très petits, on peut, dans ces formules, remplacer les sinus par les arcs exprimés en fonction de rayon, ou par les produits des arcs en secondes par la longueur de l'arc de $1''$, (arc $1'' = \sin 1''$), il vient alors

Parallaxe horizontale. $\quad \pi = \dfrac{r}{R \sin 1''};$

Parallaxe en hauteur. $\quad P = \dfrac{r}{R \sin 1''} \cos H_a,$ \quad (1)

ou

$$P = \pi \cos H_a. \quad (2)$$

60. Formules des demi-diamètres. — Désignons par r' le rayon de l'astre, par δ_v le demi-diamètre vrai et par δ_a le demi-diamètre apparent pour le lieu C (*fig.* 38). On a, sur la figure

$$AB' = TA \sin ATB' \quad \text{ou} \quad \sin \delta_v = \frac{r'}{R}, \quad \delta_v = \frac{r'}{R \sin 1''}$$

$$AB = CA \sin ACB \quad \text{ou} \quad \sin \delta_a = \frac{r'}{CA}, \quad \delta_a = \frac{r'}{CA \sin 1''} \quad (5)$$

en introduisant la valeur de δ_v dans la dernière formule, c'est-à-dire en multipliant et divisant par R, il vient

$$\delta_a = \frac{r'}{R \sin 1''} \cdot \frac{R}{CA} = \delta_v \cdot \frac{R}{CA}.$$

Mais le triangle CAT donne

$$\frac{R}{CA} = \frac{\sin ZCA}{\sin ZTA} = \frac{\sin ZCA}{\sin(ZCA - P)}$$

$$= \frac{\cos H_a}{\cos(H_a + P)} = \frac{\cos H_a}{\cos H_a \cos P - \sin H_a \sin P},$$

et, l'angle P étant très petit,

$$\frac{R}{CA} = \frac{1}{1 - P \sin 1'' \dfrac{\sin H_a}{\cos H_a}};$$

remplaçant P par sa valeur $\pi \cos H_a$ (2), il vient

$$\frac{R}{CA} = \frac{1}{1 - \pi \sin 1'' \sin H_a};$$

le second membre, de la forme $\dfrac{1}{1-\alpha}$, est égal à la somme de la progression géométrique $1 + \alpha + \alpha^2 \ldots$, il vient alors, en supprimant le terme en π^2 et les termes d'ordre supérieur,

$$\frac{R}{CA} = 1 + \pi \sin 1'' \sin H_a,$$

et en substituant enfin dans l'expression de δ_a

$$\delta_u = \delta_i (1 + \pi \sin H \sin 1''). \tag{6}$$

La correction $\delta_u \pi \sin H \sin 1''$ n'est sensible que pour la Lune, sa valeur est donnée dans des tables spéciales sous le titre : Accroissement du demi-diamètre avec la hauteur.

CHAPITRE V

DESCRIPTION SUCCINCTE ET USAGE DES PRINCIPAUX INSTRUMENTS ASTRONOMIQUES

Les instruments principaux à l'aide desquels on mesure les coordonnées des astres sont : la *lunette méridienne*, le *cercle mural*, le *cercle méridien*, l'*équatorial*. Ces instruments étant installés à poste fixe dans les observatoires, on peut leur donner des lunettes de dimensions considérables et, par suite, de très grande puissance. On les établit sur des massifs en maçonnerie très robustes afin de les préserver des ébranlements que donnent au sol les mouvements extérieurs, et aucune des dispositions les plus délicates, nécessaires pour assurer la précision des mesures, n'est négligée.

L'étude complète des dispositions adoptées pour ces instruments exigerait trop de développements pour trouver place ici. D'ailleurs les dispositions varient pour ainsi dire avec chacun d'eux ; le principe seul reste le même. Nous nous bornerons à une description succincte suffisante pour mettre ce principe en évidence.

En outre de ces instruments, nous donnerons la description de l'*héliomètre*.

61. Lunette méridienne. — Dispositions essentielles. — La lunette méridienne est une lunette astronomique, mobile

DESCRIPTION ET USAGE DES INSTRUMENTS ASTRONOMIQUES. 107

autour d'un axe horizontal et dont l'axe optique décrit le plan du méridien. Cet instrument est toujours accompagné d'une pendule sidérale graduée de zéro à 24 heures et dont l'observateur peut voir le cadran et entendre les battements.

Les deux tourillons TT (*fig. 39*) sont en acier trempé pour éviter l'usure; ils reposent sur deux coussinets dont l'un peut recevoir un mouvement horizontal et l'autre un déplacement vertical par l'intermédiaire de vis de rectification; les touril-

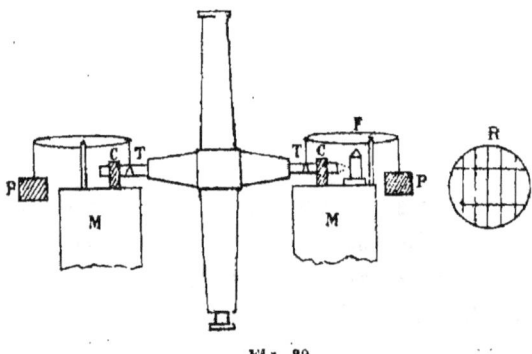

Fig. 39.

lons sont en outre soutenus par deux contrepoids PP destinés à alléger la charge des coussinets.

Le réticule R de la lunette méridienne est formé de cinq fils parallèles et équidistants appelés *fils horaires*; le plan qui passe par le centre de l'objectif et le fil du milieu reste vertical s'il est bien perpendiculaire à l'axe des tourillons et si cet axe est bien horizontal. Enfin il coïncide avec le méridien dans toutes les positions de la lunette si l'axe est placé dans la ligne Est et Ouest. Il existe en outre deux fils perpendiculaires aux fils horaires destinés à limiter la région dans laquelle doivent être faites les observations; de cette manière les distances des fils horaires peuvent être considérées comme constantes, lors même qu'il existerait un petit défaut de parallélisme.

Pendant le jour, ce réticule se détache très nettement sur

le fond éclairé du ciel, mais, pendant la nuit, il serait invisible; on l'éclaire alors artificiellement au moyen d'une lampe qui envoie sa lumière par un des tourillons, évidé à cet effet. La lumière ainsi introduite est renvoyée sur le réticule à l'aide d'un miroir annulaire placé à l'intérieur de la lunette; ce miroir est évidé pour laisser passer les rayons lumineux venant de l'objectif.

RECTIFICATIONS. — Avant de faire usage de la lunette méridienne, il est indispensable de s'assurer que l'axe optique de cet instrument décrit exactement le plan du méridien, et de le rectifier dans le cas où l'on reconnaîtrait que cela est nécessaire. Les opérations à l'aide desquelles s'effectuent cette vérification et cette rectification sont au nombre de trois :

1° Vérification et rectification de l'horizontalité de l'axe des tourillons;

2° Vérification et rectification de la perpendicularité de l'axe optique sur l'axe des tourillons;

3° Vérification et rectification de la coïncidence du plan vertical décrit par l'axe optique avec le méridien.

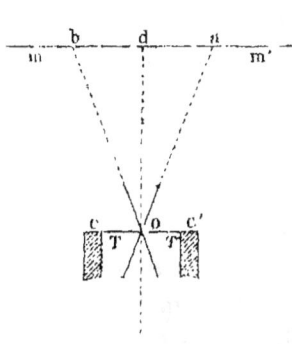

Fig. 40.

Pour la première opération, on suspend aux tourillons un niveau à bulle d'air, et l'on abaisse ou l'on élève au besoin celui des coussinets qui est susceptible d'un mouvement vertical jusqu'à ce que l'on ait obtenu l'horizontalité.

Pour la deuxième, on place dans le lointain une règle horizontale graduée mm' (fig. 40); on pointe la lunette sur cette règle, et on lit la division a couverte par le fil méridien; on retourne ensuite la lunette, c'est-à-dire que l'on place le tourillon T sur le coussinet C', et réciproquement, et on lit la division b couverte par le fil méridien dans cette nouvelle position. Si ces deux graduations ne sont pas les mêmes, l'axe optique de la lunette est oblique sur l'axe des tourillons. On fait alors mouvoir le réticule à l'aide d'une vis disposée à cet effet jusqu'à ce que le fil méridien vienne couvrir la division d équidistante des deux précédentes.

Enfin, pour la dernière rectification, on note à la pendule sidérale les heures de trois passages successifs d'une étoile circumpolaire, au méridien supérieur et au méridien inférieur comme nous l'avons dit plus haut (page 55). Si les intervalles de deux passages successifs sont égaux, la lunette décrit bien le plan méridien ; s'ils sont inégaux, elle décrit un plan vertical légèrement oblique. Pour rectifier la position de ce plan, il suffit de faire tourner l'axe des tourillons. Ce mouvement s'obtient en déplaçant à l'aide d'une vis celui des coussinets qui est susceptible d'un mouvement horizontal.

USAGE DE LA LUNETTE MÉRIDIENNE. — La lunette méridienne sert à déterminer les heures sidérales des passages des astres au méridien et, par suite, leurs ascensions droites (page 74).

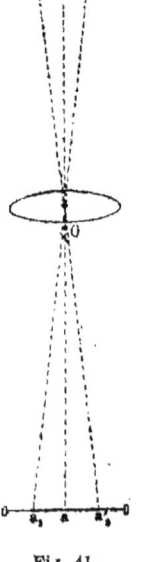

Fig. 41.

Il suffirait, en principe, pour obtenir ce résultat, de noter l'heure du passage au fil méridien ; mais, pour atténuer les erreurs de pointé, on note les passages aux cinq fils et on prend la moyenne.

On peut admettre en effet que le mouvement en azimut de l'astre est le même, avant et après le passage, pendant le temps nécessaire pour parcourir le champ de l'instrument ; or, aux instants où l'astre franchit les fils symétriques a_1 et a'_1 (fig. 41), il est situé dans des directions OA_1 et OA'_1 équidistantes du méridien OM ; par conséquent l'instant t du passage en a est l'instant moyen entre les instants t_1 et t'_1 des passages en a_1 et a'_1. L'instant t est également l'instant moyen entre les instants t_2 et t'_2 des passages aux deux autres fils symétriques a_2 et a'_2.

On a donc
$$2t = t_1 + t'_1,$$
$$2t = t_2 + t'_2,$$
$$t = t,$$

d'où en ajoutant et divisant par 5,
$$t = \frac{t_1 + t_2 + t + t'_1 + t'_2}{5}.$$

Si l'astre observé offre un disque circulaire sensible, on prend la moyenne des heures des passages des deux bords aux cinq fils. Désignons en effet par les lettres θ et t les instants des passages du bord antérieur et du bord postérieur; on a, avec les mêmes notations que précédemment,

Passage du bord antérieur au méridien $\quad \theta = \dfrac{\theta_1 + \theta_2 + \theta + \theta'_1 + \theta'_2}{5}$,

Passage du bord postérieur au méridien $\quad t = \dfrac{t_1 + t_2 + t + t'_1 + t'_2}{5}$;

l'instant du passage du centre étant la moyenne de ces deux instants, sa valeur est

$$\frac{\theta_1 + t_1 + \theta_2 + t_2 + \theta + t + \theta'_1 + t'_1 + \theta'_2 + t'_2}{10}$$

62. Cercle mural. — Principe de l'instrument. — Dispositions essentielles. — Le cercle mural consiste en une roue R (*fig. 42*), graduée sur sa tranche, orientée dans le plan du méridien, et montée sur un essieu qui tourne librement dans des coussinets fixés dans un mur M. Cette roue porte une lunette astronomique L, fixée le long d'un de ses rayons, et dont le réticule se compose de deux fils en croix; l'un de ces fils est dans le méridien, l'autre lui est perpendiculaire.

Une pince, munie d'une vis de pression, permet de fixer le cercle; à l'aide d'une vis de rappel, on peut ensuite lui donner de petits mouvements.

L'angle dont le cercle tourne s'obtient au moyen de micro-

DESCRIPTION ET USAGE DES INSTRUMENTS ASTRONOMIQUES. 111

mètres m, m', m'', m''', répartis à des distances égales et pointés sur la tranche ; ces micromètres portent un réticule formé de deux fils en croix f et f' (*fig. 43*), c'est le point de croisement de ces fils qui sert d'index. L'angle dont le cercle a tourné pour venir d'une position à une autre est indiqué par la différence des graduations correspondant à la croisée des fils. Ces graduations s'obtiennent de la manière suivante : quand la croisée tombe entre deux divisions a et b du cercle,

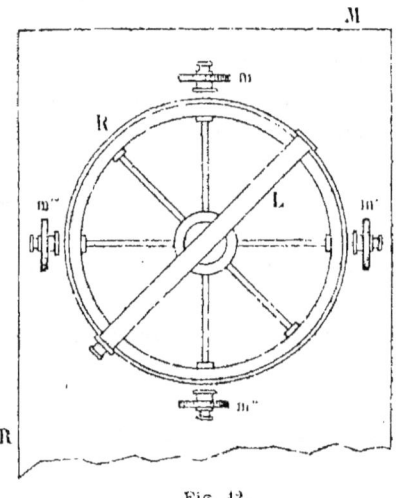
Fig. 42.

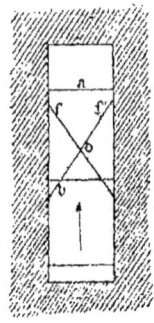
Fig. 43.

le sens des graduations du cercle étant celui qu'indique la flèche, on fait marcher le réticule, avec une vis disposée à cet effet, jusqu'à ce que le point o vienne couvrir la division b ; la vis est graduée de manière que du nombre de tours et de fractions de tours qu'elle effectue, on puisse déduire la valeur du déplacement angulaire du réticule. On obtient donc ainsi la valeur de l'arc ob qu'il faut ajouter à la graduation b pour obtenir la valeur de la graduation correspondant au point o.

Les déplacements angulaires du cercle sont évalués avec tous les micromètres, et on prend pour résultat la moyenne de leurs indications.

De même que pour la lunette méridienne, l'axe optique de la lunette du cercle mural doit décrire dans son mouvement le plan méridien ; on s'assure qu'il en est ainsi en examinant si une étoile se trouve dans le plan de l'axe optique du cercle à l'instant où elle passe au fil horaire central de la lunette méridienne.

USAGE DU CERCLE MURAL. — Cet instrument est destiné à la mesure des distances zénithales des astres aux moments de leurs passages au méridien.

Pour obtenir la distance zénithale d'une étoile avec le cercle mural, il suffit de pointer la lunette sur le zénith ou sur le nadir, puis sur l'étoile, et de faire la différence des graduations indiquées par l'un des micromètres dans les deux positions du cercle. Dans le premier cas, cette différence représente en effet l'angle dont on a fait tourner la lunette pour passer de la direction du zénith à celle de l'astre, c'est-à-dire la distance zénithale. Dans le second cas, c'est la distance au nadir, c'est-à-dire le supplément de la précédente ; c'est cette dernière que l'on mesure avec le cercle mural. Il nous suffit donc d'indiquer comment on peut diriger la lunette du cercle sur le nadir.

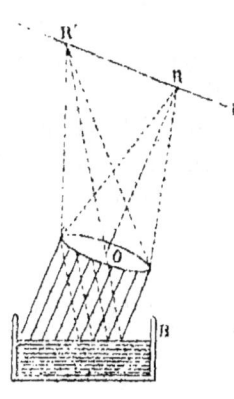

Fig. 44.

Pour cela, on place sous le cercle un bain de mercure B (*fig. 44*) sur lequel on pointe la lunette ; soit RF le plan du réticule, R la croisée des fils et O le centre de l'objectif ; l'axe optique est ainsi RO. La croisée O étant au foyer de l'objectif, envoie sur la lentille un faisceau de rayons qui sortent parallèlement à RO. Ces rayons atteignent la surface réfléchissante du bain, se réfléchissent suivant un faisceau parallèle qui vient former une image dans le plan RF et dans une direction R'O parallèle à celle du faisceau réfléchi. Par conséquent si, comme dans le cas de la figure, l'axe optique n'est pas absolument perpendiculaire au bain, c'est-à-dire vertical, cette image examinée avec l'oculaire ne se superposera pas exactement au réticule lui-même. On fera donc marcher le cercle jusqu'à ce qu'il en soit ainsi et la lunette sera pointée sur le nadir.

Le réticule enfermé dans la lunette étant obscur, il est évidemment nécessaire de l'éclairer pour cette observation ; on le fait à l'aide d'une lampe dont la lumière est envoyée, par une ouverture ménagée dans le tube à cet effet, sur un miroir évidé qui la renvoie au réticule.

DÉTERMINATION DE LA LATITUDE DU LIEU ET DE LA DÉCLINAISON D'UNE ÉTOILE AVEC LE CERCLE MURAL. — La latitude du lieu dans lequel est placé le cercle mural s'obtient par la méthode décrite plus haut (p. 57), c'est-à-dire par la mesure des distances zénithales méridiennes d'une étoile circumpolaire.

Les résultats de l'observation directe doivent évidemment être corrigés de la réfraction [1].

Lorsque la latitude du lieu a été déterminée par un grand nombre d'observations, la mesure de la distance zénithale méridienne d'une étoile permet d'obtenir sa déclinaison. Soit en effet A (*fig.* 45) la position d'une étoile à l'instant de son passage au méridien; on a, entre les trois arcs QA, QZ et ZA, en adoptant un sens déterminé quelconque sur le méridien et en convenant de compter les arcs positivement

---

[1]. C'est par des observations de cette nature que Delambre a déterminé la valeur des coefficients de la réfraction. Ainsi que nous l'avons dit (p. 25), les coefficients A et B de la formule de Laplace

$$R = A \, \text{tg} \, N - B \, \text{tg}^3 N$$

dépendent d'une quantité α qui varie avec la densité de l'air à l'instant de l'observation. Si l'on désigne par L la latitude du lieu, par N_1 et N_2 les distances zénithales méridiennes d'une étoile circumpolaire et par R_1 et R_2 les valeurs correspondantes de la réfraction, on a

$$2L = (N_1 - R_1) + (N_2 - R_2).$$

R_1 et R_2 dépendant de l'inconnue α, on a ainsi une équation de condition entre les deux quantités L et α; chaque observation donne une équation du même genre, et l'application de la méthode des moindres carrés à ces équations donne les valeurs les plus probables des deux inconnues.

s'ils sont parcourus dans le sens adopté, ou négativement s'ils le sont en sens contraire,

$$QZ = QA + AZ;$$

cette égalité est vérifiée quelle que soit la position de l'étoile.

Si l'on convient de prendre pour sens positif le sens allant du point de l'équateur situé au-dessus de l'horizon, c'est-à-dire du point Q, au pôle nord, l'arc QZ sera la latitude L comptée positivement vers le Nord ou négativement vers le Sud. L'arc QA sera la déclinaison D comptée de la même manière, si l'étoile passe au méridien supérieur. Enfin l'arc ZA sera la distance zénithale N, comptée positivement si l'astre est situé entre le zénith et le pôle sud et négativement s'il est situé entre le zénith et le pôle nord. On aura donc, pour les passages au méridien supérieur, en convenant de donner à la distance zénithale le signe $+$ si l'observateur tourne le dos au pôle nord, et le signe $-$ dans le cas contraire, la relation algébrique

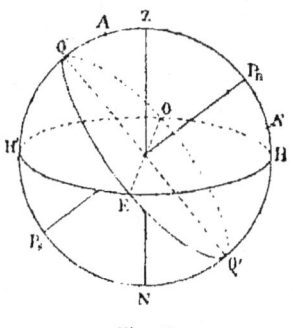

Fig. 45.

$$L = N + D.$$

Pour les passages au méridien inférieur, la figure donne, en valeur absolue,

$$HP_n = HA' + A'P_n,$$

c'est-à-dire, en désignant par H la hauteur et par Δ la distance de l'étoile au pôle élevé,

$$L = H + \Delta.$$

Remarque. — Ce sont ces mêmes formules qui servent en Navigation pour déduire la latitude d'une distance zénithale méridienne observée à la mer. En général, il n'est pas nécessaire d'avoir des règles de signes pour savoir comment doit être combinée la déclinaison avec la distance zénithale. Mais lorsque le résultat du calcul est voisin de zéro, il peut y avoir ambiguïté sur son signe et une règle précise devient indispensable. C'est le cas qui se présente en Navigation, lorsque l'observateur est dans le voisinage de l'équateur.

63. Cercle méridien. — Le cercle méridien est destiné à la fois à la détermination des heures des passages au méridien et des distances zénithales méridiennes. Il se compose essentiellement d'un cercle gradué mobile autour d'un axe horizontal, situé comme le cercle mural dans le plan du méridien, et sur lequel se meut une lunette dont le réticule contient à la fois des fils horaires et un fil horizontal.

On réaliserait donc les dispositions essentielles d'un cercle méridien en plaçant des fils horaires à la lunette du cercle mural; mais ce qui distingue surtout les deux instruments, c'est que, le cercle mural n'étant destiné qu'à la mesure des distances zénithales, et ces distances variant très peu dans le voisinage de leur maximum, il n'est pas rigoureusement nécessaire que le plan du cercle coïncide exactement avec le méridien, tandis que, pour le cercle méridien, destiné en même temps à la détermination du passage, cette coïncidence est absolument indispensable.

Il résulte de là que le cercle méridien doit être muni d'appareils de rectification plus compliqués et plus délicats que le précédent.

64. Équatorial. — DISPOSITIONS ESSENTIELLES. — Les dispositions essentielles de l'Équatorial offrent une analogie complète avec celles du théodolite. Il se compose de deux cercles D et Q (*fig. 46*) dont les plans sont à angle droit. Le plan du cercle D est mobile autour de l'axe PP' et entraîne en tournant un index I, dont les déplacements angulaires se lisent sur le cercle Q. Une lunette astronomique L se meut autour du centre du cercle D, et les déplacements angulaires de cette lunette sont marqués par un index I' sur la graduation de ce cercle.

L'axe PP' de cet instrument est fixé dans la direction de la ligne des pôles ; par suite, le plan Q est parallèle à l'équa-

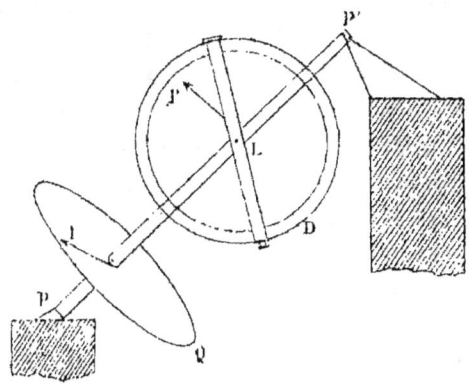

Fig. 46.

teur. Le plan décrit par l'axe optique de la lunette, lorsque l'on a fixé le cercle D après avoir pointé la lunette sur une étoile, est le plan horaire de cette étoile.

USAGE DE L'ÉQUATORIAL. — L'équatorial sert à la mesure des coordonnées locales du 2e système, angles horaires et déclinaisons. Si, en effet, après avoir placé le plan D dans le méridien, on pointe la lunette sur une étoile, l'angle dont tourne le plan D, et par suite l'index I, est égal à l'angle horaire de l'étoile ; on obtiendra donc la valeur de cet angle horaire en faisant la différence des graduations marquées par l'index I dans les deux positions.

Quant à la déclinaison, ce sera le complément de l'angle formé par l'axe de la lunette avec la ligne des pôles ; elle se lira sur le cercle D.

Remarque. — Les rectifications qui seraient indispensables pour placer un instrument de ce genre rigoureusement dans la position qu'exigerait son principe, sont à peu près impossibles à réaliser. Aussi l'équatorial n'est-il employé pour la détermination des coordonnées que dans les circonstances où l'on est forcé d'observer hors du méridien. De plus, dans ces circonstances, on l'emploie, non pas à la mesure directe des éléments, mais à la détermination des différences de ces éléments avec ceux d'étoiles très voisines dont la position a été bien déterminée par des observations méridiennes.

Le réticule R (*fig. 47*) de la lunette est muni à cet effet de deux fils fixes ff', dont la croisée O détermine l'axe optique, et de deux fils $f_1 f'_1$ parallèles aux précédents et mobiles à l'aide de vis graduées; les deux fils f et f_1 sont parallèles au plan du cercle D (*fig. 46*), les deux autres $f' f'_1$ au plan du cercle Q. La différence d'ascensions droites ou d'angles horaires correspondant aux astres a et b se déduit de l'écart angulaire des deux fils f et f_1 au moyen d'un calcul très simple, et la

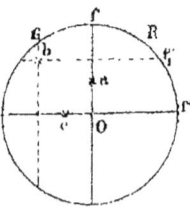

Fig. 47.

différence des déclinaisons des astres b et c est égale à l'écart angulaire des fils f' et f'_1. Ces écarts angulaires se déduisent des nombres de tours de vis qu'il faut donner pour amener le fil f_1 de f en f_1, et le fil f'_1 de f' en f'_1.

On peut encore obtenir la différence entre l'ascension droite d'un astre et celle d'une étoile en notant à une horloge sidérale les instants des passages de l'astre et de l'étoile au fil f. La différence des instants des passages de deux points fixes du ciel par un plan horaire fixe, est en effet égale à la différence des ascensions droites de ces deux points; par conséquent la différence des instants notés dans l'observation est égale à la différence entre l'ascension droite de l'étoile fixe et du point du ciel où se trouve l'astre à l'instant où son passage a été observé. Il est bon de remarquer que la réfraction déplaçant les astres dans leur vertical, ses effets sont moins simples à corriger que pour les observations méridiennes; mais si l'on mesure les différences relatives à des astres assez voisins, les effets peuvent être considérés comme égaux et les observations n'auront pas besoin de correction.

65. Héliomètre.

— L'héliomètre a été imaginé par Bouguer (1748) pour la mesure des demi-diamètres du Soleil. Tel qu'on le fait aujourd'hui, il se compose d'une lunette (*fig. 48*) dont l'objectif O est scié en deux parties pouvant glisser l'une sur l'autre comme on le voit en M ; ce mouvement est donné par une vis graduée. Supposons actuellement que l'on vise deux objets A et B voisins l'un de l'autre, et placés à une très grande distance de l'observateur. Le point A formera

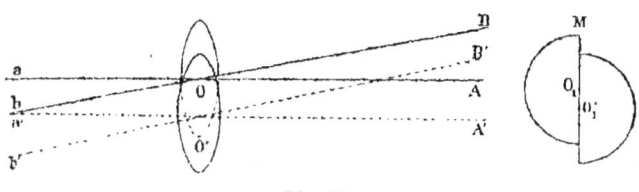

Fig. 48.

avec le demi-objectif O une image en a, et le point B, une image en b ; si le centre du demi-objectif mobile O' coïncide avec O, les images a' et b' qu'il donnera coïncideront avec les précédentes ; mais si on le fait mouvoir en O', ces images se détacheront.

Si l'on amène le point a' en superposition avec le point b, le déplacement indiqué par la vis donnera la mesure de l'angle $a\,O\,b_1$, ; car cet angle est celui sous lequel est vu le déplacement OO' à une distance $a'O$ égale à la distance focale connue de l'objectif.

CHAPITRE VI

FORME ET GRANDEUR DE LA TERRE. — CARTES GÉOGRA-
PHIQUES ; CARTES CÉLESTES ; CATALOGUES D'ÉTOILES

---

§ 1er. — Forme et grandeur de la Terre.

66. Hypothèse de l'ellipticité des méridiens. Définitions nouvelles. — La méthode que nous avons employée au début pour démontrer la sphéricité de la Terre ne peut donner que des notions très superficielles sur sa forme réelle et sur sa grandeur. Les instruments que nous venons de décrire vont nous permettre d'obtenir des résultats plus précis.

Par des considérations de mécanique dont nous n'avons pas à nous occuper ici, on est conduit à admettre que la Terre affecte la forme d'un ellipsoïde de révolution aplati vers les pôles et renflé à l'équateur, c'est-à-dire dont les méridiens sont des ellipses dont le grand axe est situé dans le plan de l'équateur. Nous allons voir comment on vérifie l'exactitude de cette hypothèse ; mais il convient auparavant de montrer ce que devient alors la *verticale*, et ce qu'on entend par *rayon de la Terre* et *latitude*.

VERTICALE. — La verticale étant perpendiculaire à la surface des liquides tranquilles, est normale à la surface de la mer et par suite aux méridiens elliptiques ; elle ne passe donc par le centre T (*fig. 49*) de la Terre qu'aux pôles et à l'équateur. Les verticales successives d'un même méridien ne sont donc pas concourantes.

LATITUDE. — L'angle que nous avons appelé latitude du lieu C et que nous donnent les procédés de mesures indiqués précédemment est l'angle hCp, formé par une parallèle à la ligne des pôles et par le plan Ch perpendiculaire à la verticale. Cet angle est égal à l'angle CDQ que forme la verticale avec l'équateur, mais il diffère de l'angle CTQ formé par le rayon CT avec ce plan.

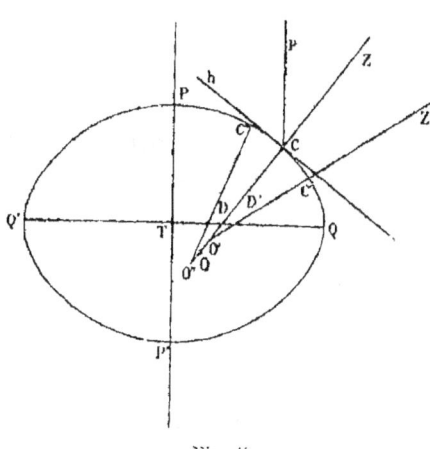

Fig. 49.

RAYON DE LA TERRE. — Lorsque l'on mène à une courbe les normales C'O' et C"O" en deux points C' et C", voisins d'un point C et situés de part et d'autre de lui, ces normales rencontrent la normale en C en deux points en général différents O' et O", mais dont la distance est d'autant plus petite que les points C' et C" sont plus voisins de C. Lorsque C' et C" se rapprochent indéfiniment de C, ces deux points tendent vers un point déterminé O que l'on appelle *le centre de courbure de la courbe*. La distance OC de ce point à la courbe est appelée le *rayon de courbure* en C.

On appelle rayon de la Terre en un lieu C, le rayon de courbure du méridien en ce point.

67. Mesure du rayon de la Terre en un lieu. — Si l'on choisit un point C' suffisamment voisin du point C, on peut admettre que le point O' coïncide avec le point O, c'est-à-dire adopter la valeur O'C pour le rayon. Or, les deux droites O'C' et O'C étant normales à l'arc C'C, cet arc coïncide très sensiblement avec l'arc de cercle décrit de O' comme centre avec O'C comme rayon. Par conséquent, si l'on désigne par r le rayon de la terre, par l la longueur de l'axe C'C et par α la valeur de l'angle CO'C' exprimé en fonction du rayon, c'est-à-dire la longueur de l'arc intercepté par cet angle sur la circonférence du rayon unité, on aura

$$l = r\alpha, \qquad \text{d'où} \qquad r = \frac{l}{\alpha}.$$

L'angle α formé par les deux verticales est égal à la différence des angles que forment ces deux lignes avec la même droite TQ, c'est-à-dire à la différence des latitudes QDC et QD'C' des deux lieux.

Le problème de la mesure du rayon de la Terre est donc ramené à la mesure de la longueur d'un arc de méridien et de la différence des latitudes des deux extrémités de cet arc.

Mesure d'un arc de méridien. — Pour mesurer un arc de méridien ayant pour origine le point A (*fig. 50*) de la Terre, on choisit un certain nombre de sommets élevés BCD..., déterminant un réseau de triangles embrassant la région traversée par l'arc à mesurer. Représentons sur la sphère (*fig. 51*) la figure formée par la projection de ces sommets sur la surface de la Terre, c'est-à-dire sur la surface idéale que l'on obtiendrait en prolongeant la surface des mers.

Des observateurs se transportent successivement à tous les sommets et mesurent au théodolite les angles sous lesquels les points en vue sont aperçus. Les angles donnés par cet instrument en un point A (*fig. 51*) étant ceux que forment les verticaux des points visés, on obtiendra de cette manière tous les angles du réseau *abcde*... Bien que la surface de la Terre ne soit pas sphérique, chacun de ces triangles peut être considéré comme appartenant à une même sphère, et, conformément à un théorème démontré par Legendre, on peut les considérer comme rectilignes en retranchant de chacun de leurs angles le tiers de l'excès sphérique, c'est-à-dire le tiers de l'excès de leur somme sur 180°. On peut donc déduire de la mesure des angles du triangle *abc* les rapports des longueurs des côtés *ab*, *bc*, *ca*. De la mesure des angles du triangle suivant, on déduit le rapport des longueurs de ces trois côtés ; on connaît par suite les rapports des longueurs des 5 éléments des deux triangles ABC, BCD, et en continuant ainsi de proche en proche on obtient les rapports des longueurs de tous les côtés du réseau *abcdefg*. Il

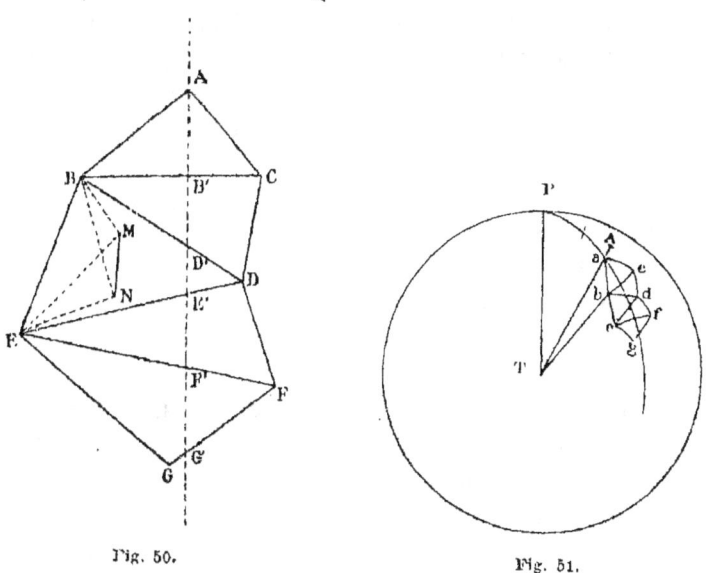

Fig. 50.   Fig. 51.

suffit alors de mesurer l'un des côtés pour que tous soient connus.

Pour cela, on choisit dans la région considérée une *base* MN (*fig. 50*), située dans une localité dont les dispositions se prêtent à des mesures précises par l'application successive d'une règle bien étalonnée, c'est-à-dire une localité dans laquelle on peut jalonner une ligne droite continue assez longue et ne rencontrant pas d'accidents importants de terrain. En reliant cette droite au réseau par un réseau secondaire BEMN, on obtient les rapports de la longueur de MN aux différents côtés du réseau principal ; la mesure directe de MN donne alors la valeur réelle de toutes les lignes de la figure.

Soit actuellement AB'D'E'F'G', l'arc de méridien qui traverse le réseau. On détermine en A, par les procédés que nous avons indiqués plus haut (p. 54), la direction de la méridienne, on obtient ainsi l'azimut du côté ab du réseau. On connaît donc, dans le triangle ABB', le côté AB, l'angle B et l'angle BAB', et l'on peut calculer le segment AB' de la méridienne. On calcule également l'angle BB'D' et le côté BB' de manière à obtenir les éléments nécessaires au calcul du segment B'D' compris dans le triangle suivant, et l'on continue de la même manière jusqu'en G'. On a ainsi obtenu la longueur AG'.

Le dernier calcul a donné en outre FG', et comme l'on connaît FG, on possède GG' et FG'. On détermine la latitude du lieu F, celle du lieu G, et on en déduit la latitude de G', en admettant que de G en F, cette quantité varie proportionnellement à la distance.

68. Vérification de l'ellipticité des méridiens. Aplatissement. — On démontre en analyse que lorsque l'on connaît, en deux points d'une ellipse, la valeur du rayon de courbure CO (*fig. 52*), et de l'angle φ formé par la normale avec le demi-grand axe, on peut en déduire les valeurs des deux demi-axes a et b. Par conséquent, si l'on possède les valeurs de ces éléments en un certain nombre de points, on peut, en groupant ces valeurs deux à deux, déduire autant de valeurs des axes que l'on a formé de groupes.

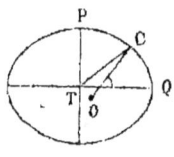

Fig. 52.

L'application de cette méthode aux valeurs obtenues par différentes latitudes donne des résultats assez concordants pour que l'on puisse admettre l'exactitude de l'hypothèse.

Au lieu du demi-petit axe b, c'est-à-dire de la demi-longueur de la ligne des pôles, on emploie en général l'*aplatissement* qui est le rapport de la différence des demi-axes au demi-grand axe. En désignant par ρ cette quantité on a, par définition,

$$\rho = \frac{a-b}{a}.$$

Lorsque l'on connaît a et ρ, la forme et la grandeur de l'ellipse sont déterminées, car on déduit, pour valeur de b, de la formule qui précède

$$b = a(1-\rho).$$

L'avantage de cette substitution consiste en ce que ρ est très petit $\left(\frac{1}{292}\text{ environ}\right)$, et que les calculs dans lesquels cette quantité intervient sont plus simples.

Remarque. — On procède en réalité d'une manière un peu différente de celle que nous venons d'indiquer; il existe entre l'angle φ et le rayon de courbure, dans une ellipse dont la forme et la grandeur sont définies par les deux quantités a et ρ, une relation que nous représenterons sous la forme générale

$$f(r, \varphi, a, \rho) = 0.$$

En mesurant les valeurs de r et φ dans différentes régions de la Terre, on obtient deux des quatre quantités qui figurent dans cette relation. Par suite, chaque mesure fournit une équation entre les deux inconnues a et ρ. Les différentes opérations effectuées dans plusieurs régions de la Terre ont donné un certain nombre d'équations. Si la forme de la Terre était rigoureusement elliptique, et si les mesures étaient parfaitement exactes, deux de ces équations suffiraient pour déterminer a et ρ, et les valeurs obtenues satisferaient aux équations restantes. Mais il n'en est évidemment pas ainsi, les mesures sont toujours imparfaites; de plus, la surface idéale de la Terre, c'est-à-dire la surface normale aux verticales, présente des irrégularités résultant des déviations que font subir à la verticale les attractions locales; par conséquent, ce que l'on cherche à obtenir, ce sont les valeurs de a et ρ

qui s'accordent le mieux avec tous les résultats des observations. Ces valeurs se déduisent des équations en nombre supérieur à celui des inconnues par une méthode appelée *méthode des moindres carrés*.

La vérification de l'ellipticité résulte de la petitesse des corrections qu'il faut apporter aux résultats de l'observation pour que les équations soient rigoureusement satisfaites avec les valeurs ainsi obtenues pour a et pour ρ. Les corrections doivent être de l'ordre de grandeur des erreurs inévitables de mesure ; c'est en effet ce qui a lieu.

69. Historique des mesures de la Terre. — Les mesures directes du rayon de la Terre ont été entreprises plusieurs siècles avant J.-C. *Aristote* (330 av. J.-C.) dit que l'on a évalué à 400 000 stades la circonférence du méridien, ce qui donne pour le degré 1 100 stades environ.

Ératosthènes (276 av. J.-C.) a obtenu pour l'arc de 1° 700 stades environ ;

Posidonius (106 av. J.-C.) a trouvé 666 stades ;

Ptolémée (125 ap. J.-C.) a trouvé 500 stades ;

Ces résultats n'offrent plus aucun intérêt aujourd'hui, car nous ne savons plus quelle était la longueur du stade ; nous ignorons même si les stades employés pour ces diverses mesures étaient identiques, de sorte que nous ne pouvons même pas les comparer entre elles.

Les mesures modernes appartiennent à deux périodes :

1ʳᵉ PÉRIODE. HYPOTHÈSE DE LA SPHÉRICITÉ DE LA TERRE :

Fernel, médecin français (1550), a trouvé pour l'arc de 1° 57 070 toises ;

Snellius, géomètre hollandais (1615), a trouvé 55 021 toises ;

Norwood, astronome anglais (1635), a trouvé 57 424 toises ;

L'abbé Picard, astronome français (1669), a trouvé 57 060 toises.

Cette mesure fut la première dans laquelle on employa les procédés précis et les soins que nécessite une opération de cette nature ; et c'est du résultat obtenu par Picard que *Newton* obtint la confirmation de la grande découverte de la gravitation universelle.

Dès que Newton et Huyghens eurent formulé l'avis que la Terre devait être aplatie aux pôles et renflée à l'équateur, on se préoccupa de vérifier l'exactitude de cette assertion par la comparaison des valeurs de l'arc de méridien de un degré dans deux lieux différents. Ce sont les mesures faites à ce nouveau point de vue qui sont comprises dans la 2ᵉ période.

2ᵉ PÉRIODE. HYPOTHÈSE DE L'APLATISSEMENT. — *Dominique Cassini, Jacques Cassini, son fils,* et *Philippe Maraldi,* en prolongeant jusqu'à la frontière méridionale (1683 à 1700) la méridienne de France, obtiennent pour l'arc de un degré 57 097 toises à la latitude de 45°.

Jacques Cassini, Dominique Maraldi et *La Hire,* en prolongeant la méridienne jusqu'à Dunkerque (1718), obtiennent pour l'arc de un degré 56 960 toises à la latitude de 50°.

Ces mesures semblaient indiquer des résultats contraires à l'assertion d'Huyghens et Newton, car l'arc de un degré décroît au lieu de croître avec la latitude; mais il était évident que la différence des latitudes était insuffisante pour la vérification que l'on avait en vue; aussi l'Académie des sciences décida de faire mesurer deux arcs de méridien, l'un vers l'équateur, l'autre près du pôle.

Godin, Bouguer, La Condamine partirent pour le Pérou (1736), et *Maupertuis, Clairaut, Camus, Lemonnier, Outhier,* pour la Laponie; vers la même époque (1739), *Cassini de Thury* et *La Caille* recommencèrent les mesures effectuées en France.

Les résultats de ces opérations mirent hors de doute l'aplatissement de la Terre; mais la valeur $\frac{1}{334}$ qu'ils en donnèrent est trop faible.

Depuis cette époque, de vastes opérations géodésiques ont été exécutées dans toutes les régions habitées par des peuples civilisés. Avant de donner les résultats de ces mesures, il est indispensable de faire connaître l'unité de longueur qui a été adoptée.

70. Mètre. Mille marin. — Lorsque l'Assemblée constituante voulut substituer aux systèmes multiples de mesure adoptés dans les diverses parties de la France un système unique, elle décida, sur la proposition d'une commission désignée par l'Académie des sciences, et composée de *Borda, Lagrange, Laplace, Monge* et *Condorcet*, que l'on prendrait pour unité linéaire une partie aliquote de la circonférence de la Terre. On aurait pu, pour déterminer l'unité de longueur, faire usage des résultats obtenus au Pérou, en Laponie et en France dans les opérations antérieures; mais on préféra n'emprunter à ces mesures que la valeur obtenue pour l'aplatissement $\frac{1}{334}$, et *Delambre* et *Méchain* furent chargés de mesurer de nouveau la méridienne de France, avec des méthodes et des instruments plus parfaits, parmi lesquels le cercle répétiteur de Borda. Ce travail fut terminé en 1799; on obtint pour le quart du méridien 5 130 740 toises.

On coupa une verge de platine ayant à la température de la glace fondante la dix-millionième partie de cette longueur; cette règle est conservée aux Archives nationales, c'est elle qui constitue l'étalon du *Mètre*, unité de longueur actuelle.

Valeur exacte du mètre. — Il résulte de nouvelles mesures que cette règle est inférieure de 0,2 de millimètre à la dix-millionième partie du quart du méridien terrestre; néanmoins on l'a conservée comme étalon du mètre.

L'idée de prendre comme unité de mesure une partie aliquote du méridien terrestre, afin de permettre d'en retrouver la longueur à des époques ultérieures quelconques, dans le cas où elle viendrait à se perdre, n'est pas réalisable rigoureusement. Il est évident en effet que, à mesure que les procédés d'observation se perfectionneront, on obtiendra des valeurs de plus en plus exactes de la circonférence de la

Terre ; et il n'est pas possible de changer l'unité au fur et à mesure des progrès, car on retomberait dans l'inconvénient, que l'on a voulu éviter, de perdre l'étalon des mesures anciennes.

L'idée des fondateurs du système métrique conserve cependant cet avantage capital que la différence entre le mètre et la dix-millionième partie du quart du méridien est très faible, et que, par suite, la valeur de l'étalon pourra toujours être retrouvée, sinon exactement, du moins à une très grande approximation.

MILLE MARIN, LIEUE MARINE, NŒUD. — Les marins de tous les pays ont adopté pour unité de distance le *mille marin* qui est la longueur moyenne de la minute du méridien. Le quart du méridien contenant 10 millions de mètres et 5 400 minutes, la longueur du mille serait de $1851^m,9$. D'après les nouvelles mesures, le mille serait de $1852^m,2$; cette longueur est égale à la minute de l'équateur.

La *lieue marine* contient trois milles, c'est-à-dire $5556^m,6$.

Le *nœud* est la longueur parcourue en trente secondes par un navire qui file un mille à l'heure ; c'est donc la 120e partie du mille ou $15^m,43$.

71. Dimensions de la Terre. — Voici les renseignements donnés par l'*Annuaire du bureau des longitudes* sur la forme et la grandeur de la Terre :

En se basant sur les mesures seules des méridiens suivants : arcs Russo-Suédois, Anglo-Français, des Indes, du Pérou et du Cap, et en y joignant un arc de parallèle mesuré aux Indes, M. Clarke a trouvé :

$$a = 6\,378\,253^m \text{ à } \pm 75^m \text{ près,}$$
$$b = 6\,356\,521^m \text{ à } \pm 111^m,$$
$$\rho = \frac{1}{293,5 \pm 1,1},$$

r (rayon de la sphère de même volume) $= 6\,371\,000^m$.

En joignant aux arcs précédents ceux de Prusse, de Danemark et de Hanovre, et en négligeant l'un des parallèles mesurés aux Indes, M. Faye trouve :

$$a = 6378393^m \text{ à } \pm 79^m,$$
$$b = 6356519^m \text{ à } \pm 109^m,$$
$$\rho = \frac{1}{292 \pm 1},$$

r (rayon de la sphère de même volume). $= 6371104^m$,
Quart du méridien elliptique . . . . . $= 10002008^m$,
Quart de la circonférence équatoriale. . $= 10001916^m$.

§ 2. — Formules donnant le rayon de la Terre, l'angle à la verticale et la parallaxe horizontale, correspondant à une latitude donnée.

72. Définitions et notations. — Représentons sur la figure 53 l'ellipse méridienne, désignons par r le *rayon de courbure* CO de l'ellipse, et par φ la *latitude géographique* XDC ; joignons CT. Pour distinguer CT et l'angle XTC de r et de φ, nous appellerons TC le rayon *géocentrique* et XTC la latitude *géocentrique* et nous désignerons TC par r' et XTC par φ'.

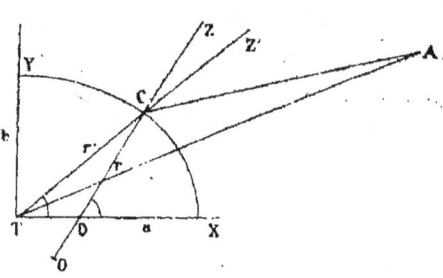

Fig. 53.

La direction TC sera appelée la verticale *géocentrique*, et l'angle TCO *l'angle à la verticale ;* nous désignerons cet angle par V.

73. Expression de la latitude et du rayon de courbure en un lieu en fonction des coordonnées rectangulaires. — En prenant pour axes de coordonnées rectangulaires les axes TX et TY de l'ellipse méridienne, on a pour équation de cette ellipse :

$$a^2 y^2 + b^2 x^2 = a^2 b^2. \qquad (1)$$

On a d'ailleurs

$$\operatorname{tg}\varphi = -\frac{dx}{dy}, \qquad (2)$$

$$r = \frac{\left(1+\frac{dy^2}{dx^2}\right)^{\frac{3}{2}}}{\frac{d^2y}{dx^2}}, \qquad (3)$$

$$\operatorname{tg}\varphi' = \frac{y}{x}. \qquad (4)$$

L'équation (1) donne

$$\frac{dy}{dx} = -\frac{b^2 x}{a^2 y}, \qquad \frac{d^2y}{dx^2} = -\frac{b^4}{a^2 y^3};$$

il vient, en substituant dans (2) et (3),

$$\operatorname{tg}\varphi = \frac{a^2 y}{b^2 x}, \qquad (5)$$

$$r = \frac{(a^4 y^2 + b^4 x^2)^{\frac{3}{2}}}{a^4 b^4}; \qquad (6)$$

substituant à b sa valeur $a(1-\rho)$, dans (1) (4) et (5), il vient

$$y^2 + (1-\rho)^2 x^2 = a^2 (1-\rho)^2, \qquad (7)$$

$$\operatorname{tg}\varphi = \frac{y}{x(1-\rho)^2}, \qquad (8)$$

$$r = \frac{(y^2 + (1-\rho)^4 x^2)^{\frac{3}{2}}}{a^2 (1-\rho)^4}, \qquad (9)$$

$$\operatorname{tg}\varphi' = \frac{y}{x}. \qquad (10)$$

74. Expressions des éléments r, r', φ', V en fonction de la latitude géographique φ'. — En résolvant (7) et (8) par rapport à x et y, il vient

$$x^2 = \frac{a^2 \cos^2\varphi}{(1-\rho)^2 \sin^2\varphi + \cos^2\varphi},$$

$$y^2 = \frac{a^2 (1-\rho)^4 \sin^2\varphi}{(1-\rho)^2 \sin^2\varphi + \cos^2\varphi},$$

et, en substituant dans (9) et (10), il vient

$$r = \frac{a(1-\rho)^2}{(\cos^2\varphi + (1-\rho)^2 \sin^2\varphi)^{\frac{3}{2}}}, \quad (11)$$

$$\operatorname{tg}\varphi' = (1-\rho)^2 \operatorname{tg}\varphi. \quad (12)$$

On a d'ailleurs

$$r'^2 = x^2 + y^2 = a^2 \frac{\cos^2\varphi + (1-\rho)^4 \sin^2\varphi}{(1-\rho)^2 \sin^2\varphi + \cos^2\varphi}. \quad (13)$$

On a enfin

$$V = \varphi - \varphi',$$

$$\operatorname{tg} V = \frac{\operatorname{tg}\varphi - \operatorname{tg}\varphi'}{1 + \operatorname{tg}\varphi \operatorname{tg}\varphi'},$$

$$\operatorname{tg} V = \frac{\operatorname{tg}\varphi [1 - (1-\rho)^2]}{1 + \operatorname{tg}^2\varphi (1-\rho)^2}. \quad (14)$$

SIMPLIFICATION DES EXPRESSIONS (11), (13), (14). — La quantité ρ étant très petite, on a avantage à développer les quantités r, r' et V suivant ses puissances croissantes.

Nous nous bornerons, dans ce qui suit, aux premières puissances. On a d'abord, à cette approximation,

$$\left. \begin{array}{l} (1-\rho)^4 = 1 - 4\rho, \\ (1-\rho)^2 = 1 - 2\rho. \end{array} \right\} \quad (15)$$

Nous substituerons donc ces valeurs dans les expressions précédentes.

Rayon de courbure. — En substituant $1 - 2\rho$ à $(1-\rho)^2$ dans (11), il vient

$$r = \frac{a(1-2\rho)}{(\cos^2\varphi + (1-2\rho)\sin^2\varphi)^{\frac{3}{2}}} = a \frac{1-2\rho}{(1-2\rho \sin^2\varphi)^{\frac{3}{2}}}$$

$$= a(1-2\rho)(1-2\rho \sin^2\varphi)^{-\frac{3}{2}};$$

en développant le deuxième facteur suivant la formule du binôme, on obtient

$$r = a(1-2\rho)(1 + 3\rho \sin^2\varphi) = a + a\rho(3\sin^2\varphi - 2). \quad (16)$$

Rayon géocentrique. — En substituant à $(1-\rho)^4$ et $(1-\rho)^2$ leurs valeurs approchées dans (13), on obtient

$$r'^2 = a^2 \frac{1 - 4\rho \sin^2 \varphi}{1 - 2\rho \sin^2 \varphi},$$

et, par division, en négligeant le carré de ρ et les puissances supérieures,

$$r'^2 = a^2 (1 - 2\rho \sin^2 \varphi),$$

d'où

$$r' = a (1 - 2\rho \sin^2 \varphi)^{\frac{1}{2}},$$
$$r' = a - a\rho \sin^2 \varphi. \qquad (17)$$

Angle à la verticale. — En substituant dans (14) la valeur (15) de $(1-\rho)^2$, il vient

$$\operatorname{tg} V = \frac{2\rho \sin \varphi \cos \varphi}{1 - 2\rho \sin^2 \varphi} = \rho \sin 2\varphi.$$

La valeur de l'angle V exprimée en fonction du rayon ne diffère de la tangente que de quantités du troisième ordre; on peut donc substituer ici l'arc à la tangente, et il vient, en supposant V exprimé en secondes,

$$V \sin 1'' = \rho \sin 2\varphi,$$
$$V = \frac{1}{\sin 1''} \rho \sin 2\varphi. \qquad (18)$$

On a donc en résumé

Rayon de courbure . . . $r = a + a\rho (3 \sin^2 \varphi - 2)$, (16)

Rayon géocentrique . . . $r' = a - a\rho \sin^2 \varphi,$ (17)

Angle à la verticale . . . $V = \dfrac{\rho}{\sin 1''} \sin 2\varphi.$ (18)

75. Parallaxe horizontale équatoriale et parallaxe horizontale dans un lieu; parallaxe en hauteur. — La parallaxe P d'un astre dans un lieu C est encore l'angle formé par CA (*fig.* 53) avec la direction géocentrique TA, et le triangle CTA donne, en désignant par R la distance TA de l'astre :

$$\frac{\sin P}{\sin Z'CA} = \frac{r'}{R},$$

$$\sin P = \frac{r'}{R} \sin Z'CA.$$

On remarque que l'angle $Z'CA$ de cette formule n'est plus la distance zénithale apparente ZCA, mais bien la distance zénithale rapportée à la verticale géocentrique. Si l'on désigne par H_a la hauteur apparente, on a :

$$Z'CA = ZCA - V = 90° - H_a - V,$$

et par suite

$$\sin Z'CA = \cos(H_a + V);$$

on a donc enfin

$$\sin P = \frac{r'}{R} \cos(H_a + V),$$

$$P = \frac{r'}{R \sin 1''} \cos(H_a + V); \qquad (19)$$

la quantité $\dfrac{r'}{R \sin 1''}$ est la parallaxe horizontale du lieu.

D'après la valeur (17) obtenue plus haut, on a

$$\frac{r'}{R \sin 1''} = \frac{a}{R \sin 1''} - \frac{a}{R \sin 1''} \rho \sin^2 \varphi;$$

le premier terme du second nombre est la *parallaxe horizontale équatoriale* ; en désignant cette parallaxe par π et la parallaxe horizontale locale par π', on a

$$\pi' = \pi - \pi \rho \sin^2 \varphi. \qquad (20)$$

Enfin en substituant à $\dfrac{r'}{R \sin 1''}$ la valeur π' dans l'équation (19), il vient

$$P = \pi' \cos(H_a + V),$$
$$= \pi' (\cos H_a \cos V - \sin H_a \sin V),$$

et, l'angle V étant très petit,

$$P = \pi' \cos H_a - \pi' V \sin 1'' \sin H_a. \qquad (21)$$

On voit que, pour obtenir la parallaxe d'un astre dans un lieu, en tenant compte de l'aplatissement, il faut d'abord faire subir à la parallaxe horizontale équatoriale la correction $\pi \rho \sin^2 \varphi$ indiquée par la formule (20); puis, après avoir calculé le premier terme de P par la formule ordinaire, il faut en retrancher le terme correctif indiqué par la formule (21).

Ces diverses corrections ne sont appréciables que pour la Lune ; on est obligé d'en tenir compte pour cet astre, même en Navigation, dans les calculs ayant pour objet la détermination des longitudes par les distances lunaires.

Toutes ces corrections ont été réduites en tables qui se trouvent dans les recueils de tables nautiques.

§ 3. — Cartes géographiques ; cartes célestes ; catalogues d'étoiles.

76. Cartes en général. — Les cartes géographiques sont des figures planes représentant la surface de la Terre ; nous supposerons dans ce qui suit que la Terre est sphérique.

La surface de la sphère n'étant pas développable sur un plan sans déchirure ni duplicature, il est impossible de représenter une région de cette surface par une figure plane sans déformations. La nature des déformations des cartes varie avec le système de construction adopté et l'on choisit pour représenter une région de la Terre le système de construction dont les déformations offrent le moins d'inconvénient pour l'usage auquel la carte est destinée.

Les principaux systèmes adoptés peuvent être rangés en deux catégories : la première comprend ceux dans lesquels les angles formés par les lignes sur la Terre sont conservés par leurs images sur la carte, et la deuxième ceux dans lesquels les superficies relatives des régions sont conservées.

CONSERVATION DES ANGLES. — On appelle angle de deux lignes courbes tracées sur un plan ou sur une surface quelconque, l'angle formé par les tangentes à ces courbes en leur point de rencontre.

Les cartes qui conservent les angles ont la propriété de conserver en même temps la similitude des petites figures.

Considérons, en effet, *sur la Terre* une région MN (*fig. 54*) très petite et *sur la carte* l'image mn de cette région.

Soient A un point de la Terre, AB, AC, AD des lignes tracées par ce point sur sa surface et BC, CD d'autres lignes coupant les précédentes; soient enfin *ab, ac, ad, bc, cd* les images des mêmes lignes sur la carte.

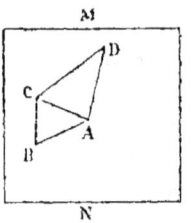
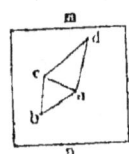

Fig. 54.

Si la région considérée est assez restreinte, les portions de courbes de la Terre et de la carte pourront être regardées comme rectilignes et coïncidant avec leurs cordes et avec leurs tangentes; de plus, la figure ABCD de la Terre pourra être considérée comme plane. La carte conservant les angles, les deux figures ABCD et *abcd*, planes l'un et l'autre, seront formées de triangles ayant leurs angles homologues égaux, elles seront donc semblables.

Il est clair que la similitude rigoureuse ne peut pas exister quelque petite que soit la région considérée, mais elle est d'autant plus voisine d'être réalisée que cette région est plus restreinte. Il résulte de là que, autour d'un point donné, on peut toujours délimiter une région assez petite pour que les erreurs commises, en admettant la similitude, ne dépassent pas une limite donnée, si faible qu'elle puisse être.

Toute carte de ce système peut donc être divisée en compartiments assez petits pour que chacun d'eux puisse être considéré comme une image semblable à la figure de la région de la Terre qu'il représente; mais l'échelle de similitude variera d'une parcelle à l'autre.

Dans les cartes représentant une petite étendue de la Terre, les variations de l'échelle pourront être assez faibles pour être négligées; mais dans celles qui contiennent de grandes régions, ces variations sont très sensibles. Par suite, les dimensions relatives des différentes contrées sont altérées.

Pour obtenir l'échelle correspondant à une région, il suffit évidemment de connaître la longueur réelle d'une des lignes de cette région. Si les méridiens et les parallèles sont marqués sur la carte, cette échelle est fournie par la graduation des méridiens. La longueur de l'arc du méridien de 1° représente, en effet, 111,1 kilomètres, 20 lieues marines et 60 milles marins.

Conservation des superficies. — Les cartes qui conservent les superficies déforment les figures. Si l'on appliquait un système de ce genre à la surface entière de la Terre, les formes de la plus grande partie des régions seraient tellement altérées, que la carte ne pourrait plus fournir la mesure des distances de deux lieux, même peu éloignés. Les cartes générales de cette catégorie ne peuvent être utilisées que pour comparer les superficies relatives des diverses régions de la Terre.

Lorsque l'on applique ce système à une région restreinte, on prend des dispositions telles que, pour le point central, la déformation soit nulle. La déformation grandissant alors progressivement du centre aux bords de la carte, les régions les plus altérées sont celles qui sont voisines du contour. Mais, si l'étendue de la partie représentée est assez petite, les altérations restent assez peu sensibles pour que les parcelles de la carte puissent encore être traitées comme des figures semblables à celles de la Terre, du moins dans les applications qui n'exigent pas une très grande précision.

77. Principaux systèmes de projections. — Par une extension attribuée à la signification géométrique du mot projection, on appelle *mode de projection* le mode de construction adopté pour une carte.

Les principaux modes de projection sont, dans la première catégorie, la *projection stéréographique* et la *projection de Merca-*

tor; dans la seconde, le mode de projection adopté pour la carte de France de l'État-Major.

Canevas d'une carte. — On appelle *canevas d'une carte* le réseau de lignes qui représente, dans le mode de projection adopté, le réseau formé sur la carte par les parallèles et les méridiens. Il est clair que si l'on sait tracer le canevas d'une carte, on pourra y marquer les positions de tous les lieux à l'aide de leurs coordonnées géographiques; par conséquent, le problème de la construction de la carte est réduit à celui de la construction du canevas.

78. Projection stéréographique. — Les cartes stéréographiques sont les figures obtenues en projetant en perspective la surface de la sphère d'un point O (*fig. 55*) de sa surface sur le plan du grand cercle perpendiculaire au diamètre passant par ce point. Dans ce mode de projection les angles sont conservés et tous les cercles de la sphère ont des cercles pour images.

Conservation des angles. — Pour démontrer que les angles sont conservés, nous ferons remarquer tout d'abord que la tangente en m à l'image d'une courbe de la sphère est la projection stéréographique de la tangente en M à la courbe elle-même.

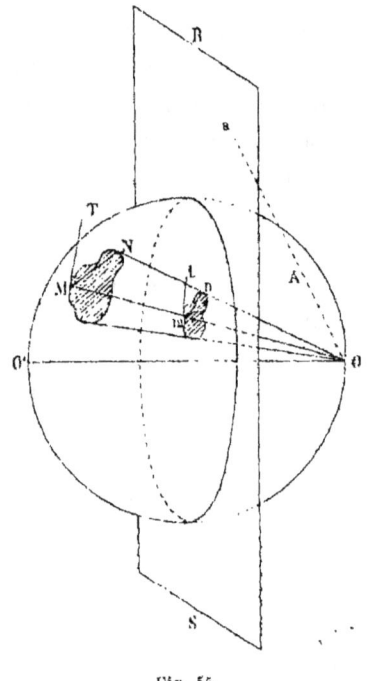

Fig. 55.

On sait, en effet, que les tangentes en M et m sont les positions limites que prennent des cordes qui joignent les points M et m respectivement à deux points voisins N et n, lorsque ces derniers points viennent se confondre avec les premiers ; or, dans toutes ses positions, la corde MN a pour projection la corde mn de la courbe, donc à la limite la tangente MT aura pour projection la tangente mt.

Cela établi, il suffit de montrer que les projections stéréographiques de deux tangentes quelconques MA et MB (*fig. 56*) à la sphère font le même angle que les deux tangentes elles-mêmes. Prenons pour plan de la figure le plan diamétral MTO passant par le point M et le point de vue O. Ce plan, passant par la ligne OT perpendiculaire au plan de perspective SR, est perpendiculaire à celui-ci. Joignons les points A et B, où les tangentes traversent le plan de projection R ; les projections des tangentes MA et MB seront les droites mA et mB.

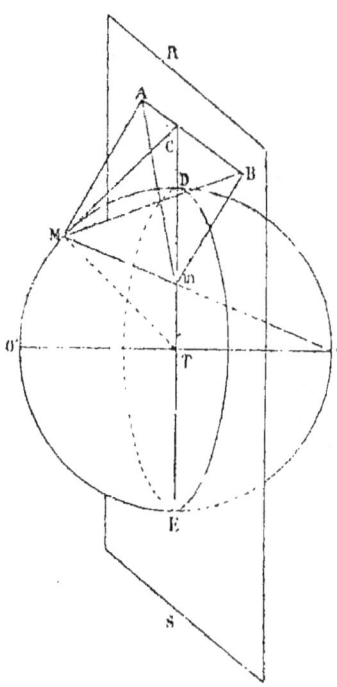

Fig. 56.

Représentons enfin en MC et TC les traces du plan de la figure sur le plan AMB et sur le plan R. Le plan MAB est perpendiculaire à celui de la figure puisqu'il contient les deux droites MA et MB perpendiculaires au rayon MT situé dans ce dernier ; la ligne AB, intersection des plans MAB et R, est donc aussi perpendiculaire à celui de la figure et, par suite, aux lignes CM et CT situées dans ce plan. Donc, si l'on rabat le plan MAB autour de AB sur le plan R, la ligne CM viendra se rabattre sur la direction CT et, pour montrer que l'angle AMB est égal à l'angle AmB, il suffit de faire voir que le point M tombera sur m, c'est-à-dire que CM est égal à Cm. Or dans le triangle CMm, l'angle CMm a pour mesure :

$$\frac{MD + DO}{2} \quad \text{ou} \quad \frac{90° + MD}{2} ;$$

l'angle CmM a pour mesure :

$$\frac{EO + MD}{2} \quad \text{ou} \quad \frac{90 + MD}{2},$$

donc ces deux angles sont égaux ; par suite le triangle est isocèle, et l'on a bien $CM = Cm$.

CONSERVATION DES CERCLES. — Un cercle quelconque AB (*fig. 57*) de la sphère se projette suivant un cercle ab ayant pour centre la projection s du sommet du cône SAB tangent à la sphère suivant le cercle AB.

Pour le démontrer, prenons pour plan de la figure le plan diamétral OTS passant par le sommet du cône et par le point de vue. Considérons un point C de la sphère et sa projection stéréographique c ; soit $S'C$ l'arc de petit cercle suivant lequel le plan SCO coupe la sphère.

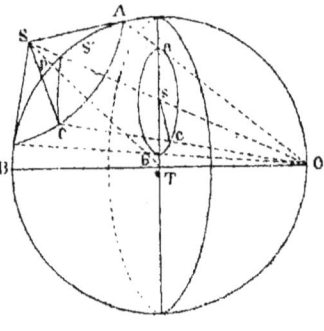

Fig. 57.

La génératrice SC du cône est tangente en C à l'arc $S'C$, car elle est tangente à la sphère et située dans le plan de cet arc ; comme d'ailleurs elle est perpendiculaire à la tangente au cercle AB en C, les deux courbes $S'C$ et AB de la sphère se coupent à angle droit en C.

Il résulte de ce que nous avons démontré précédemment que la droite sc, projection de $S'C$, et la projection du cercle se couperont également à angle droit en c ; par conséquent la projection du cercle coupe à angle droit tous les rayons issus du point s ; c'est donc un cercle ayant ce point pour centre.

Cette propriété est vraie quel que soit le rayon du cercle

que l'on considère sur la sphère, elle est donc vraie encore à la limite pour les grands cercles ; alors le cône tangent se réduit à un cylindre dont l'axe est perpendiculaire au plan du grand cercle ; le point S est situé à l'infini dans la direction de cette perpendiculaire, et la ligne OS qui projette le centre du cercle est parallèle à cette direction.

Variation de l'échelle de la carte. — D'après ce que nous avons vu, les cartes stéréographiques, conservant les angles, conservent en même temps la similitude des petites figures ; mais le rapport de similitude, c'est-à-dire l'échelle varie d'un point à l'autre de la carte. Considérons une zone ABA'B' (*fig. 58*) assez étroite pour que l'on puisse regarder l'arc AB comme rectiligne, et confondu avec sa corde. Les deux triangles ABO et abO sont semblables, car les angles BAO et abO ont l'un et l'autre pour mesure $\dfrac{90° + BC}{2}$; on a donc

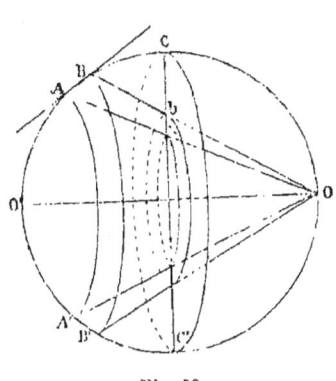

Fig. 58.

$$\frac{ab}{AB} = \frac{Oa}{OB} \text{ ou très sensiblement} = \frac{Oa}{OA}.$$

On voit ainsi que, dans la zone considérée, le rapport de similitude est égal à celui des distances Oa et OA du plan de perspective et de la zone elle-même au point de vue O.

Par conséquent, si l'on suppose que la projection soit représentée en vraie grandeur, l'échelle sera 1/2 au centre de la carte et 1 dans les régions situées sur le pourtour du cercle CC'. Enfin, pour les points situés dans le même hémisphère que le point de vue, l'échelle serait plus grande que l'unité, et d'autant plus grande que la région serait voisine du point O. L'image d'un petit cercle ayant O pour pôle sera un cercle d'autant plus grand que son rayon sera plus petit, et le point O lui-même serait représenté par un cercle de rayon infini.

En d'autres termes, la partie centrale de la carte est réduite de moitié, les parties bordant le cercle de séparation des deux hémisphères sont en vraie grandeur; l'hémisphère extérieur à ce cercle serait agrandi et s'étendrait sur tout le reste du plan jusqu'à l'infini. L'agrandissement relatif va en progressant du centre de la figure aux extrémités, très lent vers le milieu, il devient très rapide dans l'hémisphère qui contient le point de vue. Les variations de l'échelle sur cet hémisphère, lorsque l'on s'éloigne du cercle CC′, sont tellement rapides que les déformations deviennent considérables. Aussi les cartes qui représentent la sphère entière sont divisées en deux parties, l'hémisphère COC′ est projeté du point O′ et l'hémisphère CO′C du point O.

CANEVAS DES MAPPEMONDES. — Les mappemondes sont des projections de la Terre entière sur les deux faces d'un même méridien; chaque hémisphère est projeté du point de l'équateur situé à 90° de ce méridien dans l'hémisphère opposé. Les procédés de construction des parallèles et des méridiens sont basés sur les propriétés que nous venons de démontrer. Soit PQP′Q′ (fig. 59) le méridien de projection; l'équateur se projette en QQ′ et le méridien perpendiculaire au plan de projection suivant la droite PP′.

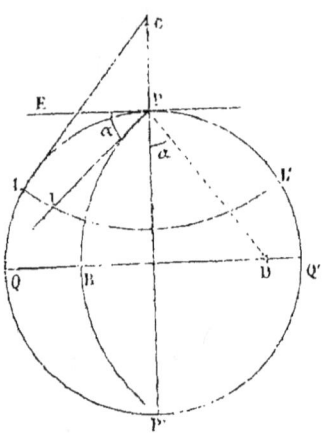

Fig. 59.

Graduons en latitude le contour du méridien PQP′Q′; le parallèle passant par les points L et L′ est perpendiculaire, sur la Terre, au méridien PQP′Q′; par suite son image l'est également; cette image est donc le cercle qui coupe orthogonalement le cercle PQP′Q′ en L et L′. Le centre de ce cercle est situé en C à la rencontre de la tangente en L et de la ligne PP'.

De même un méridien PRP' faisant un angle α avec le méridien de projection aura sa tangente en P dirigée suivant la droite PI qui fait avec PE l'angle α. Son centre sera donc sur la droite PD perpendiculaire à la précédente et qui fait par suite avec PP' l'angle α. De plus, ce méridien coupant orthogonalement QQ', son centre est sur cette ligne ; ce point est donc situé en D.

Le canevas de la carte étant ainsi tracé, il sera facile de tracer la carte elle-même.

79. Cartes de Mercator ou cartes marines. — Sur les cartes de Mercator, l'équateur est représenté par une droite QQ'

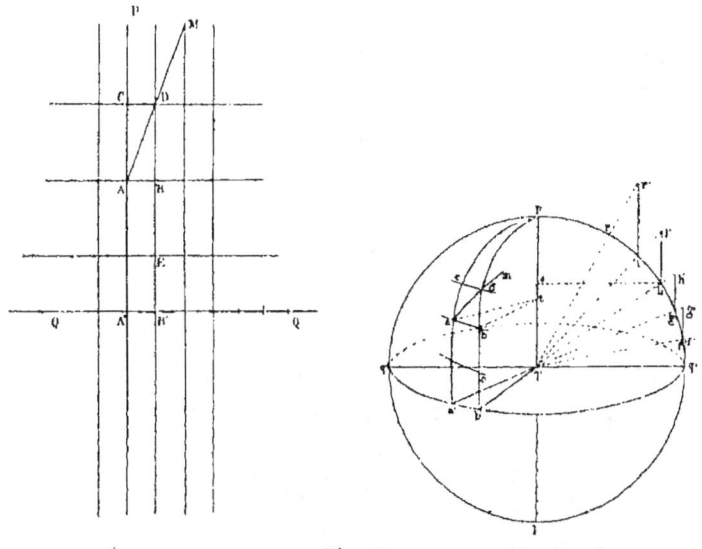

Fig. 60.

(*fig. 60*), les méridiens équidistants par des droites équidistantes perpendiculaires à la précédente, et enfin les parallèles par des droites parallèles à celle-ci ; mais les parallèles équidistants de la Terre ne sont pas représentés par des droites équidistantes. La loi de leur espacement est choisie de manière que la carte conserve les angles et par suite la similitude des petites figures.

Pour déterminer la loi de l'espacement des parallèles, considérons, sur la Terre (*fig. 60*), un fuseau assez étroit et deux parallèles assez rapprochés pour que l'on puisse admettre que le quadrilatère curviligne *abcd* formé par leurs intersections soit un rectangle plan et rectiligne ; soit ABCD l'image de ce rectangle sur la carte. Menons la diagonale *ad* et son image AD sur la carte ; il faut, pour que la carte conserve les angles, que l'on adopte pour représenter *ab* et *bd* des longueurs AB et BD telles que l'angle BAD soit égal à *bad*, ou, ce qui revient au même, que l'on ait

$$\frac{DB}{db} = \frac{AB}{ab}.$$

Supposons, pour fixer les idées, que l'équateur soit représenté en vraie grandeur, on aura

$$AB = A'B' = a'b';$$

il faudra par suite que l'on ait

$$\frac{DB}{db} = \frac{a'b'}{ab}.$$

Mais si *t* est le centre du petit cercle *ab*, l'angle *atb* est égal à l'angle $a'Tb'$; le rapport des arcs *ab* et $a'b'$ est donc le même que celui des rayons, on a par suite

$$\frac{a'b'}{ab} = \frac{Ta'}{ta};$$

on devra donc avoir

$$\frac{DB}{db} = \frac{Ta'}{ta},$$

ou

$$DB = db \cdot \frac{Ta'}{ta}.$$

On peut obtenir par une construction très simple la longueur qui doit représenter un petit arc de méridien hl sur une carte de Mercator.

Menons en effet par le point h une parallèle hl' à la ligne des pôles, joignons Tl et prolongeons jusqu'en l'; la longueur cherchée est celle de hl'. Pour le démontrer, menons hs parallèle à $q'T$; le triangle hll' dont le côté hl peut être considéré comme rectiligne et perpendiculaire à Th est semblable au triangle hTs, car l'angle lhl' a ses côtés perpendiculaires à ceux de l'angle shT; on a donc

$$\frac{hl'}{hl} = \frac{Th}{hs} = \frac{Tq'}{hs},$$

d'où

$$hl' = hl \cdot \frac{Tq'}{hs}.$$

En comparant avec la relation que nous venons d'obtenir, on voit que la longueur hl' est bien celle qui doit représenter l'arc hl.

CONSTRUCTION DU CANEVAS DES CARTES DE MERCATOR. — Supposons d'abord qu'il s'agisse de représenter la Terre entière. Nous avons vu que les méridiens étaient représentés par des parallèles équidistantes; désignons par α le nombre de millimètres adopté pour représenter la minute d'équateur; les méridiens espacés de n minutes sur la Terre seront distants de $n\alpha$ millimètres sur la carte.

La distance d'un parallèle à l'équateur, celui du point r (*fig. 60*) par exemple, pourrait s'obtenir par la construction graphique que nous avons indiquée; en prenant le rayon de la figure tel que la minute du cercle ait pour longueur α, elle serait égale à la somme des longueurs qf', fg', gh', hl', lr'; à la condition toutefois que l'on prenne les parties $q'f$, fg, gh..... du méridien très petites, car la construction n'est exacte que dans la mesure où l'on peut admettre que ces parties sont rectilignes.

Dans la pratique, on fait usage de tables construites à cet

effet et donnant les distances des parallèles à l'équateur en fonction de leur latitude. On appelle *latitude croissante* d'un parallèle le nombre de parties égales à la minute d'équateur contenues dans la distance de ce parallèle à l'équateur sur une projection de Mercator ; si l'on désigne par L_c la latitude croissante du parallèle de latitude L, la distance de ce parallèle à l'équateur sur la carte dont la minute est représentée par α millimètres, sera de $L_c \times \alpha$ millimètres.

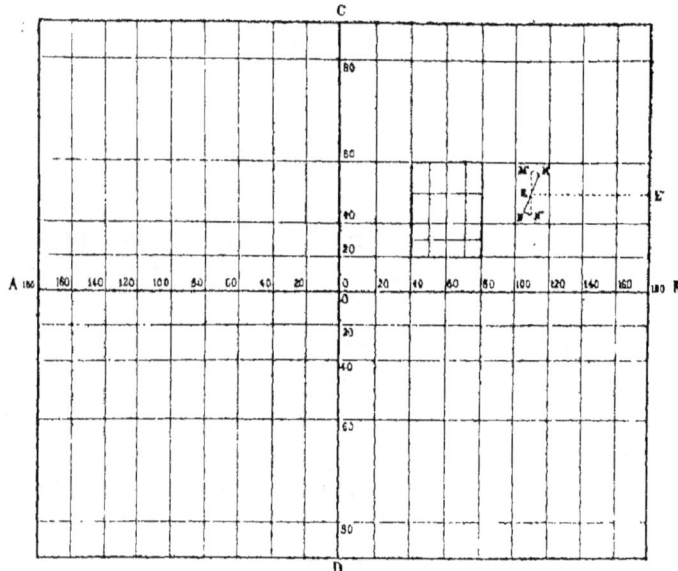

Fig. 61.

A l'aide de ces tables, on construit le canevas d'un planisphère de la manière suivante : on trace une ligne droite AB (*fig 61*) ayant pour longueur $360 \times 60 \times \alpha$ millimètres, et l'on élève, au milieu O de cette droite, une perpendiculaire CD, représentant le premier méridien. On gradue ensuite l'équateur de 0° à 180° de part et d'autre du point O, en prenant 60α millimètres par degré, et l'on mène les méridiens des points de division.

Extrait de la Table des latitudes croissantes.

LATITUDES.	LATITUDES CROISSANTES.	LATITUDES.	LATITUDES CROISSANTES.
0°	0	45°	3 029,9
5	300,4	50	3 474,5
10	603,1	55	3 968,0
15	910,5	60	4 527,4
20	1 225,1	65	5 178,8
25	1 550,0	70	5 965,9
30	1 888,4	75	6 970,3
35	2 244,3	80	8 375,2
40	2 622,7	85	10 764,6
45	3 029,9	90	∞

Pour le tracé des parallèles, on prend dans la table les latitudes croissantes correspondant aux différentes latitudes, et l'on porte sur les bordures, de part et d'autre de l'équateur, des longueurs égales aux produits $L_c \times \alpha$ millimètres. On prend, par exemple, $603,1 \times \alpha$ millimètres pour distance du parallèle de 10° à l'équateur, $1 225,1 \times \alpha$ pour celle du parallèle de 20°, etc. Enfin, par les points de division, on mène des parallèles à l'équateur.

Les subdivisions des intervalles compris entre les lignes tracées sont ensuite indiquées sur le cadre de la carte, afin que l'on puisse mener au besoin des parallèles et des méridiens intermédiaires.

Si l'on voulait tracer simplement la carte particulière d'une région, par exemple celle qui est comprise entre 40° et 80° de longitude Est, et entre 20° et 60° de latitude Nord, on tracerait un cadre ayant pour largeur $(80 - 40)° = 40°$, c'est-à-dire $40 \times 60 \times \alpha$ millimètres, et pour hauteur la différence des distances à l'équateur des parallèles extrêmes 20° et 60° sur la carte générale dont celle que l'on considère est

CARTES GÉOGRAPHIQUES. 147

une partie, c'est-à-dire $(4\,527,4 \times \alpha - 1\,225,1 \times \alpha)$ millimètres ou $3\,302,3 \times \alpha$ millimètres. Les quatre côtés du cadre représenteront ainsi les parallèles et les méridiens extrêmes de la région. Les méridiens intermédiaires seront ensuite tracés à des distances égales à raison de α millimètres par minute; enfin, pour tracer les parallèles intermédiaires, celui de 23° par exemple, on prendra pour distance à la bordure extrême la différence des distances de ce parallèle et du parallèle inférieur à l'équateur, c'est-à-dire le produit par α de la différence des latitudes croissantes de 23° et de 20°.

FORMULE DES LATITUDES CROISSANTES. — Il résulte de ce que nous avons vu plus haut qu'un arc très petit de méridien AB (fig. 62) est représenté, sur une carte dont l'équateur est développé en vraie grandeur, par une longueur ab, telle que l'on ait

$$ab = AB \frac{TQ}{tB}. \qquad (1)$$

Joignons TB; on a, dans le triangle rectangle TBt, en désignant par L la latitude du point B,

$tB = TB \sin t\,TB = TB \cos L = TQ \cos L,$

d'où

$$\frac{TQ}{tB} = \frac{1}{\cos L},$$

et par suite

$$ab = AB \frac{1}{\cos L}.$$

Désignons par l le nombre de minutes compris dans AB; la longueur

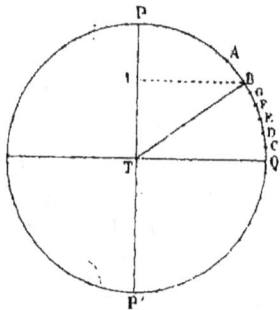

Fig. 62.

de AB sur la Terre, sera égale à celle de l minutes de l'équateur de la carte; par suite, la longueur ab sur la carte devra contenir

$$l \frac{1}{\cos L} \text{ minutes d'équateur.} \qquad (2)$$

Cela établi, supposons que l'on partage l'arc QA du méridien en un très grand nombre de parties égales, dont la valeur soit de l minutes ; l'arc QC sera représenté par une longueur égale à

$$l \frac{1}{\cos 0°} = l \text{ minutes d'équateur},$$

l'arc CD par une longueur égale à

$$l \frac{1}{\cos(0° + l')} \text{ minutes d'équateur},$$

l'arc DE par

$$l \frac{1}{\cos(0° + 2l')} \text{ minutes d'équateur},$$

et ainsi de suite, jusqu'au dernier arc BA qui, en remarquant que la latitude de B est $L - l'$, aura pour longueur

$$l \cos \frac{1}{(L - l')} \text{ minutes d'équateur };$$

par suite la longueur totale de l'arc QA sera représentée par une longueur égale à

$$l \left(1 + \frac{1}{\cos l'} + \frac{1}{\cos 2l'} + \frac{1}{\cos 3l'} + \ldots + \frac{1}{\cos(L - l')} \right) \quad (3)$$

La formule (1) n'étant vraie qu'à la limite, c'est-à-dire quand AB tend vers zéro, il en est de même de la formule (2) ; par suite, la valeur exacte de la latitude croissante du point A est la limite vers laquelle tend celle de l'expression (3) quand l tend vers zéro. Le premier facteur de cette expression tend alors vers zéro, mais le second tend vers l'infini, car les différents termes de la somme ont chacun une valeur finie et leur nombre augmente indéfiniment.

On démontre en analyse que cette limite est

$$\log \text{tg} \left(\frac{\pi}{4} + \frac{L}{2} \right),$$

le logarithme étant pris dans le système dont la base est $e^{\frac{\pi}{10800}}$, e étant la base des logarithmes népériens.

PROPRIÉTÉ FONDAMENTALE DES CARTES DE MERCATOR. — La route des navires en mer est réglée sur les indications de la boussole (compas); on appelle angle de route l'angle formé par la direction de la quille avec celle du méridien; cet angle se déduit de celui que forme la quille avec le méridien magnétique à l'aide de la *déclinaison* de l'aiguille aimantée qui est connue. Le navire qui gouverne droit, c'est-à-dire sous un angle de route constant, décrit donc sur la sphère terrestre une courbe qui coupe les méridiens sous un angle constant. Cette courbe est appelée *loxodromie*. Lorsque l'angle de route est droit, la loxodromie se confond avec un parallèle; lorsqu'il est nul, elle coïncide avec un méridien; dans tous les autres cas (*fig. 63*), c'est une courbe qui décrit autour du globe des spires s'approchant indéfiniment des pôles sans les atteindre jamais.

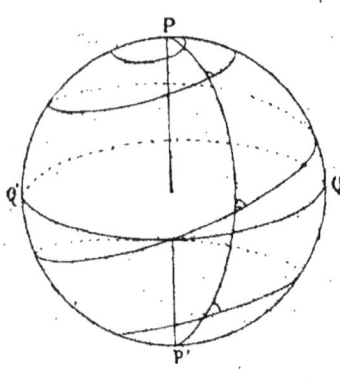

Fig. 63.

La carte de Mercator conservant les angles, l'image d'une loxodromie coupe les méridiens sous un angle constant; c'est donc une ligne droite; de plus, l'angle que forme cette ligne avec les méridiens est l'angle de route du navire. Grâce à cette propriété, il suffit de joindre le point de départ au point d'arrivée avec la règle pour obtenir immédiatement sur la carte de Mercator, la distance à parcourir et l'angle de route sous lequel il faut gouverner.

On sait que la plus courte distance de deux points sur la Terre est l'arc de grand cercle; par conséquent, la route loxodromique n'est pas la plus courte à suivre pour aller d'un point à un autre. Mais les seuls grands cercles de la Terre qui soient représentés par des lignes droites sont les méridiens et l'équateur; dans tous les autres cas, leurs images sont des courbes dont le tracé exige de la part du navire des calculs journaliers. Lorsque les points de départ et d'arrivée ne sont pas très éloignés, la distance loxodromique n'est pas beaucoup plus grande que la distance par le grand cercle, la plupart des navires s'en contentent. Mais les paquebots à grande vitesse, pour lesquels la rapidité des traversées a une importance capitale, et les bâtiments de guerre suivent l'arc de grand cercle pour les grands parcours.

Échelle des cartes de Mercator. — Ainsi que nous l'avons dit plus haut (p. 136), l'échelle de la carte dans une région est fournie par la longueur qui représente l'arc de 1° du méridien dans cette région. Elle est évidemment constante dans les bandes comprises entre deux parallèles voisins.

Lorsque l'on adopte pour unité de longueur le *mille marin*, c'est-à-dire la minute du méridien, il est inutile d'ajouter à la carte une échelle spéciale graduée, car cette échelle est fournie par la bordure elle-même. Pour obtenir en effet le nombre de milles marins compris dans une ligne MN (*fig. 61*), il suffit de connaître celui que contient une ligne de même longueur de la même région, la ligne M'N' par exemple, dirigée dans le méridien. Ce nombre est fourni par la bordure de la carte ; c'est la différence, exprimée en minutes, des latitudes des points M' et N'. Par conséquent, pour mesurer la distance MN on prend une ouverture de compas égale à MN et on la porte sur la bordure, en ayant soin de placer les pointes de part et d'autre et à peu près à égale distance de la latitude du point E, milieu de MN. Cette précaution est indispensable si la carte représente des régions très étendues ; l'échelle de la bordure augmentant en effet avec la latitude, en prenant au-dessus ou au-dessous de cette région, on trouverait une distance trop petite ou trop grande.

La distance de deux points sur la Terre est, par définition, supposée mesurée sur l'arc de grand cercle qui passe par ces deux points ; lorsque les points sont très voisins, la ligne droite qui les joint sur la carte peut être considérée comme représentant l'arc de grand cercle lui-même. Lorsque les points sont éloignés, la distance obtenue représente la longueur de la loxodromie qui les joint.

Le procédé de mesure que nous venons d'indiquer serait peu exact, même pour la détermination de la distance loxodromique, quand les points sont éloignés. Pour obtenir une valeur approchée des grandes distances, il faudrait décomposer la longueur totale en petites parties à chacune desquelles on appliquerait ce procédé ; dans la pratique, la distance de deux points éloignés se détermine par le calcul, pour la loxodromie comme pour le grand cercle.

VARIATION DE L'ÉCHELLE DE LA CARTE. — Il résulte de la formule (2) que, par une latitude L, la minute de méridien et, par suite, le *mille marin* a pour longueur

$$\frac{1}{\cos L} \text{ minutes d'équateur.}$$

Les cosinus variant très lentement pour les petits angles et très vite pour les grands, l'échelle est sensiblement constante dans le voisinage de l'équateur et augmente très rapidement quand on approche des pôles. Il résulte de là que l'on peut considérer des régions très étendues de la carte dans le voisinage de l'équateur comme des figures semblables à celles de la sphère ; tandis que dans le voisinage des pôles les changements d'échelle sont tellement rapides, que des régions très petites sont notablement déformées. Les cartes de Mercator sont donc tout à fait impropres à la représentation des hautes latitudes.

80. Carte de France de l'État-Major. — Le mode de construction adopté, pour le canevas de la carte de France, par le Service géographique de l'armée, conserve les superficies.

Soit A (*fig. 64*) la position de Paris sur le globe terrestre ; menons le méridien et le parallèle de ce point, et le cône tangent à la Terre suivant le parallèle ; soit AB la génératrice de ce cône qui est tangente au méridien en A.

On décrit sur une feuille de papier, un arc de cercle ayant

$ab = AB$ comme rayon ; on prend pour représenter le méridien de Paris un rayon ab de cet arc, et l'arc décrit est pris pour image du parallèle KAN. Pour représenter les autres parallèles, on suppose le méridien de Paris développé suivant le rayon ba ; les points C et G sont ainsi représentés en des points c et g tels que $ac = AC$, $ag = AG$. Les parallèles passant par les points C et G sont représentés par des arcs concentriques à celui qui représente le parallèle de Paris ; et les différents points L, D, M..... d'un parallèle sont représentés en l, d, m, de manière que les arcs de la Terre soient représentés par des arcs égaux sur la carte : $cl = CL$, $cd = CD$..... Un méridien tel que DEF est alors figuré par la courbe qui joint les images d, e, f des points D, E, F de ce méridien obtenus comme nous venons de l'indiquer.

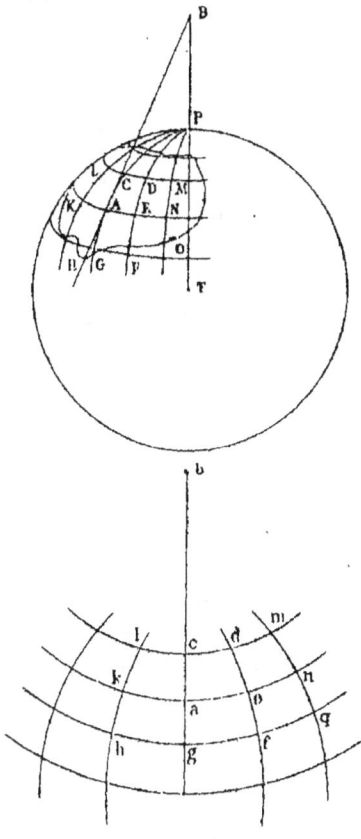

Fig. 64.

Grâce à ce mode de représentation les superficies sont conservées, car la figure très petite *demn* comprise entre deux parallèles et deux méridiens très voisins peut être considérée comme un rectangle sur la Terre et comme un parallélogramme sur la carte, et ce petit parallélogramme ayant, par construction, même base et même hauteur que le rectangle a également même surface.

Les angles et, par suite, la similitude des figures sont altérés dans ce mode de projection ; mais les déformations sont assez faibles, pour toute l'étendue de la France, pour être négligées dans tous les emplois auxquels cette carte est destinée. Si l'on voulait étendre le même procédé à des régions plus étendues, les déformations s'accentueraient évidemment de plus en plus ; ce système n'est donc applicable qu'à des cartes particulières.

81. Cartes célestes. — Les cartes célestes sont des figures planes de la sphère céleste obtenues par des procédés analogues à ceux que nous avons décrits pour les cartes géographiques.

CARTES GÉNÉRALES. — Le système le plus usité pour la construction des cartes générales est la projection stéréographique des deux hémisphères sur l'équateur, en prenant comme pôles de perspective le pôle nord pour l'hémisphère sud et le pôle sud pour l'hémisphère nord.

On emploie encore un système de trois cartes comprenant les projections orthogonales sur l'équateur des calottes polaires limitées par les parallèles de déclinaison de 30°, et un développement cylindrique de la zone équatoriale comprise entre les parallèles de 40°. Ce dernier développement s'obtient en représentant l'équateur déroulé suivant une droite, et les cercles de déclinaison par des perpendiculaires à l'équateur. Ces droites sont graduées comme si chaque cercle de la sphère était déroulé sur sa direction. Les calottes sphériques sont peu déformées par la projection orthogonale dans le voisinage de leurs centres ; de même, la zone équatoriale est peu déformée sur sa ligne médiane, mais, dans le voisinage des limites de séparation de ces régions, surtout dans la partie commune de 10° de largeur, les déformations sont très sensibles.

ATLAS CÉLESTES. — Les cartes générales ne pouvant contenir qu'un nombre restreint d'étoiles, on a construit, pour fixer la position d'un plus grand nombre, des cartes particulières des diverses régions du ciel réunies en atlas. Les modes de projections adoptés pour ces cartes particulières sont de diverses sortes ; le but principal que l'on s'est efforcé d'atteindre est de représenter le plus fidèlement possible l'aspect que les régions considérées offrent à la vue. Les atlas dont on dispose sont les cartes de Bayer, dressées en 1603, l'atlas de Bode (1789-1801), l'atlas de Flamsteed, l'atlas de Harting et l'atlas écliptique de Chacornac.

Photographies du ciel. — Grâce aux progrès de la photographie, on est parvenu à obtenir la nuit des épreuves très nettes du ciel, contenant jusqu'aux étoiles de 7ᵉ grandeur.

Sur l'initiative de l'amiral Mouchez, directeur de l'Observatoire de Paris, un congrès d'astronomes s'est réuni en 1889 et a arrêté les bases d'un travail d'ensemble ayant pour objet la représentation de la sphère céleste tout entière et auquel prennent part les principaux observatoires du monde. Cet immense et important travail est actuellement en cours d'exécution.

82. Catalogues d'étoiles. — On appelle *catalogues* d'étoiles, des recueils contenant les étoiles dont les coordonnées ont été observées.

Il existe des catalogues très anciens. Ceux de Ptolémée, d'Ulugh-Beigh, de Tycho-Brahé, d'Hévélius, etc., construits avant l'invention des lunettes ; parmi les catalogues modernes se trouvent ceux de Lalande, de Bessel, d'Argelander, de Piazzi, de Rumker, de Carrington, de Laugier, etc.... Le nombre des étoiles cataloguées s'accroît d'ailleurs de jour en jour des résultats obtenus par les différents observatoires.

LIVRE II

LE SOLEIL ET LA LUNE

CHAPITRE VII

MOUVEMENT DU SOLEIL SUR LA SPHÈRE CÉLESTE ;
SAISONS ET CLIMATS

§ 1er. — Mouvement du Soleil sur la sphère céleste. — Origine des ascensions droites ; Précession ; Nutation.

83. Registre d'observations. — Les instruments nécessaires à l'étude du mouvement du Soleil sur la sphère céleste sont :

1° La lunette méridienne ;

2° La pendule sidérale que nous continuerons à supposer réglée sur le passage au méridien d'une étoile équatoriale choisie arbitrairement ;

3° Le cercle mural.

A l'aide des deux premiers on détermine chaque jour, au moment du passage au méridien (p. 109), l'ascension droite rapportée à l'étoile sur laquelle a été réglée la pendule sidérale.

Le dernier sert à déterminer aux mêmes instants la distance zénithale, d'où l'on déduit (p. 113) la déclinaison par combinaison avec la latitude du lieu.

Les résultats de ces observations sont inscrits sur un registre disposé de la manière suivante :

DATES.	ASCENSIONS DROITES.	DÉCLINAISONS.
1ᵉʳ février 1885 . . .	21ʰ 01ᵐ 19ˢ	— 16° 57′ 37″
2 — . . .	05 23	40 15
3 — . . .	09 26	22 36
4 — . . .	13 28	04 39
5 — . . .	17 29	15 46 26
6 — . . .	21 29	27 56
7 — . . .	25 29	09 11
8 — . . .	29 28	14 50 10

Il ne faut pas perdre de vue que, les pôles étant mobiles sur la sphère céleste, il faut, pour que les coordonnées obtenues déterminent exactement la position du Soleil parmi les étoiles, que l'on ait soin de déterminer de temps à autre la position des pôles eux-mêmes par leurs distances angulaires à deux ou trois étoiles. Ce mouvement est cependant assez lent pour que nous puissions le négliger ici dans le cours d'une année, et même dans le cours d'un petit nombre d'années.

84. Étude graphique. — On prend un globe céleste O (fig. 65), recouvert de ses étoiles principales ; on marque sur ce globe les positions actuelles des pôles. On trace ensuite l'équateur et le cercle de déclinaison P_nKP_s de l'étoile choisie pour le réglage de la pendule sidérale.

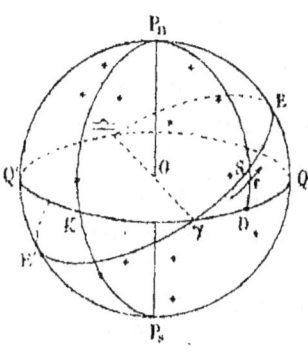

Fig. 65.

Enfin, à l'aide des coordonnées KD et DS fournies par le registre, on marque pour chaque jour les positions du centre du Soleil sur le globe.

En procédant de cette manière, on constate les résultats suivants :

1° *La trajectoire du Soleil sur le globe céleste est un grand cercle incliné d'environ 23° et demi sur l'équateur ;*

2° *Le mouvement de l'astre sur ce grand cercle a lieu dans le sens direct (flèche f), et sa vitesse est à peu près d'un degré par jour.*

85. Définitions. — Le grand cercle décrit par le Soleil sur la sphère céleste a reçu le nom d'*Écliptique*, parce que, ainsi que nous le verrons plus loin, c'est lorsque la Lune se trouve dans le voisinage de ce cercle que se produisent les éclipses de Lune et de Soleil.

L'intersection du plan de l'écliptique avec l'équateur est appelée *ligne des équinoxes* ; le point désigné par le signe ♈ (symbole du Bélier), où le Soleil franchit l'équateur du sud au nord, est le *point vernal* (de *ver*, printemps) ou l'*équinoxe du printemps* ; le point opposé, désigné par le signe ♎ (symbole de la Balance), est l'*équinoxe d'automne*.

Les points E et E' situés à 90° des précédents sur l'écliptique, sont appelés les *solstices* ; celui qui est dans l'hémisphère nord est le *solstice d'été* (E) ; celui qui est dans l'hémisphère sud, le *solstice d'hiver* (E').

Ces points ont reçu les noms d'équinoxes et de solstices, parce que, ainsi qu'on le verra bientôt, lorsque le Soleil passe aux premiers, le jour est égal à la nuit, et, lorsqu'il passe aux seconds, la durée des jours, l'ombre portée par les tiges verticales à midi et la déclinaison du Soleil atteignent leur maxima et leur minima, et restent stationnaires pendant quelque temps (*sol stat*).

Les périodes de temps nécessaires au Soleil pour passer de l'un à l'autre de ces points, sont appelées les *saisons* ; le *printemps* est la saison pendant laquelle le Soleil parcourt l'arc ♈E ; l'*été*, celle pendant laquelle il parcourt l'arc E♎ ; enfin, aux arcs ♎E' et E'♈ correspondent respectivement l'*automne* et l'*hiver*.

Les noms de saisons qui accompagnent ceux des points

équinoxiaux et solsticiaux sont ceux des saisons qui commencent à l'instant où le Soleil les traverse.

86. Immobilité de l'écliptique. Précession des équinoxes.

— Si l'on prend les registres d'observations analogues à celui que nous venons de considérer et établis pour des époques très différentes, et que l'on ait soin, pour chaque année, de marquer la position correspondante des pôles sur le globe céleste, on constate que, comme nous l'avons dit, l'équateur est mobile, mais que l'écliptique est invariable parmi les étoiles (du moins à une première approximation).

Par suite du mouvement de l'équateur céleste, la ligne des équinoxes ♈︎♎︎ se déplace dans l'écliptique fixe; en comparant les résultats d'observations très éloignées, on constate que cette ligne tourne dans le sens rétrograde ♈︎ E′ avec une vitesse moyenne de 50″,25 par an; d'un autre côté, on constate également que l'inclinaison de l'équateur mobile sur l'écliptique fixe est constante et égale à 23°27′.

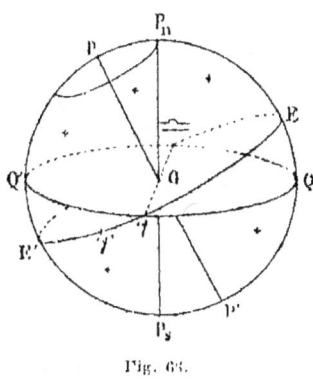

Fig. 66.

Représentons sur la figure 66 l'équateur QQ′, l'écliptique EE′ et les axes $P_n P_s$ et pp' de ces plans; l'angle E♈︎Q est égal à l'angle $P_n O p$; or, le point p est fixe comme l'écliptique parmi les étoiles, l'angle pOP_n (fig. 66), étant constant et le point P_n mobile, ce point décrit autour de p, parmi les étoiles, un petit cercle dont le rayon est 23°27′.

Enfin, la ligne ♈︎♎︎ étant toujours perpendiculaire au plan mobile pOP_n, et cette ligne tournant dans le sens E♈︎E′ avec une vitesse de 50″,25 par an, le plan lui-même tourne autour de Op avec la même vitesse angulaire et dans le même sens; il en résulte qu'il met environ 26000 ans pour faire 360°, c'est-à-dire une révolution complète.

MOUVEMENT DU SOLEIL SUR LA SPHÈRE CÉLESTE. 159

Ce mouvement de la ligne des pôles de la sphère céleste a reçu le nom de *précession*, parce qu'il occasionne une *précession* ou *avance des équinoxes*.

On voit en effet que, si à l'époque du commencement du printemps, une certaine année, l'équinoxe est au point ♈ de l'écliptique, l'année suivante il sera placé en un point tel que ♈′, et le Soleil se mouvant dans le sens ♈E atteindra le point ♈′ avant d'être revenu en ♈. Par conséquent, l'équinoxe du printemps aura lieu avant que le Soleil soit revenu au même point de sa trajectoire.

87. Zodiaque. — On donne le nom de Zodiaque à la zone comprise entre deux petits cercles situés de part et d'autre de l'écliptique à 8° et demi environ de ce grand cercle. Cette zone est divisée en douze parties égales, de 30° chacune, appelées *signes*; l'origine de ces divisions est l'équinoxe ♈ du printemps.

A l'époque où ces divisions furent imaginées, chaque signe reçut le nom de la constellation qu'il traversait; ces noms sont contenus dans les deux vers suivants du poète latin *Ausone*, dans l'ordre où ils sont parcourus par le Soleil, à partir du printemps;

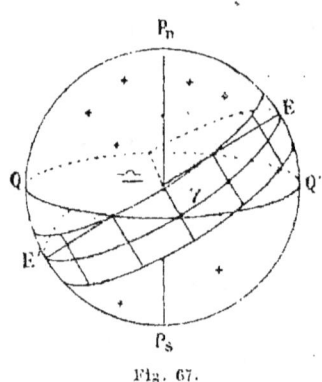

Fig. 67.

on a inscrit au-dessous de chaque nom latin le nom français, et au-dessus le symbole par lequel on désigne chaque signe du zodiaque:

	♈	♉	♊	♋	♌	♍
Sunt	*Aries*,	*Taurus*,	*Gemini*,	*Cancer*,	*Leo*,	*Virgo*,
	Bélier.	Taureau.	Gémeaux.	Écrevisse.	Lion.	Vierge.

	♎	♏	♐	♑	♒	♓
	Libraque,	*Scorpius*,	*Arcitenens*,	*Caper*,	*Amphora*,	*Pisces*.
	Balance.	Scorpion.	Sagittaire.	Capricorne.	Verseau.	Poissons.

Le zodiaque ayant toujours son origine au point vernal, il se meut avec ce point sur la sphère céleste parmi les étoiles de 50″,2 par an ; aujourd'hui, les signes n'ont plus d'autre rapport avec les constellations que l'ordre de leur succession. Le signe du Bélier est actuellement dans la constellation des Poissons.

88. Vérification par le calcul des lois du mouvement du Soleil sur la sphère céleste. — La méthode graphique que nous venons d'employer n'est pas susceptible d'une grande précision, il convient donc de soumettre à la vérification par le calcul les résultats auxquels elle a conduit. Au degré d'approximation que nous avons en vue ici, nous pouvons admettre que, dans le cours d'une année, le mouvement des pôles sur la sphère céleste est négligeable.

1° *Forme de la trajectoire du Soleil parmi les étoiles.* — Désignons par α l'ascension droite KΥ du point Υ (*fig. 68*), où le Soleil a franchi l'équateur du sud au nord. Pour déterminer α, nous prendrons dans le registre d'observations les deux jours successifs où la déclinaison a changé de nom, soient S_1 et S_2 les positions du Soleil sur la sphère céleste à ces deux instants ; nous connaissons :

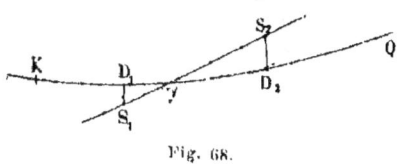

Fig. 68.

$$KD_1 = A_1, \qquad D_1 S_1 = D_1,$$
$$KD_2 = A_2, \qquad D_2 S_2 = D_2.$$

Les deux triangles sphériques $\Upsilon D_1 S_1$ et $\Upsilon D_2 S_2$ sont très petits, car l'arc $S_1 S_2$ est d'environ 1° ; on peut donc les considérer comme plans et rectilignes, et par suite écrire :

$$\frac{D_1 \Upsilon}{D_2 \Upsilon} = \frac{D_1 S_1}{D_2 S_2} \qquad \text{ou} \qquad \frac{\alpha - A_1}{A_2 - \alpha} = \frac{D_1}{D_2},$$

d'où
$$\frac{2\alpha - (AR_1 + AR_2)}{AR_2 - AR_1} = \frac{D_1 - D_2}{D_1 + D_2},$$

$$\alpha = \frac{AR_1 + AR_2}{2} + \frac{D_1 - D_2}{D_1 + D_2} \cdot \frac{AR_2 - AR_1}{2}.$$

La position du point ♈ étant ainsi déterminée, considérons une position S (*fig. 69*) quelconque du Soleil sur la sphère céleste et menons le grand cercle ♈S. Dans le triangle sphérique rectangle S♈D on connaît ♈D = AR − α et la déclinaison DS ; on peut donc calculer l'angle S♈D[1].

En faisant ce calcul pour toutes les positions fournies par le registre, on trouve pour l'angle S♈D la valeur constante

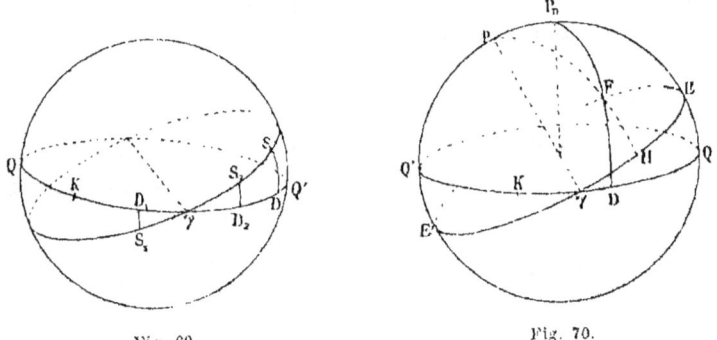

Fig. 69.   Fig. 70.

23°27′ ; la trajectoire du Soleil est donc le grand cercle qui coupe l'équateur au point ♈ sous un angle de 23°27′.

2° *Invariabilité de l'écliptique parmi les étoiles, rétrogradation de la ligne des équinoxes.* — On appelle *latitude* d'une étoile F (*fig. 70*) la distance HF de cette étoile à l'écliptique, et *longitude* l'arc ♈H compté à partir du point ♈, dans le sens direct, de zéro à 360°.

Connaissant la déclinaison DF et l'arc ♈D = AR − α, on peut calculer la latitude λ, et la longitude L ; car on connaît

---

1. La formule est $\operatorname{tg} D\,♈\,S = \dfrac{\operatorname{tg} DS}{\sin ♈ D}$.

dans le triangle sphérique pP_nF, le côté pP_n égal à l'obliquité ω de l'écliptique, le côté $P_nF = 90° - D$, et l'angle $pP_nF = Q'D = 90° + \Upsilon D$, on peut donc résoudre ce triangle et par suite calculer le côté $pF = 90° - \lambda$, et l'angle $P_npF = EH = 90° - \Upsilon H = 90° - L$ [1].

En faisant ce calcul à diverses époques pour plusieurs étoiles, on trouve :

1° Que les latitudes des étoiles sont constantes, ce qui prouve que le pôle p de l'écliptique, et par suite l'écliptique, est fixe parmi les étoiles.

2° Que la longitude ΥH d'une même étoile augmente de $50'',2$ par an, ce qui montre que le point Υ recule de cette quantité sur l'écliptique fixe.

89. Origine des ascensions droites. — Le cercle de déclinaison que les astronomes ont convenu de choisir comme origine des ascensions droites est celui qui passe par le point vernal. Nous verrons plus tard comment on peut régler la pendule sidérale sur le passage de ce point ; jusque-là nous continuerons à supposer qu'elle est réglée sur le passage d'une étoile équatoriale choisie arbitrairement.

90. Révolution sidérale et révolution tropique. Année sidérale et année tropique. — La *révolution sidérale* est la révolution qui ramène le Soleil au même point sur l'écliptique,

---

1. On a, dans ce triangle :

$$\cos pF = \cos pP \cos PF + \sin pP \sin PF \cos pPF,$$
$$\sin pF \cos PpF = \cos PF \sin pP - \sin PF \cos pP \cos pPF,$$
$$\sin pF \sin PpF = \sin PF \sin pPF,$$

d'où l'on déduit, en désignant par α' l'ascension droite ΥD ramenée au point Υ,

$$\sin \lambda = \cos \omega \sin D - \sin \omega \cos D \sin \alpha',$$
$$\cos \lambda \sin L = \sin D \sin \omega + \cos D \cos \omega \sin \alpha',$$
$$\cos \lambda \cos L = \cos D \cos \alpha'.$$

La première de ces formules donne λ, et l'on obtient L par l'une quelconque des deux autres, ou encore par celle que donne la division de la seconde par la troisième.

c'est-à-dire à la même position parmi les étoiles; la *révolution tropique* est celle qui le ramène à la même ascension droite et par suite au point vernal.

L'*année sidérale* est la durée de la révolution sidérale, l'*année tropique* la durée de la révolution tropique. Cette dernière est plus courte que la précédente, puisque le point ♈ recule sur l'écliptique. La différence entre les deux années est l'intervalle nécessaire au Soleil pour décrire l'arc parcouru par le point vernal.

Les saisons commencent aux instants où l'ascension droite du Soleil prend les valeurs 0^h, VI^h, XII^h et XVIII^h. La période de leur retour est donc l'année tropique, et non l'année sidérale.

91. Identité des résultats obtenus dans différents lieux de la Terre. — Si l'on effectue les opérations que nous venons d'indiquer dans différents lieux de la Terre, on obtient des résultats identiques; c'est-à-dire que, au degré de précision dont les procédés que nous avons employés sont susceptibles, on trouve pour trajectoire du Soleil sur la sphère céleste le même grand cercle fixe parmi les étoiles et sur lequel l'équateur mobile est incliné de $23°27'$.

§ 2. — Phénomènes dus au mouvement du Soleil; zones terrestres, saisons et climats.

92. Oscillations annuelles du parallèle diurne du Soleil. — Représentons (*fig. 71*) le globe terrestre, et considérons un observateur (3) situé sur le méridien choisi pour plan de la figure; projetons orthogonalement la sphère locale de cet observateur, en ayant soin de marquer en traits pleins les parties visibles et en traits ponctués les parties invisibles. Si le Soleil était immobile sur la sphère céleste ou que du moins sa déclinaison fût constante, il décrirait le parallèle correspondant à cette déclinaison sur la sphère locale.

En négligeant le mouvement en déclinaison en un jour, on peut admettre que sa trajectoire diurne est un parallèle dont la position change d'un jour à l'autre, c'est-à-dire qu'il décrit : aux équinoxes l'équateur, aux solstices les parallèles t

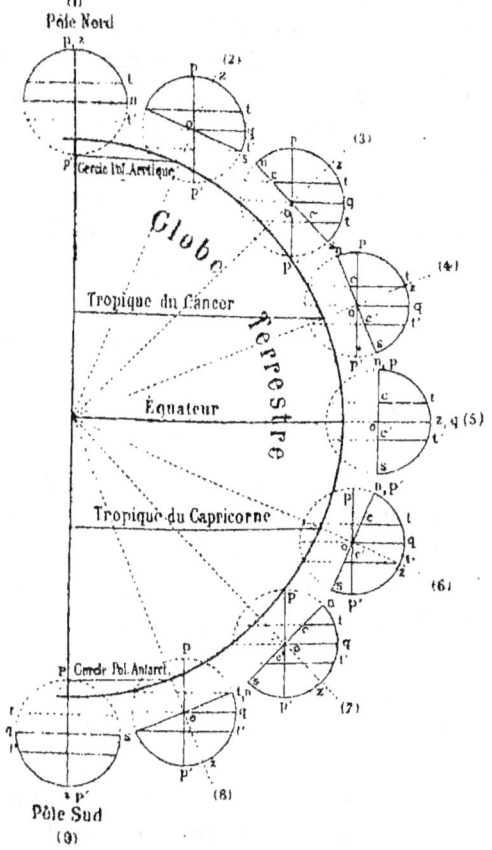

Fig. 71.

et t' situés par 23°27' de part et d'autre de l'équateur, et que, dans le reste de l'année, il décrit des parallèles compris entre ces deux derniers. On a donné à ces cercles limites le nom de *tropiques*.

Celui des tropiques qui est situé dans l'hémisphère nord,

t, a reçu le nom de *tropique du Cancer*, parce que le moment où il est décrit par le Soleil est celui où cet astre entre dans le signe du Cancer du Zodiaque ; l'autre, pour une raison analogue, a reçu le nom de *tropique du Capricorne*.

Pendant le *printemps*, le parallèle diurne se meut de l'équateur au tropique du Cancer ; pendant l'*été*, il se meut de ce tropique à l'équateur ; pendant l'*automne*, il se transporte de l'équateur au tropique du Capricorne ; enfin, pendant l'*hiver*, il se rapproche de l'équateur.

Ce que nous venons de dire pour l'observateur placé dans la position (3) sur la Terre est également vrai pour les observateurs situés en d'autres lieux ; les tropiques sont placés de la même manière sur toutes les sphères locales et le parallèle diurne du Soleil occupe à la même époque la même position sur toutes les sphères, puisque nous avons constaté qu'aux mêmes époques le Soleil occupait la même position sur la sphère céleste pour tous les observateurs (p. 163).

93. Zones terrestres. — Représentons sur la figure, toujours en projection orthogonale, les quatre cercles de la Terre situés à 23°27′ des pôles et de l'équateur. Celui de ces cercles qui est situé à 23°27′ du pôle nord a reçu le nom de *cercle polaire arctique* ; le cercle situé à 23°27′ du pôle sud celui de *cercle polaire antarctique*. Enfin les deux derniers ont reçu les mêmes noms que les cercles correspondants de la sphère locale, c'est-à-dire les noms de *tropique du Cancer* et *du Capricorne*.

Ces petits cercles divisent la Terre en cinq zones qu'on a appelées respectivement, en commençant par la calotte du pôle nord : *zone glaciale arctique, zone tempérée nord, zone torride, zone tempérée sud* et *zone glaciale antarctique*.

94. Particularités relatives aux observateurs situés sur les limites des zones. — Considérons les sphères locales (1), (2), (4), (6), (8), (9) d'observateurs situés aux pôles et aux limites des zones, et faisons abstraction des circonstances diverses (réfraction, élévation de l'observateur) qui permettent d'apercevoir les astres situés au-dessous du plan de l'horizon. On constate aisément, en jetant les yeux sur la figure, que :

1° *Au pôle nord* (1), depuis l'équinoxe du printemps jusqu'à l'équinoxe d'automne, le Soleil reste au-dessus de l'horizon et décrit chaque jour un parallèle autour du zénith. Ce parallèle se rapproche du zénith depuis l'équinoxe du printemps jusqu'au solstice d'été, et redescend ensuite vers l'horizon jusqu'à l'équinoxe d'automne. Après cette époque, il disparaît sous l'horizon pour ne plus reparaître qu'à l'équinoxe suivant.

2° *Au cercle polaire arctique* (2), les deux tropiques t et t' sont tangents à l'horizon ; par conséquent, le jour où le Soleil passe au solstice d'été, il ne se couche pas, et le jour du solstice d'hiver il ne se lève pas ; il vient dans l'un et l'autre cas tangenter l'horizon sans le franchir.

3° *Au tropique du Cancer* (4), le Soleil passe au zénith à l'époque du solstice d'été.

4° *A l'équateur* (5), le Soleil passe au zénith aux époques des équinoxes.

5° *Au tropique du Capricorne* (6), le Soleil passe au zénith au solstice d'hiver.

6° *Au cercle polaire antarctique* (8), le Soleil ne se lève pas le jour du solstice d'été et ne se couche pas le jour du solstice d'hiver.

7° Enfin, au *pôle sud* (9), le Soleil reste au-dessus de l'horizon depuis l'équinoxe d'automne jusqu'à celui du printemps, et reste invisible depuis l'équinoxe du printemps jusqu'à celui d'automne.

95. Particularités relatives aux observateurs situés dans les différentes zones. — En considérant les sphères locales d'observateurs situés dans les différentes zones, on pourra constater les résultats suivants :

Dans la *zone glaciale arctique*, entre (1) et (2), l'horizon est tout entier compris entre les deux tropiques, par conséquent, entre deux époques à intervalles égaux de part et d'autre du solstice d'été, le parallèle diurne du Soleil reste au-dessus de l'horizon sans se coucher, et aux époques correspondantes, à intervalles égaux de part et d'autre du solstice d'hiver, le parallèle reste sous l'horizon.

Dans la *zone tempérée nord* (3), il y a lever et coucher tous les jours; l'observateur voit toujours le Soleil dans le sud, entre les points t et t', au moment de son passage au méridien; enfin les hauteurs méridiennes maxima et minima ont lieu aux époques des solstices.

Dans la *zone torride,* entre (4) et (6), le zénith est compris entre les tropiques t et t'; le Soleil passe au zénith deux fois dans l'année. Au nord de l'équateur, cette circonstance se produit au printemps et pendant l'été à deux époques équidistantes du solstice d'été; au sud de l'équateur, c'est pendant l'automne et pendant l'hiver.

Dans la *zone tempérée sud* (7), il y a lever et coucher tous les jours; l'observateur voit toujours le Soleil dans le nord au moment de son passage au méridien; enfin les hauteurs méridiennes maxima et minima ont lieu aux solstices.

Enfin, dans la zone glaciale antarctique, entre (8) et (9), pendant un intervalle partagé en deux par le solstice d'hiver, le Soleil reste au-dessus de l'horizon, et, pendant l'intervalle correspondant relativement au solstice d'été, le Soleil reste sous l'horizon.

96. Variations de la durée du jour avec les saisons.—Dans tous les lieux de la Terre, l'équateur de la sphère locale est coupé en deux parties égales par l'horizon, par conséquent, si l'on néglige l'inégalité qui peut résulter du mouvement propre du Soleil sur la sphère céleste, le jour est égal à la nuit lorsque le Soleil décrit l'équateur, c'est-à-dire quand il passe aux points ♈ et ♎; de là, le nom d'équinoxes donné à ces points.

Pendant le *printemps,* le parallèle diurne s'avançant vers le pôle nord, la durée du jour augmente et celle de la nuit diminue pour tous les lieux de l'hémisphère nord (4), (3), (2) ; c'est l'inverse qui se produit pour les lieux de l'hémisphère sud (6), (7), (8), puisqu'alors le pôle vers lequel s'avance le parallèle est le pôle abaissé. Enfin sur l'équateur (5), ligne de séparation des lieux dans lesquels se produisent ces phénomènes inverses, la durée du jour reste constante, parce que tous les parallèles sont coupés par l'horizon suivant un diamètre.

Au *solstice d'été* correspond le plus long jour pour l'hémisphère nord et le plus court pour l'hémisphère sud.

Pendant *l'été*, le parallèle du Soleil se rapproche de l'équateur, les jours diminuent pour l'hémisphère nord et augmentent pour l'hémisphère sud ; ils redeviennent égaux aux nuits à l'équinoxe d'automne.

Pendant *l'automne*, les jours continuent à varier dans le même sens jusqu'au solstice d'hiver, époque à laquelle correspond le jour le plus court pour l'hémisphère nord et le jour le plus long pour l'hémisphère sud.

Enfin, pendant *l'hiver*, la durée des jours augmente pour l'hémisphère nord et diminue pour l'hémisphère sud jusqu'à l'équinoxe du printemps où les jours redeviennent égaux.

PARTICULARITÉS RELATIVES AUX ZONES GLACIALES ET A L'ÉQUATEUR. — Nous avons considéré plus particulièrement les lieux situés dans les zones tempérées et torrides ; dans les zones glaciales, les mêmes phénomènes se produisent, sauf à l'époque voisine des solstices où le Soleil restera au-dessus de l'horizon et au-dessous pendant plusieurs révolutions diurnes. Cette durée du grand jour et de la grande nuit des régions glaciales est d'autant plus longue que l'observateur est plus voisin des pôles ; en ces derniers points, le jour et la nuit durent chacun deux saisons.

Il résulte de ce que nous avons dit précédemment (p. 150) que le Soleil deviendra circumpolaire quand sa distance au pôle élevé sera plus petite que la latitude, et invisible quand sa distance au pôle abaissé sera plus petite ; on peut donc calculer la déclinaison à partir de laquelle l'astre devient invisible ou reste sur l'horizon. Ainsi, à Hammerfest, situé au nord de la Norvège par 70°40′ de latitude nord, le Soleil devient circumpolaire quand la déclinaison nord est plus grande que 90° — 70°40′ = 19°20′ (18 mai au 24 juillet), et invisible quand la déclinaison sud dépasse cette limite (18 novembre au 21 janvier).

A l'équateur (5) le parallèle diurne du Soleil est toujours divisé en deux parties égales par l'horizon ; par conséquent, la durée du jour est toujours égale à celle de la nuit.

97. Oscillations des points de lever et de coucher du Soleil. — Ces oscillations peuvent encore être suivies sur les sphères locales de la figure 71. Les points o, c, c' de ces sphères sont ceux où se projettent les lignes joignant les points de lever et de coucher aux époques des équinoxes et des solstices. Les points situés en deçà de la figure sont le point ouest de l'horizon et les points de coucher.

Aux *équinoxes*, le Soleil décrit l'équateur de la sphère locale, par conséquent la ligne des points de lever et de coucher coïncide avec la ligne est et ouest.

Pendant le *printemps*, le parallèle diurne s'approchant du pôle nord, la ligne des points de lever et de coucher se rapproche de l'extrémité nord de la méridienne, de sorte que *l'amplitude* (p. 6) de ces points dans l'horizon est nord.

Au *solstice d'été*, la ligne qui les joint atteint sa position extrême. Pendant l'été elle revient sur elle-même ; elle traverse la ligne est et ouest de nouveau à *l'équinoxe d'automne* ; l'amplitude des points de lever et de coucher à l'équinoxe d'automne est alors nulle. La ligne joignant ces points dans l'horizon continue à marcher vers l'extrémité sud de la méridienne jusqu'au solstice d'hiver, où elle atteint sa position extrême ; enfin elle revient sur elle-même, et ainsi de suite. D'ailleurs nous avons vu (page 51) que l'amplitude des points de lever et de coucher d'un astre avait toujours le nom de la déclinaison.

98. Variations diurnes de la température dans un lieu. —

Lorsqu'un élément de surface ab (*fig.* 72) est exposé à une source calorifique s, la quantité de chaleur qu'il reçoit dans un même intervalle est inversement proportionnelle au carré de la distance, et proportionnelle au cosinus de l'angle que fait sa normale on avec les rayons calorifiques os [1].

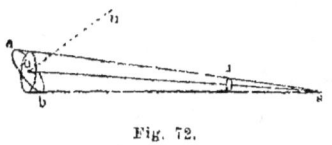

Fig. 72.

Si la distance de la source est sensiblement constante et que la surface prenne diverses inclinaisons sur les rayons envoyés par la source, la quantité de chaleur reçue dans un intervalle donné ne dépend que de l'obliquité des rayons; elle est d'autant plus grande que l'élément se présente le plus normalement. C'est précisément ce qui a lieu pour le Soleil. On verra en effet que les variations de distance d'un lieu quelconque au Soleil, dues à la rotation de la Terre et aux variations de la distance de centre en centre des deux globes sont trop faibles relativement à la grandeur de cette distance pour que leur influence soit sensible; mais l'angle de la normale à la surface du sol avec les rayons du Soleil, c'est-à-dire la distance zénithale du Soleil diminue depuis le lever de l'astre jusqu'au passage au méridien; la quantité de chaleur reçue

---

1. Désignons par σ la surface de l'élément; la section normale du cône en o est égale à

$$\sigma \cos nos.$$

La section normale du cône à l'unité de distance en i a pour valeur cette quantité divisée par le carré de la distance

$$\text{surf.}\, i = \frac{\sigma \cos nos}{so^2}.$$

Si l'on désigne par q la quantité de chaleur versée par la source dans un cône ayant pour base l'unité de surface à l'unité de distance, on aura, pour expression de la chaleur versée sur la surface σ

$$q \times \text{surf.}\, i = \frac{q \sigma \cos nos}{so^2};$$

par suite, pour une même surface σ et une même source dont l'intensité est représentée par q, la quantité de chaleur perçue est proportionnelle à $\cos nos$ et inversement proportionnelle à so^2.

par le sol dans un même intervalle, une minute par exemple, est nulle au moment du lever et maxima à midi.

Mais pendant que le sol perçoit de la chaleur solaire, il en perd par le rayonnement dans l'espace ; la température s'élève tant que la chaleur acquise est supérieure à la chaleur perdue ; elle atteint son maximum lorsque la perte est égale au gain, et diminue quand la perte l'emporte. Il résulte de là que, pendant quelques instants après le lever du Soleil, la perte du rayonnement restant supérieure à la chaleur versée par les rayons très obliques, la température continue à diminuer ; le minimum se produit donc un peu après le lever. Puis, la quantité de chaleur perçue augmentant, la température s'élève ; à midi, cette quantité de chaleur atteint son maximum et commence à diminuer, mais, comme elle reste encore quelque temps supérieure à la chaleur perdue, la température continue à s'élever ; c'est vers deux heures environ que se produit le maximum de température. A partir de cet instant, la température décroît sans cesse jusqu'au lendemain matin.

Les instants des maxima et des minima ne se produisent comme nous venons de le dire, que lorsqu'il ne survient pas d'autre cause d'échauffement ou de refroidissement, comme des changements de direction des vents et l'arrivée de nuages s'opposant au refroidissement par rayonnement.

99. Variations annuelles de la température. — Zones tempérées. — Dans les zones tempérées, la hauteur méridienne du Soleil et la durée des jours varient dans le même sens d'un solstice à l'autre ; par conséquent, les causes d'échauffement augmentent en même temps que les périodes de déperdition (durée des nuits) diminuent, et réciproquement. La quantité de chaleur emmagasinée par le sol est donc maximum au solstice d'été pour la zone tempérée nord, et au solstice d'hiver pour la zone tempérée sud. Dans la période qui suit, elle diminue de jour en jour et atteint son minimum au solstice suivant.

Pour des raisons analogues à celles que nous venons d'exposer, c'est un peu après les solstices que se produit l'équilibre entre les deux causes, c'est-à-dire que la température atteint ses maxima et ses minima. Le plus grand froid a donc lieu, pour la zone tempérée nord, en hiver et, pour la zone tempérée sud, en été; et la température la plus élevée a lieu respectivement en été et en hiver.

De même que pour les variations diurnes, les variations annuelles de la température sont fortement influencées par le régime des vents, et les lois que nous venons d'indiquer ne se vérifient que sur les moyennes.

Zone torride. — Dans la zone torride, les changements de déclinaison ont une influence moins sensible que dans les zones tempérées. Le passage du Soleil au méridien se produit au zénith deux fois par an, aux époques où le parallèle diurne de l'astre, dans son mouvement oscillatoire (*fig. 71*), passe par une déclinaison égale à la latitude du lieu. C'est à ces époques que la quantité de chaleur versée par le Soleil aux environs de midi est maxima, mais, la plus grande durée du jour ne se produisant pas en même temps, les deux causes d'échauffement n'agissent plus d'accord. D'un autre côté, le zénith étant compris entre les tropiques sur la sphère locale, le parallèle diurne oscille de part et d'autre de ce point, et la distance zénithale méridienne varie entre des limites moindres que dans les zones tempérées; de plus, les écarts entre les durées des jours les plus longs et celles des nuits les plus courtes sont plus faibles que dans ces zones. Enfin, la quantité de chaleur perçue étant proportionnelle au *cosinus* de la distance zénithale, elle varie moins pour une même variation de cet angle quand il est faible que lorsqu'il est grand. Toutes ces circonstances concourent à rendre moins saillants les écarts de température dus aux saisons. Dans la zone torride elle est toujours très élevée, et n'a que de faibles écarts résultant surtout des phénomènes météorologiques, c'est-à-dire des vents, des nuages, etc.

Zones glaciales. — Pendant la grande nuit de ces zones,

la température du sol diminue et devient extrêmement basse, au point que les mers de ces régions se congèlent. Quelques jours après l'apparition du Soleil sur l'horizon le refroidissement cesse, la température s'élève peu à peu et le dégel se produit, au moins en partie. L'échauffement continue à mesure que le Soleil s'élève, il devient surtout actif pendant le grand jour qui comprend l'époque du solstice. C'est après cette époque que le sol atteint sa température maxima et recommence à se refroidir.

100. Crépuscule. Aurore. — S'il n'existait pas d'atmosphère autour de la Terre, la clarté et l'obscurité commenceraient

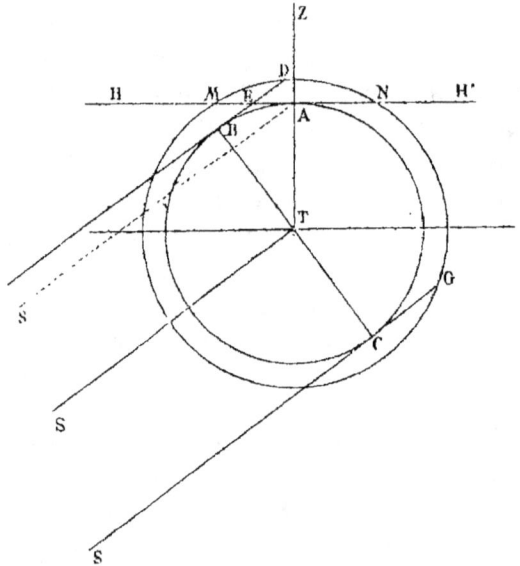

Fig. 73.

instantanément aux moments où le Soleil se lève et se couche. Mais, lorsque cet astre est peu éloigné au-dessous de l'horizon, il éclaire les hautes régions de l'atmosphère et les particules d'air, renvoyant à la Terre une partie de la lumière qu'elles reçoivent, répandent dans les lieux une certaine clarté ; de là les phénomènes du crépuscule et de l'aurore.

Soit T (*fig. 73*) la Terre, HH' l'horizon du lieu A. Représentons la limite extérieure de l'atmosphère et prenons pour plan de la figure celui du vertical TZS du Soleil à un instant où la distance zénithale ZAS est plus grande que 90°, c'est-à-dire avant le lever ou après le coucher. Menons le cône tangent à la sphère dont le sommet est au centre du Soleil ; cet astre étant très éloigné, on peut admettre que l'ouverture du cône est nulle, c'est-à-dire considérer ce cône comme un cylindre. Soit BC le grand cercle de contact avec la Terre ; toute la région de l'espace située dans ce cylindre et à droite de BC est dans l'obscurité, la région DBCGN est donc obscure. Mais, dans la région atmosphérique MDN qu'aperçoit l'observateur A, se trouve une partie éclairée, la région MED ; c'est cette région qui envoie de la lumière au lieu A. On voit aisément sur la figure que si le Soleil baisse, la région atmosphérique visible pour l'observateur sera progressivement envahie et que la nuit complète se produira à un instant qui dépendra de la hauteur du Soleil et de l'épaisseur de l'atmosphère. L'expérience montre que le crépuscule cesse et que l'aurore commence lorsque le Soleil est situé à 18° au-dessous de l'horizon.

Durée du crépuscule. — La durée du crépuscule est celle de l'intervalle nécessaire au Soleil pour que sa hauteur tombe de zéro à — 18° ; elle varie avec les lieux et avec la déclinaison de l'astre. C'est pour les lieux situés sur l'équateur qu'elle est la plus courte, parce que le Soleil descend perpendiculairement à l'horizon ; aux équinoxes, elle y est de $1^h 12^m$. A Paris, au solstice d'été, la hauteur du Soleil sous l'horizon au moment du passage inférieur (minuit) est égale à l'excès de la distance polaire sur la latitude ou 90° — 23° 27' — 48° 50' = 17° 43', par suite le crépuscule n'est pas encore fini au moment où l'aurore commence ; il n'y a donc pas de nuit proprement dite.

SAISONS ET CLIMATS.   175

101. Lumière zodiacale. — Il ne faut pas confondre le phénomène du crépuscule avec celui de la *lumière zodiacale* ; le phénomène du crépuscule se présente sous l'aspect d'un seg-

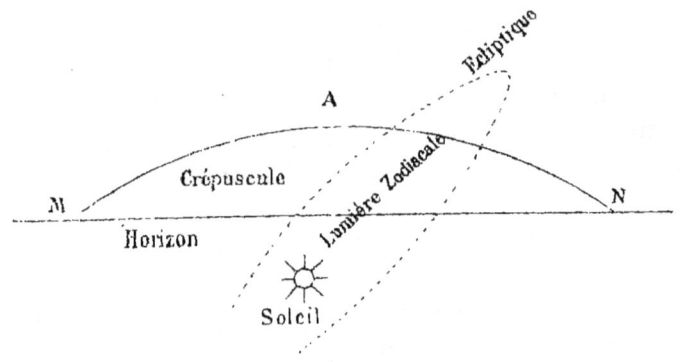

Fig. 73 *bis*.

ment de cercle éclairé MAN (*fig. 73 bis*). On distingue encore quelquefois une autre lueur en forme de fuseau s'étendant dans la direction de l'écliptique ; cette lueur s'aperçoit d'autant mieux qu'au moment du lever et du coucher l'écliptique est plus inclinée sur l'horizon, car, la longueur de ce fuseau lumineux étant constante, il émerge d'autant plus du cercle crépusculaire que l'écliptique est plus perpendiculaire à l'horizon.

Les époques les plus favorables dans nos latitudes pour l'observation de ce dernier phénomène sont le matin à l'équinoxe d'automne (22 septembre) et le soir à l'équinoxe du printemps (21 mars). Considérons en effet, sur la figure 74, la sphère céleste d'un observateur quelconque ; soient P_nP_s la ligne des

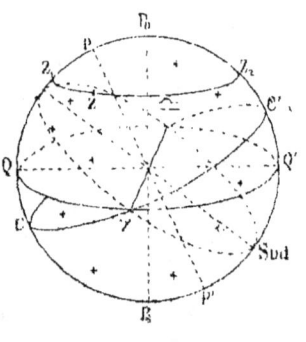

Fig. 74.

pôles, QQ' l'équateur, CC' l'écliptique et pp' son axe. Soit enfin, à un instant quelconque, Z le point où la verticale du lieu vient percer la sphère céleste ; par suite de la rotation diurne de cette sphère autour de l'axe $P_n P_s$ le point Z décrit un parallèle autour de la ligne $P_n P_s$. L'angle de l'écliptique avec l'horizon étant égal à celui des axes de ces plans, c'est-à-dire à la distance du point Z au point p sur la sphère, il atteint son maximum quand le zénith est en Z_2, et son minimum quand il est en Z_1.

La valeur du maximum est $pP_n + P_n Z_2$ ou $23°27' + 90° - L$ et celle du minimum $90° - L - 23°27'$, la valeur moyenne est $90° - L$.

L'instant du maximum se produit dans chaque révolution diurne ; la figure montre que cet instant est celui où les points ♈ et ♎ de l'écliptique coïncident respectivement avec les points Ouest et Est de l'horizon, c'est-à-dire celui où le point ♎ de la sphère céleste se lève et où le point ♈ se couche. Par suite, pour que cet instant soit celui du lever ou du coucher du Soleil, il faut que cet astre soit respectivement à l'équinoxe d'automne et à celui du printemps. Ce sont les résultats que nous venons d'indiquer.

A Paris ($L = 48°50'$) l'angle maximum de la lumière zodiacale sur l'horizon est $64°37'$, le minimum $18°43'$ et la valeur moyenne $41°10'$.

Lorsque la latitude est nulle, c'est-à-dire pour les lieux situés à l'équateur, la valeur moyenne est $90°$ et l'inclinaison varie de $90°$ à $66°33'$ de chaque côté du premier vertical ; par suite, c'est dans ces lieux, et plus généralement dans les lieux situés dans la zone torride, que le phénomène est le plus apparent.

Enfin, pour terminer ce qui est relatif à ce phénomène remarquable, nous ajouterons que, pour l'observateur de nos régions septentrionales, le fuseau lumineux est dirigé du côté sud par rapport au Soleil. On le constate aisément sur la figure 74 en considérant l'horizon de Z_2 représenté en pointillé.

CHAPITRE VIII

TEMPS SOLAIRE VRAI — CALENDRIERS SOLAIRES

§ 1er. — Horloge solaire vraie. Cadrans solaires.

102. Temps solaire vrai. — Nous avons vu (p. 72) que l'on appelait *temps d'un astre* ou *angle horaire* de cet astre l'arc d'équateur de la sphère locale parcouru par son cercle horaire depuis le passage au méridien supérieur. Le temps du Soleil se nomme *temps solaire vrai*, pour le distinguer du temps d'un astre idéal appelé *Soleil moyen* dont nous parlerons plus tard.

Le cercle horaire du Soleil se meut à raison de un degré environ par jour sur la sphère céleste ; il en résulte que le mouvement de son cercle horaire $P_n sD$ sur la sphère locale (*fig.* 75) est un peu plus lent que celui des cercles horaires des étoiles, mais il est de même sens ; par suite, sur l'équateur de la sphère locale gradué comme nous l'avons dit (p. 72), le cercle horaire du Soleil marquera les heures successives et formera avec ce cercle une sorte d'horloge idéale analogue à l'horloge sidérale.

On appelle cette horloge idéale l'*horloge solaire vraie*.

L'horloge solaire vraie marque évidemment la même graduation, c'est-à-dire la *même heure*, que l'horloge sidérale lorsque le Soleil est au point vernal, origine des ascensions droites, c'est-à-dire à l'équinoxe du printemps ; mais, par suite du mouvement propre du Soleil, lorsque le cercle horaire du point vernal a décrit 24 heures, celui de l'astre a encore un degré, soit 4 minutes d'heure, à parcourir ; par suite, l'horloge sidérale avance d'environ 4 minutes par jour sur l'horloge solaire.

103. Cadrans solaires. — Les cadrans solaires réalisent de la manière la plus simple l'horloge solaire vraie. Si l'on

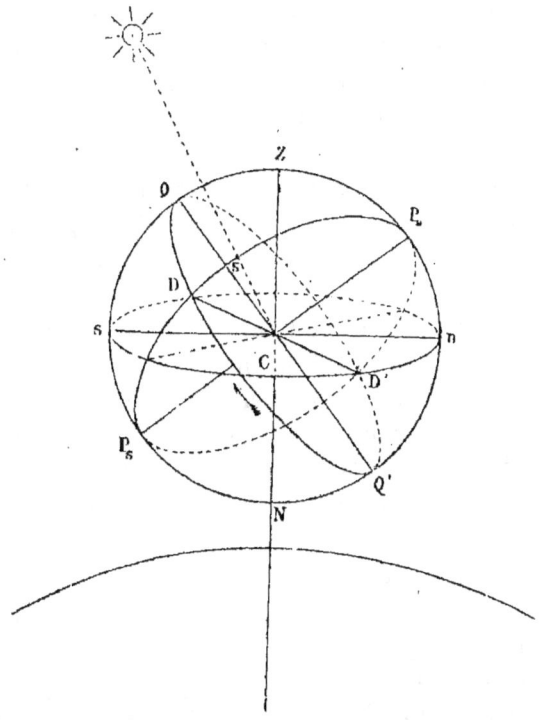

Fig. 75.

dispose en effet, dans le lieu C (*fig.* 75), une tige rigide dirigée suivant la ligne des pôles $P_s CP_n$, le plan horaire du Soleil dans le lieu coïncidera avec celui qui contient la tige et l'ombre projetée derrière elle par la lumière solaire. Par suite, l'ombre portée sur un plan perpendiculaire à la tige, c'est-à-dire parallèle à l'équateur QQ', décrira des angles égaux à ceux que décrit le plan horaire du Soleil lui-même. L'angle horaire, compté à partir de Q, dans le sens de la flèche, a pour valeur QQ'D; l'ombre projetée, étant à l'opposé du point D, l'angle horaire sur le cadran se comptera à partir du point Q' dans le même sens, ce sera donc l'angle Q'QD'.

Cadran équatorial. — Un cadran solaire disposé comme nous venons de le dire se nomme un *cadran équatorial*. C'est celui dont la réalisation s'obtient le plus simplement; il suffit en effet de tracer sur un plan Q'Q des droites faisant entre elles des angles égaux à 15° ou 1ʰ, d'y fixer une tige perpendiculaire, et de placer l'instrument ainsi construit de manière que la tige soit dirigée suivant la ligne des pôles et que la ligne adoptée pour le zéro de la graduation soit dirigée dans le méridien et au-dessous de l'horizon (vers le point Q').

Le plan d'un cadran équatorial doit être gradué sur ses deux faces, car, pendant le printemps et l'été, le Soleil étant au nord de l'équateur, projettera l'ombre sur la face du plan dirigé vers le pôle nord; tandis que, en automne et en hiver, il projettera l'ombre sur la face inférieure.

Cet instrument n'est pas d'un emploi commode, parce que, aux environs des équinoxes, le Soleil se trouve dans le plan même du cadran. Mais il n'est pas nécessaire de prendre pour plan du cadran le plan de l'équateur; on peut en effet recevoir l'ombre de la tige CP (*fig. 76*) sur un plan quelconque R, et marquer sur ce plan la direction Cm de la trace du méridien inférieur M, ainsi que les traces des plans passant par la tige CP qui font avec le plan M des angles

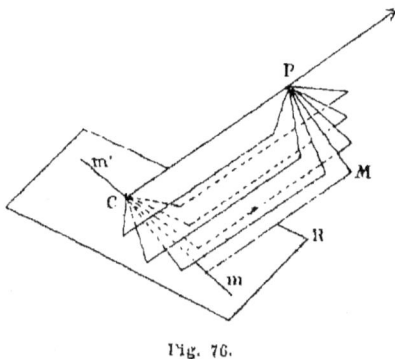

Fig. 76.

croissant d'heure en heure. Alors, il est vrai, les angles correspondant à des plans équidistants ne sont plus égaux, mais leur construction est un problème de géométrie très simple. Nous allons en indiquer la solution pour le cas où le plan R est horizontal et pour celui où il est vertical et perpendiculaire au méridien.

CADRAN HORIZONTAL. — Soient (*fig.* 77) HH le plan horizontal, AP_n la ligne des pôles, et AN la partie de la méridienne dirigée vers le méridien inférieur. Le problème sera évidemment résolu lorsque nous saurons mener la trace, sur

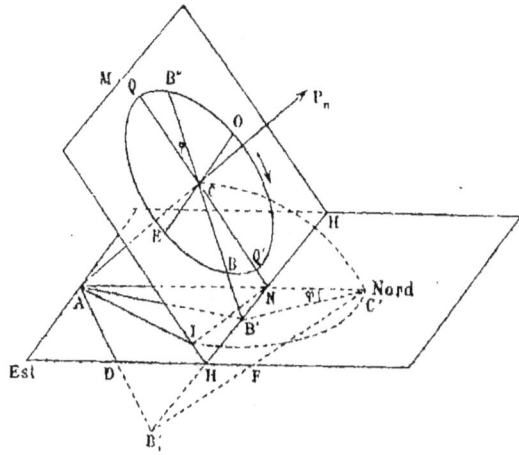

Fig. 77.

le plan HH, de l'ombre de la tige lorsque l'angle horaire du Soleil aura la valeur φ quelconque.

Par un point N, situé sur la méridienne à une distance arbitraire, menons le plan QQ' parallèle à l'équateur; soit B″CBB′ la trace du plan horaire du Soleil quand l'angle horaire a la valeur donnée φ. La trace de l'ombre sur le plan horizontal sera à cet instant dirigée suivant AB′.

Si l'on rabat le plan équatorial sur l'horizon en le faisant tourner autour de HH, le point C viendra quelque part en C′ sur AN et l'angle NCB′ se rabattra en vraie grandeur, suivaut $NC'B'$. Par suite, le point B' sera l'intersection avec HH de la droite $C'B'$ qui fait avec $C'N$ l'angle φ.

Pour trouver le point C', on remarque que, dans le triangle rectangle ACN, on connaît l'angle NAC égal à la latitude L, et le côté AN, choisi arbitrairement; on mène donc AI faisant avec AN l'angle L, on abaisse du point N une perpendiculaire NI sur cette ligne et l'on obtient en NI la valeur de NC, et par suite de NC'.

Le point C' étant ainsi obtenu, on mènera des rayons fai-

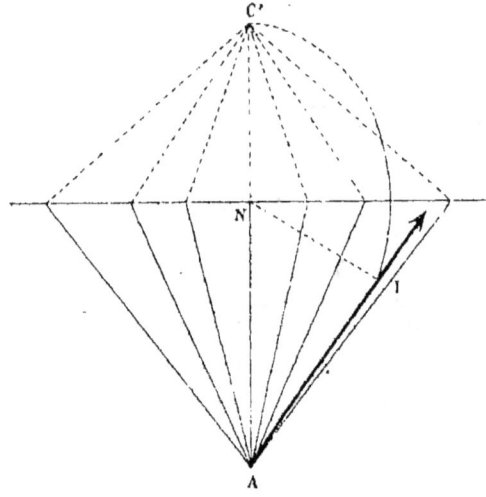

Fig. 77 bis.

sant avec la méridienne des angles de 1^h, 2^h, 3^h..... et on joindra au point A les intersections de ces rayons avec HH.

Les lignes horaires 18^h et 6^h seront perpendiculaires à AN (direction Est et Ouest), les lignes 7^h et 8^h sont diamétralement opposées aux lignes 19^h et 20^h, etc. La construction qui précède peut être faite sur une feuille de papier comme l'indique la figure 77 bis; on la reporte ensuite sur le plan destiné à servir de base au cadran.

Pour réaliser la ligne des pôles, on emploie quelquefois une plaque ayant la forme d'un triangle rectangle dont l'un des angles est égal à la latitude et que l'on dispose comme l'indique la figure 78.

Enfin pour placer le cadran, on choisit un endroit où les rayons du Soleil ont un libre accès ; on cale la plaque horizontalement à l'aide d'un niveau, et l'on dirige la méridienne du cadran dans le méridien du lieu. La direction du méridien peut s'obtenir en menant la bissectrice des deux directions

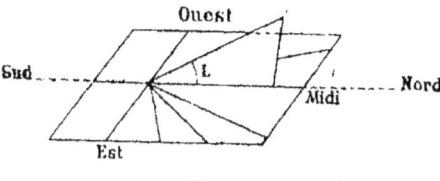

Fig. 78.

dans lesquelles l'ombre d'une tige verticale atteint la même longueur dans les jours où le mouvement du Soleil en déclinaison est négligeable, c'est-à-dire aux époques des solstices, ou encore par l'observation de la polaire aux instants de ses passages au méridien. Ces instants sont publiés chaque année dans l'*Annuaire du Bureau des longitudes*.

Pour augmenter la précision des lectures, on place souvent à l'extrémité de la tige qui donne l'ombre un disque percé d'un trou rond qui donne une image lumineuse dont le centre est facile à distinguer malgré la pénombre.

La construction qui précède devient difficile pour les valeurs de φ voisines de 90°, car le point B′ (*fig.* 77) vient dans des positions telles que B′, de plus en plus éloignées ; alors on détermine la position D de l'intersection de la droite cherchée avec l'autre bord du cadran, par la proportion

$$\frac{DH}{FH} = \frac{AN}{C'N} \quad \text{d'où} \quad DH = AN \frac{FH}{C'N}.$$

CADRANS VERTICAUX PERPENDICULAIRES A LA MÉRIDIENNE. — Soient (*fig.* 79) V, le plan perpendiculaire à la méridienne, ACP, la tige dirigée vers le pôle abaissé, AN la verticale du lieu et M le plan parallèle à l'équateur mené par une ligne horizontale HH située à une distance arbitraire AN du point N. Si NCB est l'angle horaire φ donné, la trace correspondante de l'ombre sera AB'. En rabattant le plan M sur le plan V, le point C viendra en C' sur la droite AN, à une distance NC' du point N qui s'obtiendra par la même construction que dans le cas précédent; toutefois, l'angle en A

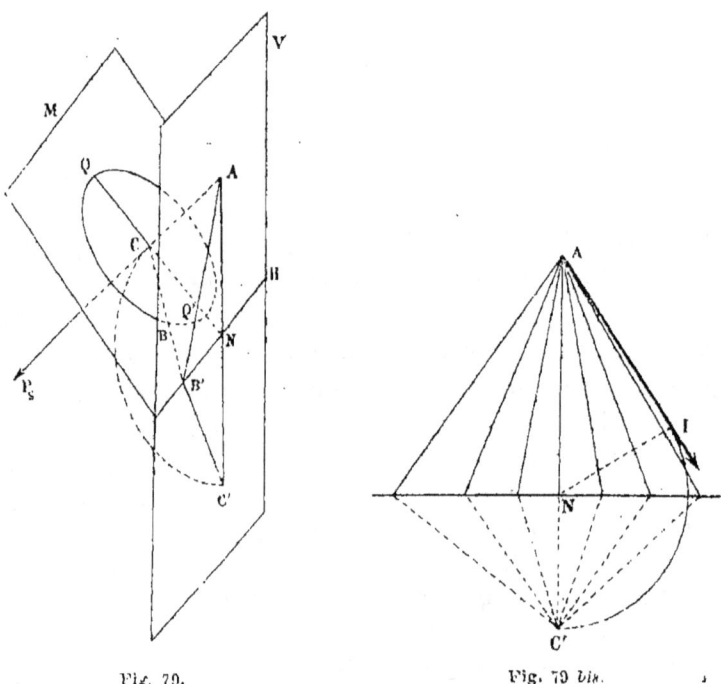

Fig. 79.   Fig. 79 bis.

du triangle rectangle NCA est égal ici au complément de la latitude.

Le point C' étant déterminé, on pourra mener la ligne CB' correspondant à l'angle φ considéré et, par suite, la ligne A'B' de l'ombre.

On voit que la construction ne diffère de celle du cas précédent qu'en ce qu'il faut substituer la colatitude à la latitude pour déterminer la distance du point C' au point N; on dispose habituellement l'épure comme l'indique la figure 79 bis[1].

CADRANS CYLINDRIQUES. — On peut évidemment percevoir sur des objets quelconques l'ombre portée par la tige de l'instrument, car, le plan correspondant à une valeur donnée de l'angle horaire étant toujours le même, l'ombre portée occupera la même position, à toutes les époques, pour la même heure solaire. On peut donc donner aux cadrans solaires les formes et les dispositions les plus variées, par exemple percevoir l'ombre de la tige sur un cylindre comme l'indique la figure 80.

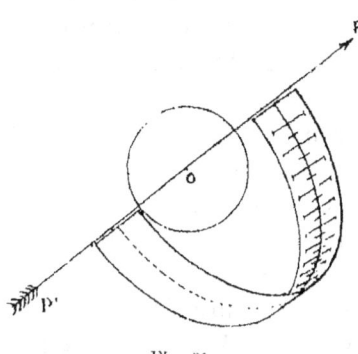

Fig. 80.

On peut aussi substituer à la tige une sphère de verre de rayon tel que son *foyer* se trouve sur la surface cylindrique. C'est alors le point brillant formé à ce foyer qui sert d'index. Cette disposition a été utilisée dans un instrument destiné à enregistrer automatiquement les instants où le Soleil n'est pas caché par les nuages. On dispose alors sur le cylindre une feuille de papier très combustible qui se carbonise aux endroits correspondant aux heures où le Soleil a brillé.

---

[1]. Il est plus simple encore d'employer le calcul pour déterminer l'angle φ' du cadran qui correspond à un angle horaire φ donné. La figure 77 donne, pour le cadran horizontal,

$$NC' = NC = AN \sin L$$
$$B'N = NC' \operatorname{tg} \varphi = AN \sin L \operatorname{tg} \varphi$$
$$B'N = AN \operatorname{tg} \varphi'$$

d'où

$$\operatorname{tg} \varphi' = \sin L \operatorname{tg} \varphi.$$

Pour le cadran vertical, on aurait

$$\operatorname{tg} \varphi' = \cos L \operatorname{tg} \varphi.$$

§ 2. — Temps civil. — Calendrier solaire.

104. Adoption du temps solaire pour désigner l'ordre de succession des événements et pour mesurer les intervalles.
— Nous avons évité jusqu'ici d'employer le mot *temps* dans son acception usuelle; nous continuerons autant que possible de même dans la suite, afin de laisser à cette expression la signification unique et précise que nous lui avons attribuée au début (p. 72).

On conçoit que, pour préciser sans ambiguïté l'ordre dans lequel se succèdent les événements, il suffit d'adopter d'un commun accord une horloge quelconque dont l'index mis en mouvement à un instant déterminé décrive indéfiniment un cadran gradué. Un instant sera en effet précisé sans ambiguïté, si l'on désigne le nombre de révolutions accomplies depuis l'origine jusqu'à l'instant considéré, ainsi que la graduation indiquée par l'index, dans sa révolution actuelle. On aura ainsi, en supposant que l'index a accompli n révolutions, et marque la graduation H heures, minutes et secondes, une expression de la forme

$$n \text{ révolutions} + H \text{ heures, minutes et secondes.}$$

Si l'on veut que la même horloge puisse servir en outre à mesurer les intervalles, il suffira que son index marche uniformément, c'est-à-dire qu'il décrive des arcs égaux dans des intervalles égaux; alors, en effet, la grandeur d'un intervalle pourra être exprimée par le nombre d'heures, minutes et secondes parcourues par l'index pendant sa durée.

CONDITIONS AUXQUELLES DOIT SATISFAIRE UNE HORLOGE DESTINÉE A DÉSIGNER L'ORDRE DE SUCCESSION DES ÉVÉNEMENTS.
— Les occupations des hommes sont toutes réglées sur le mouvement du Soleil. La période de travail est celle de la présence du Soleil sur l'horizon, la période de repos celle où

l'astre est couché ; le passage au méridien supérieur correspond au milieu de la période d'activité, et le passage au méridien inférieur au milieu de la période de repos. De là une première périodicité dans les occupations, qui est celle du retour du Soleil au méridien du lieu.

D'un autre côté, c'est à l'influence de la déclinaison du Soleil sur la température, surtout dans les zones tempérées, que sont dues les diverses phases de la vie végétale, et, d'une manière générale, les changements considérables de toutes sortes qu'amènent les changements de saisons. De là une deuxième périodicité, qui est celle du retour du Soleil à la même déclinaison, ou, ce qui revient au même, à la même ascension droite, c'est-à-dire l'année tropique.

L'horloge à adopter pour préciser l'ordre de succession des événements devant naturellement servir en même temps aux hommes pour leur rappeler les instants auxquels ils doivent se livrer à leurs occupations, il est naturel de la choisir telle que ses indications aient la même périodicité, c'est-à-dire telle que les mêmes indications se reproduisent à l'expiration de ces périodes.

On a obtenu ces résultats par l'adoption de l'horloge solaire vraie.

ADOPTION DE L'HORLOGE SOLAIRE VRAIE. — On est convenu de prendre pour origine l'instant d'un passage déterminé au méridien supérieur et de considérer ensuite l'angle horaire comme croissant indéfiniment, augmentant ainsi d'une circonférence à chaque révolution.

Un instant quelconque étant alors précisé par une expression de la forme

n révolutions ou jours + H heures, minutes et secondes,

le retour de l'indication H correspond à celui d'un instant placé de la même manière par rapport au milieu du jour.

Si la durée de la seconde période, c'est-à-dire l'année tropique, contenait un nombre entier de révolutions diurnes, il

TEMPS CIVIL. — CALENDRIER.   187

suffirait d'adopter ce multiple pour supputer les jours. On aurait ainsi, en effet, une expression de la forme

N années + *n* jours + H heures, minutes et secondes.

Le retour de la deuxième indication ramenant le Soleil dans la même position en déclinaison, correspondrait à des époques placées de la même manière dans les saisons.

Nous remarquerons enfin que, bien que le mouvement horaire du Soleil ne soit pas rigoureusement uniforme, il l'est assez sensiblement pour qu'on puisse négliger ses inégalités dans la plupart des cas ; par suite, les espaces parcourus par l'index de cette horloge pourraient être utilisés pour la mesure des intervalles [1].

L'année tropique ne contenant pas un nombre entier de jours solaires, il n'a pas été possible d'appliquer à la lettre la méthode que nous venons d'indiquer, mais on a tourné la difficulté par l'artifice que nous allons faire connaître.

105. Loi du calendrier solaire. — Avant d'exposer cette loi, indiquons la méthode qui a été employée pour déterminer le nombre de jours contenus dans l'année tropique.

NOMBRE DE JOURS ET FRACTIONS DE JOUR CONTENUS DANS UNE ANNÉE TROPIQUE. — On a choisi dans un registre analogue à celui que nous avons considéré et contenant les observations faites pendant une très longue période, deux passages éloignés du Soleil au point vernal.

On a déterminé ensuite de la manière suivante, pour chacun d'eux, la valeur de l'angle horaire du Soleil à l'instant du passage.

Si D_1 est la déclinaison sud précédant le passage, et D_2 la déclinaison nord suivante, le mouvement en déclinaison est $D_1 + D_2$, et l'accroissement de l'angle horaire est de 24^h ; par suite, en admettant que l'accroissement de l'angle horaire

---

[1]. Nous verrons plus loin l'horloge idéale qui a été substituée à celle-ci pour éviter l'inconvénient de la non-uniformité du mouvement.

est proportionnel à la variation de la déclinaison, et en désignant par x la quantité dont varie l'angle horaire quand la déclinaison varie de D_1 à zéro, on a

$$\frac{x}{D_1} = \frac{24^h}{D_2 + D_1},$$

d'où

$$x = \frac{D_1}{D_2 + D_1} \times 24^h.$$

Cette valeur de x est celle de l'angle horaire du Soleil au moment du passage au point vernal.

Si l'on désigne par n le nombre des passages au méridien accomplis entre les deux équinoxes considérés, et par x_1 et x_2 les angles horaires du Soleil à ces deux instants, l'accroissement total de l'angle horaire pendant cette période sera

$$n \times 24^h + x_2 - x_1 \text{ ou en circonférences } n + \frac{x_2 - x_1}{24}.$$

Cette quantité représentera le nombre de jours vrais et la fraction de jour compris entre les deux passages; par conséquent, si l'on appelle N le nombre de révolutions tropiques écoulées, la durée de l'année tropique en jours vrais sera

$$\frac{1}{N}\left(n + \frac{x_2 - x_1}{24}\right).$$

En procédant ainsi, on a trouvé :

$$365^j,242216\ldots$$

Cette manière de procéder suppose que l'année tropique et le jour vrai sont rigoureusement constants. Il n'en est pas ainsi, mais leurs inégalités sont périodiques; elles se produisent tantôt dans un sens, tantôt dans un autre; il en résulte qu'elles se compensent lorsque l'on considère de longues durées. Ce résultat représente donc le *nombre moyen de jours solaires* compris dans l'*année tropique moyenne*.

ANNÉE CIVILE. — On nomme *années civiles* des périodes contenant chacune un nombre entier de jours vrais, choisies de telle manière qu'un nombre entier quelconque d'entre elles N contienne, à moins d'une unité, le même nombre de jours que N années tropiques.

De cette manière, si l'on désigne une époque par une expression telle que

$$N \text{ années civiles}, \quad n \text{ jours}, \quad H \text{ heures}.$$

le nombre n de jours ramènera le Soleil, à moins d'un jour près, à la même déclinaison ; et la périodicité de ces indications sera, à très peu près, la même que celle des deux mouvements du Soleil qui régissent la vie animale et végétale sur la Terre.

Le nombre de jours compris dans l'année civile est, il est vrai, variable, mais ses variations suivent une loi très simple. C'est cette loi que nous allons faire connaître sous le nom de *loi du calendrier*.

Loi du calendrier. — L'année tropique contient

$$365^j,242216\ldots$$

et, par convention, N années civiles doivent contenir, à un jour près, le même nombre entier de jours que le produit de N par ce nombre. Écrivons la durée de l'année tropique sous la forme

$$365^j + 0,25 - 0,01 + 0,0025 - 0,000284\ldots$$
$$365^j + \frac{1}{4} - \frac{1}{100} + \frac{1}{400} - 0,000284\ldots$$

Reportons-nous par la pensée à l'époque adoptée comme origine, pour supputer les années, et supposons d'abord que l'année tropique contienne

$$365^j + \frac{1}{4}.$$

On pourra attribuer 365 jours aux trois premières années, car la différence entre les produits de $365 + \frac{1}{4}$ par 1, 2 et 3 et les produits de 365 par les mêmes nombres sera plus petite que l'unité; mais la quatrième année devra être prise de

366 jours. Les années 5, 6, 7 pourront ensuite être prises de 365 jours, mais l'année 8 sera de 366 jours, et ainsi de suite ; il faudra donc, pour tenir compte de la première fraction, attribuer 366 jours aux années dont le rang est divisible par quatre.

Considérons maintenant la deuxième fraction, c'est-à-dire supposons l'année tropique de

$$365^{j} + \frac{1}{4} - \frac{1}{100}.$$

En observant la règle qui précède, nous tenons compte de la première fraction ; mais la deuxième donne, chaque année, $\frac{1}{100}$ de jour, de sorte qu'au bout de 100 ans, elle donnerait un jour ; il faudra donc à la 100ᵉ année, réglée d'après la loi précédente, supprimer un jour. Mais, le rang de cette année étant divisible par quatre, elle aurait été de 366 jours ; il faudra donc, contrairement à cette loi, la compter de 365 jours. Il en sera de même pour la 200ᵉ année, et, d'une manière générale, pour toutes les années dont le rang sera divisible par 100. Par suite, pour tenir compte des deux premières fractions, il faut attribuer 366 jours aux années dont le rang est divisible par 4, sauf aux années séculaires.

Considérons actuellement la troisième fraction, c'est-à-dire supposons l'année tropique de

$$365^{j} + \frac{1}{4} - \frac{1}{100} + \frac{1}{400}.$$

La règle précédente tenant compte seulement des deux premières fractions, néglige $\frac{1}{400}$ de jour par an ; par suite, au bout de 400 ans, elle aura négligé un jour entier ; il faudra donc ajouter un jour au nombre attribué par la loi précédente aux années de 400 en 400. Or ces années devaient être de 365 jours comme années séculaires ; par suite, toutes les fois que le nombre des siècles sera divisible par 4, il faudra attribuer 366 jours à l'année.

TEMPS CIVIL. — CALENDRIER.

On appelle *années communes* les années de 365 jours, années *bissextiles* celles de 366 jours, et le *millésime* de l'année est le chiffre qui indique son *rang* depuis l'origine adoptée; la loi du calendrier se formule alors de la manière suivante :

Les années dont le millésime est divisible par quatre sont bissextiles, sauf les années séculaires qui ne le sont que lorsque le nombre des siècles est divisible par quatre.

Cette règle néglige, il est vrai, une petite fraction; mais cette fraction ne peut donner un jour en 3500 ans; par suite, il n'y a pas lieu de s'en occuper actuellement.

DATE D'UN JOUR. — Nous avons supposé plus haut qu'on désignait une époque sous la forme

$$N \text{ années} + n \text{ jours} + H \text{ heures, minutes et secondes.}$$

On procède un peu différemment. Au lieu du nombre d'années écoulées depuis l'origine adoptée, et du nombre de jours accomplis depuis le commencement de l'année, on désigne le rang de l'année, compté en attribuant le numéro 1 à celle qui a commencé à l'origine adoptée, et le rang du jour dans l'année, compté en attribuant le numéro 1 à celui qui la commence. On a alors une expression de la forme

$$\text{Année } N^e, \quad \text{jour } n^e, \quad H \text{ heures, minutes, secondes.}$$

Cette expression peut néanmoins être considérée encore comme désignant sous une forme spéciale l'angle horaire décrit par le Soleil depuis l'origine du temps; elle indique en effet que cet astre a accompli

$$(N-1) \text{ années de 365 ou 366 jours} + (n-1) \text{ jours} + H \text{ heures, minutes et secondes.}$$

Le nombre N représente le *millésime* et n la *date*.

La même *date* ramène dans toutes les années un jour placé de la même manière dans les saisons, comme la même heure ramène le même instant par rapport au milieu du jour.

MOIS ET SEMAINES. — La subdivision de l'année en mois et en semaines n'ayant aucun rapport avec les mouvements du Soleil, nous n'en parlerons pas ici; nous verrons plus loin que la subdivision en mois a eu pour origine la période des phases de la Lune, mais les durées actuelles diffèrent de cette période.

106. Temps astronomique, temps civil. — Ainsi que nous l'avons dit, les astronomes prennent pour origine des révolutions diurnes du Soleil les passages au méridien supérieur. Par suite, le *jour astronomique* commence à midi.

Pour les usages civils, cette manière de compter offrirait de grands inconvénients; elle obligerait, en effet, à changer la date au milieu du jour, c'est-à-dire au milieu de la période la plus active des occupations. Aussi est-on convenu de prendre pour commencement du jour civil l'instant du passage du Soleil au méridien inférieur (minuit) qui précède le commencement du jour astronomique.

De plus, au lieu de compter l'angle horaire de zéro à 24 heures, on le partage en deux périodes de 12 heures, l'une allant de minuit à midi, et l'autre de midi à minuit; ces deux périodes se distinguent l'une de l'autre par l'addition de l'indication *matin* ou *soir*.

On peut formuler ces conventions de la manière suivante :
La date civile change 12 heures avant la date astronomique, et l'angle horaire civil se compte de zéro à 12 heures, à partir du méridien inférieur, quand l'astre est à l'est (matin) et à partir du méridien supérieur quand l'astre est à l'ouest (soir).

On a donc, pour désigner un même instant, suivant que l'on considère le temps astronomique ou le temps civil, des indications de la forme suivante :

Temps astronomique . Année 1891   5 mars $21^h 50^m 43^s$
Temps civil. . . . .   —   1891   6   —   9 50 43 matin,

et pour le soir

Temps astronomique . Année 1891   21 janvier $6^h 57^m 17^s$
Temps civil. . . . .   —   1891   21   —   6 57 17 soir.

Si le jour considéré était le matin du commencement d'une

année, le millésime lui-même serait changé, on aurait, par exemple,

Temps astronomique. Année 1892 31 décembre 20^{h}18^{m}1^s
Temps civil . . . .   — 1893 1er janvier   8 18 4 matin.

107. Historique du calendrier[1]. — Le calendrier dont tous les peuples chrétiens font actuellement usage nous vient des Romains. L'année des Grecs était de 12 mois alternativement de 29 et de 30 jours, ce qui donnait pour durée moyenne du mois 29^j,5, et pour l'année 354 jours. La période ainsi adoptée pour le mois était la durée d'une lunaison, c'est-à-dire l'intervalle du retour d'une même phase de la Lune. Quant à la période de 12 mois, elle avait été choisie sans doute parce que c'est la période contenant un nombre entier de lunaisons qui se rapproche le plus de l'année solaire.

Romulus institua une année de 10 mois : *Mars* 31 jours, *Avril* 30, *Mai* 31, *Juin* 30, *Quintilis* 31, *Sextilis* 30, *Septembre* 30, *Octobre* 31, *Novembre* 30 et *Décembre* 30 ; l'année contenait ainsi 304 jours.

Numa ajouta à cette période 51 jours ; l'année contint ainsi 355 jours, c'est-à-dire un jour de plus que l'année grecque. Il la partagea ensuite en 12 mois. Les deux mois ajoutés reçurent les noms de Janvier et Février ; le nombre des jours des anciens mois fut également modifié et devint :

	JOURS.		JOURS.		JOURS.
Janvier	29	Mai	31	Septembre	29
Février	28	Juin	29	Octobre	31
Mars	31	Quintilis	31	Novembre	29
Avril	29	Sextilis	29	Décembre	29

Cette différence d'un jour entre l'année romaine et l'année grecque, et la répartition différente des jours dans les mois paraissent n'avoir eu d'autre origine que des superstitions puériles, explicables d'ailleurs par le degré de civilisation peu avancé des Romains à cette époque.

---

1. La plupart des renseignements qui suivent sont extraits d'une notice d'Arago, insérée dans l'*Annuaire du Bureau des longitudes* de l'année 1851.

Les mois étaient partagés en trois périodes inégales ; le premier jour de chacun d'eux était les *Calendes*. Les *Nones* arrivaient le 5 ou le 7 suivant le mois, et les *Ides* le 13 ou le 15. Les autres jours du mois étaient désignés par leur rang par rapport à celui de ces jours qui était postérieur et le plus proche. Ainsi le 28 février était la veille des calendes de Mars ; l'avant-veille, le 27 février, était le *troisième jour* des Calendes de mars, le 26 était le *quatrième*, le 25 le *cinquième*, le 24 le *sixième*, le 23 le *septième*, etc., on comptait de même par rapport aux Ides et aux Nones.

Enfin les Romains, ayant reconnu la nécessité de diminuer le désaccord existant entre l'année de 355 jours ainsi établie et la période du retour des saisons, décidèrent qu'un mois supplémentaire de 22 jours appelé *Mercedonius* serait intercalé tous les deux ans. Cette addition constituait une augmentation annuelle de onze jours et ramenait l'année à 366 jours. Les pontifes furent d'ailleurs chargés de régler au besoin la durée de ce mois intercalaire de manière à maintenir l'accord du calendrier avec les saisons.

Mais, autant par ignorance que par suite d'abus, les pontifes laissèrent le désordre s'introduire à tel point que, au temps de *Jules César*, les fêtes religieuses instituées pour l'automne tombaient au printemps, et celles de la moisson dans le milieu de l'hiver. Le calendrier annonçait les fêtes pour des époques antérieures de 90 jours à celles pour lesquelles elles avaient été fondées.

César fit venir d'Alexandrie l'astronome *Sosigène* et, sur ses indications, adopta pour durée moyenne de l'année 365 jours 1/4. La durée de l'année commune fut fixée à 365 jours répartis entre les mois comme ils le sont aujourd'hui ; savoir :

	JOURS.		JOURS.		JOURS.
Janvier	31	Mai	31	Septembre	30
Février	28	Juin	30	Octobre	31
Mars	31	Quintilis	31	Novembre	30
Avril	30	Sextilis	31	Décembre	31

Il institua en outre un jour intercalaire qui fut placé dans le mois le plus court, février, entre le 23 et le 24, c'est-à-dire entre le septième et le sixième des Calendes de mars (*Septimo et Sexto Calendas*); ce jour reçut le nom de *Bissexto Calendas*; de là le nom d'année bissextile.

Enfin, pour rétablir l'accord des fêtes du calendrier avec les saisons, il attribua à l'année de la réforme (45 av. J.-C.) une durée de 15 mois, en ajoutant un mois mercédonius de 23 jours et deux mois de 33 et 34 jours insérés entre novembre et décembre. Cette année se composa ainsi de $355 + 23 + 33 + 34$, c'est-à-dire de 445 jours, de là le nom d'*année de confusion* qui lui fut attribué.

Le nom de Juillet (Julius) fut substitué à celui de Quintilis par *Marc-Antoine* en souvenir de l'auteur de la réforme, et d'Août (Augustus) à Sextilis par le Sénat en l'honneur d'*Auguste*.

Réforme grégorienne. — L'année Julienne de 365j,25 était trop longue de $\frac{1}{100} - \frac{1}{400}$ de jour; mais il fallait une longue période pour que cet inconvénient devînt sensible. Ce fut encore le déplacement des fêtes religieuses qui permit de le constater et qui montra la nécessité d'une nouvelle réforme.

Le concile de Nicée, en 325, avait décidé que la fête de Pâques aurait lieu, chaque année, le premier dimanche après la pleine lune postérieure à l'équinoxe du printemps, et il établit la règle à suivre pour déterminer cette époque sur l'hypothèse que le calendrier Julien était d'accord avec le Soleil, et que l'équinoxe revenait chaque année le 21 mars. Mais, comme à chaque siècle le calendrier Julien attribue environ un jour de trop à l'année, il en résulta que l'équinoxe du printemps, 100 ans après le concile, en 425, se produisit le 20 mars; en 525 il eut lieu le 19 mars et ainsi de suite. Dès l'époque du concile de Constance, en 1414, des propositions furent faites au sujet d'une réforme reconnue manifestement nécessaire.

Le concile de Trente, en 1563, la recommanda spécialement au pape; mais ce ne fut qu'en 1582 que le pape *Grégoire XIII* réussit à l'accomplir avec le concours d'un savant Calabrais nommé *Lilio*. Cette réforme consista dans la suppression du jour intercalaire des années séculaires, sauf pour celles dont le nombre des siècles est divisible par 4. De plus, pour ramener l'équinoxe au 21 mars comme à l'époque du concile de Nicée, Grégoire XIII décida la suppression des 10 jours qui avaient été attribués en trop aux années pendant la période écoulée. La réforme, désignée sous le nom de *Changement de style*, fut appliquée à Rome le 5 octobre 1582 qui prit le nom de 15 octobre, et en France le 10 décembre de la même année qui devint ainsi le 20 décembre. Elle se répandit ensuite peu à peu en Europe; la dernière nation qui l'ait adoptée est l'Angleterre, en 1752. Le calendrier Julien (*vieux style*) est encore en usage chez les Russes, les Grecs et les chrétiens d'Orient. Les deux années séculaires 1700 et 1800 ayant amené l'introduction de deux jours en excès, la différence entre la date julienne et la date grégorienne est actuellement de 12 jours; elle sera de 13 jours le 1er mars de l'année 1900 par suite de l'introduction dans le calendrier julien du 29 février qui n'aura pas lieu pour le calendrier grégorien.

108. Calendrier républicain. — Le calendrier républicain français, dont l'adoption a fait partie de l'ensemble des réformes du système des poids et mesures, comptait les années à partir du 22 septembre 1792, époque de l'équinoxe d'automne et jour de la fondation de la République. Les mois étaient de 30 jours, divisés en trois décades de 10 jours nommés: *primidi, duodi, tridi..., nonidi, décadi*; les noms des mois étaient *vendémiaire, brumaire, frimaire* (automne); *nivôse, pluviôse, ventôse* (hiver); *germinal, floréal, prairial* (printemps); *messidor, thermidor, fructidor* (été). L'année commençait à minuit, le jour de l'équinoxe *vrai* d'automne pour l'Observatoire de Paris. Indépendamment des mois de trente jours, l'année comprenait 5 ou 6 jours complémentaires.

Ce calendrier n'a duré que 13 années.

109. Cycle solaire. — On appelle cycle solaire la période du calendrier Julien qui contient un nombre entier d'années et de semaines de sept jours, et au bout de laquelle, par conséquent, les mêmes jours de la semaine se reproduisaient aux mêmes dates. Cette période est de 28 années, car l'année julienne de $365^j,25$ contient 52 semaines $+ 1^j,25$, et il faut 28 années pour que cette fraction donne un nombre entier de semaines.

Dans le calendrier Grégorien, la période qui ramène les jours de la semaine aux mêmes dates est de quatre siècles. L'année grégorienne est en effet de 52 semaines $+ 1^j,2425$, et il faut 400 ans pour que cette fraction donne un nombre entier de semaines.

110. Calendrier perpétuel, lettre dominicale. — Le calendrier perpétuel a été imaginé pour faciliter la détermination du jour de la semaine correspondant à une date donnée d'une année quelconque. Pour le former, on convient de désigner par une des sept lettres A, B, C, D, E, F, G (tableau I), successivement rangées dans le même ordre, les jours successifs de l'année, sauf pour les années bissextiles où l'on convient d'attribuer au 29 février la même lettre qu'au 28.

Il résulte de cette convention que le même jour de la semaine est désigné par la même lettre pendant toute l'année pour les années communes. Pour les années bissextiles, la lettre qui désigne un jour recule d'un rang à partir du 29 février inclus.

On appelle *lettre dominicale* la lettre qui désigne le dimanche dans l'année considérée. Les années bissextiles ont nécessairement deux lettres dominicales; si E désigne le dimanche dans les mois de janvier et de février, à partir du 29 février inclus, ce sera la lettre D qui l'indiquera. Il est

LE SOLEIL ET LA LUNE.

Tableau I.   Calendrier perpétuel.

	JANVIER.	FÉVRIER.	MARS.	AVRIL.	MAI.	JUIN.	JUILLET.	AOUT.	SEPTEMBRE.	OCTOBRE.	NOVEMBRE.	DÉCEMBRE.
1	A	D	D	G	B	E	G	C	F	A	D	F
2	B	E	E	A	C	F	A	D	G	B	E	G
3	C	F	F	B	D	G	B	E	A	C	F	A
4	D	G	G	C	E	A	C	F	B	D	G	B
5	E	A	A	D	F	B	D	G	C	E	A	C
6	F	B	B	E	G	C	E	A	D	F	B	D
7	G	C	C	F	A	D	F	B	E	G	C	E
8	A	D	D	G	B	E	G	C	F	A	D	F
9	B	E	E	A	C	F	A	D	G	B	E	G
10	C	F	F	B	D	G	B	E	A	C	F	A
11	D	G	G	C	E	A	C	F	B	D	G	B
12	E	A	A	D	F	B	D	G	C	E	A	C
13	F	B	B	E	G	C	E	A	D	F	B	D
14	G	C	C	F	A	D	F	B	E	G	C	E
15	A	D	D	G	B	E	G	C	F	A	D	F
16	B	E	E	A	C	F	A	D	G	B	E	G
17	C	F	F	B	D	G	B	E	A	C	F	A
18	D	G	G	C	E	A	C	F	B	D	G	B
19	E	A	A	D	F	B	D	G	C	E	A	C
20	F	B	B	E	G	C	E	A	D	F	B	D
21	G	C	C	F	A	D	F	B	E	G	C	E
22	A	D	D	G	B	E	G	C	F	A	D	F
23	B	E	E	A	C	F	A	D	G	B	E	G
24	C	F	F	B	D	G	B	E	A	C	F	A
25	D	G	G	C	E	A	C	F	B	D	G	B
26	E	A	A	D	F	B	D	G	C	E	A	C
27	F	B	B	E	G	C	E	A	D	F	B	D
28	G	C	C	F	A	D	F	B	E	G	C	E
29	A		C	D	B	E	G	C	F	A	D	F
30	B		E	A	C	F	A	D	G	B	E	G
31	C		F		D		B	E		C		A

TEMPS CIVIL. — CALENDRIER.

Lettres dominicales.   TABLEAU II.

ANNÉES.				» » 1700 1800 2100 2200		1500 1900 2300	1600 2000 2400
»	»	»	0	C	E	G	BA
»	28	56	84	DC	FE	AG	BA
1	29	57	85	B	D	F	G
2	30	58	86	A	C	E	F
3	31	59	87	G	B	D	E
4	32	60	88	FE	AG	CB	DC
5	33	61	89	D	F	A	B
6	34	62	90	C	E	G	A
7	35	63	91	B	D	F	G
8	36	64	92	AG	CB	ED	FE
9	37	65	93	F	A	C	D
10	38	66	94	E	G	B	C
11	39	67	95	D	F	A	B
12	40	68	96	CB	ED	GF	AG
13	41	69	97	A	C	E	F
14	42	70	98	G	B	D	E
15	43	71	99	F	A	C	D
16	44	72		ED	GF	BA	CB
17	45	73		C	E	G	A
18	46	74		B	D	F	G
19	47	75		A	C	E	F
20	48	76		GF	BA	DC	ED
21	49	77		E	G	B	C
22	50	78		D	F	A	B
23	51	79		C	E	G	A
24	52	80		BA	DC	FE	GF
25	53	81		G	B	D	E
26	54	82		F	A	C	D
27	55	83		E	G	B	C

clair que, si l'on connaît la lettre dominicale de l'année, il suffira de prendre dans le calendrier perpétuel la lettre du jour pour déterminer son nom.

Dans le calendrier Julien, la lettre dominicale se reproduisant à l'expiration du cycle solaire, il suffisait de former un tableau de ces lettres pour 28 années successives. Avec le calendrier Grégorien, il faut embrasser une période de quatre siècles; le tableau II de la page 199 donne les lettres dominicales depuis l'époque de la réforme.

APPLICATION : 1° *soit proposé de déterminer le jour de la semaine correspondant au 25 mai 1891.*

Le tableau II donne D pour lettre dominicale. Le tableau I donne la lettre E pour la date précitée; par suite le jour demandée est un *lundi*.

2° *Quel est le jour de la semaine correspondant au 13 mars 1884.*

Le tableau II donne FE pour lettres dominicales, la date étant postérieure au 29 février, c'est la lettre E qu'il faut prendre; le calendrier perpétuel donne la lettre B pour le 13 mars, par suite le jour cherché est un *jeudi*.

§ 3. — Temps vrais simultanés des différents lieux.

111. Convention adoptée pour déduire la date d'un lieu de celle du premier méridien. — Nous avons vu (p. 89) que l'angle horaire Tag d'un astre A, dans un lieu de longitude G, se déduisait de l'angle horaire simultané Tap du même astre pour le premier méridien, par la formule

$$Tap = Tag + G, \qquad \text{(G positif à l'Ouest, négatif à l'Est).}$$

Cette formule suppose les angles horaires comptés de zéro à 24 heures. Pour le Soleil, les angles horaires Tvp et Tvg sont comptés de zéro à l'infini et comprennent la date.

Désignons par Hvg et Hvp les valeurs simultanées de l'angle horaire proprement dit du Soleil dans les deux lieux, et par n et n' les nombres de révolutions accomplies par le cercle horaire de cet astre, depuis les instants adoptés comme origine dans les deux lieux, on aura

$$\text{Tvp} = n \times 24^h + \text{Hvp},$$
$$\text{Tvg} = n' \times 24^h + \text{Hvg}.$$

On est convenu d'appliquer la formule précédente aux valeurs généralisées Tvp et Tvg de l'angle horaire, c'est-à-dire de prendre pour date n' du lieu de longitude G, correspondant à la date n du premier méridien, la valeur satisfaisant à la formule

$$\text{Tvp} = \text{Tvg} + G,$$

ou

$$n \times 24^h + \text{Hvp} = n' \times 24^h + \text{Hvg} + G,$$

d'où l'on tire

$$n' \times 24^h + \text{Hvg} = n \times 24^h + \text{Hvp} - G.$$

Cette formule donne évidemment $n' = n$ si Hvp — G est positif et plus petit que 24 heures. Si G est positif et plus grand que Hvp, il faut emprunter une circonférence au premier terme $n \times 24^h$ pour faire la soustraction, alors on a $n' = n - 1$, et la date est diminuée d'un jour. Si enfin, G étant négatif, Hvp — G est plus grand que 24^h, on doit reporter une circonférence au premier terme, la date n est alors augmentée d'un jour et l'on a $n' = n + 1$.

Toutefois il faut ici faire cette restriction que la longitude G sera toujours comptée plus petite que 12^h et vers l'Est ou vers l'Ouest suivant le cas. La nécessité de cette restriction résulte de ce que l'application de la règle conduit à des dates différant d'un jour lorsque l'on compte la longitude dans un sens ou dans l'autre.

Considérons en effet un lieu situé par $5^h 17^m$ de longitude

Ouest et cherchons quelle est l'heure et la date dans ce lieu quand il est le 16 juillet $10^h 12^m$ à Paris. En appliquant la formule qui précède et en comptant la longitude à l'Ouest, on trouve

$$\text{Tvg} = 16 \text{ juillet} + 10^h 12^m - 5^h 17^m.$$

Si l'on compte la longitude à l'Est, sa valeur sera $24^h - 5^h 17^m$; de plus elle sera négative ; par suite l'application de la formule donnera

$$\begin{aligned} \text{Tvg} &= 16 \text{ juillet} + 10^h 12^m + (24^h - 5^h 17^m) \\ &= 16 \text{ juillet} + 24^h + (10^h 12^m - 5^h 17^m) \\ &= 17 \text{ juillet} + 10^h 12^m - 5^h 17^m, \end{aligned}$$

on voit que ce résultat diffère de 24^h du précédent.

Règle. — Il résulte de ce qui précède que, pour convertir en temps vrai d'un lieu le temps vrai du premier méridien à un instant, on applique la formule de conversion de l'angle horaire proprement dit en comptant toujours la longitude plus petite que 12^h, positive à l'Ouest, négative à l'Est. Si l'on est conduit à ajouter 24^h à l'angle horaire ou à retrancher 24^h du résultat, on doit, par compensation, retrancher ou ajouter un jour à la date.

EXEMPLE. — *Quel est le temps vrai local dans les lieux situés par les longitudes suivantes : $3^h 17^m$ Ouest, $4^h 12^m$ Est, $10^h 49^m$ Ouest, quand il est le 6 février $8^h 14^m$ sur le premier méridien ?*

1er lieu : longitude, $3^h 17^m$ Ouest :

$$\text{Tvg} = \text{le 6 février } 8^h 14^m - 3^h 17^m = \text{le 6 février } 4^h 57^m$$

2e lieu : longitude, $4^h 12^m$ Est :

$$\text{Tvg} = \text{le 6 février } 8^h 14^m + 4^h 12^m = \text{le 6 février } 12^h 26^m$$

3e lieu : longitude, $10^h 49^m$ Ouest :

$$\text{Tvg} = \text{le 6 février } 8^h 14^m - 10^h 19^m = \text{le 5 février } 21^h 55^m$$

112. Temps vrais simultanés de deux méridiens quelconques. — En désignant par Tvg et Tvg' les temps vrais dans les deux lieux de longitude G et G′, et par Tvp le temps vrai simultané du premier méridien, on a

$$Tvg = Tvp - G,$$
$$Tvg' = Tvp - G',$$

d'où l'on déduit

$$Tvg' - Tvg = G - G'.$$

Dans cette formule, les deux longitudes doivent, suivant la règle qui précède, être prises plus petites que 12^h, positives à l'Ouest et négatives à l'Est.

Remarque. — La différence algébrique G — G′ représente un des deux arcs d'équateur compris entre les deux méridiens ; mais ce n'est pas toujours le plus petit d'entre eux. Considérons en effet, sur la figure 81, la projection de la Terre sur le plan de l'équateur, vue du pôle nord ; soit $P_n A$ le premier méridien, et considérons d'abord deux méridiens $P_n C$ et $P_n C'$, situés dans l'Ouest ;

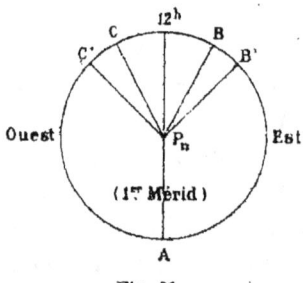

Fig. 81.

on a, en convenant que, dans les formules suivantes, AC, AC′, CC′ désignent des valeurs absolues

$$G = + AC, \quad G' = + AC', \quad G - G' = AC - AC' = + CC'.$$

De même, pour les méridiens $P_n B$ et $P_n B'$, on a, avec les mêmes conventions,

$$G = - AB, \quad G' = - AB', \quad G - G' = AB' - AB = - B'B.$$

Dans ces deux cas, la valeur absolue de G — G′ est celle du plus petit des arcs compris entre les deux méridiens ; mais si l'on considère des longitudes de signes contraires, par exemple les méridiens $P_n B$ et $P_n C'$, on a,

$$G = - AB, \quad G' = + AC', \quad G - G' = - AB - AC' = - C'AB ;$$

on voit qu'ici G — G′ représente la valeur de celui des deux arcs compris entre B et C' qui contient le premier méridien.

Dans aucun cas l'arc à employer ne traverse le méridien de 12^h, lors même que les deux lieux seraient très voisins de ce méridien.

113. Double date du méridien de 12^h. — Par suite de cette convention les lieux situés de part et d'autre du méridien dont la longitude est 12^h ont deux dates différant d'environ 24^h, et les lieux situés sur ce méridien lui-même ont toujours deux dates à la fois.

Considérons en effet le 18 avril à $16^h 29^m$ du premier méridien et soient deux lieux ayant respectivement pour longitude $12^h - \alpha$ Ouest et $12^h - \alpha$ Est ; on aura

(Lieu de longitude : $12^h - \alpha$, Ouest) :
$$\text{Tvg} = 18 \text{ avril à } 16^h 29^m - (12^h - \alpha),$$

(Lieu de longitude : $12^h - \alpha$, Est) :
$$\text{Tvg}' = 18 \text{ avril à } 16^h 29^m + (12^h - \alpha).$$

Cette dernière valeur peut s'écrire en ajoutant et retranchant $12 - \alpha$

$$\text{Tvg}' = 18 \text{ avril à } 16^h 29^m + 24^h - 2\alpha - (12^h - \alpha),$$
$$= 19 \text{ avril à } 16^h 29^m - (12^h - \alpha) - 2\alpha.$$

Si α est très petit, la différence entre Tvg et Tvg' est bien d'environ un jour.

En supposant α nul, les deux résultats deviennent

$$\text{Tvg} = \text{le 18 avril à } 16^h 29^m - 12^h = \text{le 18 avril } 4^h 29^m$$
$$\text{Tvg}' = \text{le 19 avril à } 16^h 29^m - 12^h = \text{le 19 avril } 4^h 29^m.$$

Le règle conduit donc à deux dates différentes pour le méridien de 12^h ; par suite ce méridien n'a pas de date précise, mais l'ambiguïté n'existe que sur les points qui sont exactement sur son contour.

Remarque. — La diversité des premiers méridiens présente

encore ici un inconvénient. Dans les lieux compris entre les méridiens de 12^h correspondant à des premiers méridiens différents, la longitude est comptée à l'Ouest pour un de ces méridiens, et à l'Est pour l'autre, on a donc encore des dates différentes. Il se trouve qu'heureusement ces lieux sont situés dans des régions peu habitées ; les dates adoptées sont celles qu'y ont apportées les premiers voyageurs civilisés qui y soient arrivés. La rectification définitive de cet état de choses ne pourra avoir lieu que lorsque les différentes nations se seront entendues pour l'adoption d'un premier méridien universel.

114. Conservation des dates en mer. — L'homme qui demeure dans un lieu quelconque suppute facilement les dates en les augmentant d'un jour à chaque passage du Soleil au méridien fixe du lieu qu'il habite ; mais la situation n'est pas la même pour le voyageur dont le méridien se déplace sur la Terre.

Lorsqu'en effet un voyageur a fait le tour de la Terre dans le sens de rotation de notre globe, c'est-à-dire en marchant vers l'Est, son méridien a fait un tour de plus que le méridien fixe du lieu de départ ; par suite il a passé sous le Soleil une fois de plus que ce méridien. Si donc il avait supputé les dates par les passages au méridien, il aurait compté un jour de plus que les habitants du lieu de départ.

Si le voyageur a fait le tour en sens inverse, vers l'Ouest, son méridien ayant fait un tour de moins que le méridien fixe du point de départ, le même procédé lui aurait fait compter un jour en moins.

La date d'arrivée serait donc en erreur, et il est important de chercher à partir de quel instant les voyageurs ont commencé à être en désaccord avec la date exacte du lieu où ils se trouvaient. Pour cela supposons que le voyageur parte d'un lieu situé par une longitude G, à un instant Tvg de ce lieu, et se rende en une autre longitude G' ; soit α l'arc décrit sur l'équateur par le cercle horaire du Soleil, par rapport à un méridien fixe, pendant le voyage; et déterminons *le temps vrai du lieu d'arrivée* au moment du départ et au moment de l'arrivée.

Au moment du départ, il était dans le lieu d'arrivée

$$\text{Tvg}' = \text{Tvg} + G - G'.$$

Le Soleil ayant décrit depuis cette époque l'arc α, il est au moment de l'arrivée

$$\text{Tvg}' = \text{Tvg} + G - G' + \alpha. \tag{1}$$

Remarquons maintenant que le voyageur comptant l'angle horaire et ses variations par rapport à son méridien mobile, l'accroissement de l'angle horaire se compose pour lui de α diminué ou augmenté du déplacement en longitude g, suivant que ce déplacement a lieu vers l'Ouest ou vers l'Est, c'est-à-dire de la valeur algébrique de $\alpha - g$, en comptant g positif à l'Ouest et négatif à l'Est.

Le temps vrai au départ étant Tvg, le voyageur comptera à l'arrivée

$$\text{Tvg} + \alpha - g. \tag{2}$$

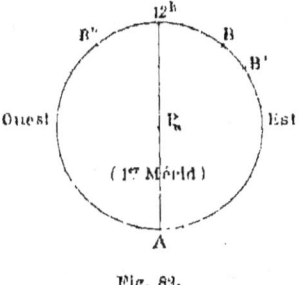

Fig. 82.

Pour comparer avec l'expression exacte (1) de Tvg', représentons (*fig. 82*) l'équateur céleste vu du pôle nord; soit P_nA le premier méridien; nous avons vu plus haut que $(G'-G)$ compté suivant les règles adoptées représente toujours la valeur de celui des arcs d'équateur, compris entre les deux lieux, qui ne coupe pas le méridien de 12^h; ainsi, pour B et B' c'est l'arc BB'; pour B et B", c'est l'arc BAB".

Au contraire g est celui des arcs qu'a parcouru effectivement le voyageur, si donc le voyageur n'a pas coupé le méridien de 12^h, g est égal à $G' - G$, et alors la date du voyageur coïncide avec celle du lieu d'arrivée.

S'il a coupé le méridien de 12^h, par exemple en allant de B en B″, on a, en tenant compte du sens de son mouvement,

$$g = -BB'' \quad \text{et} \quad G' - G = +BAB''$$

mais en valeur absolue on a

$$B'B'' = 24^h - BAB'$$

et, par suite,

$$g = -24^h - (G' - G).$$

En substituant dans l'expression (2), on a

$$Tvg + \alpha + 24^h + G - G'$$

et, en comparant avec (1), on voit que la date du voyageur diffère de 24^h de la date exacte du lieu d'arrivée. C'est donc à l'instant où le voyageur a franchi le méridien de 12^h que sa date supputée par les passages au méridien est devenue en avance d'un jour ; par suite, c'est à ce moment qu'il doit la rectifier s'il veut rester d'accord avec les dates locales des régions qu'il traverse.

En considérant le cas où le passage aurait lieu en sens inverse, nous verrions aussi facilement que la date doit être augmentée.

Nous avons déjà vu plus haut que les deux rives du méridien de 12^h avaient deux dates différentes, il était donc à prévoir que les voyageurs passant d'une rive à l'autre devraient avancer ou retarder leur date d'un jour.

Remarque. — Dans la marine de l'État, le jour où se produit le passage du méridien de 12^h, le commandant prescrit par un ordre porté au registre des ordres du bâtiment le redoublement de la date si le passage a lieu dans l'ouest, ou la suppression d'un jour du calendrier si le passage a lieu dans l'autre sens, et, à l'expiration d'un voyage de circumnavigation, il est tenu compte de la suppression ou de l'addition d'un jour notées au cahier d'ordre pour l'apurement de la comptabilité des rations délivrées à l'équipage.

CHAPITRE IX

MOUVEMENT APPARENT DU SOLEIL DANS L'ESPACE. — TEMPS SOLAIRE MOYEN. — PRÉDICTION DES ÉPHÉMÉRIDES DU SOLEIL.

---

§ 1er. — Mouvement apparent du Soleil dans l'espace. — Inégalités des jours vrais et des saisons.

115. Registre d'observations. — Nous nous proposons ici d'étudier la nature du mouvement dont il faudrait que le Soleil fût animé dans l'espace par rapport à la Terre supposée immobile, pour réaliser les apparences que nous avons constatées sur la sphère céleste. Nous verrons plus loin que la Terre n'est pas immobile ; pour cette raison, nous appellerons ce mouvement un mouvement *apparent*.

Nous avons dit précédemment (p. 163) que les résultats obtenus dans différents lieux de la Terre donnaient la même courbe sur la sphère céleste ; nous pouvons donc conclure de là que, au degré de précision que nous supposons actuellement, le Soleil est aperçu simultanément au même point de la sphère céleste par tous les observateurs terrestres, et, par suite, que les positions obtenues sur la sphère céleste, en observant d'un lieu quelconque, sont les mêmes que celles que l'on obtiendrait du centre de notre globe.

TRANSFORMATION DU REGISTRE DES OBSERVATIONS. — Pour l'étude qui suit, nous préparerons un registre de six colonnes contenant respectivement :

DATE.	TEMPS SIDÉRAL du passage.	LONGITUDE ☉	DEMI-DIAMÈTRE.	v	$\dfrac{R}{a}$
(1)	(2)	(3)	(4)	(5)	(6)
	T_0	$☉_0$	D_0		
	T_1	$☉_1$	D_1	$v_1 = \dfrac{☉_2 - ☉_0}{T_2 - T_0}$	
	T_2	$☉_2$	D_2	$v_2 = \dfrac{☉_3 - ☉_1}{T_3 - T_1}$	
	T_3	$☉_3$	D_3		

(1) La date de l'observation; (2) l'heure sidérale du passage au méridien; (3) la longitude ♈S (p. 156) du Soleil déduite du triangle rectangle ♈DS, dans lequel on connaît l'ascension droite ♈D et l'obliquité de l'écliptique; (4) les valeurs D du demi-diamètre en secondes obtenues avec l'héliomètre (p. 118); (5) la vitesse angulaire du Soleil dans l'écliptique obtenue en divisant l'accroissement de la longitude par l'intervalle correspondant. Cette vitesse n'étant pas constante, si l'on divisait l'accroissement $☉_1 - ☉_0$ par l'intervalle sidéral écoulé entre T_1 et T_0, on obtiendrait la vitesse moyenne dans cet intervalle et, par suite, la vitesse à l'instant milieu. Pour obtenir la vitesse à l'instant T_1, on divise l'accroissement $☉_2 - ☉_0$ par l'intervalle écoulé entre T_2 et T_0; de même, pour obtenir la vitesse v_2 à l'instant T_2, on divise $☉_3 - ☉_1$ par $T_3 - T_1$.

Nous verrons plus loin comment on remplira la dernière colonne.

116. Lois du mouvement apparent du Soleil dans l'espace.
— 1re Loi : L'ORBITE APPARENTE DU SOLEIL EST UNE COURBE PLANE DONT LE PLAN PASSE PAR LE CENTRE DE LA TERRE. — Il résulte en effet de ce que nous avons dit, que les observations peuvent être considérées comme prises du centre de la Terre. Or le rayon vecteur du Soleil, décrivant un grand cercle de la sphère, reste situé dans un plan passant par ce point; par

suite, la trajectoire décrite par l'extrémité de ce rayon, c'est-à-dire par le centre du Soleil, est elle-même située dans ce plan.

2ᵉ Loi des aires : Les aires décrites par le rayon vecteur sont proportionnelles au temps. — Considérons trois positions successives S_0, S_1, S_2 (fig. 83) du Soleil sur son orbite. Soient T_0, T_1, T_2, les instants correspondants indiqués par la colonne (2). Décrivons du point T comme centre, avec TS_1 comme rayon, l'arc AS_1B;

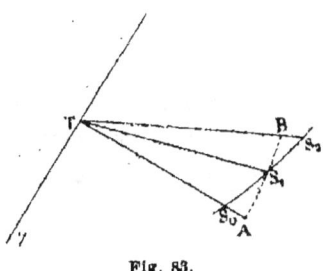

Fig. 83.

on a, pour l'aire TS_0S_2,

$$TS_0S_2 = TS_0S_1 + TS_1S_2$$
$$= TAS_1 - S_0S_1A + TS_1B + S_1BS_2$$
$$= TAS_1B + S_1BS_2 - S_0S_1A;$$

mais les angles S_0TS_1 et S_1TS_2 étant très petits, les petites surfaces S_1BS_2 et S_0S_1A sont très petites et leur différence peut être négligée, on a donc sensiblement

$$TS_0S_2 = TAB,$$

c'est-à-dire

$$TS_0S_2 = TS_1 \times \frac{\text{arc AB}}{2}.$$

Enfin l'arc AB est égal au produit de la différence en longitude $\odot_2 - \odot_1$ (exprimée en fonction du rayon) par TS_1; on aura donc

$$TS_0S_2 = \frac{\overline{TS_1}^2}{2} \times (\odot_2 - \odot_0),$$

et, par suite,

$$\frac{TS_0S_2}{\text{intervalle entre } T_2 \text{ et } T_0} = \overline{TS_1}^2 \times \frac{\odot_2 - \odot_0}{\text{intervalle écoulé entre } T_0 \text{ et } T_2}.$$

La fraction du second membre est précisément la valeur,

en fonction du rayon, de la vitesse angulaire inscrite dans la colonne (5); on a donc à une époque où le rayon vecteur a pour valeur R et la vitesse angulaire ainsi exprimée pour valeur v'_i,

$$\frac{\text{aire décrite}}{\text{intervalle}} = R^2 v'_i.$$

Pour s'assurer que ce produit est constant, on remarque que, le demi-diamètre D étant inversement proportionnel à la distance R, on a, en désignant par k une constante

$$R = \frac{k}{D};$$

d'un autre côté, la vitesse angulaire v'_i exprimée en fonction du rayon a pour valeur le nombre de secondes donné par le tableau multiplié par la longueur de l'arc de 1″; on a donc, en désignant par v_i la vitesse angulaire du tableau

$$v'_i = v_i (\text{arc } 1'') = v_i \times \frac{2\pi}{360 \times 60 \times 60},$$

et par suite

$$R^2 v'_i = \frac{k^2 . 2\pi}{360 \times 60 \times 60} \times \frac{v_i}{D_i^2}.$$

Il suffira donc de comparer des valeurs de v aux carrés de celles du diamètre et de s'assurer que ce produit est constant. En faisant cette comparaison, on trouve en effet que les variations du rapport $\frac{v_i}{D_i^2}$ ne dépassent pas l'ordre de grandeur des erreurs d'observation.

3° Loi : L'ORBITE DU SOLEIL EST UNE ELLIPSE DONT LA TERRE OCCUPE UN DES FOYERS. — Pour démontrer cette loi nous avons besoin de connaître les valeurs de la distance du Soleil à la Terre chaque jour. Ces valeurs pourraient se déduire de celles du demi-diamètre, mais les mesures du demi-diamètre ne sont pas susceptibles d'une très grande précision à cause des erreurs résultant de l'irradiation. Il vaut mieux employer les vitesses angulaires du rayon vecteur.

Détermination du rayon vecteur à une époque quelconque en fonction de sa valeur moyenne. — D'après la loi des aires on a, en désignant par k^2 une quantité inconnue, mais constante,

$$R^2 v = k^2 \qquad \text{d'où} \qquad R = \frac{k}{\sqrt{v}}.$$

En examinant les valeurs de v du registre, on voit que cette quantité est maxima vers le 31 décembre, diminue jusqu'au 1ᵉʳ juillet environ où elle atteint un minimum, et recommence à croître jusqu'au 31 décembre suivant ; il en résulte que la distance du Soleil à la Terre oscille entre un maximum et un minimum qu'elle atteint vers le 1ᵉʳ juillet et le 31 décembre. Désignons respectivement par R' et v', R'' et v'', les valeurs maxima du rayon vecteur et minima de la vitesse angulaire et réciproquement, on aura

$$R' = \frac{k}{\sqrt{v'}}, \qquad R'' = \frac{k}{\sqrt{v''}},$$

et en désignant par a la distance moyenne,

$$a = \frac{R + R'}{2} = \frac{k}{2}\left(\frac{1}{\sqrt{v}} + \frac{1}{\sqrt{v'}}\right).$$

En divisant par cette quantité la valeur de R, on obtient

$$\frac{R}{a} = \frac{\dfrac{1}{\sqrt{v}}}{\dfrac{1}{2}\left(\dfrac{1}{\sqrt{v'}} + \dfrac{1}{\sqrt{v''}}\right)}.$$

Le premier membre est la valeur de R en fonction de a pris comme unité ; le registre donnant v' et v'', on pourra calculer cette valeur pour toutes les époques avec la valeur de v correspondante.

Ce sont les résultats de ces calculs qui seront inscrits dans la colonne (6) du registre.

Étude graphique de l'orbite. — Cela établi, traçons sur une feuille de papier une ligne ♈T♎ (*fig. 84*) représentant la ligne des équinoxes. Adoptant ensuite une unité de longueur quelconque, traçons, pour chaque jour, la direction TS avec la longitude ♈TS donnée par le registre et portons sur cette ligne la valeur de $\dfrac{R}{a}$; cette construction donnera une courbe semblable à l'orbite du Soleil.

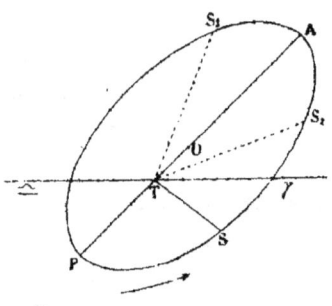

Fig. 84.

Au degré de précision dont une épure, si grande qu'elle soit, est susceptible, on obtiendra une figure presque exactement circulaire, c'est-à-dire que les variations du rayon vecteur seront trop faibles pour que l'on puisse les constater sur la figure. Mais si l'on marque sur chaque rayon vecteur sa valeur numérique, et si l'on compare entre elles les différentes valeurs, on constate :

1° Que les points P et A où le rayon vecteur atteint son maximum et son minimum sont diamétralement opposés ;

2° Que les rayons égaux sont symétriquement placés par rapport au diamètre qui correspond aux valeurs maxima et minima et que la courbe affecte une forme légèrement ovale.

On est ainsi naturellement conduit à comparer cette courbe à la plus simple de celles qui offrent ces caractères, c'est-à-dire à l'ellipse. Cette comparaison ne peut être faite que par le calcul ; nous allons en indiquer le principe, après avoir donné quelques définitions.

117. Définitions. — On appelle *périgée* le point P de l'orbite où le Soleil est le plus voisin de la Terre, et *apogée* le point A où il en est le plus éloigné. La ligne PA est la *ligne des apsides*.

On appelle *excentricité* d'une ellipse le rapport de la distance OT du centre et du foyer, au demi grand axe OP ou OA.

La longitude du point P de l'ellipse, c'est-à-dire l'angle ϒTP compté dans le sens de la flèche, est appelée la *longitude du périgée*. L'angle PTS compté à partir de TP dans le sens des longitudes est *l'anomalie vraie*.

Nous adopterons dans ce qui suit les notations suivantes :

Demi grand axe	$OP = OA = a$,
Rayon vecteur	$TS = R$,
Excentricité	$\dfrac{OT}{OA} = e$,
Anomalie vraie	$PTS = V$,
Longitude du Périgée	$\Upsilon TP = \pi$,
Longitude du Soleil	$\Upsilon TS = \odot$.

Entre les angles V, π et ⊙, on a la relation

$$\odot = \pi + V, \qquad (1)$$

car les angles ϒTP et PTS étant consécutifs et comptés dans le même sens, on a toujours, à une circonférence près,

$$\Upsilon TS = \Upsilon TP + PTS.$$

118. Vérification de l'ellipticité par le calcul. — Pour vérifier l'ellipticité, on commence par déterminer les valeurs des constantes e et π qui donnent, la première, la forme de la courbe, la deuxième, la manière dont elle est orientée dans l'écliptique par rapport à la ligne des équinoxes. On déduit ensuite du registre des observations les valeurs de l'anomalie vraie par la formule

$$V = \odot - \pi.$$

Puis, au moyen de la relation qui donne la quantité $\dfrac{R}{a}$ en fonction de V dans une ellipse dont l'excentricité est connue[1],

---

1. Cette relation est la suivante :
$$\frac{R}{a} = \frac{1 - e^2}{1 + e \cos V} = \frac{1 - e^2}{1 + e \cos(\odot - \pi)}.$$

on calcule les valeurs de $\dfrac{R}{a}$ correspondant aux diverses valeurs de V et l'on compare les résultats obtenus à ceux de l'observation.

Il nous reste donc à montrer comment on pourra déterminer les valeurs de e et de π.

DÉTERMINATION DE L'EXCENTRICITÉ ET DE LA LONGITUDE DU PÉRIGÉE. — *Excentricité*. — On a, par définition :

$$e = \frac{\mathrm{OT}}{\mathrm{OA}} = \frac{\mathrm{OT}}{a};$$

et, sur la figure,

$$\mathrm{TP} = \mathrm{OP} - \mathrm{OT},$$
$$\mathrm{TA} = \mathrm{OA} + \mathrm{OT}.$$

On déduit de là

$$\frac{\mathrm{TA} - \mathrm{TP}}{2} = \mathrm{OT},$$

et par suite,

$$e = \frac{1}{2}\left(\frac{\mathrm{TA}}{a} - \frac{\mathrm{TP}}{a}\right).$$

Les valeurs de $\dfrac{\mathrm{TA}}{a}$ et $\dfrac{\mathrm{TP}}{a}$ sont respectivement la plus grande et la plus petite de celles qui sont inscrites dans la colonne (6) du registre.

Longitude du périgée. — On prendra dans le registre deux rayons vecteurs égaux de la colonne (6), et les longitudes correspondantes dans la colonne (3). Les deux positions considérées, telles que S_1 et S_2 (*fig. 84*), sont symétriques par rapport à AP ; par suite, la moyenne de leurs longitudes sera celle du point A. On obtiendra donc π en retranchant 180° de cette moyenne.

Nous indiquerons plus loin un procédé plus précis pour obtenir cette quantité, mais, pour l'objet que nous avons en vue actuellement, cette méthode est suffisante.

119. Conséquences de la loi des aires. — Inégalité des jours vrais. — La durée du jour vrai est l'intervalle nécessaire pour que l'angle horaire croisse de 24ʰ. Pour que cet intervalle fût constant, il faudrait que la vitesse angulaire du cercle horaire du Soleil sur la sphère locale fût elle-même constante, mais cette vitesse est égale à l'excès de la vitesse rétrograde de la sphère céleste sur la vitesse propre directe du cercle de déclinaison du Soleil; la vitesse de la sphère céleste étant uniforme, celle du cercle horaire du Soleil ne pourrait l'être que si la vitesse du cercle de déclinaison l'était également,

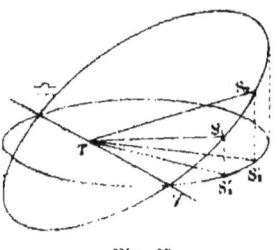

Fig. 85.

c'est-à-dire si le mouvement de cet astre en ascension droite était uniforme.

Or, si l'on projette l'orbite du Soleil orthogonalement sur le plan de l'équateur (*fig. 85*), la vitesse en ascension droite sera égale à la vitesse angulaire de la projection du rayon vecteur; et, comme des aires égales d'un plan se projettent sur un autre plan en des aires égales, les aires décrites sur la projection elle-même seront proportionnelles au temps.

Il faudrait donc, pour que la vitesse angulaire fût constante, que les rayons vecteurs de la courbe projetée fussent égaux, c'est-à-dire que cette courbe fût un cercle ayant son centre au point T. Or, il n'est pas impossible que la projection de l'ellipse soit un cercle, mais, dans ce cas, le foyer se projette toujours en un point excentrique, le rayon vecteur est donc variable.

Les jours vrais ne pourraient être égaux que si l'orbite apparente était un cercle et si l'obliquité de l'écliptique était nulle. L'excentricité de l'ellipse étant très faible et l'obliquité assez petite, la courbe projetée est presque circulaire et le point T est voisin de son centre; par suite les inégalités des jours vrais sont très faibles. La différence entre le plus long et le plus court des jours vrais de l'année (16 septembre et 22 décembre) est d'environ 50 secondes, temps sidéral. Il s'agit ici, bien entendu, de la durée du jour de 24 heures, et non de celle du séjour du Soleil sur l'horizon.

Nous remarquerons que les inégalités des jours vrais sont périodiques, par conséquent leur durée moyenne est constante. Cette durée a été appelée *jour moyen*.

INÉGALITÉ DES SAISONS. — Les saisons commencent aux instants où les longitudes prennent les valeurs 0°, 90°, 180°, 270°; par conséquent, les directions des rayons vecteurs à ces époques sont perpendiculaires entre elles. Or, deux droites ♈♎ et EE' (*fig. 86*), menées par le foyer d'une ellipse partagent l'aire de la courbe en quatre segments qui ne peuvent être égaux; par conséquent, les intervalles employés par le rayon vecteur pour les parcourir sont inégaux.

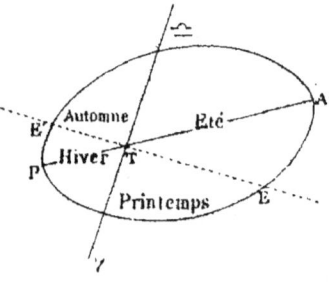

Fig. 86.

Voici les durées moyennes actuelles des quatre saisons :

Printemps	92^j 21^h
Été	93 14
Automne	89 19
Hiver	89 0

On voit, en comparant la somme des durées du printemps et de l'été à la même somme pour l'automne et l'hiver, que le Soleil reste environ huit jours de moins dans l'hémisphère sud que dans l'hémisphère nord.

La figure montre que, si la ligne des apsides AP coïncidait avec la ligne EE' des solstices, l'été serait égal au printemps et l'hiver à l'automne; si cette ligne coïncidait avec ♈♎, on aurait l'hiver égal au printemps et l'automne égal à l'été. La ligne des équinoxes tournant dans l'écliptique ces deux phénomènes se produiront tour à tour : le premier s'est produit vers l'an 1250, le second arrivera vers l'an 6485.

§ 2. — **Temps solaire moyen. — Conversion des intervalles.**

Nous avons vu que l'horloge solaire vraie (p. 177) ne marchait pas uniformément et était, par suite, impropre à la mesure précise des intervalles; nous allons faire connaître ici l'horloge idéale que l'on est convenu de lui substituer pour faire disparaître cet inconvénient.

Cette horloge est constituée par la combinaison du mouvement de rotation de la Terre et du mouvement sur l'équateur céleste d'un astre idéal appelé *Soleil moyen*. C'est par la valeur de l'angle horaire de cet astre que l'on distingue les différents instants et, comme cet angle croît uniformément, l'horloge remplit les deux conditions essentielles indispensables pour la division du temps et pour sa mesure.

Pour décrire avec précision cette horloge, il est indispensable de définir d'abord très rigoureusement ce que l'on entend par la *durée de la rotation de la Terre*[1].

120. Rotation de la Terre. — Représentons la Terre (*fig. 87*) et, extérieurement, la sphère céleste géocentrique.

Si la direction de l'axe de rotation $P_n P_s$ était fixe dans l'espace, les positions des points P'_n et P'_s seraient fixes sur la sphère céleste; il en serait de même de l'équateur, et la durée de la rotation serait égale à l'intervalle du retour d'un même méridien par la même étoile. Mais, les pôles P'_n et P'_s se déplaçant parmi les étoiles, cette manière de voir n'est plus admissible, car le retour du méridien s'accomplit dans des intervalles qui varient avec les positions des étoiles.

Considérons sur la sphère céleste (*fig. 88*) des positions successives P_n, P_1, P_2 du pôle nord, et les positions correspondantes Q, Q_1, Q_2 de l'équateur.

---

[1]. Nous négligerons dans ce premier aperçu la nutation de l'axe de la Terre.

Imaginons que l'équateur céleste porte des graduations idéales B, C, D....., et supposons que le mouvement de l'équateur, pour aller de la position Q à la position Q_1, consiste dans une rotation autour de l'intersection TA, puis, pour aller de Q_1 en Q_2 dans une rotation autour de TA', et ainsi de suite.

Dans ces mouvements, les graduations fixes B, C, D.....

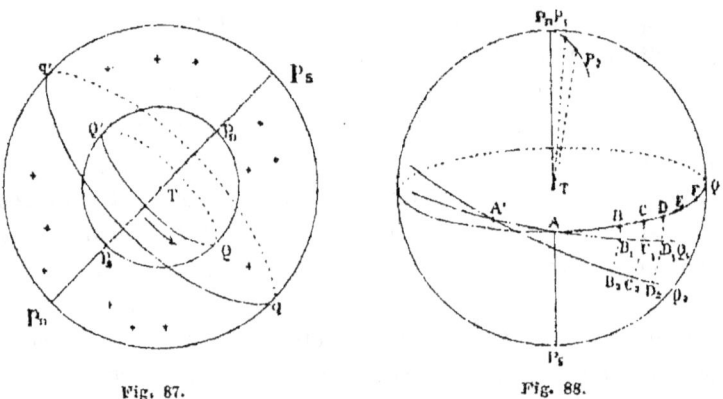

Fig. 87.   Fig. 88.

décriront de petits arcs ayant pour centres à chaque instant le point A, puis le point A', et ainsi de suite ; elles viendront se placer respectivement en B_1, C_1, D_1..., puis en B_2, C_2, D_2,....

C'est par rapport à ces repères idéaux que la vitesse angulaire de rotation de la Terre est réellement constante, et l'on appelle durée de la rotation l'intervalle du retour d'un même méridien à l'une de ces graduations.

La durée de la rotation de la Terre est celle de l'intervalle de deux passages successifs d'une étoile équatoriale au méridien.

Supposons en effet que l'on choisisse une étoile située en B au moment de son passage au méridien, à l'époque où l'équateur est en Q ; lorsque la rotation sera accomplie l'équateur étant en Q_1, le point B est venu en B_1, et le méridien passera par hypothèse en B_1. Comme il est perpendiculaire à BQ_1 il coïncidera en ce point avec le petit élément de cercle BB_1, par suite il contiendra encore l'étoile qui est restée en B sur la sphère céleste.

La propriété ne serait plus vraie pour une étoile éloignée de l'équateur.

121. Condition à laquelle doit satisfaire le mouvement d'un astre sur la sphère céleste pour que son angle horaire croisse uniformément. — L'accroissement de l'angle horaire d'un astre, dans un intervalle donné, est égal à la différence entre l'arc parcouru par le méridien du lieu sur les graduations de l'équateur et celui que parcourt le cercle de déclinaison de l'astre dans son mouvement direct en ascension droite sur la sphère céleste.

Pour que l'angle horaire varie uniformément il est donc nécessaire et suffisant que le cercle de déclinaison de l'astre se déplace d'un mouvement uniforme sur les graduations. Pour déduire de là les conditions auxquelles doit satisfaire le mouvement en ascension droite il faut déterminer tout d'abord le mouvement de l'origine des ascensions droites sur les graduations de l'équateur.

MOUVEMENT DE L'ORIGINE DES ASCENSIONS DROITES SUR L'ÉQUATEUR CÉLESTE. — Considérons sur la figure 89 l'écliptique fixe E, et l'équateur dans les positions successives Q et Q_1.

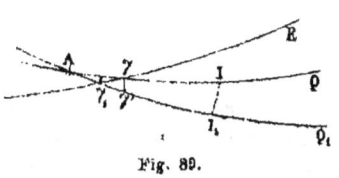

Fig. 89.

D'après ce que nous avons dit plus haut, pour obtenir la position sur l'équateur Q_1 de la graduation qu'occupait le point ϒ sur l'équateur Q il faut projeter orthogonalement ce point en ϒ'.

Le déplacement sur l'équateur de l'origine des ascensions droites, dans l'intervalle considéré sur la figure, est donc ϒ'ϒ$_1$. L'inclinaison ω étant constante, les déplacements de l'équateur ϒ'ϒ$_1$ sont proportionnels aux déplacements ϒ$_1$ϒ sur l'écliptique ; par suite les déplacements de l'origine des ascensions droites sur la graduation idéale de l'équateur sont proportionnels aux intervalles.

Le déplacement de ♈ sur l'écliptique en un an étant $50'',2$, le déplacement correspondant sur l'équateur est $46''$[1], c'est-à-dire, en secondes d'heure, environ 3 secondes. L'arc parcouru en un jour est donc

$$\frac{3^s}{365,25}.$$

Remarque. — Pour obtenir une image nette du mouvement de l'équateur céleste parmi les étoiles, il suffit d'imaginer un cône DOD' (*fig. 90*) ayant pour ouverture le complément pD de l'obliquité et le plan D'♈Q de l'équateur roulant sans glisser sur sa surface. On se rend compte ainsi nettement que la vitesse de chaque point fixe est à tout instant perpendiculaire au cercle Q ; on voit aussi de cette manière que le grand cercle D'Q roule sur le petit cercle DD' de manière que, dans le mouvement, les arcs D'$_1$D et D''D successivement superposés soient de mêmes longueurs. Le point ♈ étant toujours situé à une distance constante (90°) du

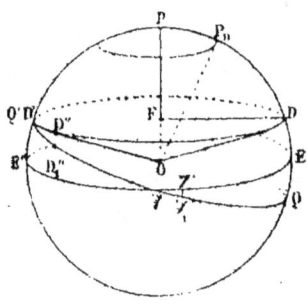

Fig. 90.

point de contact D', sa rétrogradation ♈$_1$♈ sur les graduations fictives de ce cercle est égale à la rétrogradation D'$_1$D du point de contact. En faisant le calcul de cette manière on retrouverait encore pour l'arc D''$_1$D' = ♈♈'$_1$ la valeur $46''$ que nous avons trouvée avec la figure 89.

122. Durées du jour sidéral et de la rotation de la Terre. —

La durée du jour sidéral est l'intervalle nécessaire à un méridien terrestre pour revenir à l'origine des ascensions droites ;

---

1. ♈'♈$_1$ = ♈♈' $\cos \omega$.

elle se compose donc de l'intervalle du retour à une même graduation augmenté de celui qui est nécessaire au méridien pour parcourir l'arc $\Upsilon_{,}\Upsilon'$ parcouru par le point Υ sur les graduations, c'est-à-dire un arc ayant pour valeur

$$\frac{3^s}{365,25} = 0^s,008.$$

Par suite, quand la Terre a fait un tour, c'est-à-dire 24^h, il reste encore $0^s,008$ à parcourir pour que le jour sidéral soit accompli ; ce jour sidéral surpasse donc la durée de la rotation d'environ $0^s,008$; habituellement on néglige cette fraction très petite et l'on admet que les deux durées sont égales.

123. Soleil fictif, Soleil moyen. — Nous avons vu que les inégalités du mouvement du Soleil en ascension droite étaient dues à deux causes : les inégalités du mouvement angulaire sur l'orbite et les inégalités provenant de la projection de ce mouvement sur l'équateur. Le *Soleil fictif* est un astre idéal dont le mouvement est affranchi des premières inégalités, le *Soleil moyen* un autre astre qui est affranchi à la fois des deux espèces d'inégalités.

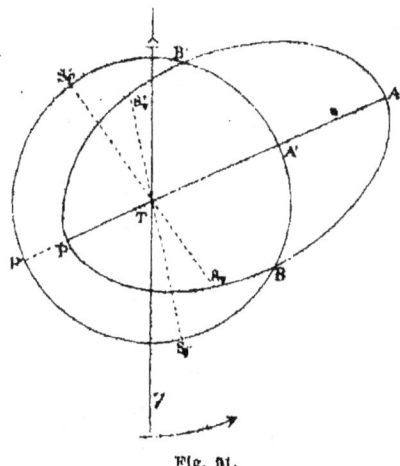

Fig. 91.

SOLEIL FICTIF. ANOMALIE MOYENNE. ÉQUATION DU CENTRE. — Représentons (*fig. 91*) l'orbite du Soleil et décrivons un cercle du point T comme centre, avec un rayon dont la longueur soit moyenne proportionnelle entre les deux demi-axes de l'orbite solaire $(r = \sqrt{ab})$. On appelle *Soleil fictif* l'astre idéal S_f qui décrirait ce cercle d'un mouvement uniforme dans le même temps que le Soleil décrit son orbite, et passant à chaque révolution dans la direction TP du périgée en même temps que lui.

On appelle *anomalie moyenne*, l'anomalie P'TS$_f$ de cet astre, et *équation du centre*[1] la correction S$_f$TS$_v$ positive ou négative à apporter à l'anomalie moyenne pour obtenir l'anomalie vraie PTS$_v$. La *longitude moyenne* est la longitude du Soleil fictif. Nous désignerons ces quantités par les notations suivantes :

$$\begin{aligned}
\text{Anomalie moyenne} &\ldots \zeta = \text{PTS}_f, \\
\text{Longitude moyenne} &\ldots L = \Upsilon\text{TS}_f, \\
\text{Anomalie vraie} &\ldots V = \text{PTS}_v, \\
\text{Longitude vraie} &\ldots \odot = \Upsilon\text{TS}_v, \\
\text{Équation du centre} &\ldots f = \text{S}_f\text{TS}_v;
\end{aligned}$$

et nous remarquerons que l'on a, par définition, en grandeur et en signe

$$V = \zeta + f, \qquad \odot = L + f.$$

L'équation du centre se compte comme les anomalies et les longitudes dans le sens direct à partir de TS$_f$; elle est positive dans les positions relatives S$_f$ et S$_v$, et négative quand TS$_f$ est en avant de TS$_v$ comme on le voit sur la figure en S$_f'$TS$_v'$.

Le rayon du cercle ayant été choisi moyen proportionnel entre les deux demi-axes de l'orbite elliptique, $r = \sqrt{ab}$, sa surface πr^2 est égale à la surface de l'ellipse πab, et, comme les rayons vecteurs de S$_f$ et S$_v$ décrivent ces surfaces égales en des temps égaux, les vitesses aréolaires des deux astres sont égales.

Par suite la vitesse angulaire de S$_v$ sera plus grande que celle de S$_f$ lorsque le rayon vecteur de S$_v$ sera plus petit que celui du cercle, c'est-à-dire lorsque le Soleil sera sur la partie B'PB de son orbite, et elle sera plus petite quand le Soleil sera sur la partie BAB'.

Or à l'époque du passage au périgée les deux astres sont

---

[1]. Les astronomes appellent d'une manière générale *équations* les corrections à apporter à des éléments moyens pour obtenir les éléments vrais.

dans la même direction ; le Soleil S_v prend donc l'avance aussitôt après, et cette avance augmente jusqu'à l'instant où l'astre atteint le point B. A cet instant l'avance est maxima ; elle diminue ensuite et devient nulle en A.

A partir de cet instant, c'est au contraire S_f qui prend l'avance ; le retard de S_v augmente jusqu'à ce qu'il arrive en B'. A cet instant, le retard est maximum ; il diminue ensuite et s'annule au moment où l'astre arrive en P.

On voit donc que l'équation du centre est positive du périgée à l'apogée, négative de l'apogée au périgée, et atteint ses plus grandes valeurs quand le Soleil est aux points B et B' de son orbite.

Le maximum de l'équation du centre est 1°55' environ.

SOLEIL MOYEN, ASCENSION DROITE MOYENNE, ÉQUATION DU TEMPS, RÉDUCTION A L'ÉQUATEUR. — Le *Soleil moyen* est un autre astre idéal S_m (fig. 92) décrivant l'équateur d'un mouvement uniforme et dont l'ascension droite ΥS_m est égale à la longitude du Soleil fictif. On appelle cette ascension droite *l'ascension droite moyenne*[1] ; il importe de ne pas la confondre avec l'ascension droite du Soleil fictif.

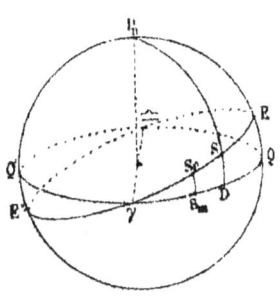

Fig. 92.

On appelle *équation du temps* la correction à apporter à l'ascension droite moyenne pour obtenir l'ascension droite vraie. Nous adopterons, conformément à l'usage adopté en Navigation, les notations suivantes :

Ascension droite vraie. . . . $Av = \Upsilon D$,
Ascension droite moyenne . . $Am = \Upsilon S_m = \Upsilon S_f = L$,
Équation du temps . . . . . $Ev = S_m D$;

---

[1]. L'ascension droite moyenne serait ainsi égale par définition à la longitude moyenne, et il ne semble pas utile d'adopter une désignation nouvelle ; mais lorsque l'on tient compte des inégalités, négligées jusqu'ici, du mouvement du point Υ, l'égalité n'est plus rigoureuse.

ce dernier élément est compté de S_m vers D dans le sens direct et l'on a par définition

$$Av = Am + Ev,$$

d'où

$$Ev = Av - Am.$$

Ajoutons et retranchons la longitude vraie ☉ de manière à mettre en évidence l'équation du centre; on a, en remplaçant Am par L,

$$Ev = Av - ☉ + (☉ - L)$$
$$= (Av - ☉) + f;$$

la quantité $Av - ☉$ s'appelle la *réduction à l'équateur*; c'est la correction à apporter à ☉ pour obtenir Av; elle est négative de ♈ en ♋, positive de ♋ en ♎, négative de ♎ en ♑ et positive de ♑ en ♈; sa valeur maxima est 2°28′.

L'équation du temps se compose donc de deux parties périodiques qui restent l'une et l'autre très petites en valeur absolue et qui s'annulent chacune deux fois par an, la première aux instants des passages du Soleil au périgée et à l'apogée, la deuxième aux instants des passages aux équinoxes et aux solstices. Les maxima de ces quantités ne se produisent pas aux mêmes instants; par suite, la valeur maxima de l'équation du temps est inférieure à leur somme :

$$1°55' + 2°28' = 4°23' \quad \text{ou} \quad 17^m 32^s.$$

Voici les époques de l'année où la valeur de l'équation du temps est nulle et atteint ses maxima dans les deux sens :

11 février	$+14^m$	26 juillet	$+6^m$
15 avril	0	31 août	0
14 mai	-4	2 novembre	-16
14 juin	0	24 décembre	0

Ces diverses valeurs changeront dans le cours des siècles, mais les maxima resteront toujours très petits par suite de la petitesse de l'excentricité et de l'obliquité de l'orbite du Soleil.

124. Temps solaire moyen. — Le mouvement du Soleil moyen en ascension droite étant uniforme, son angle horaire croît uniformément. Par suite, l'horloge idéale formée par le mouvement de son cercle horaire sur l'équateur des sphères locales satisfait à toutes les conditions énumérées plus haut, c'est-à-dire qu'elle peut servir à la fois pour préciser l'ordre de succession des événements et pour mesurer les intervalles.

De plus, ses indications diffèrent toujours assez peu de celles de l'horloge solaire vraie pour qu'elle offre sensiblement les mêmes avantages que celle-ci. Si l'on désigne, en effet, par Tm, Tv et Ts le temps moyen, le temps vrai et le temps sidéral simultanés dans un lieu, à un instant quelconque, on a

$$Ts = Tm + \mathcal{R}m,$$
$$Ts = Tv + \mathcal{R}v,$$

d'où

$$Tm = Tv + (\mathcal{R}v - \mathcal{R}m) = Tv + Ev.$$

La différence entre Tm et Tv ne peut donc pas dépasser $17^m 32^s$.

Cette formule montre que l'équation du temps peut encore être définie comme la correction à apporter au temps vrai pour obtenir le temps moyen ; de là le nom qu'elle a reçu. Toutefois, il est bon de remarquer qu'à ce point de vue elle est, à l'inverse des conventions usuelles, la correction à apporter à l'élément vrai pour obtenir l'élément moyen.

LA DURÉE DU JOUR DU SOLEIL MOYEN EST LA DURÉE MOYENNE DES JOURS VRAIS. — Désignons en effet par Tm, Tv, T'm, T'v, Ev, E'v les valeurs du temps moyen, du temps vrai et de l'équation du temps à deux époques quelconques.

L'intervalle écoulé, exprimé en jours vrais et en jours moyens, aura pour valeurs respectivement

$$T'v - Tv \quad \text{et} \quad T'm - Tm,$$

ces quantités étant exprimées en jours de 24^h et fractions de jour. La durée moyenne du jour vrai dans l'intervalle considéré exprimée en jours du Soleil moyen sera donc

$$\frac{T'm - Tm}{T'v - Tv}.$$

Or on a

$$Tm = Tv + Ev,$$
$$T'm = T'v + E'v,$$

et par suite

$$T'm - Tm = T'v - Tv + (E'v - Ev);$$

le quotient qui précède est donc égal à

$$\frac{T'v - Tv + (E'v - Ev)}{T'v - Tv} = 1 + \frac{E'v - Ev}{T'v - Tv}.$$

La quantité $E'v - Ev$ ne peut pas excéder la somme des valeurs absolues des deux maxima de Ev, $16^m + 14^m$ ou 30^m. Par suite, l'expression qui précède tend vers l'unité quand on prend $T'v - Tv$ de plus en plus grand.

Il résulte de là que la durée de l'année tropique obtenue plus haut est exprimée en jours du Soleil moyen.

CALENDRIER DU TEMPS MOYEN, TEMPS MOYEN CIVIL. — L'équation du temps étant très petite, le Soleil vrai et le Soleil moyen passent au méridien à quelques minutes d'intervalle ; on convient de donner la même date au jour vrai et au jour moyen qui commencent aux midis voisins des deux astres.

Lorsque l'équation du temps est positive, c'est le jour moyen qui commence le premier ; lorsqu'elle est négative c'est le jour vrai ; ces propriétés résultent immédiatement de la formule

$$Tm = Tv + Ev;$$

elle devient en effet, en faisant $Tv = 0$,

Temps moyen à midi vrai $= Ev$;

par suite, lorsque Ev est positif, le midi moyen est passé ;

lorsqu'au contraire cette quantité est négative, il n'est pas encore midi moyen.

Enfin, le temps moyen ayant été définitivement adopté pour régler les horloges publiques, on lui a appliqué les conventions du temps civil, c'est-à-dire que le jour moyen civil commence à minuit moyen, et qu'il est divisé en deux périodes de 12 heures constituant la matinée et la soirée.

Remarque. — L'adoption du temps moyen a été une conséquence presque forcée des progrès de l'horlogerie. Lorsque l'industrie eut assez progressé pour être en état de fabriquer des horloges communes offrant une régularité supérieure à celle du temps vrai, on sentit l'inconvénient de toucher constamment aux aiguilles pour mettre ces instruments d'accord avec le Soleil, et l'on se résigna, pour les éviter, au sacrifice d'une partie des avantages du temps vrai. Le midi des horloges ne coïncide actuellement avec le milieu du jour que lorsque l'équation du temps est nulle. Il en est éloigné d'un quart d'heure le 11 février et le 2 novembre (voir page 225), ce qui forme pour ces deux époques une différence de durée d'une demi-heure entre la matinée et la soirée.

Enfin, les variations de durée des jours proprement dits, c'est-à-dire des intervalles entre le lever et le coucher, ne se produisent plus symétriquement par rapport au midi; la variation de la soirée diffère de celle de la matinée par suite de la variation du midi moyen par rapport au midi vrai.

Ces inconvénients sont faibles pour les habitants des villes dont la vie est réglée d'une manière artificielle, mais ils ne sont pas négligeables pour les hommes que leur profession appelle à vivre en présence de la nature, comme les agriculteurs et les marins.

Une nouvelle loi, promulguée en 1891, va accroître encore ces inconvénients; d'après les dispositions de cette loi les horloges publiques en France et en Algérie seront réglées désormais sur le temps moyen de Paris; il en résulte que le midi des horloges déplacé déjà d'une quantité qui varie de $+14^m$ à -16^m, va se trouver encore déplacé dans chaque lieu, d'une quantité constante égale à la longitude.

La France, de la Corse à l'extrémité du Finistère, comprend 7° (c'est-à-dire 28 minutes d'heure) de longitude environ de chaque côté du méridien de Paris. Il en résulte qu'en Corse et à Brest le midi sera parfois déplacé de trois quarts d'heure, ce qui formera à certaines époques une différence d'une heure et demie entre la matinée et la soirée.

On a objecté, il est vrai, que, dans chaque lieu, on pourra tenir compte de ce nouveau déplacement en défalquant des heures adoptées autrefois pour les différentes occupations l'erreur constante qui a été attribuée à l'horloge nouvelle; ainsi, à Brest, où l'heure des horloges sera augmentée de 27 minutes, on pourra convenir d'effectuer à 11^h33 ou 11^h30 les opérations qui se faisaient autrefois à midi, à 6^h30 du matin celles qui se faisaient à 7 heures, etc. Mais cette manière de procéder est bien compliquée pour les habitants des campagnes, et elle exige, pour être comprise, des connaissances qui sont encore peu répandues même parmi les habitants des villes.

A un autre point de vue, non moins élevé que celui des rapports de l'homme avec la nature, celui des rapports internationaux, cette mesure n'est pas moins regrettable, car sa généralisation aurait pour effet de créer sur les frontières un saut brusque de l'heure et d'élever encore les barrières artificielles qui existent déjà entre les différents peuples.

La mesure qui semble destinée à prévaloir à l'étranger consiste dans le partage de la Terre en fuseaux d'une demi-heure à partir du méridien de Greenwich, et, dans l'adoption, pour chaque lieu, de l'heure du méridien de division le plus voisin. L'inconvénient que nous venons de signaler est ainsi transporté des frontières aux méridiens milieux des fuseaux, et le saut est alors d'une demi-heure ronde; mais, sur le parcours de ces méridiens l'heure reste indéterminée.

On s'habituera sans doute à ces inconvénients comme on s'est habitué peu à peu à toutes les transformations artificielles introduites dans les usages des peuples civilisés, mais il est regrettable de voir substituer ainsi de plus en plus aux grandes lois de la nature des règles purement conventionnelles et en désaccord avec elles. Il n'est pas inutile, d'ailleurs, de faire remarquer que ces mesures ne satisfont que très imparfaitement au but que l'on s'est proposé ; il eût été préférable, pensons-nous, d'adopter une heure universelle pour les services internationaux, les chemins de fer et les télégraphes, en conservant l'heure locale pour les usages locaux, et de favoriser la création de montres donnant à la fois les deux heures.

125. Solution pratique de la mesure du temps par la prédiction de l'équation du temps. — Le problème de la mesure du temps est résolu *théoriquement* par l'adoption de l'horloge solaire moyenne, puisque le mouvement du Soleil fictif est déterminé par celui du Soleil vrai, et le mouvement du Soleil moyen par celui du Soleil fictif. Mais, pour que ce problème soit résolu *pratiquement*, il faut que l'on puisse régler une horloge mécanique sur le temps moyen, et, par suite, déterminer le temps moyen à un instant donné. On arrive à ce résultat par l'établissement de tables de prédiction contenant, pour chaque jour de l'année à midi vrai, la valeur de l'équation du temps.

Il suffira en effet, possédant ces tables, de déterminer l'heure solaire vraie à un instant quelconque, car, connaissant l'heure solaire vraie et la date, on déduira des tables la valeur de l'équation du temps Ev pour l'instant de l'observation, et la formule

$$T_m = T_v + E_v$$

donnera le temps moyen au même instant.

Il nous reste donc à dire comment on peut prédire l'équation du temps en fonction du temps vrai. Ce problème sera traité plus loin en même temps que le problème plus général de la prédiction de la position du Soleil en fonction du temps moyen, puis en fonction du temps vrai.

126. Conversion des intervalles sidéraux en intervalles moyens et vrais. — On appelle *intervalle temps vrai, intervalle temps moyen, intervalle temps sidéral*, les accroissements de l'angle horaire du Soleil vrai, du Soleil moyen et du point vernal entre deux instants donnés. C'est, ainsi que nous l'avons vu, par la valeur de cet accroissement que se mesure la durée de l'intervalle écoulé entre les deux instants, de là l'identité de l'expression qui désigne l'accroissement de l'angle et l'espace de temps écoulé.

Lorsque l'on dit qu'il s'est écoulé N jours, H heures, M minutes, S secondes *temps moyen* entre deux instants, l'espace de temps est exprimé en prenant pour unité celui qui est nécessaire au cercle horaire du *Soleil moyen* pour croître de l'unité d'arc, c'est-à-dire le *jour moyen* ou une fraction du jour moyen. De même, si l'on prend l'intervalle en *temps sidéral*, l'unité adoptée est le *jour sidéral*, et si l'on prend l'intervalle en *temps vrai*, l'unité est le *jour vrai*. Cette dernière unité n'est pas constante, par suite l'expression ne désigne en toute rigueur la durée de l'intervalle que lorsque l'on donne en même temps l'époque que l'on considère.

CONVERSION D'UN INTERVALLE VRAI EN INTERVALLE MOYEN, ET RÉCIPROQUEMENT. — En désignant par Tm, T'm, Tv, T'v les valeurs du temps moyen et du temps vrai au commencement et à la fin de l'intervalle, par Im et Iv les valeurs des intervalles moyens et vrais correspondants, et enfin par Ev et E'v les valeurs de l'équation du temps, on a :

$$Tm = Tv + Ev,$$
$$T'm = T'v + E'v,$$

d'où l'on déduit, par différence,

$$T'm - Tm = (T'v - Tv) + (E'v - Ev),$$

c'est-à-dire

$$Im = Iv + (E'v - Ev). \qquad (1)$$

La quantité E'v — Ev est la variation de Ev dans l'intervalle écoulé. Si l'on a à convertir Iv donné en Im, il suffit de multiplier la variation de Ev, dans un jour vrai ou une heure vraie, par Iv exprimé en jours ou en heures, et d'ajouter cette variation à Iv avec son signe.

Si l'on donnait Im, on prendrait la formule

$$\text{Iv} = \text{Im} - (\text{E}'\text{v} - \text{Ev});$$

il faudrait donc connaître la variation de Ev dans un jour ou une heure temps moyen, la multiplier par Im et retrancher le résultat de Im. On peut admettre que la variation de Ev dans une heure vraie est la même que cette variation dans une heure moyenne quand l'intervalle est petit, et c'est ce qui a toujours lieu dans ce problème.

Remarque. — Ces formules permettent de déterminer le plus long et le plus court des jours vrais de l'année. Pour obtenir en temps moyen la durée d'un jour vrai, il suffit, en effet, de faire $\text{Iv} = 24^h$ dans la formule (1); il vient alors

$$\text{Im} = 24^h + \text{Variat. de Ev en } 24^h.$$

Le jour le plus long est celui pour lequel Im atteint la plus grande valeur; c'est donc celui où la variation de Ev est positive et maxima. Le jour le plus court est celui pour lequel la variation est négative et maxima. En jetant un coup d'œil sur la *Connaissance des temps*, on trouve que la variation positive de Ev est maxima le 22 décembre et égale à 30^s et que la variation négative est maxima le 16 septembre et a pour valeur 21^s. Par suite, le plus long des jours vrais est le 22 décembre; il est supérieur de 30^s au jour moyen. Le jour le plus court est le 16 septembre; il est inférieur au jour moyen de 21^s.

CONVERSION D'UN INTERVALLE SIDÉRAL EN INTERVALLE MOYEN ET RÉCIPROQUEMENT. — En employant des notations analogues aux précédentes, on a, aux deux instants séparés par l'espace de temps considéré,

$$\begin{aligned} \text{Ts} &= \text{Tm} + \mathcal{A}\text{m} \\ \text{T's} &= \text{T'm} + \mathcal{A}'\text{m} \\ \hline \text{Is} &= \text{Im} + \mathcal{A}'\text{m} - \mathcal{A}\text{m}. \end{aligned}$$

Par conséquent, si l'on donne Im, il faut, pour obtenir Is, ajouter la variation de ℛm ; si, au contraire, on donne Is, il faut, pour obtenir Im, retrancher cette variation.

La variation de ℛm dans un intervalle moyen ou sidéral se déduit de la variation dans un jour moyen et dans un jour sidéral ; cette dernière s'obtient ainsi qu'il suit :

Dans une année tropique, le Soleil moyen fait le tour complet de l'équateur ; la variation de ℛm dans $365^j,242216$ est donc 24^h, on a, par suite,

$$\text{Variat. dans un jour moyen} = \frac{24^h}{365,242216} = 3^m 56^s,55.$$

Pour obtenir la variation dans un jour sidéral, on remarque que, dans une année tropique, le Soleil moyen ayant décrit 24^h en ascension droite dans le sens direct sur l'équateur céleste, son cercle horaire a décrit sur la sphère locale 24 heures de moins que celui du point vernal ; par suite, l'année tropique contient un jour sidéral de plus qu'elle ne contient de jours moyens, c'est-à-dire $366^j,242216$; on a donc

$$\text{Variat. dans un jour sidéral} = \frac{24^h}{366,242216} = 3^m 55^s,91.$$

On a donc enfin pour formules de conversion

$$\text{Is} = \text{Im} + \text{Im} \times 3^m 56^s,55 \qquad (3)$$
$$\text{Im} = \text{Is} - \text{Is} \times 3^m 55^s,91. \qquad (4)$$

Dans les produits des seconds membres Im et Is doivent évidemment être exprimés ici en jours et en fractions de jour.

On trouve dans la *Connaissance des temps* des tables où les variations de ℛm pour des intervalles sidéraux et des intervalles moyens plus petits que 24^h sont tout calculés.

Remarque. — La durée de la rotation de la Terre pouvant être considérée comme égale au jour sidéral (page 221), elle est de 24 heures temps sidéral. En temps moyen, c'est le résultat obtenu en faisant $\text{Is} = 24^h$ dans la formule (4), c'est-à-dire

$$24^h - 3^m 55^s,91 = 23^h 56^m 04^s,09.$$

§ 3. — Prédiction des éphémérides du Soleil (principe de la méthode).

127. Prédiction en fonction du temps moyen. — Supposons d'abord l'horloge solaire moyenne réalisée. Désignons par T la durée de la révoluiton sidérale du Soleil en temps moyen, et par t_0 l'époque indiquée par l'horloge moyenne au moment du passage au périgée.

ANOMALIE VRAIE. — A une époque ultérieure t, le Soleil se trouvera dans une position S_v (*fig. 91*) telle que l'on ait

$$\text{aire PTS}_v = \text{vitesse aréolaire} \times (t - t_0),$$

ou

$$\text{aire PTS}_v = \frac{\text{aire-ellipse}}{T}(t - t_0),$$

et enfin

$$\frac{\text{aire PTS}_v}{\text{aire-ellipse}} = \frac{t - t_0}{T}. \tag{1}$$

Or, l'excentricité e étant connue, le rapport qui figure au premier membre de cette relation ne dépend que de l'angle PTS$_v$; par suite, de la valeur de ce rapport on pourra déduire l'anomalie vraie V.

RAYON VECTEUR. — De même, le rapport $\dfrac{R}{a}$ ne dépend que de l'angle V; par suite, on pourra calculer sa valeur pour l'époque t.

ANOMALIE MOYENNE. — Actuellement, pour le Soleil fictif, on a de même

$$\frac{\text{aire PTS}_f}{\text{aire-cercle}} = \frac{t - t_0}{T};$$

la surface du secteur étant proportionnelle à l'angle au centre, on a

$$\frac{\text{aire PTS}_f}{\text{aire-cercle}} = \frac{\zeta}{360°};$$

et il vient en substituant

$$\zeta = \frac{360°}{T}(t - t_0).$$

LONGITUDES. — Connaissant V et ζ, on aura la longitude $\odot$ par la formule

$$\odot = V + \pi$$

et la longitude moyenne ou l'ascension droite moyenne par la suivante

$$L = \zeta + \pi = Æm.$$

On tiendra compte ici de la variation de π résultant du mouvement du point Υ depuis l'époque du passage au périgée.

ASCENSION DROITE ET DÉCLINAISON. — Enfin, on pourra calculer l'ascension droite ΥD et la déclinaison DS_v (fig. 92) dans le triangle sphérique rectangle $D \Upsilon S_v$, où ΥS_v et l'obliquité ω sont connus.

ÉQUATION DU TEMPS. — On connaîtra ainsi, pour une même époque t, l'ascension droite moyenne et l'ascension droite vraie, on pourra donc obtenir l'équation du temps $Ev = Æv - Æm$.

On formera ainsi un tableau donnant pour des époques t de 24 heures en 24 heures, les valeurs de

$$Æv, \quad D, \quad \frac{R}{a}, \quad Ev, \quad Æm.$$

Nous donnons ci-après (page 240), à titre de spécimen, les éphémérides du Soleil pour le mois d'août 1891, extraites de la *Connaissance des temps*.

128. Prédiction en fonction du temps vrai. — Cela obtenu, on remarque que, si l'on désigne par $E'v$, $E''v$, $E'''v$... les valeurs de Ev correspondant aux valeurs du *temps moyen* t', t'', t'''... on a, en désignant par t'_1, t''_1, t'''_1 les *temps vrais* correspondants

$$t'_1 = t' - E'v, \quad t''_1 = t'' - E''v, \quad t'''_1 = t''' - E'''v \ldots$$

Par suite, la table de prédiction obtenue plus haut est donnée pour les heures temps solaire vrai

$$t' - E'v, \quad t'' - E''v, \quad t''' - E'''v.$$

Il ne restera donc plus, pour ramener les valeurs éléments aux heures rondes temps vrai de 24 heures en 24 heures, qu'à les calculer par interpolation. Ce sont les résultats ainsi obtenus qui sont inscrits dans la page 240 ci-après.

129. Détermination des constantes du mouvement. — On voit que, sauf les difficultés que peut présenter le calcul de V et $\dfrac{R}{a}$ connaissant le rapport (1), difficultés d'ordre purement analytique, le problème sera résolu lorsque l'on connaîtra les valeurs de e, π, T et t_0 ; ce sont ces quantités qu'on appelle les constantes du mouvement du Soleil. Il nous reste donc à faire connaître comment on les obtient.

Durée de la révolution sidérale en jours moyens (T). — La durée obtenue plus haut (page 187) pour l'année tropique est exprimée en jours moyens, puisque l'on a pris une période comprenant un très grand nombre de jours vrais. Pour en déduire la valeur de la durée de la révolution sidérale, on remarque que, l'origine des équinoxes ayant reculé de 50",2 dans l'année tropique, le Soleil a accompli 360° — 50",2 par rapport aux étoiles sur son orbite ; on a donc, en remarquant que, pour les moyennes, on peut admettre la proportionnalité des durées aux arcs parcourus

$$\frac{T}{365{,}242216} = \frac{360°}{360° - 50'',2}.$$

En faisant le calcul indiqué par cette formule, on trouve

$$T = 365^j,25683\ldots$$

Excentricité (e). — Nous avons montré (page 215) que la valeur de cette quantité s'obtenait par la formule

$$e = \frac{1}{2}\left(\frac{R'}{a} - \frac{R''}{a}\right),$$

$\dfrac{R'}{a}$ et $\dfrac{R''}{a}$ étant la plus grande et la plus petite des valeurs inscrites dans la colonne (6) du registre des observations (page 209).

LONGITUDE DU PÉRIGÉE ; ÉPOQUE DU PASSAGE DU SOLEIL EN CE POINT (π, t_0). — Nous avons montré (page 215) comment on pouvait obtenir une valeur approchée de π, en considérant deux époques où le Soleil prend des positions pour lesquelles le rayon vecteur a des valeurs égales. Le résultat ainsi obtenu peut être rectifié par la méthode suivante, basée sur cette propriété que les deux seuls points de l'orbite, distants de 180° en longitude, que le Soleil atteigne dans un intervalle égal à $\dfrac{T}{2}$ sont le périgée et l'apogée.

Désignons par $\odot_1$ la valeur de la longitude ainsi obtenue pour le périgée, et par θ_1 l'époque déduite de la colonne (2) du registre et, par suite, exprimée en temps sidéral, à laquelle le Soleil a cette longitude, et enfin par v_1 la valeur de la vitesse angulaire du rayon vecteur (colonne 5) à la même époque.

Cherchons sur le registre l'instant θ_2 où le Soleil atteint la longitude précédente, augmentée de 180°; désignons enfin par θ_0 et θ_0' les instants du passage de l'astre au périgée et à l'apogée, exprimés toujours en temps sidéral, et par v_2 la vitesse angulaire du rayon vecteur à l'époque θ_2.

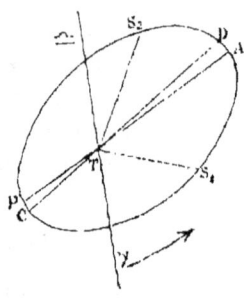

Fig. 93.

Les positions du Soleil aux instants θ_1 et θ_2 correspondent à des points tels que C et D (*fig. 93*) sur la trajectoire elliptique; l'angle PTC étant très petit, on peut admettre que la vitesse angulaire du rayon vecteur est uniforme de P en C et de D en A; on a donc, en désignant par $d\pi$ la correction à apporter à la longitude $\odot_1$ pour obtenir celle du périgée

$$d\pi = -\text{ angle PTC} = -v_1(\theta_1 - \theta_0),$$
$$d\pi = -\text{ angle DTA} = -v_2(\theta_2 - \theta_0').$$

On a enfin, en désignant par T' la durée de la révolution sidérale exprimée en jours sidéraux,

$$\frac{T'}{2} = \theta'_0 - \theta_0.$$

On a ainsi trois équations entre les trois inconnues $d\pi$, θ_0 et θ'_0; on en déduit aisément

$$d\pi = \frac{\left(\frac{T'}{2}\right) - (\theta_2 - \theta_1)}{\left(\frac{1}{v_2} - \frac{1}{v_1}\right)},$$

et

$$\theta_0 = \theta_1 + \frac{d\pi}{v_1},$$

Connaissant $d\pi$, on en déduit la valeur de π par la formule

$$\pi = \odot_1 + d\pi$$

Pour obtenir t_0 en temps moyen, on remarque qu'à l'instant du passage du Soleil vrai au périgée le Soleil fictif a pour longitude π; par suite l'ascension droite moyenne a pour valeur π; la formule générale

$$Tm = Ts - A\text{lm}$$

appliquée à ce cas particulier donnera donc

$$t_0 = \theta'_0 - \pi.$$

Remarque. — Comme nous avons supposé que l'on faisait usage du temps sidéral dans le registre, nous avons employé la durée T' de l'année sidérale exprimée en jours sidéraux. Cette durée se déduit de T par la formule de conversion des intervalles.

130. Variations des éléments de l'orbite.— Nous avons supposé jusqu'ici que la forme et la position de l'orbite étaient constantes, il n'en est pas ainsi. Si l'on détermine en effet, à des époques éloignées, la longitude du périgée, on trouve qu'au lieu d'augmenter de 50",2 par an, par suite du mouvement du point vernal, elle augmente de 61",6; il en résulte que la ligne des apsides tourne dans son plan, dans le sens direct de 11",6 par an.

L'excentricité elle-même varie lentement.

Le mouvement de l'équateur, que nous avons dit être le résultat d'un balancement conique de l'axe de la Terre, est compliqué d'un second mouvement conique superposé au précédent et appelé *nutation*, qui a pour conséquences une oscillation du point vernal autour de la position moyenne que nous avons considérée exclusivement jusqu'ici et une variation périodique de l'obliquité.

Enfin, le plan de l'écliptique lui-même est animé d'un mouvement très lent sur la sphère céleste.

Il faut donc tenir compte de toutes ces variations dans les formules de prédiction. Enfin les résultats obtenus ainsi doivent encore être corrigés de *perturbations* périodiques causées, comme nous le verrons plus tard, par l'attraction des autres astres sur la Terre et sur le Soleil.

§ 4. — Explication et usage des éphémérides du Soleil.

113. — Les *colonnes* (1), (3), (1)' et (3)' donnent respectivement les valeurs de l'ascension droite et de la déclinaison du Soleil pour midi moyen et pour midi vrai.

La *colonne* (5) donne la valeur de $Æm$, ascension droite du Soleil moyen, à midi moyen; elle représente le temps sidéral à midi moyen, comme on le voit en faisant $Tm = 0$ dans la formule

$$Ts = Tm + Æm.$$

La *colonne* (6) donne la correction toujours additive à

SOLEIL. (Août 1891.)

A MIDI VRAI.

JOUR du mois.	de la semaine.	(AR) ASCENSION droite. (1)	VARIATION pour 1 heure (2)	(D) DÉCLINAISON. (3)	VARIATION pour 1 heure (4)	DURÉE du passage du demi-diam. (temps sid.) (5)	(D) DEMI-DIAMÈTRE. (6)	(En) TEMPS moyen. (7)	VARIATION pour 1 heure (8)
Août						1m	15'		
1	S.	8h 45m 20s,01	9s,714	18° 2' 41",5	37",74	6s,64	17",79	0h 6m 6s,69	— 142
2	D.	8 49 12,85	9,689	17 47 26,8	38,48	6,55	47,91	0 6 2,98	0s,167
3	L.	8 53 5,09	9,664	17 31 54,8	39,20	6,46	48,04	0 5 58,67	0,192
4	M.	8 56 56,73	9,639	17 16 5,6	39,90	6,37	48,18	0 5 53,76	0,217
5	M.	9 0 47,76	9,614	16 59 59,6	40,60	6,29	48,32	0 5 48,25	0,242
6	J.	9 4 38,18	9,589	16 43 37,1	41,28	6,20	48,47	0 5 42,14	0,267
7	V.	9 8 28,01	9,564	16 26 58,3	41,95	6,11	48,61	0 5 35,43	0,292
8	S.	9 12 17,23	9,539	16 10 3,7	42,61	6,03	48,76	0 5 28,13	0,317
9	D.	9 16 5,85	9,514	15 52 53,4	43,25	5,95	48,92	0 5 20,22	0,342
10	L.	9 19 53,88	9,489	15 35 27,9	43,88	5,86	49,09	0 5 11,72	0,367
11	M.	9 23 41,32	9,465	15 17 47,4	44,49	5,78	49,25	0 5 2,64	0,391
12	M.	9 27 28,18	9,441	14 59 52,3	45,10	5,70	49,42	0 4 52,97	0,415
13	J.	9 31 14,47	9,417	14 41 42,9	45,69	5,62	49,60	0 4 42,73	0,439
14	V.	9 35 0,19	9,393	14 23 19,5	46,26	5,54	49,78	0 4 31,92	0,462
15	S.	9 38 45,36	9,370	14 4 42,4	46,82	5,46	49,96	0 4 20,56	0,485
16	D.	9 42 29,97	9,348	13 45 52,0	47,37	5,39	50,15	0 4 8,63	0,508
17	L.	9 46 14,05	9,326	13 26 48,6	47,91	5,31	50,34	0 3 56,20	0,530
18	M.	9 49 57,61	9,304	13 7 32,5	48,43	5,24	50,52	0 3 43,23	0,551
19	M.	9 53 40,66	9,283	12 48 4,0	48,94	5,17	50,71	0 3 29,76	0,572
20	J.	9 57 23,21	9,263	12 28 23,4	49,44	5,09	50,90	0 3 15,80	0,592
21	V.	10 1 5,29	9,244	12 8 31,0	49,93	5,02	51,09	0 3 1,37	0,611
22	S.	10 4 46,92	9,225	11 48 27,0	50,40	4,96	51,29	0 2 46,49	0,629
23	D.	10 8 28,11	9,207	11 28 11,7	50,87	4,89	51,50	0 2 31,17	0,647
24	L.	10 12 8,88	9,190	11 7 45,5	51,32	4,83	51,71	0 2 15,43	0,664
25	M.	10 15 49,25	9,174	10 47 8,6	51,75	4,77	51,91	0 1 59,29	0,681
26	M.	10 19 29,23	9,158	10 26 21,2	52,17	4,71	52,11	0 1 42,76	0,697
27	J.	10 23 8,84	9,143	10 5 23,8	52,59	4,65	52,32	0 1 25,86	0,712
28	V.	10 26 48,09	9,128	9 44 16,7	53,00	4,59	52,53	0 1 8,60	0,727
29	S.	10 30 27,00	9,114	9 23 0,2	53,38	4,54	52,74	0 0 50,99	0,741
30	D.	10 34 5,57	9,100	9 1 34,5	53,75	4,49	52,96	0 0 33,05	0,754
31	L.	10 37 43,81	9,087	8 40 0,1	54,11	4,44	53,19	0 0 14,79	0,767

SOLEIL. (Août 1891.)

A MIDI MOYEN.

JOUR du mois.	(Æv) ASCENSION droite.	VARIATION pour 1 heure	(D) DÉCLINAISON.	VARIATION pour 1 heure	(Æm) TEMPS sidéral.	(Em) TEMPS VRAI.	(π) PARALLAXE horizontale.	ABERRATION
	(1)	(2)	(3)	(4)	(5)	(6)	(7)	(8)
Août								
1	8h45m19s,02	9s,715	18°2'45",3	37",74	8h39m12s,32	11h53m53s,30	8",73	20",14
2	8 49 11,87	9,690	17 47 30,7	38,47	8 43 8,88	11 53 57,01	8,73	20,15
3	8 53 4,13	9,665	17 31 58,7	39,19	8 47 5,44	11 54 1,31	8,73	20,15
4	8 56 55,78	9,640	17 16 9,5	39,90	8 51 2,09	11 54 6,22	8,73	20,15
5	9 0 46,83	9,614	17 0 3,5	40,60	8 54 58,55	11 54 11,72	8,73	20,16
6	9 4 37,27	9,589	16 43 41,0	41,28	8 58 55,11	11 54 17,83	8,74	20,16
7	9 8 27,12	9,564	16 27 2,2	41,95	9 2 51,66	11 54 24,54	8,74	20,16
8	9 12 16,36	9,539	16 10 7,5	42,61	9 6 48,21	11 54 31,85	8,74	20,17
9	9 16 5,01	9,515	15 52 57,2	43,25	9 10 44,76	11 54 39,75	8,74	20,17
10	9 19 53,06	9,490	15 35 31,7	43,88	9 14 41,31	11 54 48,24	8,74	20,17
11	9 23 40,53	9,466	15 17 51,1	44,50	9 18 37,86	11 54 57,33	8,75	20,18
12	9 27 27,42	9,442	14 59 56,0	45,10	9 22 34,41	11 55 7,00	8,75	20,18
13	9 31 13,73	9,418	14 41 46,5	45,69	9 26 30,97	11 55 17,24	8,75	20,18
14	9 34 59,48	9,395	14 23 23,0	46,27	9 30 27,53	11 55 28,05	8,75	20,19
15	9 38 44,68	9,372	14 4 45,8	46,83	9 34 24,09	11 55 39,41	8,75	20,19
16	9 42 29,33	9,349	13 45 55,3	47,38	9 38 20,65	11 55 51,32	8,76	20,20
17	9 46 13,44	9,327	13 26 51,8	47,91	9 42 17,21	11 56 3,77	8,76	20,20
18	9 49 57,03	9,306	13 7 35,5	48,44	9 46 13,77	11 56 16,74	8,76	20,20
19	9 53 40,12	9,285	12 48 6,9	48,95	9 50 10,32	11 56 30,21	8,76	20,21
20	9 57 22,71	9,265	12 28 26,1	49,45	9 54 6,88	11 56 44,17	8,76	20,21
21	10 1 4,83	9,245	12 8 33,5	49,94	9 58 3,43	11 56 58,60	8,76	20,22
22	10 4 46,50	9,227	11 48 29,3	50,41	10 1 59,98	11 57 13,48	8,76	20,22
23	10 8 27,72	9,209	11 28 13,9	50,88	10 5 56,53	11 57 28,80	8,76	20,23
24	10 12 8,54	9,192	11 7 47,4	51,33	10 9 53,08	11 57 44,54	8,76	20,23
25	10 15 48,95	9,176	10 47 10,3	51,77	10 13 49,63	11 58 0,69	8,76	20,24
26	10 19 28,97	9,160	10 26 22,7	52,19	10 17 46,19	11 58 17,22	8,77	20,24
27	10 23 8,62	9,145	10 5 25,1	52,61	10 21 42,75	11 58 34,12	8,77	20,25
28	10 26 47,91	9,130	9 44 17,7	53,01	10 25 39,30	11 58 51,39	8,77	20,25
29	10 30 26,86	9,116	9 23 0,9	53,39	10 29 35,86	11 59 9,00	8,77	20,26
30	10 34 5,48	9,102	9 1 35,0	53,76	10 33 32,42	11 59 26,95	8,77	20,26
31	10 37 43,77	9,089	8 40 0,4	54,12	10 37 28,98	11 59 45,21	8,78	20,27

ajouter au temps moyen pour obtenir le temps vrai ; si l'on désigne par Em cette correction, on a, par définition

$$Tv = Tm + Em, \qquad (1)$$

et par suite

$$Em = -Ev.$$

La valeur de Em est égale à la valeur absolue de Ev quand cette quantité est négative ; quand elle est positive, Em serait négatif ; dans ce cas, la colonne (6) donne cette correction augmentée de 12^h ; on a ainsi

$$E'm = 12^h + Em = 12^h - Ev$$

Il en résulte que, pour l'application de la formule (1), on ajoute E'm et l'on retranche du résultat les 12 heures ajoutées à la correction. La quantité Ev étant toujours plus petite que 17^m, les cas où le recueil donne E'm au lieu de Em sont ceux pour lesquels l'élément est voisin de 12 heures. C'est ce qui se présente dans le spécimen que nous donnons.

Sous cette forme l'élément donné est toujours le temps vrai civil à midi moyen.

La *colonne* (7) donne de même la valeur de la correction toujours additive, à 12 heures près, à apporter au temps vrai pour obtenir le temps moyen. A l'inverse du cas précédent, quand Ev est positif, la quantité donnée est Ev elle-même. Quand Ev est négatif elle donne $12^h + Ev$; de sorte que le résultat qu'on obtient, en ajoutant l'élément au temps vrai, est

$$Tv + 12^h + Ev \quad \text{ou} \quad Tm + 12^h$$

il faut donc alors retrancher 12 heures du résultat.

Les *variations* pour une heure temps moyen de la page 241 et pour une heure temps vrai de la page 240 [*colonnes* (2), (4), (2)′, (4)′, (8)′] correspondent aux instants en regard desquels ils sont placés ; on les obtient par un procédé analogue à celui que nous avons indiqué (page 209) ; ainsi, pour obtenir la variation de Av dans une heure temps vrai, le 2 août, on divise la différence entre les ascensions droites du 1ᵉʳ août et du 3 août par le nombre d'heures écoulé, 48.

La *variation de Æm* pour une heure n'est pas donnée parce que, ainsi que nous l'avons dit (page 233), cette variation est constante, elle est pour une heure moyenne de

$$\frac{3^m 56^s,55}{24}$$

et pour une heure sidérale de

$$\frac{3^m 55^s,91}{24}.$$

Deux tables spéciales (V et VI) placées à la fin de la *Connaissance des Temps* donnent les valeurs des variations pour des nombres d'heures sidérales ou moyennes donnés.

La *variation* de Em pouvant être considérée comme égale à celle de Ev on n'a donné que celle-ci, colonne (8)'; mais le signe doit être renversé pour Em.

132. Interpolations. — Pour obtenir la valeur d'un élément à un instant t temps moyen, ou temps vrai, de Paris d'un jour donné, on prend la valeur de cet élément pour zéro heure le même jour, et on lui ajoute sa variation dans l'intervalle t.

1ᵉʳ EXEMPLE. — *Calculez l'ascension droite du Soleil le 16 août 1891 à* $5^h 17^m 12^s$ *temps moyen de Paris.*

On a

Æv le 16 août à 0ʰ . . . . $9^h 42^m 29^s,33$
Variat. pour 1ʰ $+ 9^s,319$ . . .
Variat. pour $5^h 17^m 12^s$ ou $5^h,28 = + 9^s,319 \times 5,28$. $= +49,36$
Æv le 16 août à $5^h 17^m 12^s$ . . . . $9^h 43^m 18^s,69$

Si l'on voulait obtenir l'élément à l'instant t temps moyen d'un lieu situé par une longitude G, on remarquerait que l'instant correspond à l'heure de Paris $t_1 = t + G$ (Tmp = Tmg + G), la longitude étant comptée plus petite que 12^h positivement à l'ouest et négativement à l'est. Par conséquent il faut prendre la variation pour $t + G$ et non pour t. Il est inutile de faire le calcul de $t + G$, il suffit de prendre la partie proportionnelle pour t, puis celle pour G dans le sens des variations de la table si G est Ouest, et dans le sens contraire si elle est Est.

De sorte que le problème se décompose en deux parties, la première se résout de la même manière que si le lieu était Paris; la deuxième donne la correction pour tenir compte de la longitude.

2° EXEMPLE. — *Calculez l'ascension droite du Soleil le 16 août 1891 à $5^h 17^m 12^s$ temps moyen du lieu dont la longitude est $8^h 7^m 24^s$ Est.*

On a comme plus haut :

AR le 16 août à 0^h Tmp . . . . $9^h 42^m 29^s,33$
Variation pour 1^h $+ 9^s,349$. . . . .
Variation pour $5^h 17^m 12^s$ ou $5^h,28$
$\qquad\qquad = + 9^s,349 \times 5,28 = + 49^s,36$
Variation pour $8^h 07^m 24^s$ Est ou $8^h,12$
Est[1] $\qquad = - 9^s,319 \times 8,12 . = - 75,91$
$\qquad\qquad\qquad\qquad\qquad\qquad\quad -26^s,55 \qquad -26,55$
AR le 16 août à $5^h 17^m 12^s$ Tmg . . . . $9^h 42^m 02^s,78$

133. Conversion du temps moyen en temps vrai et réciproquement. — TEMPS MOYEN EN TEMPS VRAI. — La formule générale est

$$Tv = Tm + Em.$$

Il suffit donc de calculer la valeur de la correction Em pour l'instant Tm donné, en appliquant la méthode qui vient d'être indiquée.

---

[1]. Il faut ici le signe contraire à celui de la table parce que la longitude est Est.

USAGE DES ÉPHÉMÉRIDES.

1ᵉʳ Exemple. — *Quelle heure est-il temps vrai à Paris quand il est $5^h17^m12^s$ temps moyen le 16 août 1891 ?*

Calcul de Em.	Em à 0^h Tmp le 16 août	$11^h55^m51^s,32$
	Variation pour $1^h + 0^s,508$ [col. (8)′ signe changé]	
	Variation pour $5^h17^m12^s$ ou $5^h,28$ $= +0^s,508 \times 5,28 =$	$+2,68$
	Em à $5^h17^m12^s$	$11^h55^m54^s,00$
Tmp.		$5\ 17\ 12,00$
Tvp (en retranchant 12^h)		$5^h13^m06^s,00$

2ᵉ Exemple. — *Quelle heure est-il temps vrai quand il est $5^h17^m12^s$ temps moyen dans un lieu dont la longitude est $8^h07^m24^s$ Est, le 16 août 1891 ?*

Calcul de Em.	Em à 0^h Tmp le 16 août.		$11^h55^m51^s,32$
	Variation pour $1^h + 0^s,508$		
	Variation pour $5^h17^m12^s$ ou $5^h,28$ $= +0^s,508 \times 5,28$	$+2^s,68$	
	Variation pour $8^h07^m24^s$ Est ou $8^h,12$ Est $= -0^s,508 \times 8,12$.	$-4,12$	
		$-1^s,44$	$-1,44$
	Em à $5^h17^m12^s$ Tmg		$11^h55^m49^s,88$
Tmg.			$5\ 17\ 12,00$
Tvg			$5^h13^m01^s,88$

Temps vrai en temps moyen. — Le résultat s'obtient exactement de la même manière que dans le cas précédent ; on applique la formule

$$Tm = Tv + Ev ;$$

l'élément Ev est pris dans la colonne (8)′ et on calcule sa valeur pour l'instant Tv en ajoutant la partie proportionnelle pour Tv si le lieu est Paris et, en outre, la partie proportionnelle pour la longitude dans le cas contraire.

134. Conversion du temps moyen en temps sidéral et réciproquement. — Temps moyen en temps sidéral. — La formule à appliquer est

$$Ts = Tm + Am.$$

Il faut donc calculer Am [colonne (5)] pour l'instant Tm donné ; la table donne cet élément pour 0^h Tmp, et sa variation pour un intervalle temps moyen donné est fournie par la table VI de la *C. des T.*

1ᵉʳ Exemple. — *Calculez l'heure sidérale de Paris à l'instant où il est $5^h 17^m 12^s$ temps moyen de Paris le 16 août 1891.*

Calcul de Am.	Am à 0^h Tmp le 16 août	$9^h 38^m 20^s,65$
	Variation pour $5^h 17^m 12^s$ (table VI) . .	$+ 52,11$
	Am à $5^h 17^m 12^s$ Tmp.	$9^h 39^m 72^s,76$
Tmp		5 17 12,00
Tsp		$14^h 56^m 24^s,76$

2ᵉ Exemple. — *Même calcul pour le lieu dont la longitude est $8^h 07^s 24^m$ Est.*

Calcul de Am.	Am à 0^h Tmp le 16 août		$9^h 38^m 20^s,65$
	Variation pour $5^h 17^m 12^s$ . .	$+ 52^s,11$	
	Variation pour $8^h 07^m 24^s$ Est	$- 1^m 20,07$	
		$- 0^m 27^s,96$	$- 0\ 27,96$
	Am à $5^h 17^m 12^s$ Tmg.		$9^h 37^m 52^s,69$
Tmg			5 17 12,00
Tsg			$14^h 55^m 04^s,69$

Temps sidéral en temps moyen. — La solution du problème est fournie par la formule

$$Tm = Ts - Am.$$

Désignons par $(Am)_0$ la valeur de Am pour 0^h temps moyen à la date donnée. On remarque que la valeur $(Am)_0$, donnée pour 0^h temps moyen, correspond aussi à l'instant où il est $(Am)_0$ temps sidéral ; par suite, pour obtenir Am à l'instant Ts, il faut ajouter à $(Am)_0$ la variation pour l'intervalle écoulé entre l'instant $(Am)_0$ et l'instant Ts; l'intervalle étant exprimé en temps sidéral, il faut prendre alors la table V et entrer dans cette table avec l'intervalle Ts — $(Am)_0$.

On a donc, pour l'instant Ts,

$$Am = (Am)_0 + \text{Variat. pour } [Ts - (Am)_0] \text{ (table V)}$$

et par suite

$$Tm = [Ts - (Am)_0] - \text{Variat. pour } [Ts - (Am)_0] \text{ (table V)}.$$

La différence Ts — $(Am)_0$ doit être faite dans le sens indiqué en ajoutant au besoin 24^h à Ts.

Si le lieu donné n'est pas Paris il faut ajouter, à la variation de Am pour l'intervalle, celle pour la longitude, dans le sens indiqué par la table V (signe —) si elle est Ouest, et dans le sens contraire si elle est Est. On a alors

$$Tm = [Ts - (Am)_0] + (\text{table V}) \text{ pour } [Ts - (Am)_0] + (\text{table V}) \text{ pour G}.$$

1ᵉʳ Exemple. — *Calculez l'heure temps moyen de Paris quand il est $5^h 17^m 12^s$ temps sidéral le 16 août 1891.*

Tsp donné	$5^h 17^m 12^s,00$
$(Am)_0$ le 16 août	9 38 20 ,65
$[Tsp - (Am)_0]$	$19^h 38^m 51^s,35$
Table V pour $19^h 38^m 51^s,35$	— 3 13 ,13
Tmp le 16 août	$19^h 35^m 38^s,22$

2ᵉ Exemple. — *Même problème dans le lieu dont la longitude est $8^h 07^m 24^s$ Est.*

Tsg donné		$5^h 17^m 12^s,00$
$(Am)_0$ le 16 août		9 38 20 ,65
$[Tsg - (Am)_0]$		$19^h 38^m 51^s,35$
Table V pour $19^h 38^m 51^s,35$	$- 3^m 13^s,13$	
Table V pour 8 07 24 Est	$+ 1\ 19 ,85$	
	$- 1^m 53^s,28$	$- 1\ 53 ,28$
Tmp		$19^h 36^m 58^s,07$

CHAPITRE X

COMPLÉMENT A L'ÉTUDE DU MOUVEMENT DU SOLEIL.
FORMULES DÉFINITIVES DE PRÉDICTION.

§ 1er. — Formules du mouvement elliptique. Problème de Kepler.

135. Objet du paragraphe. Problème de Kepler. — Le problème que nous nous proposons de résoudre ici est le suivant :

Ayant adopté une horloge quelconque marchant uniformément et déterminé à cette horloge l'instant t_0 du passage au périgée et la durée T de la révolution sidérale du Soleil, on demande quelles seront les valeurs de l'anomalie vraie V et du rayon vecteur $\dfrac{R}{a}$ à une époque ultérieure quelconque t.

Les valeurs de V et de R en fonction de t ne peuvent être obtenues directement que par les méthodes de l'analyse supérieure et sous forme de séries convergentes; avant de donner ces séries, nous indiquerons d'abord le procédé élémentaire imaginé par Kepler pour obtenir la solution numérique du problème.

Ce procédé consiste à exprimer les valeurs des inconnues V et R en fonction d'un angle auxiliaire u appelé *anomalie excentrique*, dont la valeur en fonction du temps s'obtient par approximations successives.

136. Définition de l'anomalie excentrique u. Expressions de l'anomalie vraie et du rayon vecteur en fonction de u. — Soit S (*fig. 94*) une position quelconque du Soleil sur son orbite; abaissons SD perpendiculaire sur la ligne des apsides, décrivons une circonférence sur AP comme diamètre, prolongeons SD jusqu'à la rencontre de cette circonférence en B, et joignons OB.

L'anomalie excentrique u est l'angle POB, compté comme l'angle V à partir de OP et dans le sens direct.

On a, sur la figure,

$$OD = OT + TD,$$

d'où

$$OB \cos u = TS \cos V + OT,$$

mais on a

$$OB = a,$$
$$TS = R,$$
$$OT = ae;$$

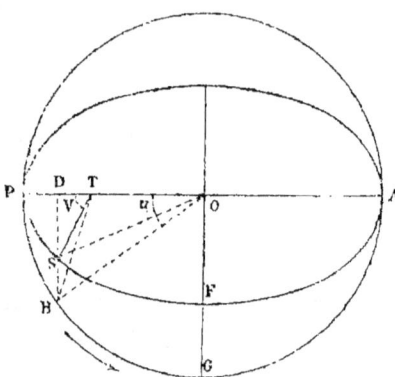

Fig. 91.

il vient donc

$$a \cos u = R \cos V + ae.$$

Joignant à cette équation celle de l'ellipse

$$R = \frac{a(1 - e^2)}{1 + e \cos V},$$

et résolvant le système par rapport à R et à $\cos V$, on obtient

$$\frac{R}{a} = 1 - e \cos u, \qquad (1)$$

$$\cos V = \frac{\cos u - e}{1 - e \cos u}; \qquad (2)$$

cette dernière relation peut être mise sous une forme plus simple; on en déduit en effet

$$\frac{1 - \cos V}{1 + \cos V} = \frac{1 + e}{1 - e} \cdot \frac{1 - \cos u}{1 + \cos u},$$

et, par suite,

$$\operatorname{tg} \frac{V}{2} = \sqrt{\frac{1+e}{1-e}} \operatorname{tg} \frac{u}{2}. \qquad (2)'$$

Les formules (1) et (2)' donnent R et V en fonction de u, il reste donc à trouver une relation permettant de calculer cette quantité pour une époque donnée.

137. Expression de l'anomalie excentrique en fonction de l'anomalie moyenne. — Nous avons appelé *anomalie moyenne* l'anomalie du Soleil fictif, c'est-à-dire d'un astre idéal qui aurait un mouvement angulaire uniforme et effectuerait sa révolution dans la même période que l'astre réel, passant dans les directions du périgée et de l'apogée en même temps que le Soleil vrai.

Le Soleil fictif décrivant sa révolution dans le temps T, sa vitesse angulaire constante n a pour valeur

$$\frac{2\pi}{T} = n;$$

la valeur ζ de l'anomalie moyenne au bout de l'intervalle $t - t_0$ est donc

$$\zeta = \frac{2\pi}{T} \cdot (t - t_0) = n(t - t_0) \qquad (3)$$

Considérant actuellement sur la figure les aires PTS, POS et TOS, on a :

$$\text{aire PTS} = \text{aire POS} - \text{aire TOS}; \qquad (\alpha)$$

on a d'ailleurs, par la loi des aires,

$$\frac{\text{aire PTS}}{\text{aire-ellipse}} = \frac{t - t_0}{T},$$

ou, en désignant par b le petit axe de l'ellipse,

$$\text{aire PTS} = \pi ab \frac{t - t_0}{T} = \zeta \cdot \frac{ab}{2}. \qquad (\beta)$$

On sait que l'ellipse est la projection du cercle PBA incliné autour de PA dans une position telle que le point G se projette en F; par conséquent le secteur elliptique POS et le triangle TOS sont les projections des aires POB et TOB, et l'on a

$$\frac{\text{aire POS}}{\text{aire POB}} = \frac{\text{aire TOS}}{\text{aire TOB}} = \frac{DS}{DB} = \frac{OF}{OG} = \frac{b}{a}.$$

On déduit de là

$$\frac{\text{aire POS} - \text{aire TOS}}{\text{aire POB} - \text{aire TOB}} = \frac{b}{a}; \qquad (\gamma)$$

PROBLÈME DE KEPLER.

mais on a

$$\text{aire POB} = \frac{OP}{2} \cdot \text{arc PB} = \frac{\overline{OP}^2}{2} \cdot u = \frac{a^2}{2} u,$$

$$\text{aire TOB} = \frac{OT}{2} \cdot BD = \frac{OT}{2} \cdot a \sin u = \frac{ae \cdot a \sin u}{2} = \frac{a^2 e \sin u}{2};$$

il vient donc

$$\text{aire POB} - \text{aire TOB} = \frac{a^2}{2}(u - e \sin u),$$

et, par conséquent, en substituant dans (γ),

$$\text{aire POS} - \text{aire TOS} = \frac{ab}{2}(u - e \sin u). \tag{δ}$$

Introduisant enfin dans (α) les valeurs (β) et (δ) et réduisant il vient

$$\zeta = u - e \sin u. \tag{4}$$

C'est par cette relation que l'on calcule u en fonction de ζ.

138. Prédiction de la position de l'astre sur l'orbite. —
Pour obtenir la position de l'astre, on calculera d'abord n par la formule

$$n = \frac{2\pi}{T},$$

puis l'anomalie moyenne,

$$\zeta = n(t - t_0).$$

On calculera ensuite par approximations successives la valeur de u satisfaisant à l'équation (4) de la manière suivante : l'excentricité e étant très petite on a, en désignant par u_1 une première approximation

$$u_1 = \zeta.$$

En remplaçant u par u_1, dans $e \sin u$, on obtient une valeur approchée de ce terme; on a donc, en désignant par u_2 une valeur plus approchée que u_1,

$$u_2 = \zeta + e \sin u_1;$$

on aurait de même, avec une approximation encore plus grande,

$$u_3 = \zeta + e \sin u_2,$$

et ainsi de suite.

Connaissant ainsi u, on aura $\dfrac{R}{a}$ et V par les formules

$$\operatorname{tg} \frac{V}{2} = \sqrt{\frac{1+e}{1-e}} \operatorname{tg} \frac{u}{2}, \qquad (2)$$

$$\frac{R}{a} = 1 - e \cos u. \qquad (1)$$

Ce procédé de calcul est très laborieux ; nous allons indiquer maintenant les formules plus simples employées aujourd'hui. Ces formules expriment les inconnues sous la forme de séries convergentes ordonnées suivant les puissances croissantes de la quantité très petite e.

§ 2. — Développement en séries du rayon vecteur et de l'anomalie vraie.

139. — On a trouvé les relations

$$\frac{R}{a} = 1 - e \cos u, \qquad (1)$$

$$\cos V = \frac{\cos u - e}{1 - e \cos u}, \qquad (2)$$

$$\zeta = u - e \sin u ; \qquad (3)$$

on sait en outre que l'anomalie moyenne s'obtient en fonction du temps par la formule

$$\zeta = \frac{2\pi}{T}(t - t_0) = n(t - t_0); \qquad (4)$$

et nous avons à calculer l'équation $\dfrac{R}{a}$ et V connaissant e et ζ.

Nous substituerons d'abord à la relation (2) une formule donnant V explicitement en fonction de u.

Différentiant (2) par rapport à u, on obtient

$$\sin V \frac{dV}{du} = \frac{\sin u \, (1 - e^2)}{(1 - e \cos u)^2}; \qquad (\alpha)$$

la même équation donne

$$\sin^2 V = \frac{(1 - e^2) \sin^2 u}{(1 - e \cos u)^2};$$

et, comme les sinus de V et de u sont de même signe,

$$\sin V = \frac{(1 - e^2)^{\frac{1}{2}} \sin u}{1 - e \cos u};$$

en substituant dans (α) on trouve

$$\frac{dV}{du} = \frac{(1 - e^2)^{\frac{1}{2}}}{1 - e \cos u}.$$

Pour développer le second membre, posons

$$e = \sin \varphi, \qquad (1 - e^2)^{\frac{1}{2}} = \cos \varphi,$$

et remplaçons $\cos \varphi$ et $\sin \varphi$ par leurs valeurs en fonction de $\operatorname{tg} \frac{\varphi}{2}$, il vient

$$(1 - e^2)^{\frac{1}{2}} = \cos \varphi = \frac{1 - \operatorname{tg}^2 \frac{\varphi}{2}}{1 + \operatorname{tg}^2 \frac{\varphi}{2}}, \qquad e = \sin \varphi = \frac{2 \operatorname{tg} \frac{\varphi}{2}}{1 + \operatorname{tg}^2 \frac{\varphi}{2}},$$

d'où, en substituant,

$$\frac{dV}{du} = \frac{1 - \operatorname{tg}^2 \frac{\varphi}{2}}{1 + \operatorname{tg}^2 \frac{\varphi}{2} - 2 \operatorname{tg} \frac{\varphi}{2} \cos u}.$$

Cette expression est de la forme

$$y = \frac{1 - x^2}{1 - 2x \cos u + x^2}.$$

La quantité x étant plus petite que l'unité, le second membre peut être développé en série convergente. Ce développement s'obtient en faisant le quotient indiqué au second membre après avoir ordonné suivant les puissances croissantes de x. On obtient ainsi, par des réductions faciles des restes successifs,

$$y = 1 + 2[x\cos u + x^2 \cos 2u + x^3 \cos 3u + \ldots],$$

et par suite, en remplaçant x par $\operatorname{tg}\frac{\varphi}{2}$

$$\frac{dV}{du} = 1 + 2\left[\operatorname{tg}\frac{\varphi}{2}\cos u + \operatorname{tg}^2\frac{\varphi}{2}\cos 2u + \operatorname{tg}^3\frac{\varphi}{2}\cos 3u + \ldots\right],$$

d'où l'on déduit, en intégrant,

$$V = u + 2\left[\operatorname{tg}\frac{\varphi}{2}\sin u + \frac{\operatorname{tg}^2\frac{\varphi}{2}}{2}\sin 2u + \frac{\operatorname{tg}^3\frac{\varphi}{2}}{3}\sin 3u + \ldots\right]$$

et en remplaçant u par sa valeur en fonction de ζ et $\sin u$

$$V = \zeta + e\sin u + 2\left[\operatorname{tg}\frac{\varphi}{2}\sin u + \frac{\operatorname{tg}^2\frac{\varphi}{2}}{2}\sin 2u \ldots\right] \quad (5)$$

Les formules (1) et (5) donnent $\frac{R}{a}$ et V explicitement en fonction de u; il reste donc à y introduire les valeurs de $\cos u$, $\sin u$, $\sin 2u$, $\sin 3u \ldots$ en fonction de ζ déduites de (3) et celles des puissances de $\operatorname{tg}\frac{\varphi}{2}$ développées suivant les puissances croissantes de e. Tous ces développements s'obtiennent à l'aide d'une même formule analytique due à Lagrange; mais, comme nous ne voulons établir ici que les premiers termes, nous les déterminerons par un procédé plus expéditif.

Nous nous bornerons aux termes en e^2.

140. Développement du rayon vecteur. — Dans la formule (1) $\cos u$ a pour facteur e, nous n'avons donc besoin que du terme d'ordre e dans le développement de cette quantité. On a ainsi, en désignant par l'indice zéro les valeurs que prennent les quantités entre parenthèses déduites de (3) quand on fait $e = 0$,

$$\cos u = (\cos u)_0 + e\left(\frac{d\cos u}{de}\right)_0 \ldots$$

PROBLÈME DE KEPLER.

En différentiant (3) on a

$$\frac{du}{de} = \frac{\sin u}{1 - e\cos u};\qquad(\beta)$$

on a d'ailleurs

$$\frac{d\cos u}{de} = -\sin u \frac{du}{de};\qquad(\gamma)$$

en faisant $e = 0$ et $u = u_0$ dans (3), dans (γ) et dans (β), il vient

$$u_0 = \zeta, \qquad \left(\frac{du}{de}\right)_0 = +\sin\zeta, \qquad \left(\frac{d\cos u}{de}\right)_0 = -\sin^2\zeta.$$

On a donc

$$\cos u = \cos\zeta - e\sin^2\zeta = \cos\zeta - \frac{e}{2} + \frac{e}{2}\cos 2\zeta\ldots,$$

et par suite, en substituant dans (1),

$$\frac{R}{a} = \left(1 + \frac{e^2}{2}\right) - e\cos\zeta - \frac{e^2}{2}\cos 2\zeta\ldots\qquad(6)$$

141. Développement de l'anomalie vraie. — On a d'abord

$$\operatorname{tg}\frac{\varphi}{2} = \frac{1 - \cos\varphi}{\sin\varphi} = \frac{1 - (1 - e^2)^{\frac{1}{2}}}{e},$$

et, en développant le numérateur par la formule du binôme,

$$\operatorname{tg}\frac{\varphi}{2} = \frac{e}{2} - \frac{1}{8}e^3\ldots\qquad(\delta)$$

Comme nous ne gardons que les termes en e^2, nous n'aurons à considérer dans (5) que le terme en $\operatorname{tg}^2\frac{\varphi}{2}$, il viendra donc

$$V = \zeta + e\sin u + 2\left[\operatorname{tg}\frac{\varphi}{2}\sin u + \frac{\operatorname{tg}^2\frac{\varphi}{2}}{2}\sin 2u\ldots\right]\qquad(\varepsilon)$$

or, nous avons, d'après (δ), à l'approximation considérée,

$$\operatorname{tg}\frac{\varphi}{2} = \frac{e}{2}, \qquad \operatorname{tg}^2\frac{\varphi}{2} = \frac{e^2}{4}.$$

Nous n'avons donc besoin, dans le développement de $\sin u$, que du terme en e; on a

$$\frac{d\sin u}{de} = \cos u \frac{du}{de};$$

en faisant

$$e = 0, \quad u = u_0 = \zeta, \quad \frac{du}{de} = \left(\frac{du}{de}\right)_0 = +\sin\zeta.$$

il vient

$$\left(\frac{d\sin u}{de}\right)_0 = \cos\zeta \sin\zeta = \frac{\sin 2\zeta}{2},$$

et par suite

$$\sin u = \sin\zeta + \frac{e}{2}\sin 2\zeta.$$

Dans le développement de $\sin 2u$ nous n'avons besoin que du terme indépendant de e; on a donc $\sin 2u_0 = \sin 2\zeta$ et il vient finalement, en substituant dans (s)

$$V = \zeta + 2e\sin\zeta + \frac{5}{4}e^2\sin 2\zeta \ldots \ldots \quad (7)$$

§ 3. — Variations des constantes. — Formules définitives de prédiction.

142. Variation de l'excentricité. — Ces formules donneraient exactement la position du Soleil dans l'orbite si les lois que nous avons énoncées étaient rigoureusement vérifiées. Il en serait ainsi si le Soleil et la Terre étaient isolés dans l'espace ; mais, comme nous le verrons plus loin, par suite de l'influence des autres astres du système solaire, ces formules ne sont applicables qu'à la condition que l'on attribue aux éléments qui déterminent la forme et la position de l'orbite des valeurs variant lentement.

L'observation directe rend compte de ses variations. Si l'on détermine en effet la valeur de l'excentricité à des époques très éloignées, on trouve qu'elle diminue de 0,00000043 par année; la valeur au 1ᵉʳ janvier 1850 était de 0,01677; au bout de t années et fractions d'années comptées à partir de cette date, elle sera

$$e = 0,01677 - 0,00000043\, t.$$

FORMULES DÉFINITIVES DE PRÉDICTION. 257

On doit tenir compte de ces variations dans les formules qui précèdent, c'est-à-dire employer la valeur de e pour l'époque que l'on considère.

143. Mouvement du périgée. — Si l'on détermine la longitude du périgée à des époques très éloignées, on trouve que, au lieu d'augmenter de $50'',2$ par an par suite de la rétrogradation du point Υ, elle augmente de $61'',7$; ce qui prouve que la ligne des absides est animée d'un mouvement de rotation dans le sens direct de $11'',5$ par an.

Pour déduire de l'anomalie vraie, la longitude du Soleil, il y aura lieu de tenir compte de ce mouvement, ainsi que des déplacements de l'origine Υ résultant des mouvements de l'équateur et de l'écliptique que nous allons faire connaître.

144. Précession et nutation. — Une première approximation de l'étude du mouvement de l'équateur sur la sphère céleste nous avait montré que l'inclinaison de ce plan sur l'écliptique était sensiblement constante et que le point Υ rétrogradait uniformément de

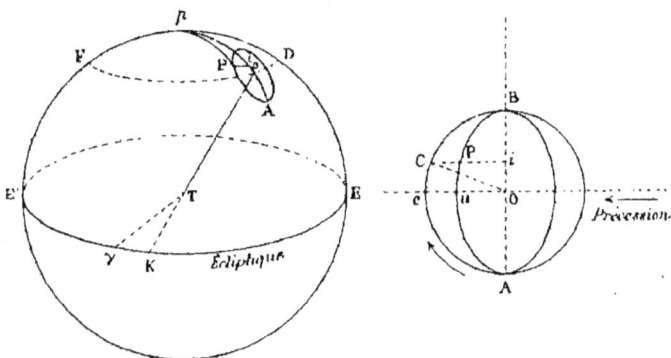

Fig. 95.

$50'',2$ par an. Nous en avons conclu que le pôle de la sphère céleste décrivait autour du pôle de l'écliptique un cercle DF (*fig.* 95) d'un mouvement uniforme.

Une étude plus précise montre que le mouvement est beaucoup plus compliqué. En réalité, le pôle de la sphère céleste décrit, relativement aux étoiles, une petite ellipse BA dont le centre o décrit le cercle D d'un mouvement uniforme.

C'est au mouvement du centre de l'ellipse que l'on donne le nom de *précession*; celui du pôle sur l'ellipse est appelé la *nutation*.

Ainsi que nous l'avons dit, la direction de la ligne des pôles de la sphère céleste est celle de l'axe de la Terre dans l'espace absolu: par conséquent c'est cet axe qui décrit en réalité dans l'espace le double mouvement conique que nous venons d'indiquer.

Les lois du mouvement de nutation sont les suivantes : le grand axe de l'ellipse est toujours dirigé vers le pôle de l'écliptique et les dimensions des deux axes sont les suivantes :

$$2\alpha = 18",4 \quad \text{et} \quad 2\beta = 13",8.$$

La révolution sur l'ellipse s'accomplit en 18 ans et 2/3.

Enfin, si l'on imagine un point mobile C décrivant d'un mouvement uniforme, dans le sens de la flèche, le cercle qui a pour diamètre le grand axe AB, et passant aux extrémités de cet axe en même temps que le pôle, la position P du pôle à tout instant sera située sur la perpendiculaire menée du point mobile au grand axe.

Il est facile de déduire de ce qui précède les valeurs que prendront les coordonnées oi et iP au bout d'un intervalle t, postérieur au passage en A.

Si, en effet, on désigne par T_1 la durée 18 ans 2/3 de la nutation, la vitesse angulaire du point sur le cercle sera $\frac{2\pi}{T_1} = n_1$ et l'angle AOC au bout du temps t_1 aura pour valeur $n_1 t_1$.

On aura donc pour les coordonnées du point c, en comptant oi positif vers le nord et iC positif vers l'ouest, c'est-à-dire dans le sens de la précession,

$$AC = n_1 t_1,$$
$$oi = - oc \cos n_1 t_1,$$
$$iC = + oc \sin n_1 t_1.$$

Mais, par une propriété connue de l'ellipse, on a

$$\frac{iP}{iC} = \frac{ou}{oc} \quad \text{d'où} \quad iP = iC \frac{ou}{oc} = + ou \sin n_1 t_1.$$

Les valeurs de oc et ou sont celles des demi-axes, on a donc

$$oi = - 9",2 \cos n_1 t_1, \qquad (1)$$
$$iP = + 6",9 \sin n_1 t_1. \qquad (2)$$

145. Équateurs moyen et vrai. Équinoxes moyen et vrai.
— On appelle *équateur moyen* l'équateur correspondant au centre o de l'ellipse (pôle moyen) et *équinoxe vrai* ou *apparent* l'équateur correspondant à la position vraie P du pôle. L'*équinoxe moyen* est l'intersection K de l'équateur moyen avec l'écliptique, et l'*équinoxe vrai* ou *apparent* l'intersection ϒ de l'équateur vrai ou apparent.

Menons le grand cercle pP passant par la position vraie du pôle; les lignes TK et Tϒ sont perpendiculaires respectivement aux plans po et pP, par conséquent l'angle KTϒ est égal à l'angle opP.

On appelle *obliquité moyenne* l'obliquité de l'équateur moyen, c'est-à-dire celle qui correspondrait à la position o du pôle, et *obliquité apparente* celle qui correspond à la position vraie P du pôle.

L'angle de l'équateur avec l'écliptique étant égal à celui que forment les axes de ces plans, l'obliquité moyenne est représentée par l'arc po et l'obliquité apparente par l'arc $pP = pi$.

146. Nutation en longitude et en obliquité. — On appelle *nutation en longitude* la correction qu'il faut ajouter à une longitude rapportée à l'équinoxe moyen K pour obtenir celle rapportée à l'équinoxe apparent ϒ. Dans le cas de la figure, cette correction est additive, car une longitude comptée du point K est plus petite que celle comptée du point ϒ.

La *nutation en obliquité* est la correction qu'il faut ajouter à l'obliquité moyenne pour obtenir l'obliquité apparente; elle est donc positive quand l'obliquité apparente est la plus grande, et négative dans le cas contraire; dans le cas de la figure, elle est négative.

En désignant par ΔL la valeur de la nutation en longitude, on a sur la figure

$$\Delta L = + opP,$$

l'angle opP étant compté vers l'ouest comme nous avons fait pour iP. Mais l'arc iP est celui du parallèle qui a pour rayon le sinus de pi, on a donc

$$iP = opP \sin pi \qquad \text{d'où} \qquad opP = \frac{iP}{\sin pi}$$

et par suite

$$\Delta L = + \frac{iP}{\sin pi} = \frac{+ 6",9}{\sin pi} \sin n_1 t_1.$$

L'angle pi différant très peu de l'angle po, on peut le remplacer par ce dernier, c'est-à-dire par la valeur de l'obliquité moyenne $23°27'16''$, on a ainsi

$$\Delta L = \frac{+6'',9}{\sin 23°27'16''} \sin n_1 t_1 = 17'',25 \sin n_1 t_1. \qquad (3)$$

La valeur de la nutation en obliquité est représentée par l'arc oi, elle est soustractive de l'obliquité moyenne ; on a donc, d'après la formule (1),

$$\Delta \omega = -oi = 9'',2 \cos n_1 t_1. \qquad (4)$$

Remarque. — Nous verrons plus loin que l'angle $n_1 t_1$ est égal à la distance au point K du *nœud ascendant* moyen de l'orbite de la Lune comptée dans le sens rétrograde, c'est-à-dire $360°$ — la longitude de ce nœud ; on désigne la valeur de cette longitude par la notation Ω ; on a donc :

$$\Delta L = +17'',25 \sin(360° - \Omega) = -17'',25 \sin \Omega, \qquad (3)$$
$$\Delta \omega = 9'',2 \cos(360° - \Omega) = 9'',2 \cos \Omega. \qquad (4)$$

147. Mouvement propre de l'écliptique. — Enfin le plan de l'écliptique n'est pas rigoureusement fixe parmi les étoiles comme

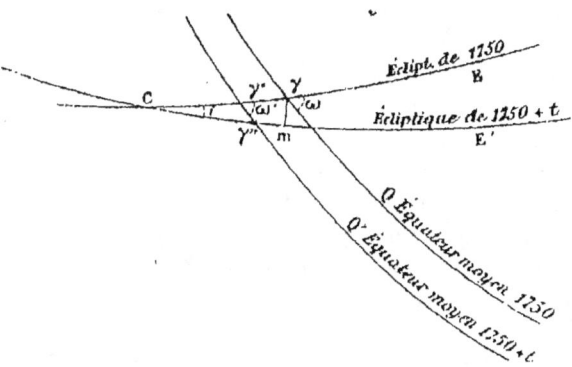

Fig. 95 *bis*.

nous l'avons supposé jusqu'ici ; il tourne avec une extrême lenteur autour d'une ligne voisine de celle des équinoxes, et ce mou-

FORMULES DÉFINITIVES DE PRÉDICTION.

vement a pour effet de réduire de $0'',48$ par an l'obliquité de l'équateur.

Nous nous bornerons à mentionner ce mouvement, nous n'en tiendrons pas compte dans le reste de cet ouvrage; voici quelles en sont les conséquences pour le déplacement propre de l'origine des longitudes dans le plan de l'orbite du Soleil, et pour l'obliquité (*fig.* 95 bis).

Angle i de l'éclipt. de $1750 + t$ sur celle de 1750 . . . . . $\quad i = 0'',4889\,t.$

Arc $C\Upsilon'$ . . . . $\quad \theta = 171°36'10'' - 5'',21\,t.$

Obliquité constante de l'équateur sur l'écliptique de 1750. $\quad \omega = \omega' = 23°28'18''.$

Précession lunisolaire (sur l'écliptique de $1750 + t$) . . . $\quad = 50'',3752\,t.$

Obliquité décroissante (sur l'écliptique de $1750 + t$) . . . $\quad \omega'' = 23°28'18'' - 0'',48368\,t.$

$\Upsilon''m =$ précession totale (sur l'écliptique de $1750 + t$) . . $\quad \Psi' = 50'',21129\,t.$

La lettre t représente l'intervalle écoulé depuis 1750 en années juliennes de $365^j,25$; nous avons négligé les termes en t^2.

148. Formules définitives de prédiction. — La longitude moyenne que nous avons désignée par L, c'est-à-dire la longitude du Soleil fictif est toujours rapportée à l'équinoxe moyen. Représentons sur la figure 96 l'écliptique par EE'; soit K l'équinoxe moyen, Υ l'équinoxe vrai, S_f et S_v le Soleil fictif et le Soleil vrai, P le périgée. On a, par définition, en comptant tous les angles dans le sens des longitudes,

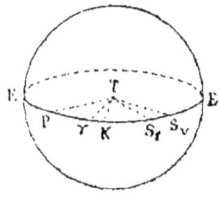

Fig. 96.

$$L = KS_f, \qquad \odot = \Upsilon S_v,$$
$$f = S_f S_v, \qquad \zeta = PS_f,$$
$$\pi = KE'EP = KP, \qquad V = PS_v;$$
$$\zeta = L - \pi, \qquad \text{Nutation} = \Upsilon K. \qquad (1)$$

La figure donne

$$\Upsilon S_v = \Upsilon K + K S_f + S_f S_v$$

ou

$$\odot = L + f + \text{nutation} ; \qquad (2)$$

on a trouvé en outre

$$\frac{R}{a} = \left(1 + \frac{e^2}{2}\right) - e\cos\zeta - \frac{e^2}{2}\cos 2\zeta\ldots, \qquad (3)$$

$$f = V - \zeta = 2e\sin\zeta + \frac{5}{4}e^2\sin 2\zeta\ldots; \qquad (4)$$

enfin nous avons fait connaître les formules qui donnent e en fonction du temps, et celle qui donne la nutation.

Le problème de la prédiction sera entièrement résolu si nous connaissons L et π pour une époque donnée, puisque la formule (1) donnera ζ, la formule (4) donnera f, et les formules (2) et (3) donneront $\odot$ et $\dfrac{R}{a}$.

Pour obtenir L et π à une époque quelconque, il suffit de connaître leurs valeurs à une époque déterminée et leurs variations dans l'unité du temps. On a vu comment on avait déterminé la valeur de π au moment d'un passage au périgée; à cet instant, la longitude moyenne L avait la même valeur. La valeur de π augmente de 61″,7 par année; celle de L augmente de 360° + 50″,2 = 1296050″,2 par année sidérale de 365^j,2564.

On a vu aussi comment on obtenait l'heure moyenne à l'instant du passage au périgée (p. 237). On possède donc tous les éléments nécessaires pour former des tables donnant les valeurs de ces éléments pour des époques quelconques. Le Verrier, à qui sont dues les tables du Soleil adoptées actuellement par tous les astronomes, a transporté l'origine du temps au 1.er janvier 1850 à midi moyen et a donné pour cette époque les valeurs suivantes :

$$L = 280° 46' 43'',51,$$
$$\pi = 280° 21' 21'',5.$$

De plus, il a pris comme unité de temps pour l'évaluation des variations, l'année julienne de $365^j,25$; dans ce cas, le mouvement moyen, au lieu d'être $1\,296\,050'',2$, est

$$\frac{1\,296\,050'',2 \times 365,25}{365,256} = 1\,296\,027,7.$$

Voici les formules données par Le Verrier ; l'intervalle t est exprimé en années juliennes de $365^j,25$ depuis le 1er janvier 1850 à midi moyen de Paris :

$$L = 280°46'43'',51 + 1\,296\,027'',6784\,t + 0'',00011073\,t^2 \quad (1)$$

$$\pi = 280°21'21'',5 + 61'',6995\,t + 0'',0001823\,t^2 \quad (2)$$

$$\frac{e}{\text{arc } 1''} = 3459'',28 - 0'',08755\,t - 0'',00000282\,t^2 \quad (3)$$

$$\zeta = L - \pi. \quad (4)$$

$$\begin{aligned}
f = &(6918'',310 - 0'',17510\,t - 0'',00000564\,t^2) \sin\zeta \\
&+ (72'',508 - 0'',00375\,t) \sin 2\zeta \\
&+ (1'',054 - 0'',00008\,t) \sin 3\zeta \\
&+ 0'',018 \sin 4\zeta
\end{aligned} \quad (5)$$

$$\odot = L + f + \text{nutation en longitude} + \text{perturbation}. \quad (6)$$

Nut. en long. $= -17'',2562 \sin \Omega$ \quad (7)

$$\begin{aligned}
\frac{R}{a} = &\ 1{,}00014063 - 0{,}0000000073\,t \\
&- (0{,}01676927 - 0{,}0000004338\,t) \cos\zeta \\
&- (0{,}00014060 - 0{,}0000000073\,t) \cos 2\zeta \\
&- (0{,}00000177 - 0{,}0000000001\,t) \cos 3\zeta \\
&- (0{,}00000003) \cos 4\zeta \\
&+ \text{perturbations}.
\end{aligned} \quad (8)$$

La valeur $\odot$ étant connue (6), on calcule l'obliquité par les formules

Obliquité moyenne $= 23°27'31'',83 - 0'',47594\,t$ \quad (9)

Nutation en obliquité $= +9'',2239 \cos \Omega$ \quad (10)

$\omega = $ obliquité vraie $=$ obliquité moyenne $+$ nutation. \quad (11)

Dans les formules (7) et (10) la longitude moyenne Ω du nœud ascendant de la Lune est donnée par la formule suivante, où t' est compté à partir de 1800 en années tropiques,

$$\Omega = 33°\,15'\,26'',9 - (19°\,20'\,29'',53)\,t'; \qquad (12)$$

on obtient enfin l'ascension droite $\mathcal{R}$ et la déclinaison D par les formules

$$\left.\begin{array}{l} \operatorname{tg} \mathcal{R} = \operatorname{tg} \odot \cos\omega \\ \sin D = \sin \odot \sin\omega \end{array}\right\} \quad (13)$$

Le temps sidéral étant rapporté à l'équinoxe vrai, il faut que l'ascension droite du Soleil moyen, donnée sous le titre de *Temps sidéral à midi moyen*, soit rapportée au même point, on a donc

Temps sidéral à midi moyen $= L +$ nutation en ascension droite. (14)

CHAPITRE XI

LOIS DES MOUVEMENTS DE LA LUNE. — PHASES.

§ 1er. — Observations préliminaires. — Mesure des distances zénithales et des ascensions droites. — Mesure de la distance à la Terre.

149. Observations préliminaires. — Avant d'appliquer les observations précises à l'étude du mouvement de la Lune, examinons à l'œil nu le mouvement de cet astre pendant le cours de plusieurs nuits. Nous voyons ainsi qu'il parcourt les constellations en s'avançant de l'ouest vers l'est d'un mouvement assez rapide, et que les instants de ses levers, de ses couchers et de ses passages au méridien retardent, d'un jour au suivant, d'environ trois quarts d'heure.

Nous remarquons en outre que, à l'époque où la Lune passe au méridien supérieur vers minuit et où elle est par suite sur le cercle de déclinaison opposé à celui du Soleil, elle offre l'aspect d'un disque entièrement éclairé. Lorsqu'elle reparaît sur l'horizon le lendemain, le disque s'est altéré du côté ouest sur la moitié de son contour. L'altération augmente ensuite de plus en plus à mesure que l'heure du passage s'éloigne de minuit; lorsqu'elle passe au méridien à 6 heures du matin, elle est réduite à un demi-cercle. A cette époque elle est sur l'horizon depuis longtemps lorsque le Soleil se lève; on constate alors qu'elle se rapproche de cet astre de plus en plus; elle prend en même temps la forme d'un croissant de plus en plus délié, présentant toujours son bord éclairé au Soleil. Enfin elle échappe bientôt à la vue par suite de la diminution de la partie éclairée et de son absorption dans la lumière solaire.

La Lune reste alors invisible pendant deux ou trois jours, après lesquels on la voit reparaître à l'est du Soleil sous la forme d'un mince croissant, présentant encore son bord éclairé à cet astre ; elle s'en écarte alors de plus en plus, le croissant s'élargit progressivement, et reprend la forme d'un demi-cercle quand elle passe au méridien à 6 heures du soir.

Enfin, lorsque l'heure de son passage au méridien, par suite de ses retards successifs, est revenue à minuit, elle reprend la forme d'un disque plein et les phénomènes se reproduisent dans le même ordre que précédemment. La période de ces phénomènes est d'environ 29 jours 1/2 ; on la nomme la *lunaison*.

150. Mesure du demi-diamètre apparent. — Bien que le disque de la Lune soit déformé sur la moitié de son contour, on peut encore mesurer son diamètre, avec l'héliomètre ou avec les micromètres à fils mobiles, en effectuant la mesure suivant la direction qui joint les points où commence la partie déformée. Mais on ne peut mesurer ainsi en général que les diamètres inclinés, et l'on a vu (page 29) que ces diamètres sont altérés par la réfraction. Il est donc nécessaire de corriger en conséquence les résultats de l'observation.

151. Mesure des distances zénithales apparentes. — Pour obtenir la distance zénithale apparente de la Lune, on mesure la distance zénithale du bord horizontal éclairé. En corrigeant ce résultat de l'influence de la réfraction, on obtient la distance zénithale du bord observé, et l'on ajoute ou l'on retranche ensuite le demi-diamètre apparent déduit des tables ou obtenu comme nous venons de le dire.

Remarque. — Il résulte de ce que nous avons dit précédemment (p. 104) que ce demi-diamètre est différent de celui qui est aperçu du centre de la Terre. Par conséquent, lorsque l'on prend la valeur de cet élément dans les tables de prédiction, qui donnent toujours les éléments vrais, il faut lui faire subir la correction indiquée (page 105).

152. Mesure de l'ascension droite vraie. — Pour obtenir l'ascension droite apparente de la Lune au moment de son passage au méridien, on détermine avec la lunette méridienne l'ascension droite du bord vertical éclairé, et l'on ajoute ou l'on retranche l'intervalle sidéral nécessaire au passage du demi-diamètre au méridien. Lorsque l'on possède des tables de prédiction, on prend cet intervalle tel qu'il est donné ; l'intervalle nécessaire au passage du demi-diamètre apparent est en effet le même que celui du passage du demi-diamètre vrai, puisque le bord et le centre de la position apparente passent au méridien en même temps que le bord et le centre de la position vraie.

Si, comme nous devons le supposer ici, on ne possède pas de tables de la Lune, on obtient cet intervalle de la manière suivante :

On détermine l'angle formé au pôle par les deux cercles de déclinaison passant par le centre et par le bord de la Lune[1]. Soit α cet angle. On détermine ensuite l'intervalle I nécessaire au cercle horaire de la Lune pour parcourir 1 degré sur la sphère locale ; cet intervalle est égal au quotient de l'intervalle de deux passages successifs du même bord par 360°. L'intervalle du passage sera évidemment égal à Iα.

153. Étoiles de comparaison. — Lorsque la Lune passe au méridien la nuit, son éclat n'est pas suffisant pour empêcher d'apercevoir en même temps des étoiles voisines. On peut alors obtenir des distances zénithales méridiennes et des ascensions droites très précises en mesurant au cercle mural

---

[1]. L'angle α interceptant un arc égal à un demi-diamètre δ sur le parallèle de déclinaison D, on a
$$\alpha = \frac{\delta}{\sin D}.$$

et à la lunette méridienne les *différences* en distances zénithales et en ascension droite des bords de l'astre avec des étoiles très voisines dont la déclinaison et l'ascension droite ont été déduites d'un grand nombre de mesures. La distance zénithale apparente du bord observé s'obtient alors en ajoutant ou en retranchant à la distance zénithale de la Lune la différence observée, corrigée de la différence des réfractions. La mesure des petits angles étant susceptible d'une très grande précision, et la différence des réfractions donnée par les tables n'étant pas affectée des incertitudes qui peuvent exister pour les valeurs des réfractions elles-mêmes, le résultat obtenu par cette méthode est beaucoup plus précis que celui que pourrait donner l'observation directe.

L'ascension droite du bord de la Lune est obtenue directement par l'addition ou la soustraction de la différence avec l'ascension droite de l'étoile, car la réfraction n'altère pas les ascensions droites au moment des passages.

154. Proximité de la Lune. Nécessité de corriger les distances zénithales apparentes de la parallaxe pour l'étude de son mouvement. — Si l'on compare entre elles les déclinaisons de la Lune obtenues de deux lieux assez éloignés de la Terre au même instant, par exemple celles que l'on déduit des distances zénithales méridiennes observées dans deux lieux situés sur le même méridien, on constate qu'elles diffèrent très sensiblement l'une de l'autre. Il résulte de ce que l'on a vu (p. 64) que la différence ainsi constatée représente la valeur de l'angle formé par les rayons visuels menés des observateurs à la Lune au moment de l'observation. On conclut de là que cet astre est relativement voisin de la Terre et que, par suite, la parallaxe est assez sensible pour qu'il ne soit plus possible d'admettre, comme pour le Soleil, que les positions observées de la surface de la Terre sont les mêmes que celles observées de son centre.

Si cette proximité de la Lune nous oblige à tenir compte de corrections que nous avons négligées pour le Soleil, elle va nous permettre en revanche de trouver sur la Terre une base assez grande pour mesurer à un instant donné la distance de cet astre au centre de notre globe en fonction d'une unité que nous connaissons, le *rayon de la Terre*, ou, ce qui revient au même, le *mètre*.

Nous pourrons en même temps obtenir en fonction de la même unité la grandeur du rayon du globe lunaire au même instant.

Nous verrons ensuite comment, connaissant la valeur de ce rayon, nous pourrons, de la valeur d'une distance zénithale apparente et du demi-diamètre apparent au même instant, déduire la distance zénithale vraie et la distance du centre de la Lune au centre de la Terre à cet instant.

155. Mesure de la distance de la Lune à la Terre. Rayon du globe lunaire. — Pour mesurer la distance de la Lune à la Terre, deux observateurs se placent en deux lieux A et A'

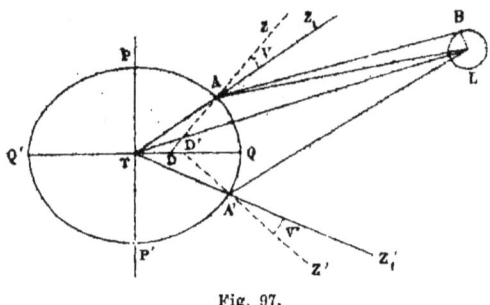

Fig. 97.

(*fig. 97*), aussi éloignés que possible et situés sur le même méridien, et déterminent, par la méthode que nous avons indiquée plus haut (étoiles de comparaison), les distances zénithales apparentes de la Lune au moment de son passage au méridien commun. Pour plus d'exactitude nous avons supposé sur la figure que la Terre n'était pas sphérique ; il n'est plus possible, en effet, dans le cas de la Lune, de négliger les différences des distances des lieux terrestres au centre de l'ellipse méridienne.

On connaît les grandeurs des rayons géocentriques TA et TA′, ainsi que les angles V et V′ formés par les verticales avec ces rayons ; on connaît également les latitudes géographiques QDA et QD′A′ ; et l'on a, en appelant φ et φ′ les latitudes géocentriques QTA et QTA′ et L et L′ les latitudes géographiques

$$\varphi = L - V, \qquad \varphi' = L' - V'.$$

Enfin, des distances zénithales ZAL et Z′A′L, on peut déduire les angles Z_iAL et Z'_iA′L, rapportés aux prolongements des rayons géocentriques.

On connaît donc tous les éléments nécessaires au tracé de la figure, et par suite, au calcul de ses différents éléments ; on pourra, par conséquent, calculer la diagonale TL du quadrilatère et les distances AL et A′L des observateurs à la Lune[1].

---

[1]. Voici les formules à l'aide desquelles on pourra résoudre le quadrilatère :
En désignant par p et p' les parallaxes TLA et TLA′ des deux lieux, par r et r' les rayons TA et TA′, par a le rayon équatorial TQ, et par N_a et N'_a les distances zénithales apparentes observées, corrigées de la réfraction on a :

$$\sin p = \frac{TA}{TL} \sin (N_a - V) = \frac{TA}{TQ} \cdot \frac{TQ}{TL} \sin (N_a - V),$$

$$\sin p' = \frac{TA'}{TL} \sin (N'_a - V') = \frac{TA'}{TQ} \cdot \frac{TQ}{TL} \sin (N'_a - V') ;$$

d'où, en exprimant p et p' en secondes,

$$p = \frac{r}{a} \cdot \frac{a}{TL} \cdot \frac{\sin (N_a - V)}{\sin 1''},$$

$$p' = \frac{r'}{a} \cdot \frac{a}{TL} \cdot \frac{\sin (N'_a - V')}{\sin 1''}.$$

Écrivant ensuite que la somme des quatre angles du quadrilatère vaut quatre droits, on a

$$QTA' + QTA + TAL + ALT + TLA' + LA'T = 360°,$$

ou

$$(L' - V') + (L - V) + 180° - (N_a - V) + p + p' + 180° - (N'_a - V') = 360°,$$

$$L + L' + \frac{a}{TL} \left[\frac{r}{a} \cdot \frac{\sin (N_a - V)}{\sin 1''} + \frac{r'}{a} \cdot \frac{\sin (N'_a - V')}{\sin 1''} \right] = N_a + N'_a ;$$

d'où l'on déduira $\frac{TL}{a}$, c'est-à-dire TL en fonction du rayon équatorial de la Terre.

On aura ensuite p par la formule donnée plus haut ; et l'on pourra obtenir enfin AL dans le triangle TAL.

En mesurant en même temps, de l'une des stations, le demi-diamètre angulaire δ, on pourra enfin obtenir le rayon du globe lunaire. On a en effet, en désignant ce rayon par r_1,

$$r_1 = AL \sin \delta = AL . \delta \sin 1''.$$

On a obtenu ainsi pour le rapport de r_1 au rayon équatorial la valeur 0,2729.

L'opération que nous venons d'indiquer a été exécutée en 1756, par les astronomes français Lalande et Lacaille. Le premier observa à Berlin, le second au cap de Bonne-Espérance. Les deux lieux ne sont pas situés exactement sur le même méridien, mais on a tenu compte de l'écart en ramenant la distance zénithale mesurée par l'un des observateurs à l'instant du passage au méridien de l'autre observateur, à l'aide de la variation de la déclinaison de la Lune pendant l'intervalle nécessaire à cet astre pour passer d'un méridien à l'autre.

Enfin, pour réunir les conditions les plus favorables à l'exactitude, on a choisi une époque où, d'après les tables de prédiction, la Lune était le plus voisine de la Terre.

Nous verrons plus loin quel était le but de cette mesure et quels en furent les résultats ; mais, pour le moment, nous supposerons qu'elle a eu uniquement pour objet la mesure du rayon du globe lunaire qui va nous servir de base désormais pour obtenir, aux différentes époques, la distance de la Lune, et pour réduire les observations au centre de la Terre.

§ 2. — Étude du mouvement de la Lune. — Prédiction des éphémérides. — Révolutions sidérales et synodiques.

156. Observations ; leur réduction et leur enregistrement. — Nous supposerons que l'on a mesuré chaque jour pendant une longue période le demi-diamètre de la Lune, la distance zénithale du bord horizontal éclairé et l'ascension droite du bord vertical au moment du passage, et que, par les méthodes indiquées plus haut, on a déduit de ces observations l'ascension droite *vraie* du centre, sa distance zénithale *apparente* et le demi-diamètre *apparent*.

Du demi-diamètre apparent δ, on déduira la distance AL (*fig. 98*) de l'observateur à la Lune par la formule

$$AL = \frac{r_1}{\sin \delta} = \frac{0,273 a}{\sin \delta}.$$

On réduira les distances zénithales à la verticale géocentrique

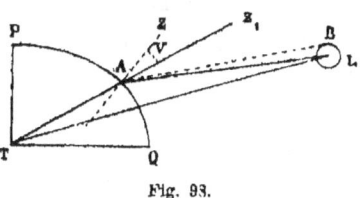

Fig. 98.

AZ_1 par la soustraction de l'angle à la verticale ZAZ_1; on connaîtra ainsi, dans le triangle TAL, le rayon TA, la distance AL et l'angle TAL; on pourra donc calculer TL et l'angle Z_1TL[1].

Enfin, de la distance zénithale Z_1TL rapportée à la verticale géocentrique, combinée avec la latitude φ rapportée à la même verticale, on déduira la déclinaison vraie QTL de la Lune.

Nous connaîtrons ainsi, pour les instants des passages, la déclinaison et l'ascension droite vraie, et la distance de l'astre au centre de la Terre. Nous inscrirons ces résultats dans les colonnes (3), (4) et (7) d'un registre disposé ainsi qu'il suit :

---

[1]. En désignant par Nα la distance zénithale apparente ZAL, et en projetant le contour TAL et sa résultante sur TA et sur une perpendiculaire à cette droite

$$TL \cos Z_1 TL = TA + AL \cos (N\alpha - V)$$
$$TL \sin Z_1 TL = \phantom{TA + {}} AL \sin (N\alpha - V).$$

Le quotient de ces deux formules donnera la tangente de l'angle Z_1TL; l'une quelconque d'entre elles donnera ensuite TL.

MOUVEMENTS DE LA LUNE. 273

DATES.	HEURES MOYENNES des passages.	ASCENSION DROITE. A	DÉCLINAISONS. D	LONGITUDE CÉLESTE. $L\mathbb{C}$	LATITUDE CÉLESTE. $\lambda\mathbb{C}$	DISTANCE à la TERRE. $R\mathbb{C}$
(1)	(2)	(3)	(4)	(5)	(6)	(7)

Les heures de la colonne (2) s'obtiendront en convertissant en temps moyen celles de la colonne (3). Enfin on remplira les colonnes (5) et (6) en transformant, comme on l'a vu (page 161), les coordonnées rapportées à l'équateur en coordonnées rapportées à l'écliptique. Comme nous savons actuellement que ce grand cercle est fixe sur la sphère céleste, ou du moins peut être considéré comme tel, il est plus rationnel de lui rapporter désormais les positions célestes qu'à l'équateur, qui est mobile. Il est vrai que l'origine des longitudes sur ce cercle est encore mobile, mais son mouvement est assez lent pour être négligé pendant une courte période; d'ailleurs, il suffira, pour les très longues périodes, d'une correction très simple pour en tenir compte.

157. Mouvement de la Lune sur la sphère céleste. — Nous possédons désormais tous les éléments nécessaires pour appliquer à l'étude du mouvement de la Lune, par rapport au centre de la Terre, les procédés que nous avons appliqués à celle du mouvement du Soleil.

En portant sur un globe céleste (*fig. 99*), où l'écliptique et les étoiles ont été marquées, ainsi que la position actuelle du pôle, les positions successives de la Lune à

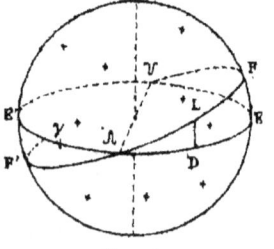

Fig. 99.

l'aide des éléments $\Upsilon D = L ☾$ et $DL = \lambda ☾$, on constate que :

1° La trajectoire est un grand cercle, incliné d'environ 5°09' sur l'écliptique, et que, par suite, la trajectoire dans l'espace est une courbe située dans un plan passant par le centre de la Terre ;

2° Le mouvement a lieu dans le sens direct, et la révolution s'accomplit dans une période d'environ $27^j,32$; la vitesse angulaire est ainsi d'environ 13° par jour par rapport aux étoiles.

Les points où le grand cercle coupe l'écliptique sont appelés les *nœuds de l'orbite lunaire*; celui où la Lune traverse l'écliptique du sud au nord est le *nœud ascendant*, l'autre le *nœud descendant*. Les nœuds se désignent par les symboles ☊ (nœud ascendant), ☋ (nœud descendant).

Remarque. — Il ne saurait être question ici de soumettre l'exactitude de ces résultats à la vérification plus précise du calcul, parce que les inégalités qui affectent le mouvement de la Lune et que nous ferons bientôt connaître, sont assez considérables pour être sensibles, même au procédé graphique que nous venons d'indiquer.

158. Mouvement de la Lune dans son plan. — On déterminera ensuite la longitude du nœud ascendant et l'inclinaison de l'orbite par le procédé qui a été employé, pour le Soleil, (page 160), à la détermination de la position du point Υ et de l'inclinaison de l'écliptique, et l'on calculera pour chaque observation les valeurs de l'arc ☊ L, appelé la *longitude dans l'orbite*. On possédera ainsi les éléments nécessaires pour tracer par points, en coordonnées polaires, la forme de l'orbite lunaire dans son plan ; de plus, on connaîtra des valeurs approchées de la vitesse angulaire v du rayon vecteur.

On constatera ainsi que les vitesses angulaires sont inversement proportionnelles aux carrés des rayons vecteurs ($R^2 v = $ constante) et que, par suite (page 210), le mouvement de la Lune s'effectue suivant la *loi des aires*.

Enfin, on verra que l'orbite est une ellipse dont la Terre occupe un des foyers.

Toutefois ces lois, qui, pour le Soleil, sont l'expression très approchée de la vérité, ne représentent plus ici qu'une approximation grossière. Nous allons voir en effet que le plan de l'orbite de la Lune est animé de mouvements relativement rapides, et que les déformations et la rotation de l'ellipse dans son plan, qui étaient extrêmement petites pour le Soleil, sont beaucoup plus considérables pour la Lune. Enfin, indépendamment de ces variations des éléments de l'orbite, le mouvement de cet astre est encore affecté de perturbations assez importantes pour altérer sensiblement les caractères généraux du mouvement elliptique.

159. Mouvement du plan de l'orbite. — En déterminant à des époques un peu éloignées la longitude du nœud et l'inclinaison de l'orbite, on trouve, à une première approximation, que l'inclinaison est constante et égale à 5°9', et que la ligne des nœuds tourne dans le sens rétrograde, avec une vitesse d'environ 3' 11" par jour.

Il résulte de là que, à cette première approximation, le pôle de l'orbite de la Lune décrit autour du pôle fixe de l'écliptique un cercle de 5°09' de rayon.

Un examen plus attentif des résultats de l'observation montre que le mouvement est moins simple ; l'inclinaison varie en effet de 9' de part et d'autre de la valeur moyenne que nous venons d'indiquer ; elle oscille ainsi entre 5° et 5°18'. Ces variations résultent de ce que le pôle de l'orbite de la Lune, au lieu de décrire exactement un cercle, comme nous le supposions d'abord, décrit un petit cercle dont le centre est lui-même en mouvement sur le cercle précédent. Ce double mouvement offre une analogie complète avec celui du pôle de l'équateur ; la différence principale consiste en ce que la petite courbe de nutation est circulaire pour le pôle de l'orbite de la Lune et elliptique pour le pôle de l'équateur céleste. Les mouvements du plan de l'orbite de la Lune sont beaucoup plus rapides que ceux de l'équateur ; voici, en effet, les durées des révolutions, inscrites en regard de celles que nous avons trouvées pour l'équateur :

	ORBITE de la lune.	ÉQUATEUR céleste.
Précessions.	18 ans 3/5	26 000 ans
Nutations	173 jours	18 ans 3/5

Ainsi qu'on le voit, la durée de la précession de l'orbite lunaire est la même que celle de la nutation de l'équateur ; nous avons déjà signalé plus haut la dépendance réciproque du mouvement du nœud de la Lune et de celui du pôle de l'équateur sur son ellipse de nutation (p. 260).

Nous expliquerons cette dépendance des deux mouvements dans un chapitre de la mécanique céleste.

160. Variations de l'orbite dans son plan. — La ligne des apsides tourne dans son plan dans le sens direct, comme celle de l'orbite apparente du Soleil ; la durée de sa révolution est $3232^j,57$, un peu moins de 9 ans.

L'excentricité, notablement plus grande que celle que nous avons trouvée pour le Soleil (0,0549 au lieu de 0,0168), est variable ; il en est de même du demi-grand axe et de la durée de la révolution.

161. Inégalités périodiques. — Les positions de la Lune déduites des lois du mouvement elliptique, en tenant compte des variations que nous venons d'indiquer, doivent subir encore de nombreuses corrections périodiques dont les principales sont, pour la longitude,

L'évection, dont l'amplitude est.	1° 20'
La variation, —	0 36
L'équation annuelle —	11' 36" [1]

---

[1]. Les expressions de ces variations sont :

Évection	1° 20'	$\sin 2[(L\odot - L\mathbb{C}) - \zeta\mathbb{C}]$
Variations	0° 36'	$\sin (L\odot - L\mathbb{C})$
Équations annuelles.	11' 10"	$\sin \zeta\odot$

Les signes $L\odot$ et $L\mathbb{C}$ représentent les longitudes vraies de la Lune et du Soleil, $\zeta\odot$ et $\zeta\mathbb{C}$ les anomalies moyennes.

La valeur du rayon vecteur est affectée aussi d'inégalités non moins importantes. L'orbite lunaire se contracte et se dilate successivement suivant la position du Soleil par rapport à la ligne des apsides.

La valeur maxima de la distance apogée a lieu quand l'apogée est en conjonction, et la valeur minima périgée quand le périgée est en opposition.

162. Prédiction des éphémérides de la Lune. — La prédiction de la position elliptique de la Lune, en tenant compte des variations des constantes, s'obtient par des formules analogues à celles du Soleil.

Ces formules donnent seulement le rapport $\frac{R}{a}$ du rayon vecteur au demi-grand axe. Pour le Soleil, nous avons dû nous en tenir à ce résultat; mais, pour la Lune, des mesures analogues à celles de Lalande et Lacaille ayant fourni la valeur de R en fonction du rayon de la Terre à une époque où le rapport $\frac{R}{a}$ était donné par les tables, on en a déduit le demi-grand axe a de l'orbite lunaire ($a = 60,2745$) en fonction de ce même rayon; par suite, des valeurs de $\frac{R}{a}$ fournies par les formules du mouvement elliptique, on peut désormais déduire R en fonction du rayon équatorial de la Terre, c'est-à-dire du mètre.

Les résultats ainsi obtenus ne sont, comme nous l'avons dit, que très grossièrement approchés, il faut encore tenir compte des inégalités périodiques dont nous venons de faire connaître les plus importantes. Les valeurs de ces inégalités sont déduites actuellement de tables moitié empiriques, moitié théoriques, établies par Hansen. Les résultats de ces tables offrent depuis quelque temps des écarts sensibles avec ceux de l'observation; la *Connaissance des temps* donne chaque année, d'après Newcomb, les corrections probables à apporter pour rétablir la concordance.

163. Révolutions sidérales et synodiques de la Lune et de son orbite. — Nous aurons fréquemment à nous occuper des révolutions sidérales et synodiques des astres et de leurs nœuds, nous donnerons donc dès maintenant, à un point de vue tout à fait général, les définitions ainsi que la formule à l'aide de laquelle on détermine ces durées.

On appelle *Révolution sidérale* d'un point mobile sur la sphère céleste, l'accomplissement d'un tour entier sur cette sphère autour du pôle de l'écliptique. Cette révolution ramène donc le cercle de latitude du point considéré à une même étoile de l'écliptique. Si le point ♈ à partir duquel sont comptées les longitudes était fixe, ce serait la révolution qui ramène le point considéré à la même longitude; mais, comme ce point recule sur l'écliptique, il faut encore tenir compte de son mouvement pour évaluer la durée de la révolution sidérale.

La *Révolution synodique* est celle qui ramène le point considéré au même écart en longitude avec le Soleil.

Relation entre la durée de la révolution sidérale T' d'un point du ciel, de sa révolution synodique T'' et de la révolution sidérale du Soleil T. — Les durées T, T', T'' des révolutions des astres et de leurs orbites ne sont pas constantes, elles sont altérées par les inégalités périodiques dont sont affectés les mouvements célestes; celles que nous considérons ici sont les durées moyennes en jours moyens, obtenues en divisant le nombre de jours écoulés pendant un grand nombre de révolutions par le nombre des révolutions.

Il existe entre T, T', T'' une relation très simple.

Le mouvement moyen sidéral du Soleil en un jour moyen est $\dfrac{360°}{T}$

— — du point considéré . . . . . $\dfrac{360°}{T'}$

Le mouvement moyen synodique en un jour moyen est . . . $\dfrac{360°}{T''}$

Si l'on donne le signe + aux mouvements moyens effectués dans le sens direct, le mouvement moyen synodique du point mobile augmenté du mouvement moyen sidéral du Soleil donnera le mouvement moyen sidéral du point, on a donc

$$\frac{360}{T'} = \frac{360}{T} + \frac{360}{T''}$$

d'où

$$\frac{1}{T'} = \frac{1}{T} + \frac{1}{T''}.$$

La durée T est connue: elle est de 365,256 ; il suffit donc de déterminer l'une des deux autres pour trouver la troisième.

RÉVOLUTIONS SIDÉRALE ET SYNODIQUE DE LA LUNE. — Nous verrons bientôt que la durée de la révolution synodique est précisément celle de la période qui ramène les mêmes phases, c'est-à-dire, par exemple, l'intervalle écoulé entre deux pleines Lunes. Nous verrons également que les éclipses du Soleil ne se produisent qu'à des instants très voisins de la pleine Lune ; par conséquent, sans autre donnée que le nombre de jours écoulés N et le nombre de pleines Lunes N' qui se sont produites entre deux éclipses de Soleil très éloignées, on peut obtenir une valeur très exacte de la révolution synodique

$$T'' = \frac{N}{N'};$$

on déduit ensuite de là la valeur de T' par la formule donnée plus haut.

On a obtenu ainsi

Durée de la révolution synodique de la Lune T''. . 29^j,53
— sidérale de la Lune T'. . . 27 ,32

Remarque. — Le moyen mouvement synodique de la Lune, en un jour, est d'environ 12°, et son moyen mouvement sidéral 13° ; par suite, les distances de la Lune au Soleil et aux étoiles qui sont situées dans le voisinage de son orbite varient assez vite. La *Connaissance des temps* prédit ces distances en fonction du temps moyen de Paris ; on peut donc déduire le temps moyen de leur mesure directe. C'est cette méthode qu'emploient les marins pour régler, à la mer, sur le temps moyen de Paris, les chronomètres destinés à la détermination de la longitude du navire.

De même les géographes, en mesurant l'ascension droite de la Lune, peuvent déterminer l'heure de Paris et en déduire ensuite les longitudes des lieux par comparaison avec l'heure locale fournie par la hauteur du Soleil ou d'un autre astre au même instant.

Révolution sidérale et synodique des nœuds de l'orbite. — En déterminant les valeurs de la longitude du ☊ comme nous l'avons vu plus haut à des époques séparées par un très long intervalle, et en tenant compte de l'espace parcouru par le point ♈ dans cet intervalle, on obtient le mouvement sidéral du nœud sur l'écliptique. En divisant l'arc parcouru par le nombre de jours écoulés, on obtient le moyen mouvement sidéral en un jour moyen $\frac{360}{T'}$, d'où l'on déduit T'.

Ce mouvement étant rétrograde doit recevoir le signe —; dans la relation établie plus haut, on a donc la valeur de T", par application de la formule

$$-\frac{1}{T'} = \frac{1}{T} + \frac{1}{T''};$$

on obtient ainsi

Révolution sidérale des nœuds (rétrograde) . . . 6 793[1]
— synodique des nœuds (rétrograde) . . 346,62

§ 3. — Variations périodiques de la déclinaison maxima de la Lune ; explication des phases ; leur prédiction. — Calendriers lunaire des musulmans, lunisolaire des Israélites.

164. Variations périodiques de la déclinaison maxima de la Lune. — Représentons sur la figure 100 l'écliptique fixe E, l'équateur Q et l'orbite L de la Lune. Abstraction faite des nutations, les pôles P de l'équateur et π de l'orbite de la Lune décrivent des cercles ayant respectivement 23°27' et

5°09′ de rayon autour du pôle p de l'écliptique, et l'angle de l'équateur avec l'orbite de la Lune est égal, à tout instant, à celui des axes TP et Tπ de ces plans, et par suite à l'arc de grand cercle Pπ.

Cet arc est minimum quand les deux points P et π sont sur le même rayon, et maximum quand ils sont sur deux rayons opposés ; sa valeur varie donc entre

$$23°27' + 5°09' = 28°36'$$

et

$$23°27' - 5°09' = 18°18'.$$

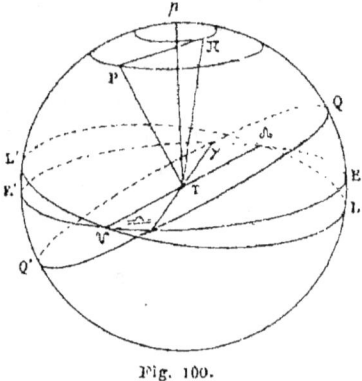

Fig. 100.

La ligne des nœuds étant perpendiculaire au plan $p\pi$, et celle des équinoxes au plan pP, ces deux lignes coïncident aux époques du maximum et du minimum.

La déclinaison de la Lune ayant pour maximum l'inclinaison de l'orbite sur l'équateur, ses valeurs maxima oscillent entre les mêmes limites.

165. Phases de la Lune. — Les aspects variés sous lesquels la Lune se présente à nos yeux sont dus aux variations de l'éclairage de cet astre par le Soleil. Considérons d'abord un globe quelconque L (*fig. 101*) dont un hémisphère seulement, BEC, est éclairé, et cherchons l'aspect qu'il offrira à un observateur placé de différentes manières.

Prenons pour plan de la figure le plan ALS passant par l'axe LS de l'hémisphère éclairé et par l'œil de l'observateur A, et supposons que celui-ci soit assez loin pour que le cône tangent, mené de l'œil au globe, le touche sensiblement suivant un grand cercle DE.

L'observateur A n'aperçoit du globe que la partie éclairée de l'hémisphère DCE, c'est-à-dire le fuseau CLE ; et ce fuseau se présente à lui comme s'il était projeté sur le plan DE perpendiculaire au rayon visuel AL. Toute la partie visible est donc comprise entre la projection du demi-grand cercle LE et celle du demi-grand cercle LC sur le plan DE. Le grand cercle LE se projette en vraie grandeur sur le plan, et le grand cercle LC suivant une ellipse, dont le grand axe est le diamètre passant en L dans le plan DE, et le petit axe la projection de LC sur DE ; par suite, si l'on rabat sur le plan de la figure le plan DE, on obtiendra la projection représentée en L'E'L".

On voit de même que, pour un autre observateur A_1, la partie visible est le fuseau CLH ; la projection de ce fuseau

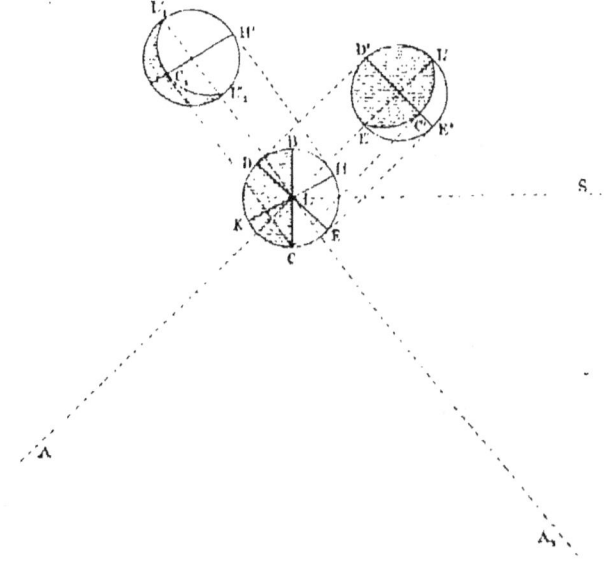

Fig. 101.

sur le plan KH, rabattue sur la figure, donne un disque altéré sur une demi-circonférence.

On peut remarquer maintenant que la source lumineuse S qui éclaire le globe est située dans la direction de l'axe LS de l'hémisphère éclairé, et que l'angle du fuseau visible à l'observateur A, c'est-à-dire l'angle des deux plans DE et

BC, est égal à celui de LS avec le prolongement de AL. De même, pour l'observateur A_1, l'angle du fuseau éclairé CLH est égal à celui de LS avec le prolongement de A_1L.

Enfin l'observateur situé en A voit la source lumineuse S du même côté que le bord éclairé E du globe; il en est de même de l'observateur A_1 pour lequel le bord éclairé est H.

Ces préliminaires établis, il est facile de se rendre compte de l'aspect sous lequel se présentera la Lune aux divers instants d'une révolution synodique.

EXPLICATION DES PHASES DE LA LUNE, LEUR PÉRIODE. — Les explications que nous avons à donner ici ne demandant pas

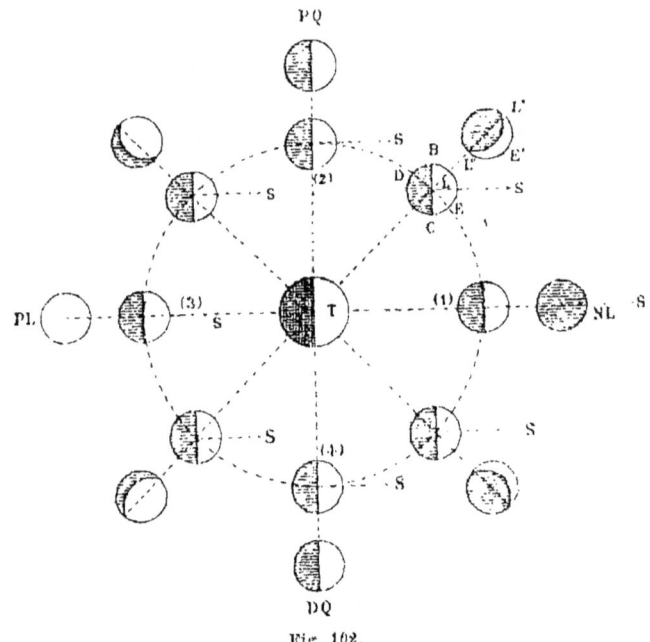

Fig. 102.

beaucoup de précision, nous pouvons, avec une approximation suffisante, admettre que le plan de l'orbite lunaire coïncide avec l'écliptique; prenons donc ce plan pour celui de la figure 102. On peut admettre encore que le cône tangent mené de l'œil à l'astre touche ce dernier suivant un grand cercle, car la distance de la Terre à la Lune étant 60 fois le rayon de la Terre, et le rayon de la Lune étant 0,273 de celui de la Terre, cette distance est égale à environ 220 fois le rayon de la Lune. On peut admettre aussi que le rayon TS qui joint le centre du Soleil à la Terre est parallèle à celui qui joint le même point au centre de la Lune dans toutes ses positions, car la distance du Soleil à la Terre est 400 fois plus grande que celle de la Lune. Enfin, en raison de la petitesse du rayon de la Terre par rapport à la distance à la Lune, nous pourrons supposer les observateurs situés au centre de notre globe.

Soit maintenant TS la direction du Soleil à une époque quelconque. Pour obtenir la position de la Lune à la même époque, il suffira de prendre un angle STL égal à la différence des longitudes ($L☾ - L☉$) et de prendre sur TS une longueur TL égale au rayon vecteur à cette époque. La direction LS de la source éclairante étant sensiblement parallèle à TS, l'observateur aperçoit un fuseau CLE dont l'angle est égal à la différence $L☾ - L☉$; ce fuseau se projette sur le plan DE suivant la figure dont le rabattement est représenté en L'E'L".

En appliquant le même mode de construction aux cas où la différence $L☾ - L☉$ prend les valeurs 0°, 45°, 90°, 135°, 180°, 225°, 270°, 315°, on obtient les différents aspects sous lesquels se présente la Lune dans l'intervalle nécessaire pour que l'écart en longitude avec le Soleil augmente de 360°, c'est-à-dire dans l'intervalle d'une révolution synodique.

Les positions (1) et (3) dans lesquelles la Lune et le Soleil ont des longitudes égales ou différentes de 180° sont appelées les *syzygies*; la position (1) est la *conjonction*, la position (3) l'*opposition*. Si les deux plans des orbites coïncidaient comme nous l'avons supposé sur la figure, la Lune cacherait le Soleil en (1) : il y aurait *éclipse de Soleil* ; en (3) l'ombre de la Terre se projetterait sur la Lune : il y aurait *éclipse de Lune*. Les deux plans n'étant pas en coïncidence, il arrive le plus souvent que la Lune et le Soleil ne sont pas en ligne droite avec la Terre ; alors en (1) la Lune présentant son hémisphère obscur est invisible ; cette phase s'appelle la *nouvelle Lune* ; en (3) la Lune présente son hémisphère éclairé, elle offre l'aspect d'un disque plein ; cette phase est la *pleine Lune*.

Dans les positions (2) et (4), on dit que la Lune est en *quadrature*. Elle offre alors l'aspect d'un demi-cercle présentant son bord éclairé au Soleil ; le mouvement synodique de la Lune étant direct, les phases se produisent dans l'ordre (1) (2) (3) (4) ; la phase (2) est le *premier quartier*, la phase (4) le *dernier quartier*.

Depuis la nouvelle Lune jusqu'à la pleine Lune, la partie éclairée du disque *croît* ; depuis la pleine Lune jusqu'à la nouvelle Lune elle *décroît*. On remarquera que, dans la première période, la Lune s'avance sur les étoiles par le bord obscur, et dans la seconde par le bord éclairé.

Les phases intermédiaires aux syzygies et aux quadratures sont appelées les *octants*.

Pour prédire l'époque des phases principales, il suffit de déterminer par interpolation, avec les tables de prédiction, les instants où la différence en longitude $L\mathbb{C} - L\odot$ prend les valeurs $0°$, $90°$, $180°$, $270°$. La période de leur retour ou lunaison est donc la durée de la *révolution synodique de la Lune*, c'est-à-dire $29^j,53$ en moyenne.

Lumière cendrée. — Si, pour une quelconque des positions représentées sur la figure, on traçait l'aspect de la Terre pour un observateur qui serait placé sur la Lune, on constaterait que la *phase de la Terre* est précisément supplémentaire de celle de la Lune.

Quand la Lune est en (1), la *Terre est pleine* pour la Lune, quand elle est en (2) la Terre est obscure *ou nouvelle*. En (1) l'hémisphère terrestre vivement éclairé envoie de la lumière sur le disque obscur de la Lune ; il résulte de là que, aux époques où la Lune se présente sous l'aspect d'un croissant très délié, la partie du disque non éclairée par le Soleil est rendue légèrement visible par l'éclairage qu'elle reçoit de la Terre. Ce phénomène a reçu le nom de *lumière cendrée*.

166. Age de la Lune. Épacte. Cycle de Méton. — On numérote les jours de 1 à 29 et à 30, en donnant dans chaque lunaison le numéro 1 à celui où la Lune est nouvelle ; le numéro d'un jour ainsi compté est *l'âge de la Lune*.

Épacte. — On appelle *épacte* d'une année l'âge de la Lune le 31 décembre de l'année précédente ; l'âge de la Lune le 28 février de l'année courante est égal à l'épacte, car du 31 décembre au 28 février, il y a 59 jours, c'est-à-dire deux lunaisons.

Cycle de Méton. — En multipliant la durée de la révolution synodique de la Lune, $29^j,53$, par les nombres entiers successifs ainsi que celle de l'année tropique, on trouve que 235 lunaisons et 19 années tropiques contiennent $6\,939^j\,1/2$; par suite, quand cette période est accomplie, les phases de la Lune reviennent aux mêmes dates. Ce cycle de 19 ans a été indiqué par le philosophe grec Méton.

On appelle *nombre d'or* le rang d'une année dans le cycle auquel elle appartient.

L'épacte et le nombre d'or étaient employés pour déterminer l'époque des phases pour toute l'année ; les règles à suivre pour en déduire ce résultat n'offrent plus aucun intérêt aujourd'hui que les calendriers sont dans toutes les mains. Ces éléments ne sont plus employés que dans le *comput ecclésiastique* ; on a vu déjà que la fête de Pâques[1]

---

1. On peut obtenir la date de Pâques par la formule suivante due à Gauss :

a reste de la division du millésime par 19.
b — — 4,
c — — 7,
d — de $(19a + M)$ par 30,
e — de $(2b + 4c + 6d + N)$ par 7.

Pâques est le $(22 + d + e)$ de mars, ou le $(d + e - 9)$ d'avril ; si le calcul donne le 25 ou le 26 avril, retranchez 7 jours.

Valeurs de M et de N.

De 1582 à 1699,	M = 22,	N = 3,
1700 à 1799,	23,	3,
1800 à 1899,	23,	4,
1900 à 1999,	24,	5,
2000 à 2099,	24,	5.

avait été fixée, par le concile de Nicée, au premier dimanche après la pleine Lune qui suit l'équinoxe du printemps. Mais le jour de l'équinoxe est supposé fixe au 21 mars, et l'époque de la pleine Lune déterminée d'après les règles du comput ecclésiastique peut différer de un ou deux jours de la pleine Lune astronomique. Le dimanche de Pâques peut arriver au plus tôt le 22 mars et au plus tard le 25 avril.

167. Calendrier lunaire musulman[1]. — Les années de ce calendrier se composent de 12 mois, alternativement de 29 et 30 jours, sauf le dernier qui a tantôt 30 jours et tantôt 29 jours. La durée moyenne du mois est ainsi égale à la lunaison, mais l'année a 354 ou 355 jours et commence 10 ou 11 jours avant l'expiration de l'année tropique; par suite, les travaux de l'agriculture qui sont réglés par le cours du Soleil se présentent successivement à tous les mois de l'année musulmane.

Les mois musulmans se succèdent dans l'ordre suivant:

	JOURS.		JOURS.
Moharem	30	Redjeb	30
Safar	29	Schaban	29
Rébi 1er	30	Ramadan	30
— 2^e	29	Schoual	29
Djoumada 1er	30	Dzou'l-Cadeh	30
— 2^e	29	Dzou'l-Hedjeh	29 ou 30

L'intercalation du 355e jour est destinée à tenir compte de la fraction de jour dont 12 lunaisons excèdent 354 jours; cette fraction est de 0,3707 d'après les nombres fournis par l'*Annuaire du Bureau des longitudes*, elle donne un peu plus de 11 jours dans 30 années lunaires.

Les années communes de 354 jours et les années abon-

---

[1]. Les renseignements qui suivent sont extraits de l'*Annuaire du Bureau des longitudes*.

dantes se succèdent dans un ordre déterminé qui se reproduit au bout d'une période de 30 années sur lesquelles 19 sont communes et 11 abondantes.

Années communes . 1, 3, 4, 6, 8, 9, 11, 12, 14, 15, 17, 19, 20, 22, 23, 25, 27, 28, 30.
Années abondantes . 2, 5, 7, 10, 13, 16, 18, 21, 24, 26 et 29.

Le premier jour du mois est celui où le croissant de la nouvelle Lune devient visible. Les musulmans comptent leur jour à partir du coucher du Soleil du jour civil précédent.

168. Calendrier lunisolaire israélite. — Les mois sont des mois lunaires de 30 jours ou de 29 jours ; l'année comprend 12 mois, quand elle est *commune*, et 13 mois quand elle est *embolismique*.

L'année commune peut avoir 353, 354 ou 355 jours ; elle est *défective* dans le premier cas, *régulière* dans le second, et *abondante* dans le troisième. De même, l'année embolismique peut être composée de 383, 384, 385 jours et être ainsi *défective, régulière* ou *abondante*.

Les années diverses sont distribuées dans des cycles de 19 ans, de manière qu'à l'expiration de chaque cycle le commencement de l'année revienne à la même époque de l'année solaire.

Chaque cycle comprend 12 années communes et 7 années embolismiques réparties ainsi qu'il suit :

Années communes . . . 1, 2, 4, 5, 7, 9, 10, 12, 13, 15, 16, 18.
Années embolismiques . 3, 6, 8, 11, 14, 17, 19.

La répartition des années défectives, régulières et abondantes dans chaque cycle n'est pas constante; le cycle peut contenir 6 939, 6 940 ou 6 941 jours; la période de 19 années tropiques contient 6 939,6.

Les mois israélites sont réglés de la manière suivante :

MOIS.	ANNÉE					
	COMMUNE.			EMBOLISMIQUE.		
	D.	R.	A.	D.	R.	A.
	jours	jours	jours	jours	jours	jours
Tisseri	30	30	30	30	30	30
Hesvan	29	29	30	29	29	30
Kislev	29	30	30	29	30	30
Tébeth	29	29	29	29	29	29
Schebat	30	30	30	30	30	30
Adar	29	29	29	30	30	30
Véadar	»	»	»	29	29	29
Nissan	30	30	30	30	30	30
Iyar	29	29	29	29	29	29
Sivan	30	30	30	30	30	30
Tamouz	29	29	29	29	29	29
Ab	30	30	30	30	30	30
Elloul	29	29	29	29	29	29
Sommes	353	354	355	383	384	385

Le jour israélite commence au coucher du Soleil du jour civil précédent.

CHAPITRE XII

ÉCLIPSES DE LUNE ET DE SOLEIL. — OCCULTATIONS DES ÉTOILES.

§ 1ᵉʳ. — Éclipses de Lune.

169. Ombre et pénombre de la Terre. — Lorsqu'un corps opaque est placé en présence d'une source de lumière, il intercepte les rayons lumineux qui atteignent sa surface. Lorsque la source lumineuse est un point mathématique, les points de l'espace situés dans l'intérieur du cône tangent mené de ce point à la surface du corps opaque et au delà de ce corps sont entièrement dans l'ombre. Lorsque la source lumineuse a une certaine étendue, les points de l'espace qui sont complètement privés de lumière sont ceux pour lesquels elle est entièrement masquée ; les points de l'espace pour lesquels la source n'est que partiellement masquée ne perdent que la lumière émanant des parties qu'ils ne peuvent apercevoir, et la clarté en ces points est d'autant plus faible que la partie masquée de la source lumineuse est plus étendue ; l'ombre incomplète est appelée la *pénombre*.

Représentons actuellement la Terre T (*fig. 103*) et le Soleil S et menons les cônes ABEB'A' et BFA'AFB' tangents intérieurement et extérieurement à ces deux corps. Les rayons des deux globes étant très petits relativement à leur distance, on peut admettre que ces cônes les touchent suivant les grands cercles perpendiculaires à la ligne des centres TS.

ÉCLIPSES. 291

Il suffit de jeter un coup d'œil sur la figure pour voir que, pour tout point I situé dans la partie BEB' du cône tangent intérieurement, le Soleil est entièrement masqué ; par suite, ces points ne reçoivent pas de lumière ; cette région est appelée le *cône d'ombre*.

Si l'on considère, au contraire, un point G de la région située entre le cône d'ombre et la nappe CBB'C' du cône tangent intérieurement, on voit que le Soleil n'y est qu'en

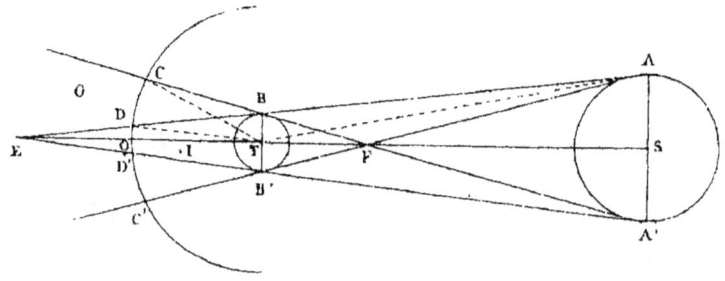

Fig. 103.

partie masqué ; cette région est donc celle de la pénombre. La partie démasquée est d'autant plus grande que le point G est plus voisin de la nappe CBB'C' ; par suite, la pénombre varie par degrés insensibles à mesure que le point G se déplace depuis la nappe d'ombre jusqu'à la nappe extérieure. Très épaisse dans le voisinage du cône d'ombre, l'obscurité diminue de plus en plus quand le point G se rapproche de la nappe BCB'C' et fait place à la clarté complète quand le point atteint cette limite.

Les éclipses de Lune sont dues au passage de cet astre dans les régions d'ombre et de pénombre ; elles ne peuvent se produire que lorsque la Lune passe dans le voisinage de la direction STE, c'est-à-dire vers l'époque des oppositions.

170. Ouvertures des cônes d'ombre et de pénombre. — Nous aurons besoin bientôt des valeurs des ouvertures TEB et AFS des deux cônes; nous commencerons donc par les déterminer.

En joignant TA, on a, dans le triangle EAT,

$$\text{angle TEB} = \text{angle ATS} - \text{angle TAB}$$

et, dans le triangle FAT,

$$\text{angle AFS} = \text{angle ATS} + \text{angle FAT}$$

Si l'on désigne par $\delta\odot$ et $\pi\odot$ le demi-diamètre et la parallaxe du Soleil, ces formules deviendront, d'après la figure,

$$\text{angle TEB} = \delta\odot - \pi\odot$$
$$\text{angle AFS} = \delta\odot + \pi\odot.$$

On peut enfin écrire, en remarquant que le rapport du demi-diamètre du Soleil à sa parallaxe est égal au rapport du rayon du Soleil au rayon de la Terre, c'est-à-dire, comme on le verra plus tard, à 108,6

$$\text{angle TEB} = \pi\odot \left(\frac{\delta\odot}{\pi\odot} - 1 \right) = \pi\odot \cdot 107,6,$$

$$\text{angle AFS} = \pi\odot \left(\frac{\delta\odot}{\pi\odot} + 1 \right) = \pi\odot \cdot 109,6.$$

171. Possibilité des éclipses de Lune. — Pour que ces éclipses soient possibles, il faut que la longueur du cône d'ombre soit plus grande que la distance de la Lune à la Terre, ou, ce qui revient au même, que l'angle sous lequel, de la Lune, on aperçoit la Terre soit plus grand que l'angle sous lequel le même globe est aperçu du sommet du cône. Le premier angle est la parallaxe de la Lune $\pi\mathbb{C}$, le second est l'angle TEB qui vient d'être déterminé, il faut donc que l'on puisse avoir

$$\pi\mathbb{C} > \pi\odot \times 107,6.$$

Or la parallaxe de la Lune est toujours plus grande que 53'; la parallaxe du Soleil est au plus égale à 9'',01; le second membre a donc pour valeur maxima $107,6 \times 9'',01 = 16'09''$; par suite, l'inégalité est toujours vérifiée.

ÉCLIPSES.   293

172. Description du phénomène. — Imaginons (*fig. 104*) une sphère ayant pour centre le centre de la Terre, et pour rayon la distance à la Lune. Cette sphère coupe les cônes d'ombre et de pénombre suivant deux circonférences concentriques, et le globe lunaire L suivant une autre circonférence, et l'on peut, dans l'étude du phénomène, faire abstraction des cônes et du globe lunaire, et ne considérer que les mouvements relatifs des circonférences ainsi obtenues. Représentons l'écliptique EE' et l'orbite AB de la Lune sur la sphère ; le centre commun des disques d'ombre et de pénombre est toujours situé sur l'écliptique, à l'opposé du Soleil S. Le mouvement de la Lune étant beaucoup plus rapide que celui du Soleil, le disque lunaire à l'époque des oppositions, d'abord à l'ouest du disque d'ombre, passe bientôt à l'est, et, si l'opposition se produit lorsque le

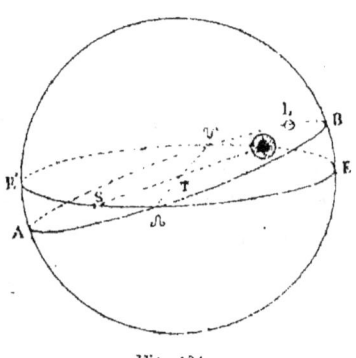

Fig. 104.

Soleil est dans le voisinage de l'un des nœuds de l'orbite lunaire, il peut traverser les régions d'ombre et de pénombre. L'obscurcissement de la Lune se fera par degrés insensibles, puisque, dans la couronne circulaire comprise entre ces deux circonférences, l'ombre varie par degrés insensibles depuis la clarté complète jusqu'à l'obscurité absolue. Les instants de l'entrée dans la pénombre et dans l'ombre ne seront donc pas exactement perceptibles pour l'observateur.

173. Rayons des disques d'ombre et de pénombre. — Nous déterminerons les grandeurs de tous les éléments de la figure par leurs valeurs angulaires mesurées du centre de la Terre. Le rayon du disque lunaire sera donc représenté par le demi-diamètre angulaire de la Lune $\delta\mathbb{C}$.

Pour obtenir les valeurs des rayons des disques d'ombre

et de pénombre, reportons-nous à la figure 103. Soient CC' et DD' les sections des cônes par la sphère de la figure 104. Joignons CT et DT, on a

(Triangle CTF). . angle OTC = angle TCB + angle TFB,
(Triangle DTE). . angle OTD = angle TDB — angle TEB.

Les angles TCB et TDB sont égaux à la parallaxe de la Lune, puisque, par hypothèse, le rayon de la sphère est la distance de la Terre à la Lune ; d'ailleurs nous avons trouvé plus haut, pour les ouvertures des cônes TFB et TEB, les valeurs :

$$TEB = \pi\odot 107,6, \qquad TFB = \pi\odot \times 109,6,$$

on aura donc

Rayon du disque de la pénombre . $= \pi\mathbb{C} + \pi\odot 109,6$
— d'ombre . . . . $= \pi\mathbb{C} - \pi\odot 107,6$

174. Possibilité des éclipses totales et partielles.

On appelle *éclipses totales* les éclipses dans lesquelles le disque entier de la Lune pénètre dans l'ombre ; les autres éclipses sont dites *partielles*.

Pour que les éclipses totales puissent se produire, il faut que le rayon du disque d'ombre soit plus grand que celui du disque lunaire ; il faut donc que l'on ait

$$\delta\mathbb{C} < \pi\mathbb{C} - \pi\odot 107,6$$

ou, ce qui revient au même, en faisant passer les éléments de la Lune au premier membre,

$$\pi\mathbb{C} - \delta\mathbb{C} > \pi\odot 107,6$$
$$\pi\mathbb{C}\left(1 - \frac{\delta\mathbb{C}}{\pi\mathbb{C}}\right) > \pi\odot 107,6$$

et, en remarquant que le rapport de $\delta\mathbb{C}$ à $\pi\mathbb{C}$ est égal à celui des rayons de la Lune et de la Terre, 0,273,

$$\pi\mathbb{C}(1 - 0,273) > \pi\odot 107,6.$$

Cette inégalité étant vérifiée lorsque l'on remplace $\pi\mathbb{C}$ par sa valeur minima 53'38" ([1]) et $\pi\odot$ par sa valeur maxima 9",01, elle le sera à toutes les oppositions. L'éclipse sera donc totale toutes les fois que le centre du disque lunaire passera suffisamment près du centre du disque d'ombre, c'est-à-dire quand l'opposition sera assez voisine d'un nœud.

Pour reconnaître si, à l'époque d'une opposition, une éclipse de Lune est possible, il faut comparer aux rayons des disques la plus courte distance à laquelle passeront leurs centres. Or, l'inclinaison de l'orbite lunaire sur l'écliptique étant très faible, la plus courte distance est sensiblement égale à celle de la Lune à l'écliptique, c'est-à-dire à sa latitude. Par suite, si la latitude est plus grande que la somme des rayons, il n'y aura pas d'éclipse; si elle est plus petite, il y aura éclipse; enfin, si la latitude est plus petite que la différence des rayons, il y aura éclipse totale, car le disque lunaire passera à l'intérieur du disque d'ombre. On aura donc, en désignant par $\lambda\mathbb{C}$ la latitude de la Lune :

1° $\lambda\mathbb{C} > \delta\mathbb{C} + (\pi\mathbb{C} - \pi\odot\, 107,6)$ pas d'éclipse ;
2° $\lambda\mathbb{C} < \delta\mathbb{C} + (\pi\mathbb{C} - \pi\odot\, 107,6)$ éclipse ;
3° $\lambda\mathbb{C} < \phantom{\delta\mathbb{C} +\,} (\pi\mathbb{C} - \pi\odot\, 107,6) - \delta\mathbb{C}$ éclipse totale.

En remplaçant dans ces inégalités le demi-diamètre de la Lune par sa valeur en fonction de la parallaxe comme précédemment, il vient

$$\delta\mathbb{C} + \pi\mathbb{C} = \pi\mathbb{C}\left(1 + \frac{\delta\mathbb{C}}{\pi\mathbb{C}}\right) = \pi\mathbb{C}\,(1,273),$$

$$\pi\mathbb{C} - \delta\mathbb{C} = \pi\mathbb{C}\left(1 - \frac{\delta\mathbb{C}}{\pi\mathbb{C}}\right) = \pi\mathbb{C}\,(1 - 0,273),$$

$$= \pi\mathbb{C}\,(0,727),$$

---

[1]. Les valeurs maxima et minima de la parallaxe de la Lune sont 61'29" et 53'38", et la parallaxe moyenne 57'02". Les valeurs extrêmes sont plus éloignées de la moyenne que celles que l'on obtiendrait en les calculant avec l'excentricité de l'orbite 0,0549 à cause des inégalités périodiques du rayon vecteur.

et par suite

$$\lambda\mathbb{C} > 1{,}278\,\pi\mathbb{C} - 107{,}6\,\pi\odot \quad \text{pas d'éclipse,} \tag{1}$$
$$\lambda\mathbb{C} < 1{,}278\,\pi\mathbb{C} - 107{,}6\,\pi\odot \quad \text{éclipse,} \tag{2}$$
$$\lambda\mathbb{C} < 0{,}727\,\pi\mathbb{C} - 107{,}6\,\pi\odot \quad \text{éclipse totale.} \tag{3}$$

Si l'on remplace dans l'inégalité (1) la parallaxe de la Lune par sa valeur maxima 61′ 29″ et $\pi\odot$ par sa valeur minima 8″,71, on obtient pour la valeur maxima du second membre 63′ ; par suite, si $\lambda\mathbb{C}$ excède cette valeur, *à fortiori* l'inégalité (1) sera vérifiée avec les valeurs de $\pi\mathbb{C}$ et $\pi\odot$ à l'instant considéré.

De même, en remplaçant $\pi\mathbb{C}$ par sa valeur minima 53′ 38″ et $\pi\odot$ par sa valeur maxima 9″,01 dans l'inégalité (2), on obtient 52′ pour minimum du second membre ; par suite, si $\lambda\mathbb{C}$ est inférieur à cette limite, l'inégalité (2) sera *à fortiori* vérifiée.

En faisant la même substitution dans l'inégalité (3), on obtient 22′ pour la limite de $\lambda\mathbb{C}$ au-dessous de laquelle l'éclipse sera certainement totale.

On a ainsi

1° $\lambda\mathbb{C} > 63'$ pas d'éclipse,
2° $\lambda\mathbb{C} < 52'$ éclipse certaine,
3° $\lambda\mathbb{C} < 22'$ éclipse totale certaine.

175. Influence de la réfraction. — Nous avons négligé jusqu'ici l'influence de la réfraction ; pour se rendre compte de la nature de cette influence, il suffit de remarquer que les rayons émanant des différents points du disque et tangents à la Terre sont réfractés de telle manière que le sommet du cône d'ombre pure est rapproché de la Terre. La distance est ainsi assez réduite pour que les éclipses absolument totales soient impossibles ; le disque éclipsé reçoit encore une lumière rougeâtre qui provient des rayons que la réfraction ramène sur sa surface.

D'un autre côté, les rayons qui traversent les couches inférieures sont notablement affaiblis, par conséquent l'atmos-

ÉCLIPSES.

phère produit le même effet que si le rayon de la Terre était augmenté. On tient compte de cet effet en augmentant de 1/60ᵉ les diamètres de l'ombre et de la pénombre. On a ainsi

$$\text{Rayon ombre} \ldots = \frac{61}{60}(\pi\mathbb{C} - \delta\odot + \pi\odot),$$

$$\text{Rayon pénombre} \ldots = \frac{61}{60}(\pi\mathbb{C} + \delta\odot + \pi\odot).$$

§ 2. — Éclipses de Soleil.

176. Ombre et pénombre de la Lune. — Considérons (*fig. 105*), comme nous l'avons fait pour la Terre, les cônes d'ombre et de pénombre projetés par le Soleil derrière la

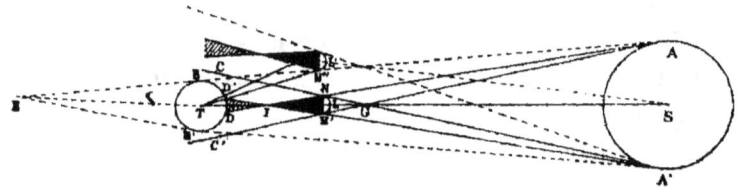

Fig. 105.

Lune lors d'une conjonction. Un coup d'œil jeté sur la figure montre que :

1° Pour un observateur situé dans le cône d'ombre HIH' le disque du Soleil sera entièrement masqué par la Lune.

2° Pour un observateur situé dans la nappe opposée DID', la Lune se projettera sur le Soleil, mais le contour entier du disque de cet astre sera encore visible. Si l'observateur est situé sur l'axe ILS de ce cône, le disque obscur de la Lune se projettera concentriquement sur le disque solaire ; si l'observateur est situé hors de cette ligne, les disques seront excentriques.

3° Pour un observateur situé entre l'une de ces nappes et la nappe de pénombre CHH'C', une partie de la Lune seulement se projettera encore sur le Soleil.

La Lune, dans son mouvement autour de la Terre, promène son cône d'ombre dans l'espace, et lors des conjonctions qui se produisent dans le voisinage des nœuds de l'orbite, la Terre étant très voisine de la ligne LS, il peut arriver que les régions d'ombre et de pénombre atteignent sa surface ; il y a alors éclipse de Soleil pour les habitants des lieux atteints par ces cônes.

ÉCLIPSES TOTALES, ANNULAIRES, PARTIELLES. — Si la distance de la Terre à la Lune est plus faible que celle du sommet I du cône d'ombre, l'éclipse *sera totale* dans les lieux parcourus par le cône HIH'.

Si la distance de la Terre à la Lune est plus grande que la distance IL, l'éclipse sera *annulaire* pour les lieux que parcourra le cône DID'.

Enfin, dans les lieux qui ne seront atteints que par la région de pénombre, comprise entre les nappes qui précèdent et la nappe CIHI'C', l'éclipse sera *partielle*.

On dit en général que l'éclipse elle-même est totale, annulaire ou partielle, suivant le caractère qu'elle offre aux points où elle est le plus centrale ; de sorte qu'une éclipse totale de Soleil n'est en réalité totale que pour un nombre limité de lieux de la Terre.

177. Possibilité des éclipses totales du Soleil. — Le point I sommet du cône d'ombre est celui d'où le demi-diamètre angulaire de la Lune est égal à celui du Soleil ; tous les points de la ligne SL pour lesquels le demi-diamètre du Soleil est plus grand que celui de la Lune sont au delà de I, et tous ceux pour lesquels l'inverse se produit sont en deçà.

Or le demi-diamètre du Soleil a pour valeur au périgée 16′18″ et à l'apogée 15′46″ ; celui de la Lune est au périgée de 16′46″ et à l'apogée de 14′38″.

Par conséquent, lorsqu'une conjonction se produit au moment où le Soleil est à l'apogée et la Lune au périgée, l'éclipse totale est possible ; au contraire, lorsque le Soleil est au périgée, et la Lune à l'apogée, la Terre est plus éloignée que le point I et il ne peut y avoir qu'une éclipse annulaire.

178. Différences principales entre les éclipses de Soleil et celles de Lune. — Il résulte de ce que l'on vient de voir que, dans les éclipses de Lune, cet astre perd réellement sa clarté, de sorte que, pour tous les points de la Terre, le phénomène présente le même aspect; tandis que, dans les éclipses de Soleil, c'est la Lune qui vient se placer entre l'observateur et le Soleil; la partie masquée du disque solaire varie par suite avec la position de l'observateur sur la Terre.

Les éclipses de Soleil sont plus fréquentes que celles de Lune; il est facile de s'en rendre compte en remarquant sur la figure 105 que, pour que la Lune soit éclipsée, il faut qu'elle passe dans le cône BEB', tandis qu'il suffit, pour que le Soleil le soit pour quelque point de la Terre, que la Lune passe dans la partie opposée BAA'B' du même cône; cette partie étant plus large que l'autre à la distance de la Lune, on conçoit que le dernier phénomène doit se produire plus fréquemment. Mais les éclipses de Lune sont visibles de tous les points de la Terre pour lesquels cet astre est sur l'horizon, tandis que celles du Soleil ne le sont que des lieux que parcourent les régions d'ombre et de pénombre de la Lune; aussi ces dernières éclipses, *pour un même lieu*, sont moins fréquentes que celles de Lune.

179. Limites de la latitude pour qu'il y ait éclipse de Soleil. — Supposons pour un instant que le plan de la figure 105 représente le plan perpendiculaire à l'écliptique mené par la ligne TS; l'inclinaison de l'orbite lunaire étant très faible, on peut admettre, pour la question qui nous occupe, que le mouvement de la Lune se produit perpendiculairement au plan de la figure; il faut donc, pour qu'il y ait éclipse de Soleil, que l'angle STL', c'est-à-dire la latitude de la Lune au moment de la conjonction, soit au plus égal à la valeur qu'indique la figure.

Or la latitude du point L′ est égale à celle du point H″ augmentée du demi-diamètre de la Lune; on doit donc avoir

$$\lambda\mathbb{C} < STH'' + \delta\mathbb{C};$$

d'un autre côté, dans le triangle ETH″ on a

$$STH'' = TEH'' + EH''T = TEH'' + \pi\mathbb{C};$$

enfin nous avons trouvé au paragraphe précédent pour l'angle en E

$$TEH'' = \delta\odot - \pi\odot;$$

on aura donc en substituant

$$\lambda\mathbb{C} < \delta\mathbb{C} + \delta\odot + \pi\mathbb{C} - \pi\odot,$$

et en remplaçant les demi-diamètres par leurs valeurs en fonction des parallaxes

$$\lambda\mathbb{C} < \pi\odot\, 107,6 + \pi\mathbb{C} \times 1,273.$$

Cette quantité est comprise entre 1°24′ et 1°34′20″; si donc la latitude de la Lune au moment d'une conjonction est plus petite que 1°24′, l'éclipse aura forcément lieu; si elle est plus grande que 1°34′20″, elle sera impossible; si, enfin, elle est comprise entre ces limites, l'éclipse sera douteuse.

180. Influence de l'atmosphère. — A l'instant où deux points A et B (*fig. 106*) de l'espace sont dans la même direction pour un observateur placé en C sur la surface de la Terre, leurs positions doivent, en toute rigueur, être inégalement altérées par la réfraction, car le rayon lumineux BA se brise en pénétrant dans l'atmosphère et atteint un autre lieu C′; c'est par suite à

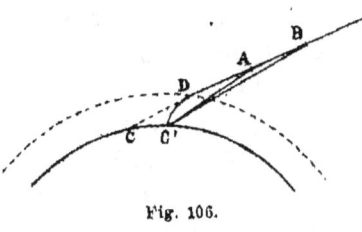

Fig. 106.

l'observateur placé en C' que les deux points paraissent dans la même direction, tandis qu'ils n'y sont pas en réalité. Si les deux points A et B étaient voisins de l'atmosphère, l'écart AC'B des deux directions C'A et C'B serait sensible et ne pourrait pas être négligé ; mais, pour la Lune, qui est l'astre le plus voisin de la Terre, la distance C'A est assez grande pour que l'angle CAC' soit imperceptible (voir p. 20) ; il en est *à fortiori* de même de l'angle CBC' pour le Soleil, qui est plus éloigné ; par suite, l'angle AC'B, différence des précédents, est lui-même imperceptible, et les deux astres peuvent être considérés comme réellement en ligne droite avec l'observateur C', quand l'observation les fait paraître ainsi.

Si la Lune possédait une atmosphère, le phénomène serait affecté par la réfraction, car les nappes des cônes d'ombre et de pénombre, au lieu de se prolonger en ligne droite après avoir touché les bords de la Lune, seraient infléchies vers l'axe. La concordance des résultats de l'observation avec ceux des calculs exécutés sans tenir compte de cette influence, montre que cette atmosphère n'existe pas.

181. Période des éclipses ou saros. — Pour qu'une éclipse de Lune ou de Soleil se produise, il faut que la Lune soit pleine ou nouvelle et que le Soleil soit voisin d'un nœud de l'orbite lunaire. La révolution synodique de la Lune ramenant les mêmes phases et la révolution synodique des nœuds ramenant les nœuds dans la même position par rapport au Soleil, une éclipse se reproduira lorsqu'il se sera produit un nombre entier des deux révolutions. Or on trouve que 19 révolutions synodiques du nœud et 223 lunaisons font, à très peu près, 6585 jours ou 18 ans et 11 jours. Par suite, au bout de cet intervalle, toutes les éclipses se reproduiront dans le même ordre. La période de 18 ans et 11 jours est appelée *saros* ; elle était connue des prêtres chaldéens qui s'en servaient pour prédire le retour de ces phénomènes.

§ 3. — Prédiction approchée et tracé des éclipses. Occultations.

182. Prédiction et tracé graphique d'une éclipse de Lune.
— Si l'on possédait une sphère d'un rayon suffisamment grand pour que les diamètres de la Lune et des disques d'ombre et de pénombre y fussent représentés avec des dimensions assez sensibles, il suffirait de marquer sur cette sphère, avec les longitudes et les latitudes célestes données par la *Connaissance des temps*, les positions successives occupées par la Lune dans le voisinage de l'instant du phénomène, et les positions du centre de l'ombre sur l'écliptique à l'opposé des positions du Soleil, pour obtenir une reproduction exacte de son aspect. La région de la sphère sur laquelle se trouvent les disques pendant l'intervalle d'une éclipse est assez petite pour que l'on puisse, à une approximation suffisante pour le degré de précision que nous avons en vue, supposer cette région plane et confondue avec le plan tangent mené par le centre du disque d'ombre; on peut donc substituer à la figure sphérique une figure plane.

Au lieu des latitudes et des longitudes, on peut employer aussi bien les ascensions droites et les déclinaisons. Comme ce sont les éléments qui figurent dans tous les recueils d'éphémérides, nous les emploierons de préférence.

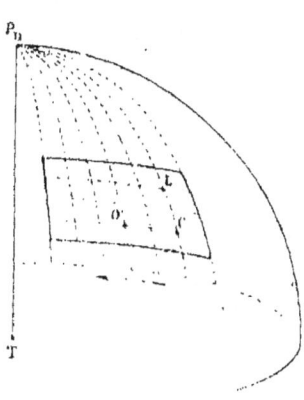

Fig. 107.

Représentons (*fig. 107*) la sphère céleste géocentrique vue intérieurement de manière à obtenir l'aspect du phénomène tel qu'il est aperçu de la Terre, et traçons sur la région de la sphère sur laquelle se trouvent les astres au moment de l'éclipse le réseau formé par les parallèles et les méridiens. Sur la figure plane, ce réseau sera représenté par un réseau de droites rectangulaires. Si l'on représente par une longueur α la minute de grand cercle, les parallèles espacés des N minutes en déclinaison seront distants de Nα et les cercles de déclinaison distants de P minutes de degré en ascension droite seront écartés de P α cos D, D étant la déclinaison moyenne de la région considérée, par exemple celle de l'ombre à l'instant de la conjonction en ascension droite.

On pourrait tracer par points les trajectoires des deux disques aux environs de l'opposition en prenant dans la *Connaissance des temps* les valeurs des coordonnées de la Lune, D☾ et Æ☾, et celles des coordonnées du Soleil d'où l'on déduit celles de l'ombre :

$$D\oplus = -D\odot, \quad Æ\oplus = 12^h + Æ\odot.$$

Mais, comme l'on n'a besoin que des positions relatives des deux disques, on peut supposer le disque d'ombre immobile au milieu de la figure, et placer le centre de la Lune aux différents instants par ses coordonnées relatives.

On a, à un instant t quelconque, en désignant par x la distance de la Lune à l'ombre, estimée suivant le parallèle et comptée positivement quand la Lune a dépassé celle-ci, c'est-à-dire dans le sens direct, et par y la distance nord et sud comptée positivement quand la Lune est au nord.

$$x = -OC = -(Æ\oplus - Æ☾)\cos D \times \alpha$$
$$y = CL = (D☾ - D\oplus) \times \alpha.$$

En calculant les valeurs de x et de y à différents instants antérieurs et postérieurs à l'opposition en ascension droite, on obtiendrait (*fig. 108*) la trajectoire $l_1 l_2$ de la Lune par rapport au disque d'ombre.

On peut enfin admettre pour ce problème que la Lune est animée d'un mouvement relatif rectiligne et uniforme, et prendre pour trajectoire la ligne droite joignant deux positions l_1 et l_2 comprenant entre elles la conjonction. On a alors pour le tracé la règle suivante :

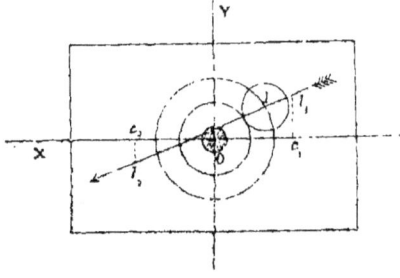

Fig. 108.

Tracez deux axes rectangulaires OX et OY; comptez les X positifs à gauche, les Y positifs en haut; choisissez deux heures rondes temps moyen de Paris, t_1 et t_2, espacées de 3 ou 4 heures et comprenant entre elles l'opposition en ascension droite ; calculez x_1, y_1, x_2, y_2 pour ces instants par les formules

$$x = (A\!\!\!R\, \mathbb{C} - A\!\!\!R\, \odot) \cos D \odot,$$
$$y = D\, \mathbb{C} - D \odot.$$

Avec ces coordonnées, marquez les points l_1 et l_2 en prenant un millimètre par minute de degré.

Calculez ensuite les rayons de l'ombre et de la pénombre par les formules

$$\text{Rayon de l'ombre} \quad = (\pi\mathbb{C} - \pi\odot\, 107,6)\, \frac{61}{60},$$

ou plus aisément

$$= (\pi\mathbb{C} - \delta\odot + \pi\odot)\, \frac{61}{60},$$

$$\text{Rayon de la pénombre} \quad = (\pi\mathbb{C} + \pi\odot\, 109,6)\, \frac{61}{60},$$

ou plus aisément

$$= (\pi\mathbb{C} + \delta\odot + \pi\odot)\, \frac{61}{60}.$$

Décrivez au point O les disques d'ombre et de pénombre et joignez $l_1 l_2$.

La position l_1 de la Lune correspondant à l'instant t_1, la position l_2 à l'instant t_2, et le mouvement pouvant être considéré comme uniforme, on aura, en désignant par t l'instant correspondant à une position l :

$$\frac{t - t_1}{l_1 l} = \frac{t_2 - t_1}{l_2 l_1},$$

d'où l'on peut déduire

$$t = t_1 + l_1 l \left(\frac{t_2 - t_1}{l_2 l_1} \right).$$

A l'instant de l'entrée de la Lune dans la pénombre, le disque lunaire est tangent au disque de pénombre. On obtiendra donc le point l correspondant à cet instant en décrivant de O comme centre un cercle avec un rayon égal à la somme des rayons de la pénombre et du disque lunaire, ce dernier a pour valeur $\delta\mathbb{C}$.

On obtiendra le point correspondant à l'entrée dans l'ombre en décrivant le cercle avec la somme des rayons de l'ombre et du disque lunaire.

ÉCLIPSES.

Le milieu de l'éclipse correspondra au pied de la perpendiculaire abaissée du point O sur la trajectoire. L'aspect de la phase maxima s'obtiendra en traçant le disque lunaire sur la figure pour cet instant.

183. Prédiction approchée des phases d'une éclipse de Soleil. — TRACÉ DE L'ÉCLIPSE POUR L'OBSERVATEUR GÉOCENTRIQUE. — Ce problème est le même que pour les éclipses de Lune, il suffit de remplacer la projection de l'ombre du Soleil par celle de l'astre lui-même.

Imaginons en effet la sphère céleste géocentrique ayant pour rayon la distance de la Terre à la Lune et coupant le globe lunaire suivant un cercle qui représentera son disque, et le cône tangent au Soleil suivant un autre cercle qui représentera le disque solaire. En nous reportant à ce que nous avons dit (page 302), on voit que, si l'on considère comme plane la région de cette sphère qui contient les disques des deux astres, et si l'on prend pour axes, dans ce plan, les traces du cercle de déclinaison et du parallèle du Soleil, les coordonnées du centre de la Lune seront (page 303) en valeurs angulaires :

$$x\,\mathbb{C} = (A\mathbb{C} - A\odot)\cos D,\ldots \quad A\mathbb{C} - A\odot \text{ en min. de degré,}$$
$$y\,\mathbb{C} = (D\,\mathbb{C} - D\odot),$$

et les rayons des disques seront respectivement $\delta\,\mathbb{C}$ et $\delta\,\odot$.

Au lieu de prendre les grandeurs angulaires, nous prendrons ici les grandeurs linéaires des éléments de la figure en prenant pour unité le rayon de la Terre. Alors la Lune a pour rayon 0,273, l'arc de 1′ a pour longueur $\dfrac{1}{\pi\,\mathbb{C}}$, puisque le rayon de la Terre, unité de longueur, est aperçu à cette distance sous l'angle $\pi\,\mathbb{C}$; par suite, les coordonnées du disque lunaire par rapport au centre du Soleil et les demi-diamètres auront pour grandeurs linéaires :

Grandeurs linéaires.

$$x\,\mathbb{C} = \frac{A\mathbb{C} - A\odot}{\pi\,\mathbb{C}}\cos D \times 15,\ldots \quad (A\mathbb{C} - A\odot)\text{ en min. d'heure}$$
$$y\,\mathbb{C} = \frac{D\,\mathbb{C} - D\odot}{\pi\,\mathbb{C}},$$
$$\delta'\,\odot = \frac{\text{valeur angulaire }\delta\,\odot}{\pi\,\mathbb{C}},$$
$$\delta'\,\mathbb{C} = 0{,}273.$$

Avec ces éléments calculés pour deux instants t_1 et t_2 espacés de 3 ou 4 heures et comprenant la conjonction en ascension droite, on pourra tracer la trajectoire $L'L''$ (*fig. 109*) de la Lune par rapport au centre O du Soleil pour l'observateur géocentrique par la méthode indiquée page 303.

Les valeurs de x et y sont données de 10^m en 10^m dans la *Connaissance des temps*.

TRACÉ DE L'ÉCLIPSE POUR UN LIEU ET UN INSTANT DONNÉS. — Supposons ce tracé préliminaire effectué (*fig. 109*). Le plan de la figure, que nous avons considéré comme confondu avec la petite région de la sphère qui contient les deux astres, peut encore être regardé, à l'approximation dont le tracé est susceptible, comme le plan mené par le centre de la Lune perpendiculairement à la direction du Soleil. Or nous avons vu (p. 100) que lorsque, sur ce plan, l'observateur géocentrique aperçoit le centre du Soleil en O, un observateur superficiel A l'aperçoit au point A_0 où le lieu qu'il occupe se projette orthogonalement. Par suite, pour avoir l'ensemble des positions dans lesquelles les différents lieux terrestres aperçoivent le centre du Soleil à un instant donné, il suffira de tracer la projection orthogonale de la Terre.

L'inclinaison de la ligne des pôles de la Terre sur le plan de la

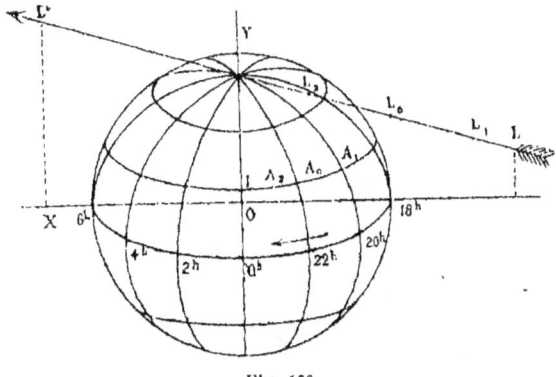

Fig. 109.

figure étant égale à la déclinaison du Soleil, elle peut être considérée comme constante pendant la durée du phénomène; par conséquent, les ellipses suivant lesquelles se projettent les parallèles, ainsi que les méridiens qui font un angle constant avec le plan horaire OY du

ÉCLIPSES.

Soleil, sont invariables et le mouvement diurne d'un observateur a pour effet d'amener successivement son méridien en coïncidence avec les différents méridiens représentés sur la projection générale. On voit ainsi que, pendant que le centre de la Lune décrit sa trajectoire $L'L''$, le centre du Soleil, pour un observateur donné, décrit un parallèle de la figure et vient se placer successivement aux points d'intersection avec les méridiens correspondants à la valeur de l'angle horaire local.

Si l'on a tracé comme il a été dit (p. 101) une projection complète de la Terre, on obtiendra, pour un instant Tmp donné, la position L_0 de la Lune sur $L'L''$, en admettant que le mouvement est uniforme; la position A_0 du centre du Soleil pourra ensuite être marquée sur l'épure à l'aide de la latitude du lieu et de l'heure vraie locale déduite de Tmp par la formule

$$\text{Tvg} = \text{Tvp} - G \quad \text{ou} \quad \text{Tmp} + \text{Em} - G.$$

Si la projection de la Terre n'a pas été tracée, on se bornera à déterminer la projection du lieu considéré soit par le tracé graphique indiqué (p. 101), soit en calculant ses coordonnées par les formules de la page 102 et en prenant pour T la valeur de Tvg.

PRÉDICTION DES PHASES. — Si l'on veut prédire les phases pour un

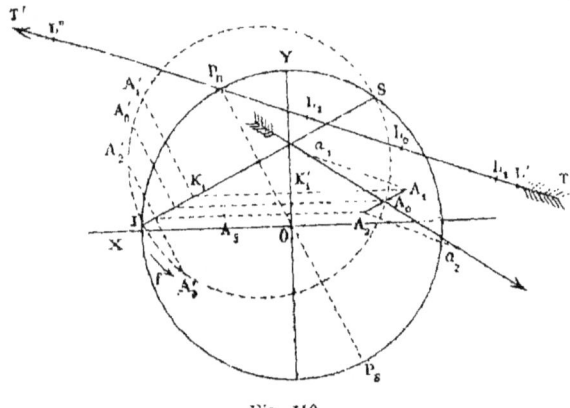

Fig. 110.

lieu donné, il faudra tracer la trajectoire relative de l'un des disques par rapport à l'autre supposé immobile. Pour cela, il suffira de déterminer les positions relatives $A_0 A_1 A_2$ et $L_0 L_1 L_2$ (*fig. 109*) des deux disques à différents instants; on attribuera ensuite à l'un des disques un mouvement égal et contraire à celui de l'autre qui pourra alors être considéré comme immobile. Connaissant ainsi le mouvement relatif, on obtiendra, comme pour les éclipses de Lune, les instants du premier et du dernier contact, ainsi que l'instant et l'aspect de la phase du maximum.

Voici la règle pratique à suivre pour le tracé complet de l'épure. Tracer deux axes rectangulaires OX et OY, et adopter le décimètre pour unité de longueur; placer les projections de l'observateur aux heures rondes temps vrai successives dans le voisinage de la conjonction, soit en calculant leurs coordonnées par les formules de la page 103, soit par le tracé graphique suivant : Décrire le cercle XY de rayon unité, porter, à partir du point Y l'arc YP_n égal à la déclinaison du Soleil, à gauche si elle est nord, à droite si elle est sud, et à partir du point P_n, porter à gauche la colatitude $P_n I$ comptée du pôle nord ; mener la ligne des pôles $P_n P_s$ et la corde perpendiculaire IS et, sur cette corde, comme diamètre, décrire le rabattement du parallèle. Porter sur ce parallèle, à partir du point I, des arcs de 15° représentant les valeurs rondes de l'heure vraie locale, comptées dans le sens de la flèche f. Projeter les points ainsi obtenus sur la corde IS, et, par les projections telles que K_1, mener des parallèles à OX ; porter sur ces parallèles, à partir de leurs rencontres avec OY, des longueurs $K'_1 A_1$ égales à $A'_1 K_1$, à droite pour les valeurs de l'angle horaire plus grandes que 12^h, et à gauche $(A'_3 A_3)$ pour celles qui sont plus petites. On aura ainsi les positions $A_0 A_1 A_2 \ldots$ du centre du Soleil à diverses heures rondes temps vrai $T_0, T_1, T_2 \ldots$

On tracera alors la trajectoire apparente de la Lune $L'L''$, à l'aide des coordonnées pour deux heures rondes, prises dans la *Connaissance des temps* ou calculées par les formules :

$$x = 15 \frac{A\mathbb{C} - A\odot}{\pi\mathbb{C}} \cos D, \qquad (A\mathbb{C} - A\odot) \text{ en min. d'heures.}$$

$$y = \frac{D\mathbb{C} - D\odot}{\pi\mathbb{C}}, \qquad D\mathbb{C} - D\odot \text{ et } \pi\mathbb{C} \text{ en min. de degrés,}$$

la valeur de $\cos D$ étant prise pour l'instant de la conjonction, avec 4 décimales.

En transformant en temps vrai local les heures rondes temps moyen de Paris qui ont servi à cette opération, et en admettant l'uniformité du mouvement, on pourra graduer la trajectoire de la Lune en temps vrai local. Un coup d'œil jeté sur la figure suffira pour déterminer celui des instants T_0, T_1, T_2..... où les disques sont le plus voisins. Soient T_0 cet instant et A_0, L_0 les positions respectives des disques. Lorsque le disque solaire était en T_1, c'est-à-dire une heure avant, la Lune était en L_1, c'est-à-dire à une heure en arrière de L_0, mais on peut supposer que celle-ci était en L_0 à la condition de déplacer A_1 sur une parallèle à $L'L''$ d'une quantité $A_1 a_1$ égale à $L_0 L_1$; de même on peut admettre qu'à l'instant T_2 la Lune était en L_0, à condition de déplacer A_2 d'une quantité égale à $L_0 L_2$. Le phénomène sera donc le même que si le centre de la Lune était resté en L_0 et si le disque solaire avait décrit la trajectoire $a_1 a_2$.

Le reste du problème se résoudra comme pour les éclipses de Lune, c'est-à-dire que l'on obtiendra le moment du premier contact en déterminant le point de $a_1 a_2$ qui est situé à une distance de L_0 égale à la somme des rayons des disques. L'instant milieu sera celui qui correspondra au pied de la perpendiculaire abaissée de L_0 sur $a_1 a_2$.

Enfin l'aspect du phénomène à un instant quelconque s'obtiendra en décrivant du point L_0 le disque de la Lune et, du point de $a_1 a_2$ qui correspond à l'instant considéré, le disque du Soleil.

Pour placer la figure en position perspective avec le phénomène, il suffira de placer verticalement le rayon de la Terre correspondant à la position de l'observateur à l'instant considéré.

184. Occultations. — On appelle occultations les éclipses d'étoiles par la Lune. De même que pour les éclipses de Soleil, le phénomène change d'aspect avec la position de l'observateur sur la Terre.

La prédiction des occultations se fait exactement par la même méthode que celle des éclipses de Soleil, les seules différences consistent en ce que le diamètre de l'étoile est nul et que, pour trouver les positions simultanées de l'observateur ou plutôt de l'étoile et de la Lune, on doit convertir le temps moyen de Paris en temps local de l'étoile et non en temps vrai. La conversion se fait par l'intermédiaire du temps sidéral ; on convertit le temps moyen de Paris en temps sidéral de Paris par la formule

$$Tsp = Tmp + Am,$$

on passe ensuite au temps sidéral local par la formule

$$Tsg = Tsp - G,$$

et à l'angle horaire de l'étoile par la formule

$$\mathrm{Tag} = \mathrm{Tsg} - A.$$

Pour les conversions inverses, on opère inversement :

$$\mathrm{Tsg} = \mathrm{Tag} + A\mathrm{a},$$
$$\mathrm{Tsp} = \mathrm{Tsg} + G,$$
$$\mathrm{Tmp} = \mathrm{Tsp} - A\mathrm{m}.$$

Enfin la *Connaissance des temps*, au lieu de donner les coordonnées x, y directement, donne sous le nom de p et q leurs valeurs à un instant déterminé, et les variations horaires p' et q' de ces quantités ; de sorte qu'au bout d'un intervalle t, les valeurs de x et de y sont

$$x = p + p't$$
$$y = q + q't.$$

On doit remarquer ici que les occultations se produisent à toutes les époques des lunaisons ; par suite, lorsque la Lune marche son bord obscur en avant (de la nouvelle Lune à la pleine Lune), les immersions se font par le bord obscur et sont facilement observables.

Lorsque, au contraire, la Lune s'avance par son bord éclairé, ce sont les émersions que l'on peut observer.

LIVRE III

PLANÈTES, ETC. — ENSEMBLE DU SYSTÈME SOLAIRE

CHAPITRE XIII

MOUVEMENT DES PLANÈTES ET DES SATELLITES

§ 1er. — Translation de la Terre et de la Lune autour du Soleil.

185. — Nous avons supposé, jusqu'ici, que le centre de la Terre était immobile et montré que, en se plaçant à ce point de vue, on pouvait expliquer les résultats que nous a fournis l'observation des étoiles, du Soleil et de la Lune par les hypothèses suivantes :

1° Les étoiles sont fixes et situées à des distances de la Terre infinies par rapport au rayon de ce globe.

2° La Terre tourne dans le sens direct autour d'un axe animé du double balancement conique de précession et de nutation.

3° Le Soleil et la Lune décrivent des orbites elliptiques ayant leur foyer au centre de la Terre, et leurs rayons vecteurs décrivent des aires égales dans des temps égaux.

Avant d'entreprendre l'étude des planètes, nous allons montrer que l'on peut encore expliquer tous les résultats des observations antérieures en supposant que c'est au contraire le Soleil qui est immobile et que la Terre se meut autour de lui.

186. Explication des résultats des observations des étoiles.

— INVARIABILITÉ DE LA SPHÈRE CÉLESTE. — Pour expliquer cette invariabilité, au nouveau point de vue, il suffit d'admettre que les distances des étoiles sont infinies par rapport à la plus grande distance de la Terre au Soleil. Soient en effet S (*fig. 111*) le centre du Soleil supposé immobile et T la position du centre de la Terre à un instant quelconque. Repré-

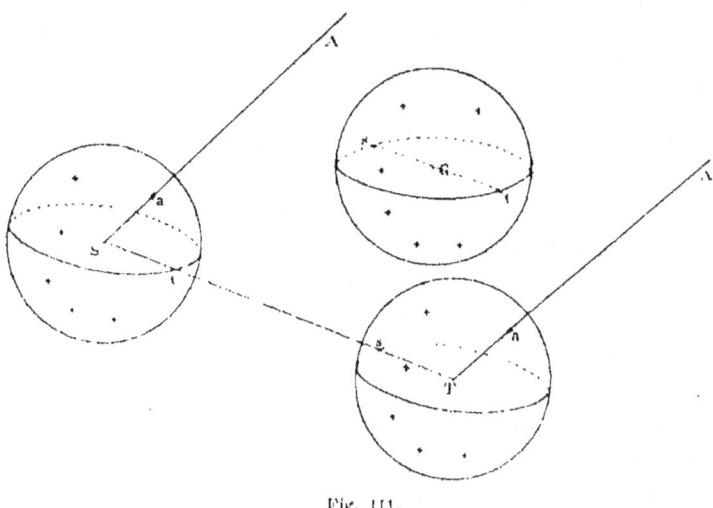

Fig. 111.

sentons les sphères célestes d'observateurs placés en ces deux points, et joignons S et T à une même étoile A.

Si, au lieu de supposer la distance TA infinie par rapport au rayon de la Terre, nous la supposons infinie par rapport à la plus grande distance ST de la Terre au Soleil, les rayons TA et SA paraîtront parallèles; la sphère céleste géocentrique sera donc identique à la sphère céleste *héliocentrique* (de *Hélios*, Soleil). Le Soleil étant immobile, sa sphère céleste est invariable et invariablement orientée dans l'espace; il en sera de même de la sphère géocentrique, quelle que soit la position de la Terre.

Enfin les sphères célestes des observateurs placés à la surface de la Terre étant évidemment identiques à celles du centre de ce globe ; elles seront invariables et invariablement orientées elles-mêmes.

Mouvement diurne. — Pour expliquer les apparences du mouvement diurne, il suffit d'imaginer, au point S, un globe identique à la Terre et animé des mouvements de rotation que nous avons été conduits à admettre pour ce globe dans l'hypothèse de l'immobilité de son centre, c'est-à-dire tournant autour d'un axe animé du double mouvement conique de précession et de nutation, et d'admettre que, le centre de la Terre entraînant un axe animé des mêmes mouvements, ce globe tourne autour de lui comme le globe idéal que nous venons de supposer immobile en S.

A tout instant, en effet, les deux globes et leurs sphères célestes seront orientés de la même manière ; par suite, tout observateur placé sur la Terre constatera les mêmes apparences que celui qui serait situé dans la même position sur le globe identique S.

Nous voyons ainsi que les résultats des observations des étoiles conduiraient avec la nouvelle hypothèse aux conclusions suivantes :

1° Les étoiles sont immobiles à des distances du Soleil infinies par rapport à la plus grande distance de la Terre à cet astre.

2° La Terre, en mouvement dans l'espace, tourne dans le sens direct autour d'un de ses diamètres. Ce diamètre, à une première approximation c'est-à-dire pendant une courte période, peut être considéré comme restant parallèle à lui-même, mais en réalité sa *direction* subit dans l'espace le double balancement conique de précession et de nutation que nous avons analysé précédemment.

187. Explication des résultats de l'observation du Soleil. — Mouvement apparent sur la sphère céleste. — Pour expliquer le mouvement circulaire apparent du Soleil sur la sphère céleste géocentrique, il suffit d'admettre que le mouvement apparent de la Terre sur la sphère héliocentrique se produit sur un grand cercle placé comme l'est l'écliptique sur la sphère géocentrique, c'est-à-dire que le centre de ce globe se meut dans un plan passant par le centre du Soleil.

Considérons en effet (*fig. 111*) la Terre dans la position T ; soit s le point où l'observateur géocentrique aperçoit le Soleil sur la sphère céleste et t celui où l'observateur héliocentrique aperçoit la Terre. Les deux sphères célestes étant identiques et identiquement orientées, si l'on porte les deux positions t et s sur un globe céleste étoilé G, on obtiendra deux points diamétralement opposés.

Par suite, si le point t décrit un grand cercle dans le sens direct, le point s décrira le même grand cercle dans le même sens sur la sphère géocentrique.

ORBITE ELLIPTIQUE. — Remarquons actuellement (*fig. 112*)

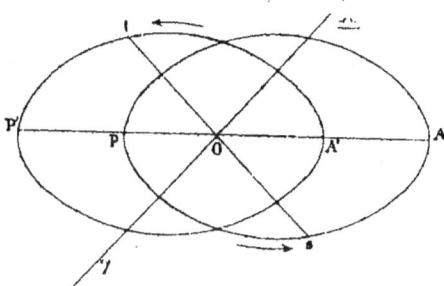

Fig. 112.

que si, au lieu de supposer la Terre immobile en O et le Soleil décrivant l'ellipse PA, l'on imagine le Soleil immobile en O et la Terre décrivant l'ellipse P'A' obtenue en faisant tourner la précédente de 180° autour de son centre, et de manière à se trouver à tout instant dans une position t diamétralement opposée à la position s que nous avions attribuée au Soleil, la Terre du point t apercevra le Soleil en O dans la même direction (par la même étoile) et à la même distance que si elle était immobile en O et que le Soleil passât en s.

Par suite, tous les résultats de l'observation du Soleil s'expliquent par l'hypothèse suivante :

1° Le centre de la Terre décrit autour du Soleil une orbite plane.

2° Son rayon vecteur décrit des aires égales en des temps égaux.

3° L'orbite est une ellipse dont le Soleil occupe un des foyers.

Les points P et A de l'orbite de la Terre se nomment le *périhélie* et l'*aphélie*.

188. Explication des résultats de l'observation de la Lune.
— Pour expliquer les apparences du mouvement de cet astre, il suffit d'imaginer en T' (*fig. 113*), c'est-à-dire au centre du Soleil, un système idéal, Terre et Lune, animé des mouvements que nous avions attribués au système dans l'hypothèse de l'immobilité de notre globe, et d'admettre que la Lune se meuve réellement autour du centre T_1 de la Terre en mouvement, de manière que, à tout instant, son rayon vecteur $T_1 L_1$ soit égal et

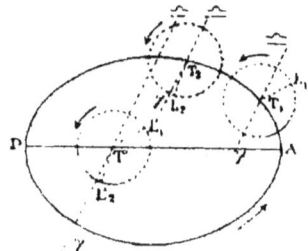

Fig. 113.

parallèle à $T'L'_1$. Il est clair en effet que les observateurs placés à la surface de la Terre apercevront la Lune, à tout instant, au même point de la sphère céleste que les observateurs placés de la même manière sur le globe idéal T'.

Dans cette hypothèse, l'orbite de la Lune, imaginée formée par un anneau rigide, sera à tout instant parallèle à celle de la Lune idéale L'_1 ; par suite son axe, restant parallèle à celui de cette dernière, subira dans son entraînement un double balancement conique analogue à celui de l'axe de rotation de la Terre.

Pour compléter l'analogie, remarquons que l'équateur terrestre peut être considéré comme l'orbite diurne décrite autour du centre de la Terre par un lieu dont la latitude est nulle ; par suite l'orbite de la Lune est animée de mouvements offrant une analogie complète avec ceux de l'orbite des points de l'équateur terrestre.

La ligne des équinoxes peut être considérée comme celle des nœuds de l'équateur terrestre, le nœud ascendant étant le point ♎.

La ligne des nœuds de l'orbite de la Lune et la ligne des équinoxes étant les intersections du plan fixe de l'elliptique par deux plans passant par le centre de la Terre sont entraînées dans le mouvement de ce point. Elles resteront à tout instant parallèles aux lignes homologues du système idéal T'L' (*fig. 113*) ; par suite, les balancements coniques principaux des axes auront pour effet de donner à leurs directions dans la sphère céleste géocentrique un mouvement rétrograde. Les balancements coniques secondaires (nutations) auront de même pour effet des variations périodiques dans les obliquités de l'équateur et de l'orbite de la Lune, et des oscillations des lignes des nœuds de ces plans de part et d'autre de leurs positions *moyennes*.

Remarque. — Nous avons considérablement exagéré sur la figure la grandeur relative de l'orbite de la Lune. Pour obtenir une idée plus exacte de la réalité, il suffit de considérer que le rayon de l'orbite de la Terre est 400 fois plus grand que celui de l'orbite de la Lune, et que cette dernière fait environ 13 révolutions quand la Terre en fait une. En supposant les deux orbites circulaires, on obtient pour trajectoire résultante de la Lune une ligne convexe en tous ses points, mais offrant des parties plus courbes et d'autres moins courbes, de manière qu'elle passe alternativement des deux côtés de l'orbite de la Terre.

189. Conclusions. — On voit en résumé que la nouvelle hypothèse de l'immobilité du Soleil et de la translation de la

Terre rend aussi bien compte des résultats de l'observation que l'ancienne. C'est à celle-ci que nous nous arrêterons désormais ; nous montrerons plus loin que l'on possède aujourd'hui des preuves indiscutables de son exactitude.

On peut d'ailleurs remarquer déjà que la nouvelle hypothèse nous conduit à reculer les étoiles à des distances considérables et que, si parmi elles il s'en trouve qui soient assez voisines de nous pour que l'angle formé par les rayons TA et SA (*fig. 111*) soit sensible à nos instruments, la direction dans laquelle nous les apercevons subira des changements. Nous verrons en effet qu'on a pu constater ces changements pour quelques étoiles et trouver là une preuve de l'exactitude de l'hypothèse de la translation de la Terre.

190. Examen de divers phénomènes au nouveau point de vue. — Il n'est pas nécessaire de montrer que la nouvelle hypothèse rend compte aussi bien que l'ancienne des phénomènes qui sont la conséquence du mouvement diurne et des mouvements du Soleil et de la Lune sur la sphère céleste, puisque ces mouvements apparents eux-mêmes sont des conséquences des mouvements réels dont nous venons d'admettre l'existence.

Nous nous bornerons donc à quelques indications relatives aux principaux phénomènes, afin de donner une idée nette de la manière dont les faits se passent dans la réalité.

Saisons. — Représentons, sur la figure 114, l'écliptique en perspective ; soient S le centre du Soleil et Sp l'axe de l'écliptique ; menons en S une ligne SP_n parallèle à l'axe de la Terre, et un plan Q parallèle au plan de l'équateur terrestre. Si nous supposons que SP_n soit la branche nord de la ligne des pôles, les points équinoxiaux ♈ et ♎ sont placés comme l'indique la figure.

La Terre se meut sur son orbite de manière que son axe de rotation reste parallèle à SP_n ; les balancements de cette ligne étant très lents, nous pouvons les négliger dans la question qui nous occupe, c'est-à-dire admettre que l'axe se transporte parallèlement à lui-même.

Il résulte de ce que nous avons vu plus haut que, lorsque la Terre aperçoit le Soleil dans la direction du point ♈, le Soleil aperçoit la Terre dans la direction du point ♎ de la sphère héliocentrique. Par suite, le printemps commence lorsque la Terre est dans la position T_1 ; à cet instant, son

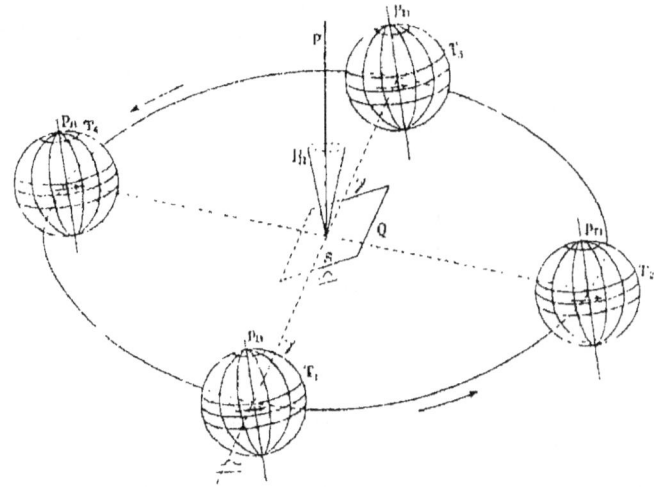

Fig. 114.

axe p_n est perpendiculaire à la direction T_1S du Soleil et les rayons de cet astre atteignent normalement l'équateur.

Menons la ligne T_1ST_2 perpendiculaire à la ligne des équinoxes. Dans la position T_2, la Terre présente son hémisphère nord au Soleil, c'est le solstice d'été. Dans la position T_3, la Terre aperçoit le Soleil dans la direction ♎, par suite c'est le commencement de l'automne. Enfin, en T_4, la Terre présente au Soleil son hémisphère sud, c'est le solstice d'hiver.

On peut aisément voir sur la figure que les lieux dont la rotation de la Terre autour de son axe amène le zénith dans la direction du Soleil sont situés, en T_1 sur l'équateur, en T_2

sur le tropique nord (du Cancer), en T_3 sur l'équateur et en T_4 sur le tropique sud (du Capricorne).

Phases de la lune. Éclipses. — Les phases de la Lune dépendant uniquement de la différence des angles sous lesquels l'observateur terrestre aperçoit cet astre et le Soleil (page 283), le mouvement d'entraînement de l'orbite ne change rien aux explications. Il faut seulement remarquer que les phases se produisent quand la Terre est dans différentes positions sur sa trajectoire.

Les conjonctions se produisent quand la Lune est entre le Soleil T' (*fig. 113*) et la Terre, les oppositions quand c'est la Terre qui est entre les deux astres, et les quadratures quand le rayon vecteur de la Lune est à angle droit avec le rayon vecteur de la Terre.

Enfin, les éclipses se produisent lorsque, par suite des mouvements des deux astres, la Lune passe dans les cônes d'ombre et de pénombre, entraînés par la Terre, et lorsque la Terre passe dans ceux que projette la Lune.

§ 2. — Mouvements des planètes.

191. Définitions. — Les *planètes* offrent, à première vue, le même aspect que les étoiles, mais elles se meuvent parmi les constellations, et lorsqu'on les examine avec des lunettes suffisamment puissantes, on constate que la plupart d'entre elles sont accompagnées d'un cortège d'astéroïdes restant en permanence dans leur voisinage et circulant autour d'elles. On donne à ces astéroïdes le nom de *satellites*.

192. Observations. — Nous supposerons, dans ce qui suit, que l'on a mesuré et inscrit sur des registres les ascensions droites et les déclinaisons des planètes pendant une longue période de temps.

Nous supposerons également que l'on a comparé entre elles les positions obtenues simultanément dans des lieux différents de la Terre, et constaté que l'écart de ces positions est assez faible pour que l'on puisse, à une première approximation, considérer comme parallèles les directions dans lesquelles une même planète est aperçue de différents lieux terrestres. Nous concluons donc de là que ces astres restent assez loin de la Terre pour que l'on puisse admettre que les observations ont été prises du centre de notre globe.

193. Complications du mouvement apparent des planètes sur la sphère céleste. — Si l'on applique à l'étude des mouvements des planètes les procédés d'investigation que nous avons employés pour la Lune et pour le Soleil, on obtient des résultats bien différents de ceux qui ont été obtenus pour ces deux astres.

Les trajectoires apparentes des planètes sur la sphère céleste géocentrique sont en effet des courbes sinueuses; leurs mouvements en longitude sont tantôt directs, tantôt stationnaires, tantôt rétrogrades.

On est naturellement conduit à rechercher si cette complication ne serait pas due au mouvement propre de la Terre et à examiner si, en rapportant les positions au centre du Soleil immobile, on ne retrouverait pas les caractères de simplicité remarquables que nous avons obtenus pour les mouvements déjà étudiés.

Un premier examen superficiel des résultats de l'observation suffit pour montrer que les apparences constatées offrent tout au moins une grande analogie avec celles que l'on obtiendrait si les planètes décrivaient autour du Soleil des orbites planes fermées analogues à celle de la Terre.

Supposons en effet que S (*fig. 115*) soit la position du Soleil; prenons pour plan de la figure le plan T, T_1, T_2 de l'orbite de la Terre, et projetons sur ce plan les orbites de deux astres qui circuleraient autour du Soleil dans des plans peu inclinés sur l'écliptique, l'une des orbites étant située à l'intérieur, l'autre à l'extérieur de l'orbite terrestre.

L'observateur terrestre verrait les planètes telles que V

osciller de part et d'autre du Soleil, ne s'écartant jamais de lui d'un angle supérieur à celui sous lequel peut être aperçu le plus grand rayon de son orbite. Ces planètes passeraient tantôt entre elle et le Soleil, tantôt au delà de cet astre, un peu au-dessus ou un peu au-dessous de lui, à cause de l'inclinaison de l'orbite. Il pourra même arriver que, lors des conjonctions qui se produiront dans le voisinage de l'intersection des plans des orbites, l'observateur terrestre aperçoive

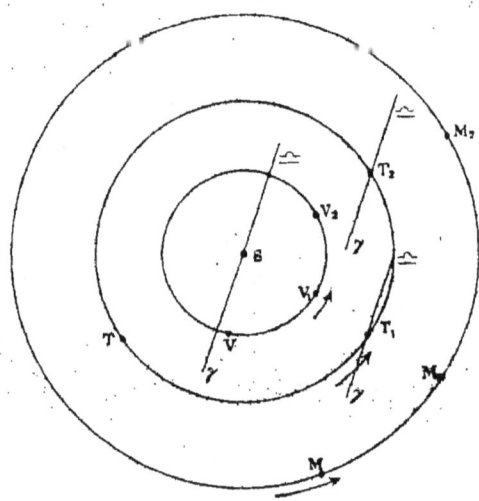

Fig. 115.

ces astres passant sur le disque du Soleil sous l'aspect d'une tache ronde. Pour les planètes telles que M, dont l'orbite serait extérieure, le même observateur constaterait tantôt des conjonctions, tantôt des oppositions et verrait l'écart angulaire croître de zéro à 360°.

Enfin, si les astres ne reçoivent d'autre lumière que celle qui leur vient du Soleil, les planètes telles que V présenteront à la Terre leur disque obscur quand elles passeront entre elle et le Soleil, et ne pourront être aperçues que lorsqu'elles passeront sur le disque ; au contraire, lorsqu'elles passeront au delà du Soleil, elles offriront leurs disques éclairés.

Les planètes telles que M présenteront toujours leur disque éclairé à la terre, elles ne disparaîtront que dans le voisinage des conjonctions, où elles seront absorbées par l'éclat du Soleil.

Tous ces caractères s'accordant avec les résultats de l'observation, nous adopterons cette hypothèse pour base de nos recherches.

194. Définitions. — Longitude et latitude héliocentrique.

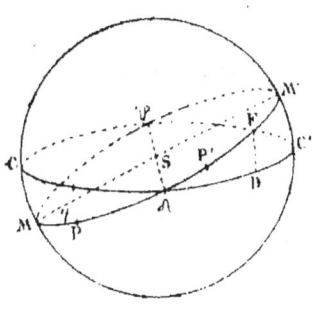

Fig. 116.

— On imagine par le centre du Soleil, une ligne S♈ (*fig. 116*) parallèle à la ligne des équinoxes, et on rapporte les longitudes et les latitudes sur la sphère céleste héliocentrique à l'écliptique de cette sphère et au point vernal de ce grand cercle. La longitude héliocentrique de la Terre est égale à tout instant à la longitude géocentrique du Soleil, augmentée de 180°.

Lignes des nœuds des orbites. — On appelle *nœuds* des orbites planétaires les intersections de l'écliptique avec ces orbites sur la sphère héliocentrique. On distingue, comme pour la Lune, le nœud ascendant ☊ et le nœud descendant ☋, où la planète franchit l'écliptique respectivement du sud au nord et du nord au sud.

Planètes inférieures ou intérieures, extérieures ou supérieures. — On appelle *planètes inférieures*, ou *intérieures*, celles dont l'orbite est comprise à l'intérieur de celle de la Terre (*fig. 115*). Les conjonctions de ces planètes correspondent aux instants où elles sont dans le plan perpendiculaire à l'écliptique mené par la Terre et le Soleil, TSV_2 et T_2V_2S. Celles qui ont lieu au delà du Soleil sont appelées *conjonctions supérieures*; celles qui ont lieu entre la Terre et le Soleil sont appelées *conjonctions inférieures*. Lors des conjonctions, les longitudes géocentriques de la planète et du Soleil sont égales. Ces longitudes héliocentriques sont égales à celles de la Terre ou en diffèrent de 180°.

On appelle planètes *extérieures, ou supérieures*, les planètes dont l'orbite est extérieure à celle de la Terre. Les conjonctions et les oppositions de ces planètes correspondent encore aux instants où elles sont dans le plan perpendiculaire à l'écliptique, passant par la Terre et le Soleil. Lors des oppositions ST_1M_1, la longitude géocentrique de la planète est égale à celle du Soleil augmentée de 180°.

195. Révolutions sidérales et synodiques des planètes. — Relations générales. — Les définitions que nous avons données (page 278) à propos de la Lune, doivent être ici légèrement modifiées, puisque c'est autour du Soleil que se font les révolutions. La révolution *synodique* ramène la planète au même écart en longitude avec la *Terre*, et la révolution *sidérale* ramène le cercle de latitude de la planète à la même étoile, c'est-à-dire au même point de l'écliptique héliocentrique.

La relation entre la durée T de la révolution sidérale du Soleil ou de la Terre, celle de la révolution sidérale T' et celle de la révolution synodique T'' de la planète peut prendre deux formes : si T' est plus petit que T, on a

$$\frac{360°}{T'} - \frac{360°}{T} = \frac{360°}{T''} \quad \text{ou} \quad \frac{1}{T'} - \frac{1}{T} = \frac{1}{T''} \qquad (1)$$

qui exprime que le moyen mouvement synodique est égal à l'excès du moyen mouvement sidéral de la planète sur celui du Soleil ou de la Terre ; si T' est plus grand que T, on a la seconde forme suivante :

$$\frac{360°}{T} - \frac{360°}{T'} = \frac{360°}{T''} \quad \text{ou} \quad \frac{1}{T} - \frac{1}{T'} = \frac{1}{T''} \qquad (2)$$

qui exprime que le moyen mouvement relatif ou synodique est égal à l'excès du moyen mouvement sidéral de la Terre sur celui de la planète. D'une manière générale, il est clair que le moyen mouvement synodique est égal à la différence des moyens mouvements sidéraux, et que, suivant que le moyen mouvement de la Terre est le plus rapide ou le plus lent, le moyen mouvement synodique sera respectivement rétrograde ou direct. Or, dans le cas de la formule (2) où le moyen mouvement synodique est rétrograde, si l'on donne le signe — à T'', on rentre dans la première formule ; on aura donc d'une manière générale

$$\frac{1}{T'} - \frac{1}{T} = \frac{1}{T''} \qquad (3)$$

à la condition de prendre T'' négatif quand la planète reculera par rapport à la Terre pour l'observateur héliocentrique.

DURÉES DES RÉVOLUTIONS DES PLANÈTES. — Ces durées sont faciles à déduire des registres des observations ; considérons, en effet, la figure 115 représentant la trajectoire de la Terre, et les projections sur son plan des orbites de deux planètes, l'une extérieure et l'autre intérieure.

La durée de la *révolution synodique* est l'intervalle qui sépare deux époques où la planète vue du Soleil est en conjonction ou en opposition avec la Terre, ou plutôt, le quotient de l'intervalle de deux conjonctions ou de deux oppositions éloignées par le nombre de révolutions synodiques accomplies. Or les époques des oppositions des planètes telles que M sont faciles à obtenir, puisque, à ces époques, la planète a exactement, pour longitude géocentrique, la longitude du Soleil augmentée ou diminuée de 180°, et qu'elle est d'autant plus facile à observer qu'elle passe au méridien à minuit.

Quant aux planètes telles que V, qui offrent un disque obscur à l'époque des conjonctions inférieures $T_1 V_1 S$, et qui d'ailleurs sont trop voisines du Soleil pour être observées lors des conjonctions supérieures TSV_2, on pourra profiter des passages sur le disque du Soleil pour obtenir les époques de conjonctions inférieures $T_1 V_1 S$ éloignées.

On obtiendra ainsi les valeurs absolues de T''.

Il reste maintenant à chercher le signe de cette quantité, c'est-à-dire à examiner si, pour l'observateur héliocentrique, la planète avance ou rétrograde par rapport à la Terre. Or, on reconnaît facilement par l'examen des registres d'observations que, lorsqu'une nouvelle conjonction se reproduit en T_2, une planète extérieure M a parcouru l'arc $M_1 M_2$, tandis que la Terre a fait une circonférence augmentée de $T_1 T_2$; au contraire, pour la planète V, c'est la Terre qui a parcouru $T_1 T_2$, tandis que la planète a fait plus d'un tour. Par conséquent, dans le premier cas (planète M), la planète recule sur la Terre et T" est négatif, et, dans le second (planète V), elle avance et T" est positif.

La grandeur et le signe de T" ayant été ainsi déterminés, la durée T' s'obtient par la formule

$$\frac{1}{T'} = \frac{1}{T} + \frac{1}{T''};$$

cette formule donnera, dans le premier cas, un nombre T' plus grand que T, et dans le second un nombre plus petit.

C'est ainsi qu'on a obtenu les valeurs de T' et T" pour les planètes. Ces durées étaient déjà connues avec une assez grande précision par les anciens.

196. Méthode employée par Kepler pour la découverte des lois des mouvements des planètes autour du Soleil. — Soient S (*fig. 117*) le Soleil, T la Terre, M une planète (c'est à la planète Mars que Kepler a appliqué cette méthode). Menons par les points S et T dans l'écliptique les origines des longitudes S♈ et T♈, et projetons M en m sur ce plan.

Pour appliquer à l'étude du mouvement héliocentrique de cette planète les méthodes employées pour celle des mouvements géocentriques du Soleil et de la Lune, il suffira de connaître les longitudes ♈Sm, les latitudes mSM et les rayons vecteurs SM aux différentes époques d'une révolution. Or nous connaissons désormais à tout instant les positions T de la Terre; le registre d'observation donnant pour chaque époque la latitude et la longitude géocentrique de la planète, la direction du rayon TM dans l'espace est connue ; mais les points situés sur cette direction ont des coordonnées très différentes par rapport au Soleil, et on ne pourra obtenir celles-ci qu'à la condition de connaître en outre la distance TM de la planète à la Terre ou encore la distance Tm.

Pour obtenir la base du triangle nécessaire à la mesure de cette distance, Kepler, l'immortel auteur des lois du mouvement elliptique, eut l'idée d'utiliser les grands déplacements de la Terre sur son orbite. La planète, il est vrai, occupe en général des positions différentes dans l'espace à deux époques

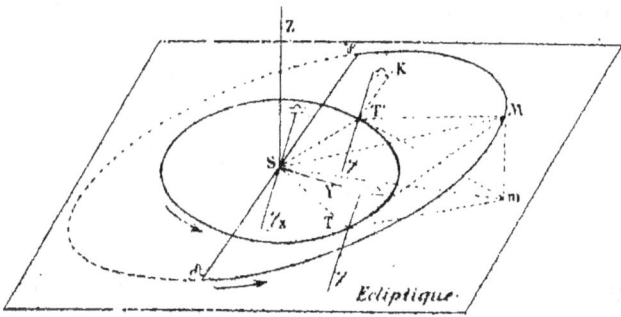

Fig. 117.

quelconques ; mais si l'on admet, sauf à le vérifier ensuite, que l'orbite de la planète est fermée, elle revient au même point M de l'espace à l'expiration de sa révolution sidérale. Par conséquent, si l'on associe entre elles les observations obtenues de la Terre dans deux positions T et T', espacées de la durée de la révolution sidérale, on connaîtra, dans la figure, avec les deux positions T et T', les éléments ♈Tm et ♈T'm ; on pourra donc en conclure la distance Tm. Cette distance étant connue, ainsi que la latitude mTM, la figure sera déterminée et l'on pourra calculer les coordonnées héliocentriques du point M[1].

---

[1]. Les formules nécessaires à l'application de cette méthode sont données plus loin (**200** et **201**).

Les résultats de ces calculs étant inscrits sur un nouveau registre, nous posséderons désormais les valeurs des éléments héliocentriques ♈D, DF (*fig. 116*) et du rayon vecteur. Nous pourrons donc appliquer à l'étude du mouvement de la planète sur la sphère héliocentrique les méthodes que nous avons appliquées à celle des mouvements du Soleil et de la Lune sur la sphère géocentrique.

On constatera ainsi que l'orbite sur la sphère héliocentrique est un grand cercle, et que, par suite, l'orbite dans l'espace est une courbe plane, dont le plan contient le centre du Soleil.

On déterminera ensuite les valeurs de la longitude ♈☊ du nœud ascendant et de l'inclinaison de l'orbite sur l'écliptique, ce qui permettra de calculer la longitude ☊F dans l'orbite aux différentes époques. La distance angulaire du rayon vecteur à une ligne fixe S☊ du plan étant connue, ainsi que le rayon vecteur lui-même, la forme de la courbe et les lois du mouvement sur cette courbe pourront être déterminées.

197. Lois de Kepler. — On obtient, en procédant ainsi, exactement les mêmes lois que pour la Terre ; on est donc conduit à classer désormais notre globe parmi les planètes et à formuler les lois des mouvements de ces astres ainsi qu'il suit :

1° *Les orbites des planètes sont des ellipses dont le Soleil occupe un des foyers;*

2° *Les rayons vecteurs des planètes décrivent des aires égales en des temps égaux.*

Enfin, en comparant entre elles les valeurs des demi-grands axes et des durées des révolutions des diverses planètes, on obtient la 3ᵉ loi suivante :

3° *Les carrés des durées des révolutions sidérales sont proportionnels aux cubes des demi-grands axes.*

Telles sont les lois découvertes par Kepler ; elles expriment sous trois formules d'une extrême simplicité les lois de mouvements que, jusqu'à lui, on n'était arrivé à expliquer que par des combinaisons très compliquées de mouvements circulaires excentriques superposés.

Nous verrons bientôt que ces trois lois ont été condensées sous une formule encore plus simple par Newton dans le principe de la *gravitation universelle*.

La troisième loi de Kepler peut encore être formulée ainsi :

(3°)' *Les vitesses aréolaires des rayons vecteurs sont proportionnelles aux racines carrées des paramètres des orbites.* Le paramètre d'une section conique est la corde focale perpendiculaire au grand axe.

Ces deux lois sont des conséquences l'une de l'autre (**202**).

198. Inégalités des planètes. — De même que pour la Terre et pour la Lune, les lois que nous venons de formuler ne sont qu'approchées; c'est-à-dire que les mouvements réels ne peuvent être considérés comme satisfaisant à ces lois qu'à la condition de supposer que les éléments dont dépendent la grandeur, la forme et la position des orbites sont variables.

Les *variations* ou *inégalités* des éléments des orbites planétaires se classent en deux catégories : les *inégalités séculaires* qui consistent dans des variations conservant le même sens et apportant, par suite, des changements assez notables dans de longs intervalles, malgré leur lenteur, et les *inégalités périodiques* qui se produisent tantôt dans un sens, tantôt dans un autre, et qui n'ont d'autre effet que de déplacer la planète dans le voisinage de la position moyenne qu'elle occuperait à chaque instant, si les inégalités séculaires existaient seules.

Tous les éléments des orbites planétaires sont affectés des variations des deux espèces, sauf les demi-grands axes qui n'ont pas d'inégalités séculaires. Il en est de même des durées des révolutions sidérales qui sont liées aux demi-grands axes par la troisième loi de Kepler.

Si les inégalités séculaires conservaient toujours le même sens comme l'indiquent les formules dont on fait usage actuellement, elles finiraient par apporter, au bout d'un grand nombre de siècles, des changements considérables dans le système solaire. Mais Laplace a démontré que ce sont encore des inégalités périodiques à très longues périodes, et que les excentricités et les inclinaisons des orbites sur l'écliptique resteront toujours très petites comme elles le sont actuellement.

199. Prédiction des éphémérides des planètes. — Pour prédire les positions des planètes sur la sphère céleste géocentrique, on commence par traiter le problème pour la sphère héliocentrique.

Pour cela, à l'aide des positions héliocentriques déduites de l'observation, on détermine (*fig. 116*) la longitude du ☊ et l'inclinaison de l'orbite C′☊M′, comme on a déterminé l'origine des ascensions droites et l'inclinaison de l'écliptique sur l'équateur pour le Soleil. De même, on détermine la longitude du périhélie dans l'orbite ☊P, l'époque du passage de la planète en ce point, et l'excentricité de l'ellipse.

L'application des formules du mouvement elliptique, en tenant compte des inégalités de ces éléments, donnera l'anomalie vraie PF et, par suite, la longitude ☊ F de la planète dans son orbite pour une époque quelconque.

On déduira de là les coordonnées héliocentriques DF et ♈D = ♈☊ + ☊D rapportées à l'écliptique.

Connaissant désormais les éléments ♈Sm (*fig. 117*), mSM et le rayon vecteur SM, ainsi que la position simultanée T de la Terre, on en déduira les coordonnées ♈TM, mTM et TM rapportées à l'écliptique sur la sphère géocentrique (201); et l'on passera enfin de la latitude et de la longitude aux coordonnées rapportées à l'équateur, c'est-à-dire à la déclinaison et à l'ascension droite.

200. Formule pour le calcul de la distance de la planète à la Terre. — Ainsi que nous l'avons dit (**196**), on associe entre elles les observations prises de deux positions T et T′ (*fig. 117*) de la Terre correspondant à deux époques distantes d'un intervalle égal à la durée de la révolution sidérale.

Nous adopterons pour la position T les notations suivantes :

Longitude géocentrique de la planète . . . . $l = \gamma Tm$
Latitude — — . . . . $\lambda = m'TM$
Distance de la planète à la Terre . . . . . $r = TM$
Longitude héliocentrique de la planète . . . $L = \gamma Sm$
Latitude héliocentrique de la planète . . . $\Lambda = mSM$
Rayon vecteur héliocentrique de la planète . $R = SM$
Longitude géocentrique du Soleil . . . . . $L\odot = \gamma TS$
Longitude héliocentrique de la Terre . . . $L\oplus = \gamma ST$
$\qquad = L\odot + 180°$
Rayon vecteur de la Terre . . . . $R\oplus = ST$
Distance de la Terre à la projection de la planète $\Delta = Tm$

les éléments correspondant à la position T' seront désignés par des lettres accentuées.

Pour obtenir la formule qui donne la distance Tm, il suffit d'élever à la ligne $T'm$ une perpendiculaire $T'K$ et d'écrire que les deux contours STm et $ST'm$ ont des projections égales, c'est-à-dire que l'on a

$$\text{proj.} ST + \text{proj.} Tm = \text{proj.} ST' + \text{proj.} T'm. \qquad (1)$$

Pour évaluer ces projections, il faut déterminer les angles que forment avec $T'K$, les droites ST, Tm, ST' et $T'm$. Sans qu'il soit nécessaire de mener des parallèles à $T'K$ par les points S et T, on voit aisément que ces angles sont les différences entre la longitude de cette droite et celles des droites considérées ; on obtiendra donc leurs valeurs en retranchant de ces dernières longitudes l'angle $\gamma T'K$ ou $l' + 90°$. Il viendra ainsi

$$\text{proj.} ST = ST \cos(\gamma ST - l' - 90°),$$
$$\text{proj.} Tm = Tm \cos(\gamma Tm - l' - 90°),$$
$$\text{proj.} ST' = ST' \cos(\gamma ST' - l' - 90°),$$
$$\text{proj.} T'm = 0,$$

et, en substituant dans (1) et en introduisant les notations adoptées,

$$R\oplus \cos(L\oplus - l' - 90°) + \Delta \cos(l - l' - 90°)$$
$$= R'\oplus \cos(L'\oplus - l' - 90°),$$

c'est-à-dire, en remplaçant la longitude de la Terre par celle du Soleil augmentée de 180°,

$$R_{\oplus} \sin(l' - L_{\odot}) + \Delta \sin(l - l') = R'_{\oplus} (\sin l' - L'_{\odot}).$$

On déduit de là

$$\Delta = \frac{R'_{\oplus} \sin(l' - L_{\odot}) - R_{\oplus} \sin(l' - L_{\odot})}{\sin(l - l')},$$

et enfin

$$r = \frac{\Delta}{\cos \lambda}.$$

En joignant les valeurs de r ainsi calculées aux éléments l et λ déduits de l'observation, on a obtenu les coordonnées géocentriques complètes, que l'on a transformées en coordonnées héliocentriques par les formules qui suivent.

201. Formules de transformation des coordonnées géocentriques en coordonnées héliocentriques, et réciproquement. — Pour établir ces formules, nous ferons usage des axes de coordonnées rectangulaires suivants : l'axe des x dirigé suivant S♈, l'axe des y ayant 90° pour longitude, l'axe des z dirigé vers le pôle nord de l'écliptique ; et nous égalerons les valeurs obtenues, pour chaque coordonnée du point M, en projetant respectivement le contour STM et sa résultante SM sur les axes. On a ainsi

$$x = Sm \cos ♈ Sm = ST \cos ♈ ST + Tm \cos ♈ Tm,$$
$$y = Sm \sin ♈ Sm = ST \sin ♈ ST + Tm \sin ♈ Tm,$$
$$z = SM \sin m\, SM = TM \sin m\, TM;$$

on a d'ailleurs

$$Tm = r \cos \lambda, \qquad Sm = R \cos \Lambda ;$$

il vient donc, avec les notations adoptées,

$$R \cos \Lambda \cos L = R_{\oplus} \cos L_{\oplus} + r \cos \lambda \cos l,$$
$$R \cos \Lambda \sin L = R_{\oplus} \sin L_{\oplus} + r \sin \lambda \sin l,$$

et, en remplaçant la longitude de la Terre par sa valeur en fonction de celle du Soleil,

$$R \cos A \cos L = -R_{\oplus} \cos L_\odot + r \cos\lambda \cos l,$$
$$R \cos A \sin L = -R_{\oplus} \sin L_\odot + r \cos\lambda \sin l, \qquad (2)$$
$$R \sin A = r \sin\lambda.$$

Ces formules donneront les coordonnées héliocentriques L, A, R en fonction des coordonnées géocentriques ; le quotient des deux premières donne en effet tg L. On pourra ensuite calculer $R \cos A$ et $R \sin A$, d'où l'on déduira R et A.

Les formules à employer pour la transformation inverse s'obtiendront en isolant aux premiers membres les termes qui contiennent r, λ et l ; on aura ainsi

$$r \cos\lambda \cos l = R_{\oplus} \cos L_\odot + R \cos A \cos L,$$
$$r \cos\lambda \sin l = R_{\oplus} \sin L_\odot + R \sin A \sin L, \qquad (3)$$
$$r \sin\lambda = R \sin A.$$

202. Équivalence des deux formes de la troisième loi de Kepler.

Si l'on désigne par a le demi-grand axe de l'orbite d'une planète quelconque, par T la durée de sa révolution sidérale, par $2p$ le paramètre de l'orbite et par C le double de la vitesse aréolaire, la première forme de la loi s'exprime par

$$\frac{a^3}{T^2} = \text{constante},$$

et la deuxième forme par

$$\frac{C}{\sqrt{p}} = \text{constante}.$$

Pour montrer que ces deux formes sont équivalentes, il suffit d'exprimer C et p en fonction de a et T. Or l'équation de l'ellipse est

$$R = \frac{a(1-e^2)}{1+e\cos V};$$

le demi-paramètre p est le rayon vecteur pour lequel V est droit ; on a donc

$$p = a(1-e^2).$$

La vitesse aréolaire a pour valeur

$$\frac{C}{2} = \frac{\pi ab}{T},$$

ou, en remplaçant b par sa valeur $a\sqrt{1-e^2}$ ou $\sqrt{ap}$

$$C = \frac{2\pi a \sqrt{ap}}{T},$$

$$C = \frac{2\pi a^{\frac{3}{2}} \sqrt{p}}{T}.$$

On a donc

$$\frac{C}{\sqrt{p}} = 2\pi \cdot \frac{a^{\frac{3}{2}}}{T} = 2\pi \sqrt{\frac{a^3}{T^2}}.$$

Les deux quantités sont donc bien constantes en même temps.

§ 3. — Mouvements des satellites. — Anneau de Saturne.

Les planètes principales connues actuellement sont au nombre de huit; leurs noms, dans l'ordre de leurs distances croissantes au Soleil, sont :

Mercure, Vénus, Terre, Mars, Jupiter, Saturne, Uranus, Neptune.

De plus, dans un anneau situé entre Mars et Jupiter, circulent un grand nombre de petites planètes, appelées planètes *télescopiques*.

203. — Six des planètes principales, en comptant la Terre, sont accompagnées de satellites analogues à la Lune; Mars en a deux, Jupiter quatre, Saturne huit, Uranus quatre, Neptune un.

Ces astéroïdes sont des corps obscurs; on constate, en effet, qu'ils s'éteignent lorsqu'ils passent dans l'ombre de la planète, c'est-à-dire quand ils sont soustraits à la lumière du Soleil. Quand ils passent sur le disque de l'astre, ils s'y projettent comme une tache ronde obscure. Enfin, quand ils sont, par rapport à leurs planètes, dans les positions analogues à celles de la Lune par rapport à la Terre aux époques des éclipses du Soleil, on peut apercevoir la trace de leur cône d'ombre décrivant une courbe sur le disque de l'astre.

Ce qu'il importe de connaître ici, ce sont les lois des mouvements de ces astéroïdes par rapport à la planète qu'ils accompagnent; il n'est donc pas nécessaire de mesurer directement leurs coordonnées géocentriques, il suffit de déterminer leurs positions par rapport à cette planète.

Ces positions relatives s'obtiennent, soit à l'aide de mesures micrométriques, soit par l'observation des éclipses de ces astéroïdes, quand ils passent dans le cône d'ombre de la planète, soit enfin par l'observation de leurs passages ou des passages de leur cône d'ombre sur le disque de cet astre.

Au lieu de chercher à démontrer directement que les satellites se conforment aux lois du mouvement elliptique par la construction de leurs trajectoires, comme nous l'avons fait pour le Soleil, la Lune et une planète, on admet qu'il en est ainsi. On détermine ensuite dans cette hypothèse les éléments du mouvement, c'est-à-dire les demi-grands axes des orbites et les durées des révolutions, les inclinaisons de ces orbites sur le plan de l'orbite de la planète, les positions des nœuds et des lignes des apsides. On constate ensuite que les positions observées sont d'accord avec les positions calculées avec les éléments.

Les expressions employées pour les satellites d'une planète sont rapportées à la planète elle-même; ainsi, la révolution synodique d'un satellite ramène le Soleil et le satellite au même écart en longitude pour un observateur supposé au centre de la planète; la révolution sidérale ramène le satellite dans la même direction de l'espace, c'est-à-dire sur une ligne parallèle menée par le centre de la planète. L'apside la plus rapprochée de la planète dans l'orbite d'un satellite est appelée pour Jupiter le *périjove*, pour Saturne le *périsaturne*, pour la Terre le *périgée*.

Les durées des révolutions synodiques et, par suite, des révolutions sidérales peuvent se déduire des éclipses, c'est ainsi que l'on a procédé pour Jupiter, dont les trois premiers satellites s'éclipsent à chaque révolution.

Nous n'entrerons pas ici dans le détail des procédés minutieux à l'aide desquels on a pu obtenir les éléments des orbites des satellites ; nous nous bornerons à faire remarquer que, les durées des révolutions sidérales étant connues, les mesures angulaires des écarts entre la planète et le satellite, prises du centre de la terre, à des époques distantes de cette durée, donnent l'angle sous lequel une ligne de grandeur et de direction constantes est aperçue de différents points de l'espace, et permettent, par suite, de calculer la grandeur et la direction de cette ligne. On peut donc obtenir par cette méthode des points de l'orbite relative du satellite, et, par suite, déterminer sa forme, sa position et sa grandeur.

L'accord des positions observées avec les positions déduites des formules du mouvement elliptique montrent que ces satellites satisfont à ces lois. De plus, si l'on compare entre elles les valeurs des durées des révolutions et des demi-grands axes des *satellites d'une même planète*, on trouve que la troisième loi de Kepler elle-même est vérifiée.

Le système des satellites d'une planète forme donc en quelque sorte une image réduite du système planétaire.

Mentionnons enfin une dernière particularité remarquable commune à tous les satellites, tous ceux de ces astéroïdes que l'on a pu distinguer assez nettement pour constater le fait, *présentent toujours le même hémisphère à l'astre principal.*

204. Anneau de Saturne. — Lorsque l'on examine la planète Saturne avec une lunette assez puissante, on constate qu'elle est entourée d'un anneau plat, qui se présente à certaines époques sous l'aspect d'une bande lumineuse, qui s'étend de chaque côté du disque et vient y former deux anses. Puis, peu à peu, ces anses se rétrécissent jusqu'à ne plus présenter qu'un mince filet et finissent par disparaître, pour reparaître ensuite et repasser par les mêmes phases.

Les différents aspects que présente cet anneau sont dus aux différences d'éclairage par le Soleil, et à la manière dont il est aperçu de la Terre. Le plan de l'anneau est incliné sur l'écliptique et se transporte à peu près parallèlement à lui-même. Lorsque, par suite des mouvements combinés de la planète et de la Terre, notre globe se trouve dans le plan de l'anneau, il devient presque invisible, car l'angle sous lequel son épaisseur est visible de la Terre atteint à peine une seconde. Lorsqu'au contraire la Terre vient à se trouver à 90° de l'intersection de l'anneau avec le plan de l'écliptique, on l'aperçoit sous la forme d'une ellipse dont le grand axe passe par le centre de Saturne.

En examinant cet anneau avec des lunettes suffisamment puissantes, on constate qu'il tourne autour de son axe, et que la durée de sa révolution, comparée à son rayon moyen, satisfait à la même loi que si un 9e satellite se trouvait placé à cette distance de Saturne.

CHAPITRE XIV

COMÈTES. — ÉTOILES FILANTES. — AÉROLITHES

§ 1er. — Mouvement des comètes.

205. Comètes. — Les comètes sont des astres qui apparaissent de temps à autre sur la sphère céleste, venant des profondeurs infinies de l'espace et s'approchant du Soleil. Leur mouvement, d'abord très lent, s'accélère à mesure qu'ils se rapprochent ; ils disparaissent pendant quelque temps absorbés par l'éclat de la lumière solaire. Bientôt on les aperçoit de nouveau et ils retournent dans l'infini.

Les comètes paraissent formées d'une matière très légère ; elles présentent souvent un *noyau* central plus lumineux, entouré d'une nébulosité qu'on appelle la *chevelure,* et prolongé par une longue traînée lumineuse qu'on appelle la *queue.* Leurs formes sont cependant très variées d'une comète à l'autre : quelques-unes n'ont pas de noyau ; d'autres ont un noyau et une chevelure sans queue ; quelques-unes ont plusieurs queues. Enfin la même comète change quelquefois d'éclat, d'aspect et de forme.

206. Mouvement des comètes. — Ces astres ne pouvant être observés que pendant un temps limité, il n'est pas possible d'appliquer à l'étude de leur mouvement les méthodes que nous avons employées pour les planètes.

Newton, après avoir déduit des lois de Kepler le principe de la gravitation universelle, fut conduit à admettre que, conformément aux conséquences de ce principe, les comètes décrivaient des ellipses comme les planètes ; mais que, ces ellipses étant très allongées, et les astres ne pouvant être aperçus que dans le voisinage du Soleil qui les éclaire, ils semblaient se mouvoir suivant des paraboles. La parabole est en effet la courbe limite (*fig. 118*) vers laquelle tend une ellipse dont le foyer et le sommet restent fixes et dont le grand axe augmente indéfiniment ; et l'ellipse se confond avec cette courbe sur une étendue d'autant plus grande qu'elle est plus excentrique.

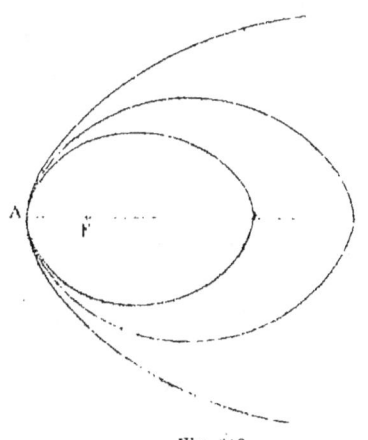

Fig. 118.

Pour déterminer les éléments du mouvement d'une comète en adoptant l'hypothèse de la parabole, et en admettant que ces astres satisfont à la troisième loi de Kepler qui leur est applicable sous sa seconde forme, trois observations faites de la Terre sont suffisantes. On peut donc s'assurer que l'hypothèse est justifiée en comparant les résultats de l'observation aux différentes époques avec ceux que donne le calcul au moyen des éléments ainsi déterminés.

Il est facile de se rendre compte de la possibilité de déterminer l'orbite parabolique d'une comète à l'aide de trois observations faites du centre de la Terre. La position du plan de l'orbite est en effet déterminée par la longitude du nœud et l'inclinaison de ce plan sur l'écliptique (Ω, i) ; la forme et la grandeur de la parabole ne dépendent que de son paramètre (p), qui est égal à deux fois la distance périhélie ; enfin la position de la parabole dans son plan est indiquée par la longitude (π) du périhélie dans l'orbite, rapportée à la ligne des ☊. On a donc quatre constantes à déterminer.

Or, représentons, sur la figure 119, le plan de l'écliptique, le Soleil S, l'orbite $T_1 T_2 T_3$ de la Terre, et l'orbite parabolique $C_1 C_2 C_3$ de la comète. Les trois lignes $T_1 C_1$, $T_2 C_2$, $T_3 C_3$, sont connues en position dans l'espace, car les directions sont données par les observations d'ascension droite et de déclinaison d'où l'on a déduit la latitude et la longitude géocentrique, et les positions $T_1 T_2 T_3$ de la Terre aux trois instants sont également connues.

Le plan déterminé par la longitude du nœud et l'inclinaison coupe ces trois lignes en trois points dont les coordonnées dépendent de ☊ et i. En écrivant qu'une parabole, déterminée en grandeur et position par le paramètre p et par la longitude π du périhélie, passe par ces trois points, on a trois équations entre ☊, i, p, π.

On remarque enfin que la vitesse aréolaire dépend du paramètre par la troisième loi de Kepler; par suite, en écrivant que l'aire $C_1 S C_2$ décrite dans l'intervalle de deux observations est égale au produit de la vitesse aréolaire par l'intervalle, on a une quatrième équation. On possède donc les quatre équations nécessaires à la détermination des inconnues.

Vitesses linéaires des comètes sur la parabole. — La vitesse d'une comète sur sa trajectoire parabolique en un point C (*fig. 119*) quelconque, est égale au produit par $\sqrt{2}$ de la vitesse qu'aurait à la même distance SC du Soleil une planète qui décrirait

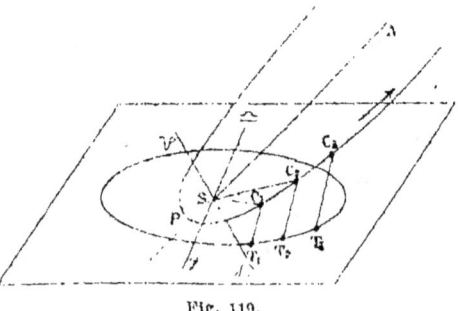

Fig. 119.

une circonférence. Nous aurons plus loin à utiliser cette propriété dans l'étude des étoiles filantes, il n'est donc pas inutile d'en donner la démonstration.

Représentons (*fig. 120*) l'orbite parabolique d'une comète, soit C la position de l'astre à un instant quelconque, S le Soleil placé au foyer de la courbe. Menons la tangente CM en C et rappelons que le pied de la perpendiculaire abaissée du foyer sur la tangente est situé sur la tangente PB au sommet de la courbe.

Dans un intervalle très petit dt, le rayon vecteur engendre un petit triangle ayant sa base sur CM et son sommet en S, si l'on désigne par v la vitesse linéaire de l'astre, la base du triangle aura pour valeur vdt; par suite l'aire du triangle sera $vdt \times \dfrac{SM}{2}$, et la vitesse aréolaire le quotient de cette quantité par l'intervalle, c'est-à-dire

$$\frac{v \cdot SM}{2}.$$

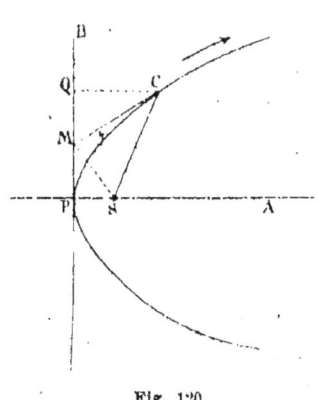

Fig. 120.

Désignons par C le double de la vitesse aréolaire de la comète, par C' le double de la vitesse aréolaire d'un astre décrivant une orbite circulaire du rayon SC; on aura, par la troisième loi de Kepler, en remarquant que le paramètre de la parabole est égal à $2 \times SP$, et que celui de l'orbite circulaire est SC,

$$\frac{C}{C'} = \frac{\sqrt{2 \cdot SP}}{\sqrt{SC}}.$$

Remplaçant C par la valeur obtenue plus haut, $v \times SM$, et remarquant que si l'on désigne par v' la vitesse linéaire de la planète dont l'orbite est circulaire, on aura $C' = v' SC$, il vient

$$\frac{v \times SM}{v' \times SC} = \frac{\sqrt{2SP}}{\sqrt{SC}}$$

d'où
$$v = v'\sqrt{2}\cdot\frac{\sqrt{SP \times SC}}{SM}.$$

Mais, la tangente CM étant bissectrice de l'angle SCQ formé par le rayon vecteur et une parallèle à l'axe, les deux triangles rectangles SMC et SMP sont semblables, car on a, pour les angles en M et en C,

$$SMP = MCQ = SCM$$

on a, par suite,

$$\frac{SP}{SM} = \frac{SM}{SC} \quad \text{ou} \quad \frac{SP \times SC}{SM^2} = 1$$

il vient donc enfin

$$v = v'\sqrt{2}$$

207. Comètes périodiques. — Il résulte de ce que nous venons de dire que la forme parabolique des orbites des comètes ne doit être qu'apparente et que la parabole que fournit la méthode indiquée plus haut doit être la parabole la plus voisine de la trajectoire vraisemblablement elliptique de l'astre.

En comparant entre eux les éléments obtenus pour les orbites de comètes observées à différentes époques, on a constaté que quelques-unes d'entre elles dont les apparitions étaient séparées par des intervalles égaux parcouraient des orbites presque identiques. On a été conduit ainsi à admettre qu'il s'agissait de réapparitions successives d'une même comète dont la durée de la révolution sidérale était égale à l'intervalle des retours au périhélie.

Cette hypothèse fournissant par la troisième loi de Kepler la valeur du demi-grand axe de l'orbite elliptique, on a pu déterminer complètement pour ces comètes les éléments de l'ellipse, et prédire par suite les retours de ces astres dans le voisinage du Soleil.

Ces comètes sont appelées *comètes périodiques*; leur nombre est encore très petit (14).

§ 2. — Étoiles filantes. — Bolides. — Aérolithes.

208. Étoiles filantes. — On sait que l'on donne ce nom à des points lumineux qui font de courtes apparitions dans le ciel, et décrivent pendant l'intervalle où ils sont visibles, un sillon lumineux dans les constellations.

Les apparitions de ces astéroïdes sont évidemment trop fugitives pour que l'on puisse déterminer leurs trajectoires dans le ciel avec les instruments précis dont nous avons fait usage jusqu'ici; tout ce que l'on peut faire c'est de déterminer à la vue simple la position, parmi les étoiles, du point où elles apparaissent, de celui où elles disparaissent, et enfin la trajectoire qu'elles décrivent parmi les constellations. En réalité le mode d'observation est identique comme principe à celui que nous avons employé jusqu'ici, puisque l'objet des mesures prises avec les divers instruments est de déterminer le lieu géométrique des positions successives des astres parmi les étoiles fixes; mais il en diffère en ce que les résultats de l'observation à l'œil nu ne peuvent donner que des approximations très grossières.

Néanmoins ces observations, quelque imparfaites qu'elles puissent sembler, ont conduit à des résultats très remarquables que nous allons indiquer.

209. Distances des étoiles filantes à la Terre, directions de leurs trajectoires. — Imaginons deux observateurs A et A' (*fig. 121*) notant au même instant les points e et e' de la sphère céleste où paraît s'éteindre une même étoile filante E.

Ces observateurs pourront relever sur un globe céleste les ascensions droites et déclinaisons des points e et e', et comme en outre, de l'heure sidérale de l'observation, on peut déduire les positions des sphères célestes relativement à la

Terre, ils obtiendront les directions simultanées dans lesquelles le point E est aperçu des deux lieux connus A et A'. On voit ainsi que la figure TAEA' est déterminée et qu'ils pourront, par conséquent, calculer un quelconque de ses éléments, notamment la distance du point E à la surface de la Terre. Toute la difficulté de l'observation consiste à s'assurer que l'extinction constatée par les deux observateurs correspond à la même étoile filante; on la résout par l'emploi de deux montres à secondes soigneusement réglées l'une sur l'autre. Malgré cette précaution, il est encore difficile de constater l'identité des deux phénomènes; mais, sur le nombre d'étoiles filantes observées simultanément de deux lieux dans une même nuit, on en trouve toujours quelques-unes dont l'identité

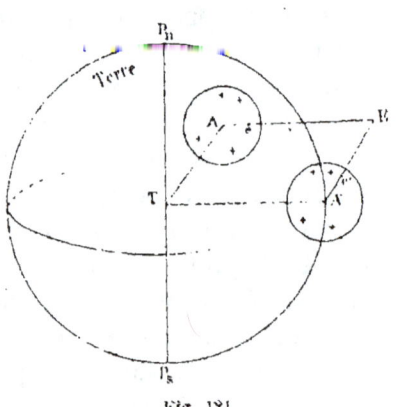

Fig. 121.

n'est pas douteuse. On a trouvé ainsi qu'en moyenne les apparitions et les extinctions se produisaient respectivement à 120 et 80 kilomètres de la surface de la Terre; ce qui montre que ces phénomènes se produisent dans l'intérieur de l'atmosphère.

VITESSES RELATIVES DES ÉTOILES FILANTES. — Il est clair que, par la même méthode, on a pu obtenir également la vitesse de quelques-uns de ces astéroïdes; on a trouvé ainsi des vitesses variant de 4 à 8 lieues par seconde.

210. Essaims d'étoiles filantes. — Considérons un certain nombre de ces astéroïdes parcourant l'espace avec des vitesses égales et parallèles à une même direction f (*fig. 122*). Un observateur A de la Terre verra les trajectoires des corpuscules se projeter sur leur sphère céleste suivant les grands cercles passant par son œil et des parallèles à la direction f, c'est-à-dire suivant des grands cercles qui se couperont sur le diamètre parallèle à cette direction.

La direction de ce diamètre étant la même pour tous les observateurs terrestres, de tous les points de la Terre d'où l'on pourrait apercevoir l'essaim, les observateurs verront les étoiles filantes se mouvoir sur la sphère céleste comme si elles émanaient d'un même point parmi les étoiles.

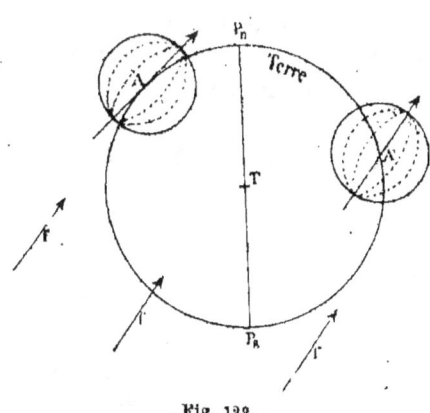

Fig. 122.

On a constaté fréquemment en effet que, dans la même nuit, un grand nombre d'étoiles filantes semblent émaner d'un point de la sphère céleste que l'on nomme le point radiant; on peut donc conclure de là que la Terre dans son mouvement rencontre des essaims d'astéroïdes animés de vitesses égales et parallèles. La direction observée n'est cependant pas la direction vraie, c'est la direction relativement à l'observateur.

On conçoit que la vitesse apparente d'un mobile, par rapport à un observateur en mouvement, ne dépend que des positions relatives occupées successivement par le mobile et l'observateur et que, par conséquent, la vitesse apparente ne change pas, si, en outre de leur mouvement propre, on donne à l'un et à l'autre un mouvement commun. La vitesse apparente sera donc la même que si l'on donnait à l'observateur et au mobile une vitesse égale et contraire à celle dont le premier est animé, c'est-à-dire que si l'observateur était fixe et le mobile animé d'une vitesse égale et contraire à celle de l'observateur en outre de la sienne propre.

En réalité chaque observateur terrestre devrait trouver

une vitesse de direction différente, puisque, par suite de la combinaison de la rotation et de la translation de la Terre, les vitesses propres des observateurs diffèrent les unes des autres; mais les vitesses de rotation sont tellement faibles relativement à la vitesse de translation qu'on peut les négliger ici où il ne peut être question que d'approximations grossières. Par suite, la vitesse observée peut être considérée comme la résultante de la vitesse réelle et d'une vitesse égale et contraire à celle du centre de la Terre.

211. Périodicité annuelle des essaims. — On conçoit que s'il existe dans l'espace un courant d'étoiles filantes circulant dans un anneau qui coupe l'orbite de la Terre, notre globe, en repassant au même point, le rencontrera, et nous apercevrons chaque année, à la même date, des étoiles filantes émanant du même point radiant; c'est en effet ce que l'observation a permis de constater. Les essaims les plus remarquables sont ceux que l'on aperçoit dans les nuits du 9 au 11 août émanant d'un point situé dans la constellation de Persée, et qu'on a nommées essaim des *Perséides*, et celles qui paraissent dans la nuit du 13 au 14 novembre émanant d'un point de la constellation du Lion et qu'on a nommé essaim des *Léonides*.

212. Périodicité propre des essaims. — Les principes de la gravitation universelle conduisent à admettre que les courants d'astéroïdes s'effectuent suivant des anneaux elliptiques autour du Soleil. On conçoit dès lors que si, en quelque point de l'anneau formé par ces courants, il existe une accumulation plus grande de ces corpuscules, lorsque la Terre rencontrera les courants à l'époque du passage de ces régions plus denses, les observateurs constateront un flux inusité d'étoiles filantes.

On constate en effet pour l'essaim de novembre (Léonides) une périodicité de 33 ou 34 ans; la dernière apparition de la grande pluie d'étoiles filantes eut lieu en 1866.

213. Analogie des trajectoires des étoiles filantes avec celle des comètes. — La longueur de la période que nous venons de citer implique nécessairement un grand axe considérable pour l'orbite du courant, et, comme cette orbite passe très près du Soleil, elle est nécessairement très excentrique et doit offrir une grande analogie avec les orbites des comètes, c'est-à-dire avec la parabole.

Cette hypothèse introduite dans le problème suffit pour permettre de déterminer complètement les éléments de l'orbite. On connaît en effet un point de l'orbite, celui où elle rencontre celle de la Terre ; on connaît aussi l'intensité de la vitesse des astéroïdes en ce point, car la vitesse propre d'un astre qui décrit une parabole est alors égale à la vitesse de la Terre (orbite circulaire sensiblement) multipliée par $\sqrt{2}$ (p. 339) ; on connaît enfin, par le point radiant, la direction de la vitesse apparente relative à la Terre, on a donc pu avec ces deux dernières données obtenir la direction de la vitesse vraie. D'un autre côté, la trajectoire parcourue par un astre autour du Soleil est entièrement déterminée quand on connaît sa position initiale ainsi que la direction et l'intensité de sa vitesse à cet instant ; on possède donc tous les éléments nécessaires au calcul des orbites.

En appliquant ces principes, M. *Schiaparelli* a trouvé que l'orbite des Perséides coïncidait presque exactement avec celui d'une grande comète observée en 1862.

Pour l'essaim des Léonides, on n'avait pas besoin de l'hypothèse de la parabole, puisque le demi-grand axe était déduit de la durée de la révolution par l'application de la troisième loi de Kepler ; M. Leverrier fit connaître en 1867 les éléments de l'orbite de cet essaim qui fut reconnue coïncider sensiblement avec celle d'une comète découverte en 1866 par Tempel.

Poursuivant des recherches de même nature, on a trouvé que l'orbite d'un essaim du 27 novembre coïncidait avec celle de la comète de Biela, et celle d'un essaim du 19 au 30 avril avec l'orbite de la première comète de 1861.

214. Variations diurnes et mensuelles du nombre des étoiles filantes par heure. — Avant de faire connaître les conclusions auxquelles l'étude des étoiles filantes a conduit, nous citerons les variations diurnes et mensuelles du nombre moyen d'étoiles filantes constatées par heure dans un même lieu en Europe. On a trouvé que ce nombre moyen croît régulièrement dans une même nuit de 6 heures du soir à 6 heures du matin depuis 3,3 jusqu'à 8,2; et que dans l'année il est minimum en avril, 3,6, maximum au mois d'août, 8,9. On a expliqué ces variations d'une manière satisfaisante en les considérant comme résultant des mouvements de la Terre.

215. Hypothèse admise sur la nature des étoiles filantes et des comètes[1]. — Des amas de matière nébuleuse, disséminés dans les espaces stellaires et présentant un haut degré de diffusion sont amenés, par l'action prédominante du Soleil, à pénétrer à l'intérieur de notre système planétaire. Ils éprouvent en même temps, soit par cette même action du Soleil, soit par celles des grosses planètes près desquelles ils viennent à passer, une déformation progressive en vertu de laquelle ils s'allongent en courants paraboliques ou elliptiques.

En raison de leur diffusion extrême, la matière dont ils sont formés est loin d'occuper la totalité de l'espace dans lequel sont disséminées leurs diverses parties; elle est divisée en une multitude d'amas partiels, sorte de flocons d'une excessive légèreté qui sont plus ou moins éloignés les uns des autres et n'ont de commun que la simultanéité de leurs mouvements, dans des directions et avec des vitesses qui diffèrent à peine de l'un à l'autre. Lorsque la Terre, dans son mouvement, vient à rencontrer un de ces courants, un grand nombre de flocons vaporeux dont ils se composent pénètrent dans notre atmosphère; la grande vitesse avec laquelle se fait cette pénétration donne lieu à une compression brusque

---

[1] Delaunay, *Annuaire du Bureau des longitudes pour 1870.*

et considérable des masses d'air situées sur la route de ces projectiles éthérés, d'où, un grand développement de chaleur et peut-être inflammation de la matière des projectiles eux-mêmes.

Si, dans quelque partie de l'amas nébuleux primitif, et du courant dans lequel il se transforme, il existe une plus grande concentration de la matière, de sorte que, par l'attraction mutuelle de ses molécules, la matière y résiste à une dissolution en flocons isolés, cette espèce de noyau nébuleux suivra dans l'espace la même route que les autres parties matérielles au milieu desquelles il était placé tout d'abord ; et s'il peut être aperçu dans l'espace à de grandes distances de notre Terre, il constituera pour nous une comète faisant partie du courant météorique formé par le reste de la matière de l'amas primitif....

Quant aux étoiles filantes, dites *sporadiques*, elles peuvent provenir, soit de flocons nébuleux arrivant isolément des profondeurs de l'espace ; soit, plutôt, des parties de courants météoriques dont les diverses planètes approchent beaucoup sans cependant les absorber dans leurs atmosphères, et qui se trouvent dispersés de tout côté par les puissantes attractions qu'elles éprouvent momentanément de la part de ces masses planétaires.

216. Bolides, Aérolithes. — Il nous reste enfin à parler de certains météores appelés *Bolides*, qui apparaissent soudainement dans l'atmosphère sous la forme de globes enflammés, s'y meuvent avec une très grande vitesse et projettent sur la Terre des fragments de matières d'une nature spéciale, composées de silex, de magnésie, de fer à l'état métallique, de nickel et de quelques parcelles de chrome.

On retrouve dans différents lieux de la Terre des masses isolées qui ne peuvent avoir d'autre origine ; leur surface extérieure est noire comme si elle avait été brûlée, l'intérieur est d'un blanc jaunâtre, et elles offrent toutes à peu près la même composition chimique.

C'est à ces masses que l'on donne le nom d'*aérolithes ou pierres de l'air*.

On ignore la véritable origine des bolides; leurs vitesses, les directions de leurs mouvements sont très différentes. Laplace a émis l'avis qu'elles pouvaient provenir de volcans lunaires. D'autres physiciens pensent que les aérolithes ne sont que de petites planètes ou des fragments de planètes circulant dans l'espace à la manière des autres corps célestes.

Quelle que soit leur origine, on ne peut douter qu'elle soit étrangère à la Terre; l'aspect sous lequel ils apparaissent tout à coup à nos yeux provient de ce que, par suite de leurs vitesses considérables, ils s'enflamment en traversant l'atmosphère.

CHAPITRE XV

MESURE DE L'UNIVERS. — PARALLAXE ANNUELLE DES ÉTOILES, PARALLAXE DU SOLEIL

§ 1ᵉʳ. — Résumé des notions acquises sur les distances des corps célestes. — Parallaxe annuelle des étoiles.

217. Résumé des notions acquises. — Mesurer une longueur, c'est déterminer le nombre de fois que cette longueur contient une longueur connue, adoptée comme unité. La mesure d'une ligne peut s'effectuer par deux méthodes, la *méthode directe* qui consiste à porter bout à bout sur la ligne à mesurer, une règle ayant pour longueur l'unité adoptée, et la *méthode indirecte* qui consiste à former une figure polygonale dont fait partie la distance qu'il s'agit de déterminer, et dont un côté a une longueur connue, et à mesurer les angles de cette figure. La connaissance des angles donne la forme de la figure, et la dimension du côté connu permet de déterminer les dimensions de toutes ses parties.

Ramenée à sa forme la plus simple, cette méthode consiste à comprendre, dans un triangle, une longueur connue et la longueur à mesurer et à compléter par la mesure des angles du triangle, les éléments nécessaires à sa construction graphique ou à sa résolution par le calcul.

Rappelons maintenant les méthodes appliquées à la mesure des dimensions et des distances des astres.

MESURE DE LA TERRE. — Pour mesurer la Terre, il a suffi, ainsi que nous l'avons vu, de déterminer, par différentes latitudes, la longueur de l'arc de méridien de un degré. En raison de l'impossibilité de l'application de la méthode directe à la mesure d'une longueur située sur le contour précis d'un méridien, on mesure une *base* choisie dans une région offrant des dispositions particulièrement favorables à la mesure directe et l'on forme un réseau polygonal, comprenant à la fois l'arc à mesurer et la base connue.

Nous savons que c'est d'une mesure de ce genre qu'a été déduite la longueur du *mètre*. On connaît donc ainsi le rayon de la Terre en fonction de cette unité.

Distance de la Lune. — Pour mesurer la distance de la Lune à la Terre, on a choisi, comme nous l'avons dit (p. 269) une base sur la Terre et mesuré, en prenant pour repères les étoiles, les angles du triangle ayant la Lune pour sommet.

Distance de la Terre et des planètes au Soleil. — Nous avons vu que la distance de la Terre au Soleil était trop grande par rapport au rayon de notre globe, pour que l'on puisse appliquer à sa mesure la même méthode que pour la Lune. Nous avons pu, il est vrai, déduire des variations du demi-diamètre la loi des aires, puis, des valeurs des vitesses angulaires, et, par application de cette loi, déduire les variations de la distance et les lois du mouvement elliptique. Mais nous n'avons pas fait connaître le moyen de déterminer la valeur et la distance réelle en fonction d'une longueur connue, le mètre ou le rayon de la Terre. De sorte que nous ne connaissons à tout instant la valeur de la distance de la Terre au Soleil qu'en fonction du demi-grand axe de son orbite, toujours entièrement inconnu.

Pour les planètes, nous avons pris pour bases des triangles de mesure les cordes des arcs parcourus par la Terre dans l'intervalle d'une de leurs révolutions et obtenu ainsi leurs distances à la Terre, d'où nous avons déduit ensuite leurs distances au Soleil. Mais les bases du triangle n'étant connues qu'en fonction du demi-grand axe de l'orbite de la Terre, nous n'avons ces distances qu'en fonction d'une longueur toujours inconnue.

Satellites. — De même, pour les satellites des planètes, nous n'évaluons leurs distances à l'astre principal que par l'angle sous lequel ces distances sont aperçues de la Terre. Nous obtenons ainsi le rapport du rayon vecteur du satellite à la distance de la planète à la Terre. Ce rayon vecteur ne nous est donc connu qu'en fonction du demi-grand axe de l'orbite de notre globe.

218. Distance des étoiles. Parallaxe annuelle. — Dans l'explication que nous avons donnée de l'invariabilité de la sphère céleste pour les observateurs de notre globe, nous avons supposé les étoiles situées à des distances du Soleil infinies par rapport au demi-grand axe de l'orbite de la Terre.

Examinons maintenant ce qui se passera si, parmi les étoiles, il s'en trouve quelques-unes dont les distances au Soleil soient assez petites pour que les déplacements de la Terre produisent des changements sensibles dans la direction qui les joint à son centre.

Soient E l'étoile considérée (*fig. 123*), S le Soleil, T T' T" l'orbite de la Terre. La figure montre que le rayon qui joint le centre de la Terre à l'étoile décrit un cône ayant l'étoile pour sommet, et pour base l'orbite de la Terre. L'observateur terrestre apercevra donc l'étoile E dans des directions différentes aux différents instants; il la verra se déplacer par rapport aux étoiles réellement fixes, c'est-à-dire situées à des distances pouvant être considérées comme infinies.

Pour obtenir la trajectoire apparente de l'étoile considérée sur la sphère céleste, il suffit de placer en un point O de l'espace un globe céleste, orienté en perspective avec le ciel, et de mener par son centre des parallèles aux directions successives TE, T'E..... Imaginons que l'on porte sur ces directions des longueurs égales aux génératrices correspondantes du cône ETT'T"; le lieu géométrique des points ainsi obtenus sera évidemment la même courbe que si l'on prolongeait d'une quantité égale à elle-même les génératrices du cône au delà du sommet; ce sera donc une orbite égale à celle de la Terre et ayant pour centre le point *e* situé dans une direction parallèle à celle dans laquelle le Soleil aperçoit l'étoile et à une distance égale à la distance du Soleil à l'étoile.

Nous arrivons donc à ce résultat, que l'étoile paraîtra animée du même mouvement que si, la Terre étant immobile, l'étoile décrivait une orbite égale à l'orbite terrestre

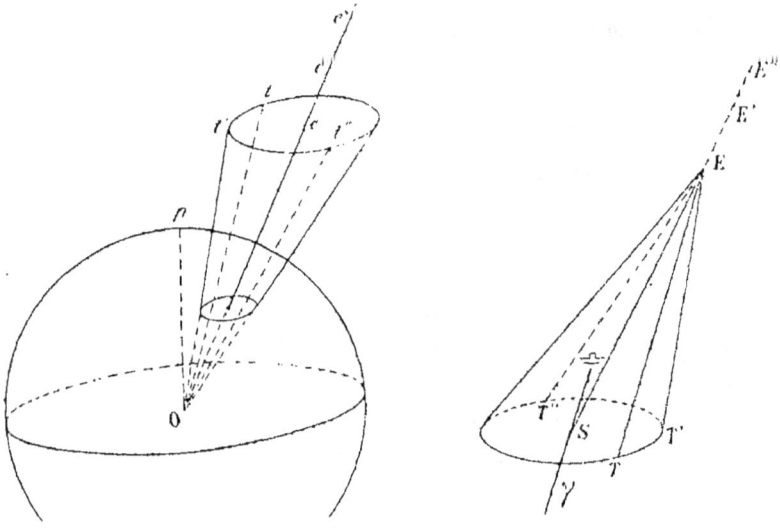

Fig. 123.

autour d'un point situé dans la direction et à la distance héliocentrique de l'étoile. A la distance considérable à laquelle sont situées les étoiles les plus voisines, les inégalités du rayon vecteur de la Terre sont imperceptibles, par suite, on peut admettre que l'orbite est circulaire.

L'orbite apparente sur la sphère céleste sera donc l'intersection du cône O*tt't"* à base circulaire par la sphère.

Si l'étoile E est située au pôle de l'écliptique, l'orbite apparente sur la sphère sera un cercle; si l'étoile est dans le plan de l'écliptique, l'orbite apparente sera un petit arc de ce cercle. Dans le cas général représenté sur la figure 123, on peut admettre que la région de la sphère sur laquelle est située l'orbite est plane ; la courbe sera donc l'intersection d'un cône oblique à base circulaire pour un plan perpendiculaire à son axe, c'est-à-dire une ellipse ayant son grand axe parallèle au plan $tt't''$ de l'écliptique, et son petit axe sur le cercle de latitude du centre de l'ellipse.

Des étoiles E, E', E'', situées dans la même direction pour le Soleil, paraîtront décrire des orbites égales mais situées à des distances différentes ; leurs orbites apparentes sur la sphère céleste seront donc des ellipses concentriques.

PARALLAXE ANNUELLE. — Par analogie avec l'expression adoptée pour l'angle sous lequel d'un astre on aperçoit le rayon de la Terre (rayon de l'orbite diurne des points de l'équateur), on appelle *parallaxe annuelle* l'angle sous lequel le rayon a de l'orbite annuelle est vu d'une étoile. Cet angle est précisément le demi-grand axe de l'orbite elliptique de l'étoile sur la sphère céleste. En désignant par Δ la distance de l'étoile, et par π la parallaxe annuelle, on a

$$\pi = \frac{a}{\Delta \sin 1''}.$$

Le parallaxe annuelle est à peine sensible pour la plupart des étoiles. Cependant, on a pu, à l'aide d'observations nombreuses et d'une extrême précision, obtenir sa valeur pour quelques-unes d'entre elles. La plus grande valeur obtenue jusqu'ici est celle de l'étoile 61° du Cygne ; elle est de 0'',9.

On conçoit que de tels résultats ne peuvent être obtenus qu'à l'aide de moyens tout à fait exceptionnels ; il faut, en outre, que les observations soient dégagées de toutes les incertitudes de la réfraction. Ils ont été déduits de la mesure micrométrique des distances de l'étoile à des étoiles voisines dont la distance au Soleil est beaucoup plus considérable, et qui, par suite, peuvent être considérées comme immobiles.

DISTANCE DES ÉTOILES. — De la parallaxe annuelle on peut déduire, par la formule qui précède, les distances des étoiles au Soleil. On remarque encore ici que ces distances ne sont connues qu'en fonction du demi-grand axe de l'orbite terrestre.

219. Résumé. — On voit, en résumé, que, jusqu'à la Lune, nous connaissons les distances en fonction du rayon de la Terre et du mètre, mais que, au delà, nous ne possédons que leurs rapports au demi-grand axe de notre orbite. Il reste donc à faire connaître comment on a pu obtenir le rapport de cette grandeur au rayon de la Terre, ou, ce qui revient au même, la parallaxe du Soleil.

§ 2. — Parallaxe du Soleil.

220. — Nous avons vu que l'on connaissait à tout instant les rapports, au demi-grand axe a de l'orbite terrestre, des différentes distances du monde planétaire. En d'autres termes, nous connaissons la forme de la figure formée à tout instant par le système planétaire, et les rapports de toutes les distances de cette figure à l'inconnue a. Par suite, pour obtenir cette inconnue, il suffit de mesurer la distance d'une planète quelconque à la Terre, en fonction du rayon de notre globe. Mais les grandeurs de ces distances par rapport à celles des bases que nous pouvons choisir sur la Terre étant considérables, le problème offre de très grandes difficultés ; il faut choisir des circonstances spéciales et des procédés d'observation tout à fait particuliers pour obtenir une certaine précision relative.

Il convient évidemment de choisir parmi ces distances celles qui sont les plus petites ; par conséquent, celles qui s'imposent sont celles de Mars lors de ses oppositions et celles de Vénus lors de ses conjonctions.

221. Distance de Mars à la Terre. — La méthode qui a été appliquée à la mesure de la distance de la planète Mars est celle qui a été employée pour la Lune (p. 269) ; on a choisi pour cela des époques où elle est le plus voisine de la Terre, c'est-à-dire des oppositions coïncidant avec le passage de l'astre à son périhélie. La distance moyenne de Mars au Soleil en fonction de celle de la Terre est 1,52, et l'excentricité de son orbite est $e = 0,09$; par suite, la distance périhélie est

$$a(1-e) = 1,38$$

Lorsqu'elle passe au périhélie à l'époque d'une opposition, sa distance à la Terre est donc 0,38 du demi-grand axe de l'orbite terrestre. Sa parallaxe est d'environ 23" dans ces conditions; l'angle à mesurer est donc encore d'une extrême petitesse.

Des observations faites en 1751 par Vargentin à Stockholm et par Lacaille au cap de Bonne-Espérance on déduisit 10",5 pour la parallaxe du Soleil; des observations ultérieures, faites en 1862 dans différents observatoires répartis sur des points très éloignés du globe, on déduisit par la même méthode 8",95.

222. Passages de Vénus sur le disque du Soleil. — La méthode qui précède n'est pas applicable à Vénus, car lorsque cet astre est voisin de la Terre (*fig. 124*, positions T, V, S au 2 mai 1881.), on ne peut pas l'apercevoir en général; il offre en effet son disque obscur et disparaît d'ailleurs dans l'éclat de la lumière solaire.

Mais lorsque les conjonctions inférieures se produisent dans le voisinage de la ligne des nœuds (positions T" V" et T'" V'"), on peut apercevoir la planète sur le disque solaire, et, dès 1677, l'astronome anglais Halley a montré que l'on pouvait déduire la parallaxe du Soleil de l'observation des instants des contacts pour différents lieux de la Terre.

La ligne des nœuds de l'orbite de Vénus rencontre la Terre aux points où se trouve notre planète au mois de décembre et au mois de juin. Les passages de Vénus ont été observés au nœud descendant le 5 juin 1761 et le 3 juin 1769; les passages au nœud ascendant le 9 décembre 1874 et le 6 décembre 1882. Les plus prochains passages auront lieu au nœud descendant le 8 juin 2004 et le 6 juin 2012.

Avant d'entrer dans le détail de la méthode, nous allons montrer comment, à l'aide des tables de prédiction, on peut

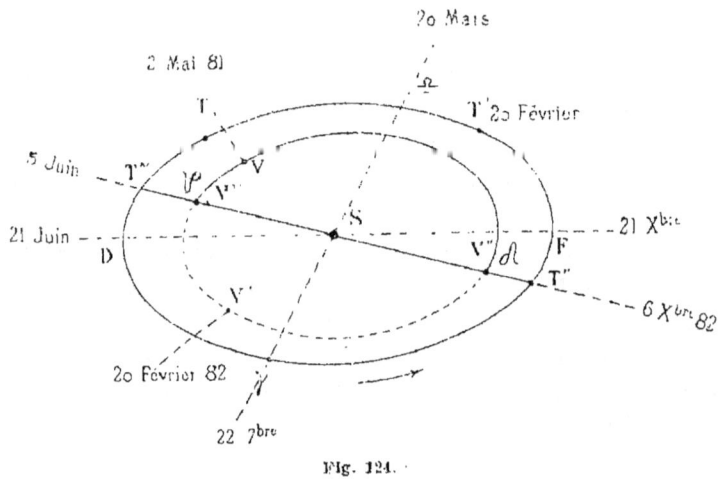

Fig. 124.

déterminer les instants approchés des phases du phénomène pour les différents lieux de la Terre.

PRÉDICTION APPROCHÉE DES PHASES DU PASSAGE. — Considérons d'abord le cas d'un observateur idéal situé au centre de la Terre. Soient, à un instant donné voisin d'une conjonction de la planète, T, V, S (*fig. 125*), les positions des centres de la Terre, de Vénus et du Soleil. Imaginons une sphère céleste ayant pour centre le centre de la Terre et pour rayon la distance TS; comme nous n'avons à considérer que la petite région de cette sphère qui contient le Soleil et la projection de Vénus, nous pouvons considérer cette région comme confondue avec le plan M′ mené par le point S perpendiculairement à la direction de TS ou, ce qui revient au même, de TV.

L'observateur géocentrique apercevra le Soleil à l'instant considéré suivant le cercle intersection du globe de l'astre par le plan M', et verra le centre de la planète se projeter en V_0, et, pour obtenir une image de la figure M', il suffira de tracer sur un plan le réseau de droites rectangulaires formé par les cercles de déclinaison et les parallèles, de marquer sur ce réseau les positions des centres des deux astres à l'aide de leurs différences en déclinaison et en ascension droite, et enfin de décrire autour de ces deux points des cercles ayant pour rayons les demi-diamètres angulaires. On

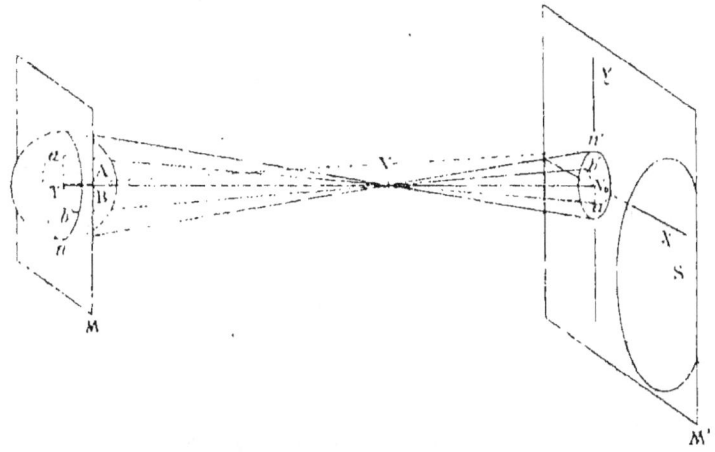

Fig. 125.

obtiendra l'image complète du phénomène pour l'observateur géocentrique en procédant de la même manière pour différents instants antérieurs et postérieurs à la conjonction, et en ayant soin de conserver le centre du Soleil à l'origine des coordonnées sur la figure. Ce tracé est exactement le même que celui des éclipses de Lune et que le tracé géocentrique des éclipses de Soleil.

Considérons actuellement le cas d'observateurs A et B placés à la surface de la Terre (*fig. 125*). Ces observateurs verront encore le Soleil suivant le même cercle, mais ils apercevront le centre de Vénus respectivement en des points a' et b'. L'ensemble des positions apparentes de Vénus pour les différents lieux sera la projection perspective de la Terre obtenue en prenant V comme point de vue. Cette projection est facile à tracer; on voit en effet qu'elle est inversement homothétique à la projection sur un plan M parallèle à M' mené par le centre de la Terre, et cette dernière peut être considérée comme orthogonale, puisque l'inclinaison des lignes projetantes ne dépasse pas la parallaxe TVn de Vénus qui est alors d'environ 30″; enfin la valeur angulaire de son

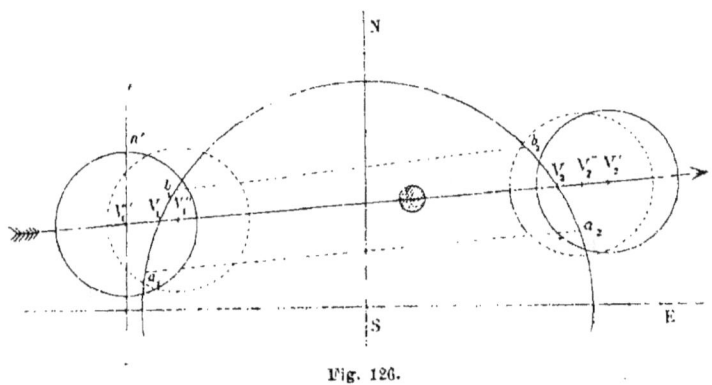

Fig. 126.

rayon, c'est-à-dire l'angle n'TV$_0$, est égale à la différence des parallaxes des deux astres, car on a, dans le triangle n'TV,

$$n'\text{TV} = \text{TV}n - \text{T}n'\text{V},$$

ou

$$n'\text{TV}_0 = \text{TV}n - \text{T}n'n = \pi\,\venus - \pi\,\odot.$$

Il résulte de là que, lorsque l'on aura tracé la position géocentrique V$_0$ de la planète, il suffira de représenter la projection orthogonale M de la Terre sur le plan perpendiculaire à TV, en prenant pour rayon la différence des parallaxes, pour obtenir l'ensemble des positions apparentes du centre de Vénus pour tous les lieux de la Terre.

On tracera donc, en résumé (fig. 126), la trajectoire géocentrique V$_1$V$_2$ de la planète; puis, des différentes positions $V'_1, V''_1,...$ de cette trajectoire comme centre, on tracera les projections de la Terre (fig. 126 bis). La trajectoire apparente de la planète pour un observateur A sera le lieu géométrique des positions dans lesquelles se placera successivement la projection a de cet observateur par suite des mouvements combinés de la projection de la Terre, et de l'observateur sur cette projection.

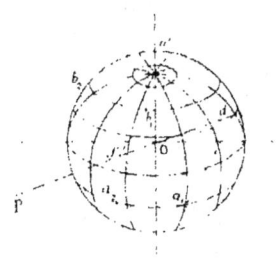

Fig. 126 bis.

La figure de la projection de la Terre change peu pendant la durée du passage, car l'inclinaison de la ligne des pôles sur le plan M, égale à la déclinaison de Vénus, varie peu ; mais les déplacements dus à la rotation sont loin d'être négligeables, car le phénomène peut durer environ 6 heures et chaque lieu peut ainsi décrire le quart de son parallèle.

NATURE ET OBJET DES OBSERVATIONS. — Les résultats obtenus ainsi ne seront évidemment pas exacts, puisque l'on a supposé connus les éléments qu'il s'agit de déterminer ; néanmoins ils le seront assez pour indiquer les instants où il conviendra de se mettre en observation.

Le but des observations est la détermination des instants des différents contacts ; c'est de ces résultats que l'on déduit ensuite les parallaxes des deux astres.

L'objet immédiat des calculs est la différence des parallaxes. On sait en effet que les rapports des distances planétaires peuvent être considérés comme connus à tout instant ; on connaît par suite le rapport des distances à la Terre de Vénus et du Soleil à l'instant de l'observation, c'est-à-dire le rapport de leurs parallaxes. La détermination de leur différence suffira donc pour les obtenir l'une et l'autre.

Pour déduire cette différence des instants des contacts, il sera nécessaire d'utiliser quelques-uns des résultats obtenus pour l'observation géocentrique par la méthode qui précède, ou plutôt par les calculs qui en sont la traduction. Ces résultats ne sont pas tous inexacts ; on peut admettre en effet que si les positions relatives des deux astres sont incertaines, leurs vitesses angulaires sont néanmoins connues avec une très grande exactitude ; il en est de même par suite de la direction et de la grandeur de la vitesse sur la trajectoire $V_1 V_2$ (*fig. 126*). Les incertitudes des résultats ne peuvent provenir que d'un transport parallèle de cette trajectoire, et l'on n'utilise que la vitesse angulaire relative, ainsi que la direction des tangentes du disque solaire aux points V_1 et V_2 de l'entrée et de la sortie ; la première est connue très exactement, quant à la seconde, elle ne peut être altérée que d'une manière insensible par les erreurs des tables.

Il existe deux méthodes de réduction des observations : dans la première, on emploie la différence des heures d'un même contact dans deux lieux différents ; dans la seconde, c'est la différence des durées du passage qui intervient dans les calculs.

Pour abréger, nous supposerons que c'est le passage du centre qui a été observé ; les raisonnements seraient à peu près les mêmes pour les bords de la planète ; il peut sembler au premier abord que l'incertitude des valeurs des demi-diamètres pourrait occasionner de nouvelles erreurs, mais ces erreurs sont éliminées des résultats.

Première méthode. — Soient a_1 (*fig. 126*) le point où l'observateur A voit le centre de Vénus entrer sur le disque, et V'_1 celui où se trouve le point pour l'observateur géocentrique ; désignons par T_1 l'instant de l'entrée pour ce dernier exprimé en temps moyen de Paris, par t_1 le même instant pour l'observateur A, et par m la vitesse angulaire sur $V_1 V_2$. On aura

$$\text{valeur angulaire de } V'_1 V_1 = m (T_1 - t_1).$$

Désignons actuellement par λ_1 le rapport de $V'_1 V_1$ au rayon $n' V'_1$ de la projection de la Terre ; on aura, en remarquant que la valeur angulaire de ce rayon est la différence des parallaxes,

$$\text{valeur angulaire de } V'_1 V_1 = \lambda_1 (\pi \venus - \pi \odot),$$

et, par suite

$$\lambda_1 (\pi \venus - \pi \odot) = m (T_1 - t_1). \qquad (1)$$

Pour éliminer T_1 de cette formule, considérons un second observateur B; soient b_1 le point de l'entrée, V''_1 la position géocentrique au même instant, t'_1 l'instant correspondant, et désignons par λ'_1 le rapport de $V_1 V''_1$ au rayon de la projection. On aura, comme plus haut,

$$\lambda'_1 (\pi \venus - \pi \odot) = m (t'_1 - T_1). \qquad (2)$$

Il viendra, par suite, en ajoutant (1) et (2),

$$(\lambda_1 + \lambda'_1)(\pi \venus - \pi \odot) = m (t'_1 - t_1). \qquad (3)$$

Le mouvement angulaire m étant connu, il suffit de montrer comment on obtient les rapports λ_1 et λ_2. Pour cela on trace la projection de la Terre (*fig. 126 bis*) avec un rayon quelconque à l'instant t_1, et l'on marque la position a_1, puis par le point O on mène une parallèle PQ à la trajectoire $V_1 V_2$ (*fig. 126*) et par le point a_1 une parallèle à la tangente au disque en V_1; la ligne Od de la figure ainsi obtenue représentera évidemment $V'_1 V_1$, et le rapport de cette ligne au rayon sera λ_1. Le rapport λ_2 s'obtiendra en faisant la même construction pour le point b_1 et l'instant t'_1. Les erreurs commises sur la déclinaison de Vénus altéreront très peu la figure de la projection, par suite les valeurs de λ_1 et λ_2 ainsi obtenues seront suffisamment exactes.

On conçoit que, pour obtenir la plus grande précision, il conviendra de choisir l'intervalle $(t'_1 - t_1)$ (3) aussi grand que possible, de manière à atténuer l'influence relative des erreurs sur les instants t_1 et t'_1. Cet intervalle est celui que met le centre de Vénus à parcourir $V'_1 V''_1$ sur sa trajectoire géocentrique, il faudra donc choisir deux lieux placés de manière que cette distance soit grande; cette distance est représentée en fd sur la figure 126 *bis*; le tracé préliminaire permettra donc de choisir convenablement les stations à attribuer aux observateurs.

Deuxième méthode. — Considérons actuellement les instants de la sortie dans les deux lieux; soient T_2, t_2 et t'_2 les instants exprimés en temps moyen de Paris de ce phénomène pour l'observateur géocentrique et pour les observateurs A et B; soient V_2, V'_2, V''_2 les positions géocentriques du centre de Vénus à ces instants, et désignons par λ_2 et λ'_2 les rapports de $V_2 V'_2$ et $V_2 V''_2$ au rayon de la projection de la Terre. En appliquant à ce phénomène les mêmes raisonnements que pour l'entrée, et en remarquant que, sur la figure, les deux phénomènes apparents sont postérieurs au phénomène géocentrique, on obtiendra

$$(\lambda'_2 - \lambda_2)(\pi\venus - \pi\odot) = m(t'_2 - t_2), \qquad (4)$$

et, en retranchant (3) de (4),

$$[(\lambda'_2 - \lambda_2) - (\lambda'_1 + \lambda_1)](\pi\venus - \pi\odot) = m[(t'_2 - t'_1) - (t_2 - t_1)] \quad (5)$$

On voit que le second membre ne contient plus que la différence des durées des passages; par suite, si l'on a commis des erreurs sur les longitudes des lieux d'observation, les influences de ces erreurs sur les instants t_1, t_2, t'_1 et t'_2 disparaîtront des résultats; ce qui n'a pas lieu par la méthode précédente.

De même que pour la première méthode, il conviendra de choisir deux lieux placés de manière que la différence des durées des passages soit maxima. Si les trajectoires apparentes $a_1 a_2$, et $b_1 b_2$ (*fig. 126*) étaient parallèles et décrites avec la même vitesse, il conviendrait de choisir des lieux éloignés suivant une perpendiculaire à l'écliptique afin que ces trajectoires soient très inégalement distantes du centre du disque solaire. Le mouvement de rotation de la Terre modifie un peu ce résultat; d'ailleurs l'étude préliminaire donnera, comme dans la première méthode, les indications nécessaires pour le choix des stations des observateurs.

Remarque. — Pour la clarté des figures, nous avons considérablement exagéré le rayon de la projection de la Terre. Pour se rendre compte de la petitesse des grandeurs à mesurer, il suffit de remarquer que ce rayon, différence des parallaxes, a pour valeur environ 21"; le demi-diamètre du Soleil est d'environ 16', et celui de Vénus environ 29".

PRÉCISION DE LA MÉTHODE DES PASSAGES. — Réduite à son principe, la méthode des passages consiste encore à observer de deux lieux éloignés de la Terre, et à déterminer l'angle sous lequel on aperçoit, à la distance du Soleil, une longueur $V'_1 V''_1$ qui dépend de l'écartement des deux lieux comme on l'a vu sur la figure 126 *bis*. Mais, au lieu de mesurer directement cet angle qui est d'une extrême petitesse, on détermine l'intervalle nécessaire pour qu'il franchisse le bord du disque solaire. Le mouvement angulaire étant très lent (0",07 environ par seconde), une précision d'une seconde dans les instants des contacts correspond à une précision angulaire beaucoup supérieure à celle que peuvent fournir les mesures directes.

Aussi fonda-t-on de grandes espérances sur cette méthode lorsque le principe en fut indiqué par l'astronome anglais Halley; malheureusement les instants des contacts ne peuvent pas être perçus très nettement. Lorsque les deux disques sont très voisins, ils paraissent réunis entre eux comme le seraient deux disques matériels dans l'interstice desquels on introduirait une goutte d'eau.

La discussion encore incomplète des résultats des observations de 1874 à 1882 donne 8",80. On peut admettre que l'incertitude de la valeur de la parallaxe solaire ne concerne actuellement que le chiffre des centièmes, et il ne paraît pas probable que la méthode des passages puisse restreindre cette limite.

223. Parallaxe du Soleil par les inégalités de la Lune. — Il existe enfin une autre méthode indiquée par Laplace, reposant sur la valeur de l'une des inégalités de la Lune. On démontre, dans la mécanique céleste, que, sous l'influence de l'attraction du Soleil, le centre de gravité du système Terre et Lune décrit une orbite elliptique, pendant que la Terre et la Lune décrivent elles-mêmes leurs orbites autour de ce point.

Il résulte de là qu'il existe dans les mouvements apparents du Soleil une inégalité provenant du déplacement de la Terre, et dont l'amplitude est l'angle sous lequel, du Soleil, on aperçoit la distance qui sépare le centre de notre globe du centre de gravité du système qu'il forme avec la Lune.

La valeur de cette inégalité étant connue par l'observation, on en déduit l'angle dont nous venons de parler, et comme la distance du centre de la Terre au centre de gravité du système est donnée par les masses respectives de la Lune et de la Terre et par la distance de notre satellite, on peut en déduire la parallaxe du Soleil.

C'est cette méthode qui paraît la plus précise de toutes ; la valeur actuellement adoptée est celle que Leverrier a obtenue ainsi (8″,86).

CHAPITRE XVI

ENSEMBLE DU SYSTÈME SOLAIRE. — APPARENCES POUR L'OBSERVATEUR TERRESTRE

§ 1er. — Caractères généraux des mouvements réels des astres du système solaire.

224. Ensemble du système solaire[1]. — Le système solaire se compose.

1° Du Soleil, immobile au centre. C'est le seul corps du système qui possède une lumière propre; il éclaire et échauffe les planètes, leurs satellites et les comètes.

2° De huit Planètes principales, y compris la Terre, et d'un essaim de petites planètes appelées Planètes télescopiques. Ces planètes décrivent autour du Soleil des orbites ayant cet astre pour foyer; les mouvements s'effectuent suivant la loi des aires; enfin les durées des révolutions sidérales des diverses planètes sont liées aux demi-grands axes par la troisième loi de Kepler.

Les noms des planètes dans l'ordre de leurs distances au Soleil sont

MERCURE.	VÉNUS.	TERRE.	MARS.	PLANÈTES télescopiques.	JUPITER.	SATURNE.	URANUS.	NEPTUNE.
☿	♀	♁	♂	⊕	♃	♄	♅	♆

Les signes représentés au-dessous des noms des planètes

---

[1]. Les données numériques exactes sont données sur les tableaux des pages 559 et suivantes.

sont ceux par lesquels elles sont désignées par les astronomes ; la lettre n, pour les petites planètes, désigne le numéro d'ordre sous lequel elles ont été classées indépendamment du nom qui leur a été attribué.

Les valeurs approchées des demi-grands axes des orbites des planètes en fonction du demi-grand axe de l'orbite terrestre peuvent être déduites d'une loi mnémonique simple appelée *Loi de Bode*. Écrivez la suite

0   3   6   12   24   48   96   192   384

ajoutez 4 à chaque nombre et divisez par 10, il vient

0,4   0,7   1,0   1,6   2,8   5,2   10,0   19,6   38,8

Les vraies distances sont

MERCURE.	VÉNUS.	TERRE.	MARS.	PETITES planètes.	JUPITER.	SATURNE.	URANUS.	NEPTUNE.
0,39	0,72	1,0	1,52	2,2 à 3,5	5,20	9,54	19,2	30,0

Lorsque cette loi fut proposée (1778), on ne connaissait ni les petites planètes, ni Uranus, ni Neptune. La découverte d'Uranus par Herschell (1781) vint la confirmer sensiblement ; de même la découverte de la première petite planète en 1801 par Piazzi (Cérès 2,7) vint combler le vide que signalait la loi entre Mars et Jupiter. Mais la découverte de Neptune par Leverrier en 1846 introduisit une divergence sensible. Cette loi ne se rattache d'ailleurs à aucune considération théorique.

3° De SATELLITES circulant autour d'un certain nombre de planètes, MARS en a deux : *Phobos* et *Deimos* ; JUPITER quatre : *Yo, Europe, Ganymède et Callisto* ; SATURNE huit : *Mimas, Encelade, Thétis, Dioné, Rhéa, Titan, Hyperion, Japetus*, et deux *anneaux* concentriques séparés par un vide aperçu de la Terre sous un angle d'environ 3",8 ; URANUS quatre : *Ariel, Umbriel, Titania, Oberon* ; NEPTUNE un seul. Ces astéroïdes circulent autour des planètes comme celles-ci autour du Soleil et suivant les mêmes lois.

4° De COMÈTES décrivant autour du Soleil des orbites très allongées ; celles dont le retour a pu être observé sont au nombre de 14 ; les demi-axes de leurs orbites sont compris entre ceux des planètes Mars et Uranus ; leurs distances périhélies sont comprises entre l'orbite de Mercure et l'anneau des planètes télescopiques ; leurs distances aphélies varient depuis le rayon extérieur de cet anneau jusqu'au delà de l'orbite de Neptune.

5° Nous mentionnerons encore les *anneaux de matière cosmique* auxquels sont dus les ÉTOILES FILANTES, et enfin les corpuscules isolés qui viennent de temps à autre atteindre la Terre et que l'on appelle *Bolides* ou *Aérolithes*.

Pour compléter cette énumération, il convient de rappeler que nous avons constaté par la *lumière zodiacale* qu'il existe autour du Soleil, dans le voisinage de l'écliptique, un amas de matières cosmiques disséminées dans l'espace. Il n'est pas impossible que la lumière zodiacale soit produite par des anneaux analogues à ceux auxquels nous devons les apparitions d'essaims d'étoiles filantes.

225. Caractères généraux des corps célestes. Leurs rotations. Aplatissements. — Le Soleil, les planètes et leurs satellites ont la forme de sphéroïdes. Grâce à des taches existant à leurs surfaces et que l'on peut distinguer à l'aide de télescopes puissants, on a reconnu que le Soleil et toutes les planètes sont animés comme la Terre d'un mouvement de rotation indépendant de la translation de leurs centres.

Les satellites, y compris la Lune, offrent toujours le même hémisphère à la planète autour de laquelle ils tournent.

Les globes planétaires sont, comme la Terre, plus ou moins aplatis vers les pôles et renflés à l'équateur ; cette forme est due à la rotation des globes sur eux-mêmes. La planète la plus aplatie est Saturne.

226. Caractères généraux des mouvements de translation. — Les orbites des planètes principales sont peu inclinées les unes sur les autres; la plus inclinée sur l'écliptique est celle de Mercure (7°); l'orbite qui vient immédiatement après est celle de Vénus (3°23′); la moins inclinée est celle d'Uranus (0°46′). Les excentricités sont petites, sauf celle de Mercure qui atteint 0,2; celle qui vient après est l'excentricité de l'orbite de Mars (0,09).

Les inclinaisons et les excentricités des planètes télescopiques oscillent entre des limites plus étendues; l'inclinaison de l'orbite de Pallas ⊕ est 34°43′; les excentricités les plus fortes sont celle d'Æthra (132) [0,38] et celle de Polymnie (33) [0,33].

Le sens des mouvements est le sens *direct* pour toutes les planètes.

Pour les comètes, les inclinaisons des orbites sont en général très grandes, et les mouvements sont tantôt directs tantôt rétrogrades[1]. Les orbites des comètes dont on a pu déterminer le mouvement elliptique ont une très forte excentricité. La plus faible de toutes (comète de Faye, 0,549) est plus grande que la plus grande des excentricités des petites planètes (Æthra, 0,38).

227. Orbites des satellites; inclinaisons des équateurs des planètes sur les plans des orbites. — Les inclinaisons des orbites des satellites sur l'orbite de la planète sont peu différentes dans un même système; elles varient de 25°47′ et 26°17′ pour les satellites de Mars, de 1°39′ à 2°08′ pour ceux de Jupiter, de 27°04′ à 28°10′ pour les sept premiers satellites de Saturne et pour l'Anneau, de 97°47′ à 98°21′ pour ceux d'Uranus. Les plans des équateurs des planètes sont voisins de ceux des orbites des satellites.

Ces chiffres montrent en outre que le mouvement est di-

---

[1]. Les inclinaisons données sur les tableaux des pages 559 et suivantes sont les angles dont il faut faire tourner les plans des orbites autour de la ligne des nœuds pour rabattre ces orbites sur l'écliptique (ou sur le plan de l'orbite de la planète pour les satellites), de manière que le sens du mouvement rabattu soit direct; de sorte que lorsque l'inclinaison est plus grande que 90° le mouvement est rétrograde.

rect, excepté pour les satellites d'Uranus qui se meuvent presque perpendiculairement à l'orbite ; le mouvement est franchement rétrograde pour le satellite de Neptune (inclinaison, 145°).

228. Vitesses linéaires et angulaires moyennes des planètes sur leurs orbites. — Les vitesses linéaires et angulaires des planètes sur leurs orbites supposées circulaires décroissent quand la distance au Soleil augmente.

Vitesses angulaires. — La vitesse angulaire moyenne d'une planète sur son orbite est en effet

$$\frac{360°}{T};$$

de la troisième loi de Kepler mise sous la forme

$$\frac{a^3}{T^2} = K^2 \text{ (constante)},$$

on déduit

$$T = \frac{a^{\frac{3}{2}}}{K};$$

on a, par suite, pour expression de la vitesse angulaire

$$\frac{360° K}{a^{\frac{3}{2}}},$$

cette quantité décroît rapidement quand a augmente; on peut d'ailleurs constater ce résultat par l'accroissement rapide des durées des révolutions indiquées par le tableau I.

Vitesses linéaires. — Les vitesses linéaires ont pour expression, dans l'hypothèse du mouvement circulaire,

$$\frac{2\pi a}{T}.$$

De la troisième loi de Kepler on déduit

$$\frac{a^2}{T^2} = \frac{a^3}{K^2},$$

par suite les vitesses linéaires ont pour expression

$$2\pi\sqrt{\frac{K^2}{a}} = \frac{2\pi K}{\sqrt{a}};$$

elles décroissent donc quand a augmente, mais beaucoup moins rapidement que les vitesses angulaires.

La planète dont le mouvement est le plus rapide est donc Mercure; Neptune se meut très lentement, et, s'il existait au delà de Neptune une autre planète, son mouvement serait si lent, qu'elle pourrait être confondue avec une étoile pendant longtemps.

§ 2. — Mouvements apparents des planètes pour l'observateur terrestre.

229. — Les apparences que présentent à l'observateur terrestre les mouvements des planètes pourraient être expliquées en considérant directement les mouvements réels de ces astres et de la Terre; mais le mouvement de notre globe rendant les explications moins claires, il sera préférable de substituer aux mouvements réels des mouvements idéaux dans lesquels la Terre sera immobilisée, après avoir montré que ces mouvements donnent lieu aux mêmes apparences.

Cette manière de procéder nous offrira en outre l'avantage de faire connaître les idées que se faisaient les anciens sur la constitution du système solaire et sur ses mouvements.

230. Premier mouvement idéal. — Les mouvements apparents des planètes sur la sphère céleste sont les mêmes que si, la Terre étant immobile, le Soleil décrivait son orbite apparente autour d'elle, entraînant parallèlement à elles-mêmes les orbites sur lesquelles ces astres circulent.

Représentons en effet (*fig. 127*) le Soleil immobile S, l'orbite TT' de la Terre, et l'orbite ♌M♌ d'une planète. Représentons également en T_1 une Terre idéale immobile, un Soleil S_1 idéal décrivant l'orbite apparente S_1S_1' et se trouvant en S_1 quand le Soleil vrai est en S, le rayon T_1S_1 étant parallèle et de même sens avec TS. Représentons enfin une orbite $\mho_1 M_1 \Omega_1$, identique à celle de la planète et parallèle à elle, entraînée par le Soleil idéal S_1 dans son mouvement, et supposons que la planète soit à tout instant sur cette orbite dans une position M_1, telle que si l'on transporte parallèlement à elle-même l'orbite réelle $\Omega M \mho$ sur l'orbite mobile idéale la position réelle M vienne se superposer à la position idéale M_1.

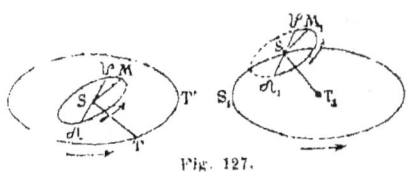

Fig. 127.

Il est clair que, si l'on transporte la figure TSM en $T_1S_1M_1$ parallèlement à elle-même, les trois points T_1, S_1 et M_1 coïncideront, et que, par suite T_1M_1 est parallèle à TM. Par conséquent, des observateurs situés en T et T_1, examinant les astres S et M ou S_1 et M_1 sur la sphère céleste, verront à tout instant ces astres dans les mêmes positions parmi les étoiles.

Deuxième mouvement idéal. — Les mouvements apparents des planètes parmi les étoiles sont à tout instant les

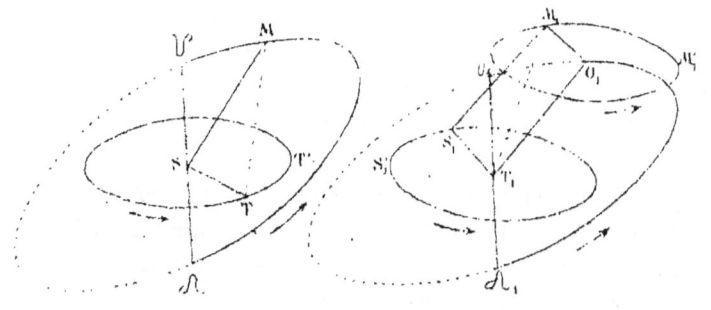

Fig. 128.

mêmes que si, la Terre étant immobile en T_1 (fig. 128), le Soleil S_1 décrivait son orbite apparente S_1S_1' autour d'elle, et si la planète décrivait une orbite M_1M_1', égale et parallèle à celle-ci, dont le centre O_1 décrirait lui-même autour de la Terre immobile une orbite égale à celle que la planète décrit réellement autour du Soleil.

Représentons en effet (*fig. 128*) les orbites réelles de la Terre T et d'une planète M, autour du Soleil immobile S ; représentons également une Terre idéale immobile T_1 et, autour de cette Terre, une orbite $\mathcal{V}, O_1, \mathcal{R}_1$ égale et parallèle à l'orbite réelle de la planète. Soit O_1 le point de cette orbite correspondant à la position réelle M de la planète ; décrivons autour de T_1 et de O_1 deux orbites égales à l'orbite apparente du Soleil, et supposons que, à l'instant considéré, le Soleil idéal soit au point S_1 tel que $T_1 S_1$ soit égal et parallèle à TS, et que la planète idéale soit en M_1, $O_1 M_1$ étant égal et parallèle à $T_1 S_1$.

La droite $T_1 M_1$ sera égale et parallèle à TM, car la figure $T_1 S_1 O_1 M_1$ est un parallélogramme ; par suite, $S_1 M_1$ est égale et parallèle à $T_1 O_1$ et par conséquent à SM. Les lignes TS et SM étant respectivement égales et parallèles à $T_1 S_1$ et $S_1 M_1$, il en est de même de TM et $T_1 M_1$.

Par conséquent, des observateurs placés en T et T_1, voyant S et S_1 ainsi que M et M_1 dans des directions parallèles, apercevront ces astres dans les mêmes positions sur la sphère céleste.

Remarque. — Nous avons supposé, sur les figures 127 et 128, qu'il s'agissait d'une planète inférieure dans le premier cas et d'une planète supérieure dans le second, mais le raisonnement est applicable à toutes les planètes dans les deux cas.

231. Conclusion. — Il résulte donc de ce que nous venons de voir que les apparences auxquelles donnent lieu les mouvements réels des astres pourraient être expliquées par l'une ou l'autre des hypothèses suivantes :

1° La Terre est immobile en T_1 (*fig. 127*), le Soleil décrit autour d'elle son orbite apparente $S_1 S_1'$, entraînant avec lui parallèlement à elles-mêmes les orbites de toutes les planètes, et celles-ci se meuvent sur ces orbites comme le font les satellites sur les orbites secondaires qu'entraînent les planètes dans leurs mouvements réels.

2° La Terre est immobile en T_1 (*fig. 128*), le Soleil décrit son orbite apparente $S_1 S_1'$; chaque planète se meut sur une orbite égale à l'orbite apparente du Soleil, dont le centre O_1 décrit lui-même autour de la Terre une orbite identique à l'orbite vraie de la planète et suivant les mêmes lois.

Nous pouvons remarquer ici que, sans la parallaxe annuelle des étoiles qui constitue une preuve indiscutable de la translation de la Terre, nous n'aurions aucune raison de préférer à l'une quelconque de ces hypothèses celle que nous avons adoptée jusqu'ici.

C'est par des hypothèses de cette nature que les anciens expliquaient les mouvements du ciel, non qu'ils n'eussent reconnu la possibilité d'expliquer les faits par la translation de la Terre, mais à cause de la conviction qu'ils avaient *a priori* de l'immobilité de notre globe et de son importance primordiale relativement aux autres corps célestes.

MOUVEMENTS ÉPICYCLOÏDAUX. — Les orbites des planètes étant presque circulaires et peu inclinées sur l'écliptique, on obtiendra une image simplifiée du système solaire, dans les deux hypothèses, en supposant que ces orbites sont des cercles situés dans le plan de l'écliptique. On a ainsi, dans la première hypothèse, la figure 129 ; le Soleil S décrit un cercle, entraînant les cercles décrits par les planètes inférieures telles que V et supérieures telles que M.

Dans la deuxième hypothèse, on obtient la figure 130 ; les centres des orbites O_v, O_m, décrivent des cercles autour de la Terre, et le Soleil S, les planètes V et M décrivent des orbites égales ayant respectivement pour centres le point fixe T et les points mobiles O_v et O_m.

Dans l'un et l'autre cas, le mouvement d'une planète est représenté comme résultant d'un mouvement uniforme sur un cercle dont le centre se meut d'un mouvement uniforme sur un autre cercle. Ces mouvements sont appelés mouvements *épicycloïdaux* ; le cercle mobile est *l'épicycle*.

MOUVEMENTS APPARENTS.

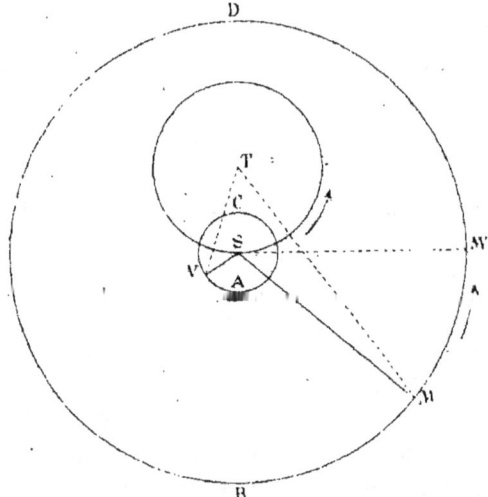

Fig. 129.

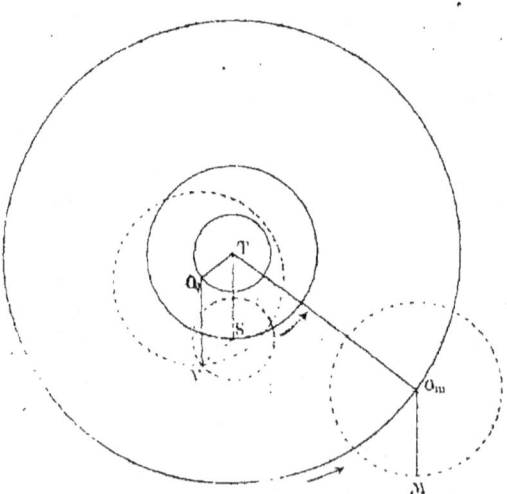

Fig. 130.

On peut remarquer que, dans la figure 129, l'épicycle est plus grand que le cercle fixe pour les planètes supérieures, et que c'est au contraire pour les planètes inférieures que ce résultat se présente sur la figure 130. On peut, par une combinaison des deux hypothèses, obtenir que le cercle mobile soit toujours le plus petit. On admet alors que le Soleil entraîne les orbites des planètes inférieures telles que V_1 (*fig. 129*) et que les planètes supérieures telles que M se meuvent comme l'indique la figure 130. On obtient d'ailleurs la réunion des deux hypothèses sur cette figure en décrivant du point S comme centre l'épicycle de rayon $SV = TO_1$; la figure TO_1SV étant un parallélogramme, le point V peut être considéré indifféremment comme entraîné par le mouvement angulaire simultané des rayons TO_1 et O_1V ou par celui des rayons TS et SV.

232. Mouvement des planètes inférieures par rapport au Soleil et aux étoiles. — Si, en considérant la figure 127, on imagine une sphère céleste ayant son centre en T_1, on voit

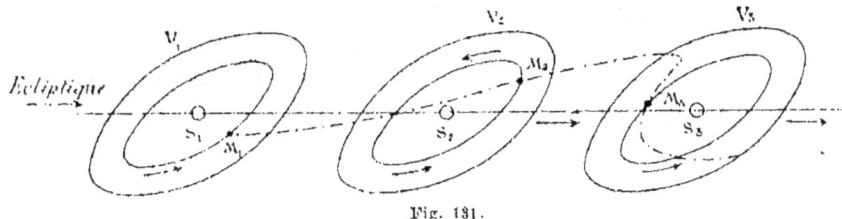

Fig. 131.

que le Soleil S_1 décrit l'écliptique de cette sphère et que l'orbite entraînée de la planète se projette à tout instant suivant l'intersection de la sphère par un cône ayant pour sommet T_1 et pour base oblique l'orbite sensiblement circulaire de la planète. Cette projection affecte une forme analogue à celle que représente la figure 131. Les trajectoires de Mercure et de Vénus par rapport aux étoiles sont celles de points décrivant les courbes entraînés par le Soleil S_1; elles affectent donc des formes sinueuses analogues à celle de la courbe

$M_1 M_2 M_3$ [1]. On verra bientôt que, comme l'indique la figure, le mouvement en longitude est parfois rétrograde, c'est-à-dire que le mouvement rétrograde sur une partie de l'orbite est plus rapide que le mouvement direct du Soleil.

On appelle *élongation* l'écart en longitude de la planète avec le Soleil; les *digressions* sont les écarts maxima vers l'Orient ou l'Occident.

Les digressions seraient constantes si les orbites de la Terre et de la planète étaient circulaires; mais, par suite des excentricités, elles sont variables, les digressions de Mercure varient entre 16° et 28°, celles de Vénus peuvent atteindre 46°. Il résulte de là que la planète Mercure est rarement assez éloignée du Soleil pour qu'on puisse l'apercevoir facilement à l'œil nu. La planète Vénus se présente au contraire comme une étoile brillante aux environs du lever ou du coucher du Soleil, suivant le côté où elle est placée (*étoile du berger, étoile du matin, étoile du soir*).

233. Mouvements des planètes supérieures par rapport aux étoiles et au Soleil. — Pour se rendre compte du mouvement des planètes supérieures par rapport au Soleil, il suffit de jeter un coup d'œil sur la figure 129; on voit en effet immédiatement que l'angle STM, c'est-à-dire l'élongation, croît sans cesse depuis zéro, lors des conjonctions, jusqu'à 180°, lors des oppositions, et jusqu'à 360° lors du retour de la conjonction.

Pour se rendre compte de la nature du mouvement par rapport aux étoiles, il est préférable de recourir à la deuxième hypothèse (*fig. 128*). Le point O_1 décrit alors sur la sphère céleste géocentrique un grand cercle qui est l'orbite vraie sur la sphère héliocentrique; l'orbite mobile $M_1 M_1'$ se projette sur la sphère céleste suivant une courbe analogue à

---

1. Les formes de ces projections sont variables; lorsqu'en effet la ligne des ☊☋ de la planète vient à passer par la Terre (*fig. 127*), le cône se réduit à un plan et la projection à un arc de grand cercle de la sphère; la largeur de la courbe est maxima vers l'époque où la Terre est dans une direction perpendiculaire à cette même ligne.

celle que représente la figure 131, les points S_1, S_2, S_3 étant ici les positions héliocentriques de la planète.

L'orbite mobile étant ici la même pour toutes les planètes, elle se projette suivant des courbes d'autant plus petites que la distance $T_1 O_1$ ou SM (*fig. 128*) est plus grande. La valeur moyenne des digressions par rapport au point O est l'angle sous lequel le rayon de l'orbite de la Terre est aperçu de la planète. Il est d'environ 41° pour Mars, de 11° pour Jupiter, de 6° pour Saturne, de 3° pour Uranus et de moins de 2° pour Neptune.

Le mouvement résultant des planètes supérieures par rapport aux étoiles, offre donc une grande analogie avec celui des planètes inférieures ; mais les écarts de la planète hors de son orbite héliocentrique $S_1 S_2 S_3$ (*fig. 131*) deviennent très peu sensibles quand elle est très éloignée du Soleil.

234. Stations et rétrogradations des planètes. — Les planètes ont un mouvement *direct* en longitude quand elles sont à leurs distances maxima de la Terre et un mouvement *rétrograde* quand elles sont à leurs distances minima.

Pour le montrer, considérons la figure 129, et remarquons que lorsque les planètes V et M sont à leurs distances maxima elles sont dans des positions telles que A et B en conjonction avec le Soleil. Les vitesses des planètes sur leurs épicycles sont celles des planètes vraies sur leurs orbites vraies, les vitesses linéaires totales en ces points sont égales à la somme de la vitesse linéaire du Soleil S sur son orbite apparente et des vitesses propres sur l'épicycle, par suite elles sont directes ; le mouvement en longitude est *donc direct*.

Lorsque les planètes sont à leurs distances minima, elles sont dans des positions telles que C et D, c'est-à-dire les planètes inférieures en conjonction inférieure, les planètes supérieures en opposition. Dans les deux cas, les vitesses linéaires des planètes sont égales aux différences entre la vitesse linéaire du centre S de l'épicycle et de la vitesse propre sur l'épicycle. Or, il résulte de ce que nous avons vu que les vitesses linéaires diminuent quand la distance de la planète au Soleil augmente ; par suite, la vitesse de la planète V sur l'épicycle est plus grande que celle de S qui est celle de la Terre, la vitesse de la planète M est au contraire plus petite ; par suite, dans le premier cas, c'est la vitesse sur l'épicycle qui l'emporte, dans le second, c'est la vitesse de S. Par conséquent, pour le lecteur regardant la figure, la vitesse linéaire est dirigée à droite en D et à gauche en C. Ces deux sens sont *rétrogrades* par rapport à la Terre T.

Les planètes ayant un mouvement direct en longitude dans les positions A et B, et rétrogrades dans les positions C et D, il est clair qu'à des époques intermédiaires, elles sont un instant *stationnaires*.

235. Phases des planètes inférieures et de la planète Mars. — Il résulte de ce que nous avons vu (p. 281) que la grandeur de la phase que présente un globe éclairé par le Soleil pour les observateurs terrestres, dépend de l'angle formé au centre du globe par la direction de la Terre et celle du Soleil, et que les angles SVT (*fig. 129*) et SMT représentent la grandeur du fuseau obscur sur l'hémisphère qui est visible de la Terre.

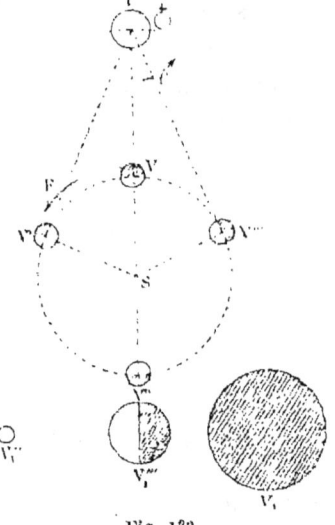

Fig. 132.

Ces angles varient, pour les planètes inférieures, depuis 180° en C, jusqu'à zéro en A ; ces planètes présentent donc des phases identiques à celles de la Lune. Vénus est *nouvelle* (*fig. 132*) lors de ses conjonctions inférieures ; elle est en *quadrature* dans ses digressions V' et V''' ; enfin elle est dans son *plein* aux époques des conjonctions supérieures.

Le diamètre angulaire du disque de Vénus varie depuis 5″ jusqu'à 29″ entre les deux époques extrêmes ; les images représentées au bas de la figure 132 donnent une idée de ces variations. Elles montrent que, à mesure que la partie éclairée du disque diminue, le disque augmente ; il s'établit par suite une sorte de compensation en raison de laquelle Vénus offre toujours l'aspect d'une étoile brillante lorsqu'elle est assez dégagée des rayons du Soleil pour être visible.

Pour les planètes supérieures telles que M (*fig. 129*), l'angle STM atteint son maximum en M′ ; sa valeur est alors celle de l'angle sous lequel le rayon de l'orbite apparente du Soleil est aperçu de la planète. L'angle maximum du fuseau obscur est donc 41.° pour la planète Mars ; la phase est encore sensible. Pour toutes les autres planètes, l'altération du disque est imperceptible.

§ 3. — Aberration de la lumière.

236. Définition. — Nous avons admis, dans tout ce qui précède, que l'observateur apercevait un astre à tout instant au lieu même qu'il occupe ; il en serait ainsi si la lumière émanant d'une source quelconque se transmettait instantanément à tous les points de l'espace. Mais la lumière ne se transmet que progressivement ; sa vitesse est, il est vrai, très grande par rapport à toutes celles que nous connaissons (environ 75 000 lieues par seconde), mais elle ne peut plus être considérée comme infinie par rapport aux vitesses des astres et aux immenses distances qui les séparent de la Terre.

Sans faire aucune hypothèse sur la nature de la lumière, sur son mode de propagation dans l'espace ni sur la manière dont elle se manifeste à nos sens, on peut dire que, pour le phénomène qui nous occupe, *tout se passe comme si* les sources lumineuses émettaient constamment dans tous les sens des particules de nature spéciale que nous appellerons *particules lumineuses*, se mouvant en ligne droite dans l'espace, avec une vitesse très grande et constante. La direction dans laquelle nous apercevons la source est celle de la vitesse de la particule au moment où elle atteint nos yeux.

Il résulte de là que, si une source lumineuse est mobile ainsi que l'observateur qui la regarde, les particules qui atteignent ce dernier à un instant quelconque ont été émises non pas de la position actuelle de la source, mais de celle qu'elle occupait à un instant antérieur. En second lieu, l'observateur étant en mouvement, la direction de la vitesse de la particule, relativement à lui, est différente de la direction vraie. Pour ces deux causes, l'astre apparaît dans une direction différente de celle dans laquelle il se trouve réellement. On a donné à ce phénomène le nom d'*aberration*.

237. Aberration en général. — Soient A et T (*fig. 133*)

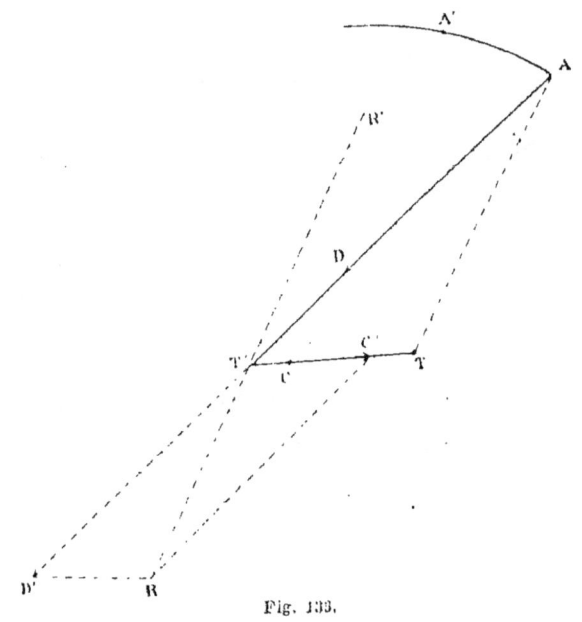

Fig. 133.

les positions simultanées d'un astre et de la Terre à un instant donné, TC la vitesse de la Terre à cet instant, et supposons que la distance AT soit assez petite pour que, dans l'intervalle θ nécessaire à la lumière pour atteindre la Terre, l'arc parcouru par la Terre T sur son orbite puisse être considéré comme rectiligne et confondu avec l'élément de la tangente. A l'instant où l'astre arrive en A, il émet des particules lumineuses dans toutes les directions de l'espace ; ces particules n'atteignant la Terre qu'au bout de l'intervalle θ, ce globe sera alors dans une nouvelle position T'. Si l'on désigne par V_l la vitesse de la lumière et par V_t la vitesse de la Terre, on aura

$$TT' = V_t \times \theta, \qquad AT' = V_l \times \theta;$$

et l'astre A sera lui-même dans une position telle que A'.

La particule lumineuse arrivant à la Terre avec une vitesse V_l dirigée suivant AT', et la Terre étant animée d'une vitesse V_t dirigée suivant TT', la direction de la vitesse relative sera la résultante d'une vitesse V_l dirigée suivant AT' et d'une vitesse V_t dirigée suivant T'T. On obtiendra cette vitesse en prenant $T'C' = V_l$, $T'D = V_t$, et en menant la diagonale T'R du parallélogramme construit sur ces deux droites. Mais les deux triangles AT'T et T'RC' ont deux côtés proportionnels comprenant un angle égal ; on a en effet, par construction,

$$TT' = V_t \times \theta = T'C' \times \theta,$$
$$AT' = V_l \times \theta = RC' \times \theta,$$
$$T'C'R = TT'A.$$

Par suite, l'angle RT'C' est égal à T'TA ; la direction T'R est donc parallèle à TA.

Par suite, à l'instant où la Terre est en T' et l'astre A en A', la Terre aperçoit ce dernier dans une direction T'R' parallèle à celle dans laquelle il se trouvait par rapport à la Terre, θ secondes auparavant, θ étant l'intervalle nécessaire à la lumière pour parcourir la distance de l'astre à la Terre.

Toutefois, il importe de remarquer que ce résultat n'est applicable qu'aux cas où la distance est assez faible pour que

ABERRATION DE LA LUMIÈRE. 383

l'on puisse considérer comme rectiligne l'axe TT' parcouru par la Terre dans l'intervalle θ, c'est ce qui a lieu sensiblement dans le cas du Soleil et des planètes. Dans le cas du Soleil en particulier, l'intervalle θ est sensiblement constant et égal à $8^m 15^s$; il en résulte que nous apercevons l'astre à une longitude en arrière de $20'',44$ sur celle qu'il a réellement. Dans le cas des planètes, cet intervalle est variable.

238. Aberration des étoiles. — Représentons sur la figure 134 l'orbite de la Terre que nous pouvons ici considérer comme circulaire; soit SA la direction dans laquelle se trou-

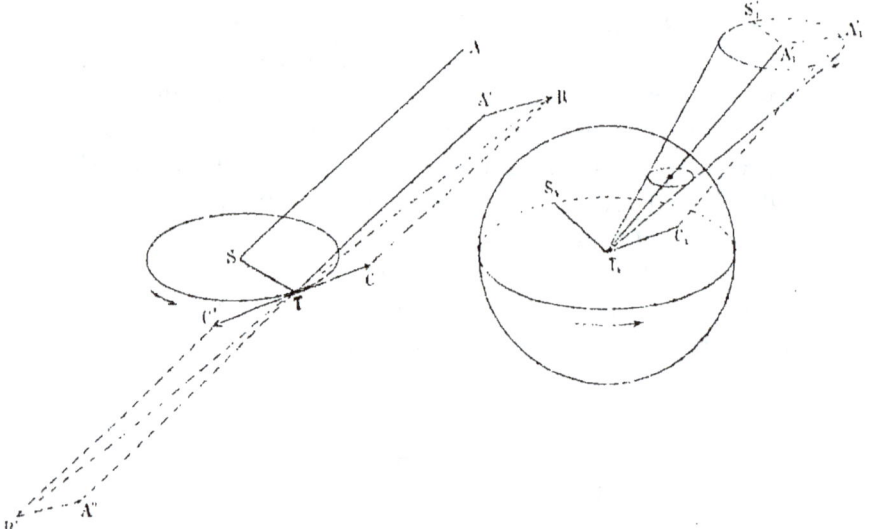

Fig. 134.

vait une étoile A *à l'instant où elle a émis les particules lumineuses perçues actuellement par la Terre en T*. (Cet instant est en général antérieur de plusieurs années à l'instant actuel.)

La distance du Soleil à l'étoile étant presque infinie par rapport au rayon de l'orbite, la particule lumineuse perçue par l'observateur terrestre est animée d'une vitesse A'T parallèle à AS. La vitesse TC de la Terre est perpendiculaire au rayon vecteur de l'orbite. Par suite, la vitesse relative s'obtiendra en construisant la diagonale TR' du parallélogramme TA″C′ dont les côtés ont pour valeur

$$TC' = V_\ell, \qquad TA'' = V_t,$$

ou, ce qui revient au même, la diagonale RT du parallélogramme TA′CR, où l'on a pris

$$TC = V_\ell, \qquad TA' = V_t.$$

Cela établi, pour nous rendre compte du mouvement apparent qui en résultera pour l'étoile sur la sphère céleste, décrivons une sphère d'un point T_1 de l'espace comme centre. À l'époque où la Terre est en T sur son orbite, elle aperçoit le Soleil sur la sphère céleste au point S_1 obtenu en menant $T_1 S_1$ parallèle à TS. Menons $T_1 A_1'$ parallèle à SA ou TA′; cette direction est celle dans laquelle la Terre apercevrait l'étoile s'il n'y avait pas d'aberration; pour construire la direction apparente, nous prendrons $T_1 A_1' = V_t$, nous mènerons $T_1 C_1$ perpendiculaire à $T_1 S_1$ et située, comme TC, à 90° en arrière du Soleil relativement au sens direct. Nous prendrons enfin $T_1 C_1$ égal à V_ℓ et nous achèverons le parallélogramme $T_1 C_1 A_1' A_1''$.

Pour faire la même construction relativement à diverses époques, il suffirait de considérer successivement les diverses positions du Soleil S_1 sur son orbite apparente; mais on voit que, les lignes $T_1 C_1$ restant constantes, le point C_1 décrira un cercle et sera situé sur ce cercle par une longitude inférieure de 90° à celle du Soleil.

Si enfin l'étoile a un mouvement propre angulaire insensible, la ligne SA sera fixe; il en sera alors de même de $T_1 A_1$; par suite, le lieu géométrique des positions telles que A_1'' sera un cercle.

Il résulte de là que, par suite de l'aberration, l'étoile paraîtra animée du même mouvement que si elle décrivait, à une distance de la Terre égale à la vitesse de la lumière, une orbite circulaire parallèle à l'écliptique et ayant pour rayon la vitesse réelle de la Terre.

Ce mouvement apparent présente une assez grande analogie avec celui qui est dû à la parallaxe annuelle (page 352); les orbites apparentes sur la sphère céleste sont encore en effet des ellipses ayant leur petit axe dirigé vers le pôle de l'écliptique. Elles sont circulaires pour les étoiles voisines du pôle de l'écliptique, et se réduisent à leur grand axe pour celles qui seront situées dans le plan de ce grand cercle.

Toutefois, les apparences dues à l'aberration différeront de celles qui proviennent de la parallaxe annuelle par les caractères suivants : Les orbites apparentes de l'espace $S_l'A_l'$ étant des cercles égaux situés à la même distance pour toutes les étoiles, les demi-grands axes sont tous égaux à l'angle sous lequel V_t est aperçu à la distance V_l; on aura donc, en désignant leur valeur commune par A_b,

$$\sin A_b = \frac{V_t}{V_l} \quad \text{ou} \quad A_b = \frac{V_t}{V_l \sin 1''}.$$

En second lieu, l'étoile, qui avait la même longitude que le Soleil sur l'ellipse parallactique, aura, sur l'ellipse d'aberration, une longitude inférieure de 90°.

Remarque. — En déterminant A_b par l'observation des déplacements apparents des étoiles, Struve a trouvé

$$A_b = 20'',415.$$

Cet angle est égal à l'aberration du Soleil, c'est-à-dire à l'accroissement de la longitude de cet astre, dans l'intervalle nécessaire à la lumière pour parcourir le rayon a de l'orbite terrestre. On a en effet, en remplaçant dans la formule de l'aberration V_t par sa valeur

$$A_b = \frac{2\pi a}{T.V_l \sin 1''} = \frac{2\pi}{T \sin 1''} \cdot \frac{a}{V_l};$$

le premier facteur de cette dernière expression est la vitesse angulaire du Soleil en secondes de degré, et le second est l'intervalle nécessaire aux particules lumineuses pour parcourir a.

239. Parallaxe du Soleil par l'aberration. — En remplaçant, dans cette dernière formule, a par sa valeur en fonction de la parallaxe p du Soleil et du rayon r de la Terre, on obtient

$$A_l = \frac{2\pi}{T \sin 1''} \cdot \frac{r}{V_l p \sin 1''};$$

on déduit de là

$$V_l p = \frac{2\pi r}{A_l T \sin^2 1''}.$$

Cette formule permet de déterminer V_l connaissant p, ou réciproquement. En employant la valeur $8'',86$ on obtient

$$V_l = 298\,000 \text{ kilomètres par seconde};$$

ce nombre est celui qu'a obtenu L. Foucault (1862) par des mesures directes; d'après les expériences de M. Cornu (1874), la vitesse de la lumière serait

$$300\,400 \text{ kilomètres};$$

cette valeur donnerait $8'',798$ pour la parallaxe solaire.

240. Aberration diurne. — Le mouvement diurne de la Terre donne lieu à un phénomène du même genre, mais la vitesse diurne à l'équateur est environ 64 fois plus petite que la vitesse de circulation, par suite, le phénomène est à peine sensible.

241. Influence de la transmission successive de la lumière sur les apparitions des éclipses des satellites de Jupiter. — Les éclipses des satellites de Jupiter sont des phénomènes qui se produisent à des distances variables de la Terre. Par suite, si l'on a pu déterminer l'intervalle réel des retours de ces phénomènes, on doit trouver cet intervalle allongé quand la Terre s'éloignera de Jupiter, et raccourci quand elle se rapprochera. Pour un observateur idéal placé au centre du Soleil, la période des disparitions serait la période même des phénomènes, mais les instants de la perception pour l'observateur seraient en retard sur les instants des phénomènes eux-mêmes d'un intervalle constant égal à celui qui est nécessaire à la lumière pour parcourir l'espace SJ (*fig. 135*) sensiblement constant.

On constate en effet que, si l'on calcule les tables de prédiction de ces phénomènes pour un observateur situé à la distance moyenne de la Terre à la planète, c'est-à-dire placé en S (*fig. 135*), les tables sont d'accord avec les observations quand la Terre et Jupiter sont placés dans des positions telles que T' et J', c'est-à-dire à leur distance moyenne.

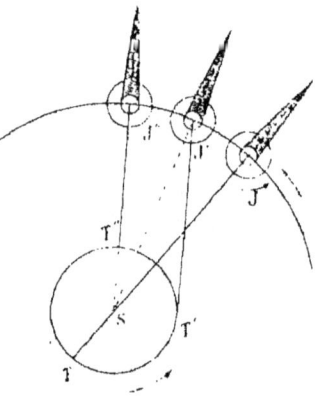

Fig. 135.

Lorsque la Terre est en T et Jupiter en J, l'instant prédit par les tables est retardé de l'intervalle nécessaire à la lumière pour parcourir le demi-grand axe de l'orbite terrestre. Lorsque la Terre est en T''' et Jupiter en J'', cet instant est au contraire avancé du même intervalle.

C'est par la constatation de ces retards et de ces avances sur les résultats donnés par des tables calculées par Cassini que l'astronome danois Roëmer a découvert la transmission successive de la lumière.

LIVRE IV

NOTIONS DE MÉCANIQUE CÉLESTE

CHAPITRE XVII

GRAVITATION UNIVERSELLE

§ 1ᵉʳ. — Notions préliminaires de mécanique.

242. Vitesse et accélération. — Lorsqu'un point matériel de masse m, animé d'une vitesse v, est soumis à l'action d'une force f, il reçoit une accélération w dont l'intensité a pour valeur

$$w = \frac{f}{m}$$

et dont la direction et le sens sont la direction et le sens de la force.

Son mouvement qui, sans l'intervention de la force, aurait été rectiligne et uniforme, devient *varié*; et, pour obtenir le lieu M' (*fig. 136*) où sera le point mobile M au bout du temps dt infiniment petit, il faut porter sur la tangente, dans le sens de la vitesse, une longueur MC ayant pour valeur

$$MC = v\, dt,$$

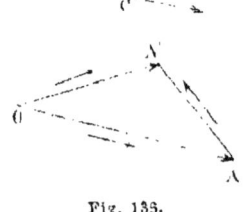

Fig. 136.

mener par le point C ainsi obtenu une droite CC' ayant la direction et le sens de l'accélération w, et porter sur cette droite, à partir de C, une longueur CM' égale à

$$CM' = \frac{1}{2} w\, dt^2.$$

Pour obtenir la direction et la grandeur de la vitesse v au bout du temps dt, c'est-à-dire en M', il suffit de mener, par un point O quelconque de l'espace, une droite OA ayant la direction et le sens de la vitesse v en M et proportionnelle à cette vitesse v, puis, par l'extrémité A de cette droite, une droite AA' ayant la direction et le sens de l'accélération et proportionnelle à $w\,dt$, et enfin de joindre OA'. On a ainsi, en désignant par v et v' les vitesses en M et M'

$$OA = v$$
$$OA' = v'$$
$$AA' = w\,dt.$$

Remarquons que si l'on prolonge CM' d'une quantité M'C' égale à elle-même, et que l'on joigne MC', le triangle MCC' aura deux côtés parallèles et proportionnels aux côtés du triangle OAA'; par suite, les troisièmes côtés seront eux-mêmes parallèles et proportionnels; on aura donc

$$\frac{MC'}{OA'} = dt,$$

$$MC' = v'\,dt;$$

par conséquent, dans le triangle MCC', les trois côtés seront parallèles et proportionnels à la vitesse v, à la vitesse v' et à $w\,dt$.

COMPOSANTES DE L'ACCÉLÉRATION TOTALE. — Lorsqu'au lieu d'être soumis à une seule force, le point mobile est soumis à plusieurs, chacune de ces forces agit indépendamment des autres, et *l'accélération totale* est la résultante des accélérations partielles que lui communiquerait chacune des forces prises isolément. Réciproquement, une force unique peut toujours être décomposée en plusieurs composantes et imprime une accélération égale à la résultante des accélérations que produirait chacune des composantes.

Enfin, si des forces en nombre quelconque agissent sur le mobile, chacune d'elles peut être décomposée suivant trois directions déterminées prises arbitrairement et les composantes suivant chaque direction se composant en une force unique. On n'a plus alors à considérer dans les problèmes que trois forces dirigées suivant ces trois directions.

243. Mouvement par rapport à un point fixe. — Plan de la trajectoire, vitesse et accélération aréolaires. —

Lorsque l'on étudie le mouvement par rapport à un point fixe F (*fig. 137*) de l'espace, on appelle *plan de la trajectoire* en M, le plan passant par le point fixe et par la tangente à la trajectoire en M. Si la trajectoire MM' est une courbe gauche, le plan varie d'un point à l'autre ; l'ensemble de ses positions forme l'ensemble des plans tangents au cône qui a pour sommet ce point fixe et dont la nappe s'appuie sur la trajectoire. Nous étudierons le mouvement de ce plan en admettant que ses déplacements successifs consistent dans des rotations autour du rayon vecteur, c'est-à-dire dans un roulement sans glissement sur la nappe conique.

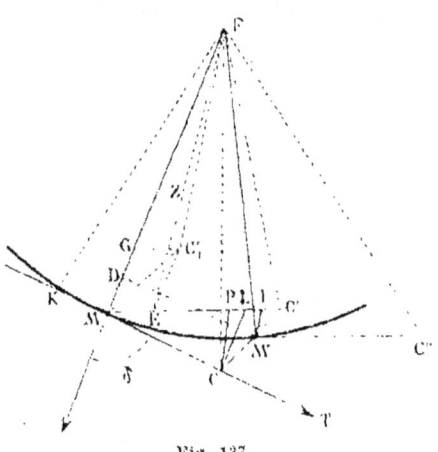

Fig. 137.

On appelle *vitesse aréolaire* la limite du rapport de l'aire décrite par le rayon vecteur à l'intervalle employé pour la décrire. L'aire décrite par le rayon vecteur dans le temps *dt* est un triangle infinitésimal ayant pour base l'arc $ds = MM'$ décrit par le point mobile sur sa trajectoire et pour sommet le point fixe. Si l'on désigne par C le double de la vitesse aréolaire, par h la hauteur du triangle, on aura

$$\frac{C}{2} = \frac{1}{2} \frac{h \cdot ds}{dt},$$

et par suite

$$C = hv;$$

mais, à la limite, h devient la distance du point fixe F à la tangente ; on aura donc

$$C = \frac{FK \times MC}{dt} = \frac{2 \text{ aire FMC}}{dt}.$$

On déduit de là, en appelant δ l'angle formé par la vitesse avec le rayon vecteur R

$$C = v R \sin δ. \tag{1}$$

On appelle *accélération aréolaire* la limite vers laquelle tend le rapport de l'accroissement de la vitesse aréolaire à l'intervalle de temps. Or on a

$$\text{vitesse aréolaire en M ou } \frac{C}{2} = \frac{\text{aire MCF}}{dt},$$

$$\text{vitesse aréolaire en M' ou } \frac{C'}{2} = \frac{\text{aire FM'C''}}{dt},$$

et par suite

$$\frac{1}{2}\frac{dC}{dt} = \frac{C'-C}{2\,dt} = \text{accélération aréolaire} = \frac{\text{aire FM'C''} - \text{aire FMC}}{dt^2}.$$

Mais, en joignant FC' et en remarquant que les triangles FMC' et FM'C'' ont des bases égales et parallèles distantes de M'I et même sommet, on obtient

$$\text{aire FM'C''} = \text{aire FMC'} + \frac{1}{2} MC' \cdot MI,$$

d'où

$$\frac{\text{aire FM'C''} - \text{aire FMC}}{dt^2} = \frac{\text{aire FMC'} - \text{aire FMC}}{dt^2} + \frac{1}{2}\frac{MC'}{dt^2} \cdot MI.$$

Le dernier terme du second membre peut s'écrire

$$\frac{MC'^2}{dt^2} \cdot \frac{M'l}{MC'} \quad \text{ou} \quad v^2 \frac{M'l}{MC'};$$

le second facteur tend vers zéro quand MC' tend vers zéro, par suite la valeur du produit est négligeable devant le premier terme qui a une limite finie. On aura donc

$$\frac{1}{2}\frac{dC}{dt} = \frac{\text{aire FMC}' - \text{aire FMC}}{dt}. \quad (A)$$

COMPOSANTES DE L'ACCÉLÉRATION. — Les directions qu'il convient d'adopter pour l'étude du mouvement par rapport à un point fixe, sont : la direction de la vitesse, celle du rayon vecteur, et la direction perpendiculaire aux deux précédentes et, par suite, au plan de la trajectoire.

Nous appellerons *force* et *accélération radiales* et nous désignerons par f_r et w_r la force et l'accélération dirigées sur le rayon vecteur, le sens positif étant dirigé à l'opposé du point fixe. Nous appellerons *force* et *accélération tangentielles* et nous désignerons par f_t et w_t la force et l'accélération dirigées suivant la tangente, le sens positif étant celui de la vitesse. Nous appellerons *force* et *accélération perpendiculaires* et nous désignerons par f_p et w_p la force et l'accélération perpendiculaires au plan de la trajectoire. Enfin nous réserverons les notations f et w à la force totale et à l'accélération totale qui sont respectivement les résultantes de f_r, f_t, f_p et de w_r, w_t, et w_p.

On aura par suite

$$w = \frac{f}{m}, \quad w_r = \frac{f_r}{m}, \quad w_t = \frac{f_t}{m}, \quad w_p = \frac{f_p}{m}.$$

Si l'on mène CL parallèle au rayon vecteur MF, c'est-à-dire à w_r, les composantes radiales et tangentielles de $CC' = wdt^2$ seront CL et LC' et l'on aura, en remarquant que CL est dirigé dans le sens négatif,

$$CL = -w_r dt^2, \quad LC' = w_t dt^2.$$

244. Expressions des changements d'intensité et de direction de la vitesse, de l'accélération aréolaire, et de la position du plan en fonction des accélérations w_r, w_t et w_p. — Laissons de côté tout d'abord w_p, c'est-à-dire supposons que le mobile ne soit soumis en M (*fig. 137*) qu'à une accélération w_r dirigée suivant le rayon vecteur et à une accélération tangentielle w_t.

ACCÉLÉRATION ARÉOLAIRE. — Menons par le point M la droite MC'_1 égale et parallèle à CC' ou $w\,dt^2$; MC' est la résultante de MC'_1 et de MC, par suite on a, par rapport à un point quelconque F

$$\text{moment de } MC' = \text{moment de } MC'_1 + \text{moment de } MC,$$

d'où

$$\text{moment de } MC' - \text{moment de } MC = \text{moment de } MC'_1,$$

et par conséquent, en remarquant que les moments sont les doubles des aires, et en substituant dans (A)

$$\frac{dC}{dt} = \frac{\text{moment de } MC'_1}{dt^2}.$$

Si enfin on décompose MC'_1 en ses deux composantes radiale et tangentielle

$$MG = CL = -w_r\,dt^2, \qquad ME = LC' = w_t\,dt^2,$$

le moment de MC'_1, égal à celui de ces deux composantes, se réduira au moment de ME, c'est-à-dire au produit de cette quantité par la distance du point fixe à MC' ; par suite, on aura, en désignant par δ l'angle du rayon vecteur et de la vitesse,

$$\frac{dC}{dt} = w_t R \sin(\delta + CMC'),$$

ou, l'angle CMC' étant négligeable devant δ,

$$\frac{dC}{dt} = w_t R \sin\delta. \qquad (2)$$

EXPRESSIONS DES CHANGEMENTS D'INTENSITÉ ET DE DIRECTION DE LA VITESSE. — Décrivons, du point M comme centre, l'arc CP; le segment PC' représentera le produit par dt de l'accroissement de la vitesse en intensité; l'angle CMC' sera le changement $d\alpha$ de direction de cette vitesse dans l'intervalle dt.

L'angle CMC' étant très petit, et les angles en C, en C' et en P du triangle CC'L ayant des grandeurs finies, on peut considérer l'arc CP comme rectiligne et perpendiculaire à MC'; on a alors, en projetant le contour CLC' sur MC' et sur PC,

$$PC' = LC' - CL \cos CLC'$$
$$PC = CL \sin CLC' = MC \sin CMC'.$$

L'angle CLC' est égal à $\delta + d\alpha$; PC' est égal à $dv\,dt$; enfin les valeurs de MC, LC' et CL ont été données plus haut, il viendra donc

$$dv\,dt = w_t dt^2 + w_r \cos(\delta + d\alpha)\,dt^2$$
$$- w_r \sin(\delta + d\alpha)\,dt^2 = v\,dt \sin d\alpha.$$

D'où l'on tire, en négligeant $d\alpha$ devant l'angle fini δ, et en remplaçant $\sin d\alpha$ par $d\alpha$,

$$\frac{dv}{dt} = w_t + w_r \cos \delta \tag{3}$$

$$\frac{v\,d\alpha}{dt} = -w_r \sin \delta. \tag{4}$$

MOUVEMENT ANGULAIRE DU PLAN DE LA TRAJECTOIRE. — Supposons actuellement qu'il existe une composante perpendiculaire w_p. Alors, à l'accélération dans le plan dont nous avons tenu compte sur la figure, il convient d'ajouter l'accélération perpendiculaire; le point M' est donc situé à une distance de ce plan égale à $\frac{1}{2} w_p dt^2$. La courbe MM' est une courbe gauche et le plan de la trajectoire, en roulant sur cette courbe, change de direction.

La figure 137 ne doit plus être considérée que comme la projection de la figure de l'espace sur le plan FMC. Pour obtenir la figure de cette trajectoire dans le plan mobile, il suffirait de faire rouler ce plan sur le cône, de la position FM′C″ à la position FMC. Or, cette rotation infiniment petite rabattrait chacun des points de l'espace sur sa projection ; par suite, la figure 137 peut encore être considérée comme l'image du mouvement dans le plan mobile, et toutes les propriétés démontrées plus haut subsistent dans le cas actuel.

Désignons par $d\beta$ l'angle infiniment petit formé par le plan de la trajectoire en M′ avec celui qui correspond au point M ; pour obtenir cet angle, coupons le cône par un plan normal à FM passant par M′. La trace de ce plan et la projection de la section du cône seront dirigées suivant M′D perpendiculaire à FM.

Représentons la section en vraie grandeur (*fig. 138*) par DM′₁, M′₁ étant le point de la courbe qui se projette en M′. La section DM′₁ peut être considérée comme un arc de cercle infiniment petit, et l'angle $d\beta$ des deux plans est l'angle M′EM′₁ des tangentes à cette section en D et M′₁. Or, on a, dans le triangle M′M′₁E

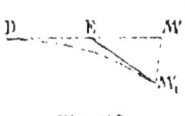

Fig. 138.

$$M'M'_1 = M'_1 E \sin d\beta = M'_1 E \, d\beta,$$

et, en remplaçant M′M′₁ par $\frac{1}{2} w_p dt^2$ et M′₁E par $\frac{1}{2}$ DEM′₁

$$w_p dt^2 = DEM'_1 \, d\beta,$$
$$\frac{d\beta}{dt} \cdot \frac{DEM'_1}{dt} = w_p,$$

ou, en introduisant DM′,

$$\frac{d\beta}{dt} \cdot \frac{DM'}{dt} \cdot \frac{DEM'_1}{DM'} = w_p.$$

A la limite le rapport $\frac{DEM'_1}{DM'}$ a pour valeur l'unité, par suite il vient

$$\frac{d\beta}{dt} \cdot \frac{DM'}{dt} = w_p.$$

On a maintenant, sur la figure 137, dans le triangle DMM' rectangle en D :

$$DM' = MM' \sin FMM',$$

$$\frac{DM'}{dt} = \frac{MM'}{dt} \sin FMM'.$$

La limite de $\frac{MM'}{dt}$ est la vitesse v; celle de l'angle FMM' est $180° - \delta$, on a donc enfin

$$\frac{DM'}{dt} = v \sin \delta,$$

et par suite

$$\frac{d\beta}{dt} \cdot v \sin \delta = w_p. \qquad (5)$$

Les formules (2), (3), (4) et (5) auxquelles nous venons de parvenir sont les seules formules de mécanique dont nous aurons à faire usage dans ce qui suit.

245. Propriétés du mouvement d'un système soumis exclusivement à des forces intérieures. — La vitesse du centre de gravité d'un système de points matériels de masses m, m', m''..... animés respectivement de vitesses v, v', v''..... est la résultante de vitesses égales à $\frac{m}{M} v$, $\frac{m'}{M} v'$..... etc., et respectivement parallèles à v, v'....., M étant la masse totale $m + m' + m''$..... du système.

L'accélération du centre de gravité est la résultante d'accélérations égales à $\frac{m}{M} w$, $\frac{m'}{M} w'$..... et parallèles aux accélérations respectives à w, w'....., des points du système; il se meut donc comme si la masse M y était concentrée et que toutes les forces du système lui fussent appliquées.

Par suite, lorsque le système de points matériels n'est soumis à aucune force ni extérieure, ni intérieure, le centre de gravité est immobile ou animé d'un mouvement rectiligne et uniforme. S'il n'y a que des forces intérieures, le résultat est le même, car les forces intérieures égales et contraires deux à deux ont une résultante nulle lorsqu'elles sont appliquées au même point.

Si l'on projette le mouvement de ce système sur un plan fixe, les accélérations aréolaires, par rapport à un point quelconque de ce plan, des divers points matériels, multipliées par les masses respectives, ont pour valeurs les moments des forces projetées par rapport au centre de gravité. Les forces intérieures étant égales et contraires deux à deux, la somme de leurs moments est nulle, par suite la somme des produits des vitesses aréolaires par ces masses projetées sur un plan quelconque est constante.

Cette somme constante pour un plan fixe varie d'un plan à l'autre; il existe un plan pour lequel elle est maxima, on l'appelle le *plan du maximum des aires*. Ce plan est évidemment le même à tous les instants.

Par suite, lorsqu'un système de points matériels n'est soumis qu'à des forces intérieures, *son centre de gravité est immobile ou animé d'un mouvement rectiligne et uniforme et le plan du maximum des aires est invariable.*

§ 2. — Notions sur quelques propriétés des coniques.

249. Podaires des courbes planes. — On appelle podaire d'une courbe ABD (*fig. 139*), par rapport à un point fixe F, le lieu géométrique A'B' des pieds des perpendiculaires abaissées de ce point sur les tangentes; l'étude de ces courbes présente un intérêt tout particulier lorsque l'on veut les comparer aux sections coniques, car ces dernières ont précisément pour podaires, par rapport aux foyers, le cercle décrit sur le grand axe comme diamètre pour l'ellipse et l'hyperbole, et la tangente au sommet pour la parabole. Nous établirons donc ici quelques propriétés des podaires considérées à un point de vue général.

NORMALE A LA PODAIRE. — La normale $A'aO'$ à la podaire d'une courbe plane en un point A' est la ligne qui joint ce point au milieu a du rayon vecteur FA correspondant. On sait en effet que les tangentes voisines AA' et BB' de la courbe peuvent être considérées comme les prolongements de deux éléments aboutissant en A; par suite, les points A'

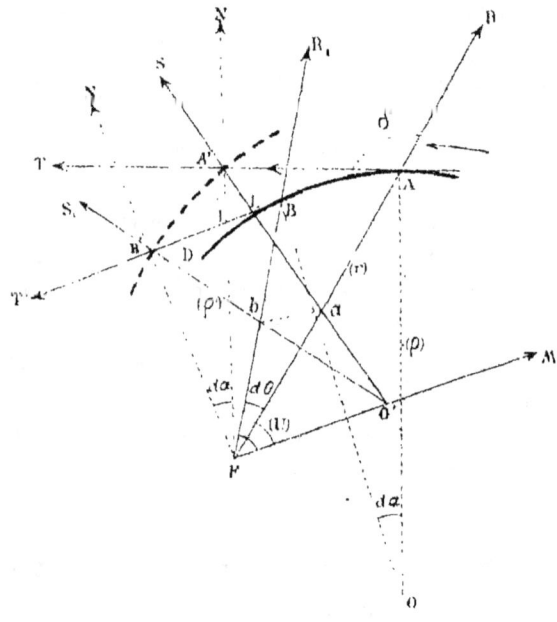

Fig. 130.

et B' sont les sommets de deux triangles rectangles $A'FA$, $B'FA$, ayant l'hypothénuse FA commune. L'arc $A'B'$ appartient donc à la circonférence dont le point a est le centre.

De même, la normale en B' est la droite $B'bO'$ passant par le milieu b du rayon vecteur FB. Enfin le point O' où se rencontrent ces deux normales est le centre de courbure de la podaire.

NOTATIONS. — Avant de continuer, rappelons les notations adoptées plus haut et indiquons les notations nouvelles dont nous aurons besoin.

Pour simplifier les notations des angles, nous désignerons les directions des lignes principales de la figure par les lettres suivantes :

La direction FA par la lettre R,
— FA' — N,
— AA' — T,
— O'A' — S,
— FO' — M,

Nous désignerons par les mêmes lettres affectées de l'indice 1 les directions correspondantes relatives au point B de la courbe. Nous adopterons en outre les notations ci-après :

R Rayon vecteur FA de la courbe,
$d\theta$ Angle AFB, déplacement angulaire du rayon vecteur $= \widehat{RR_1}$,
$d\alpha$ Changement de direction de la tangente $= \widehat{NN_1} = \widehat{TT_1}$,
ds Arc AB de la courbe,
δ Angle du rayon vecteur FA avec la tangente AT $= \widehat{RT}$,
ρ Rayon de courbure de la courbe $=$ AO,
ρ' — — de la podaire $=$ A'O',
U Angle du rayon vecteur R avec la direction du centre de la podaire $=$ O'FA $= \widehat{MR}$,
U' Angle de la direction FO' avec celle de la tangente à la courbe $= \widehat{MT}$,
c Distance FO' du point fixe au centre de courbure O' de la podaire.

Nous compterons tous les angles dans le sens direct ainsi que les variations $d\theta$, $d\alpha$; les rayons de courbure ρ et ρ' seront considérés comme positifs lorsque les centres de courbure O et O' seront du même côté des tangentes que le point fixe F.

RAYON DE COURBURE DE LA PODAIRE. — Les points a et b étant les milieux des rayons vecteurs, les droites B'L et ba sont parallèles, et l'on a

$$\frac{O'B'}{O'b} = \frac{B'L}{ba},$$

PROPRIÉTÉS DES CONIQUES. 401

ou, en remarquant que bB' est égal à bB, moitié de FB, et en affectant de l'indice 1 les éléments correspondant au point B

$$\frac{\rho'_1}{\rho'_1 - \frac{R_1}{2}} = \frac{B'L}{\frac{ds}{2}}.$$

Si les normales A'O' et B'O' se rencontraient de l'autre côté de A'B' par rapport à F, on aurait, en valeur absolue, $O'B' = \rho'$, $O'b = \rho' + \frac{R_1}{2}$; on voit alors en substituant que la formule convient à ce cas en faisant ρ' négatif conformément à nos conventions.

Dans le triangle A'LB' rectangle en A', et dans le triangle A'B'I dont l'angle en I diffère infiniment peu de l'angle droit, on a

$$B'L = \frac{A'B'}{\cos A'B'L}, \qquad A'B' = \frac{B'I}{\cos A'B'L}.$$

On a, par conséquent

$$B'L = \frac{B'I}{\cos^2 A'B'L}.$$

Enfin B'I étant perpendiculaire à FB', on a

$$B'I = FB' \cdot d\alpha = FB \sin\delta \cdot d\alpha = R_1 \sin\delta \cdot d\alpha;$$

or l'angle A'B'L est le complément de BB'O', et ce dernier angle est égal à B'Bb puisque le triangle B'Bb est isoscèle; on a donc $A'B'L = 90° - (180° - \delta_1)$; il vient par suite

$$B'L = \frac{R_1 \sin\delta_1 \, d\alpha}{\sin^2 \delta_1},$$

et, en substituant dans la première relation obtenue et simplifiant

$$\frac{\rho'_1}{2\rho'_1 - R_1} = \frac{R_1 \, d\alpha}{ds \sin\delta_1}.$$

Divisons par $d\alpha$ les deux termes du second membre; remplaçons les quantités ρ'_i, R_i et δ_i par ρ', R et δ qui en diffèrent infiniment peu, et remarquons enfin que, avec la convention adoptée pour les signes de ρ et $d\alpha$, on a $\rho = \dfrac{ds}{d\alpha}$; il vient alors

$$\frac{\rho'}{2\rho' - R} = \frac{R}{\rho \sin \delta},$$

d'où l'on tire

$$\rho' = \frac{R^2}{2R - \rho \sin \delta}, \qquad (6)$$

$$\rho = \frac{R(2\rho' - R)}{\rho' \sin \delta}. \qquad (7)$$

Position du centre de courbure de la podaire. — En projetant le contour FA'O' et sa résultante FO' sur la direction T et sur la direction perpendiculaire AO, on a

$$\overline{FO'} \cos \widehat{TM} = \overline{FA'} \cos \widehat{TN} + \overline{A'O'} \cos \widehat{TS},$$
$$\overline{FO'} \sin \widehat{TM} = \overline{FA'} \sin \widehat{TN} + \overline{A'O'} \sin \widehat{TS}.$$

Mais, on a
$$\widehat{TM} = -\widehat{MT} = -U',$$
$$\widehat{TN} = -\widehat{NT} = -90°,$$

et enfin, le triangle $aA'A$ étant isocèle,

$$\widehat{TS} = -\widehat{SA'T} = -\widehat{A'Aa} = -(180° - \delta).$$

On a en outre, en tenant compte des directions des segments

$$\overline{FO'} = c, \qquad \overline{FA} = R, \qquad \overline{A'O'} = -\rho'.$$

On a donc, en substituant

$$c \cos U' = \rho' \cos \delta,$$
$$c \sin U' = (R - \rho') \sin \delta.$$

En faisant la somme des carrés, on obtient

$$c^2 = \rho'^2 - R(2\rho' - R) \sin^2 \delta,$$

et en introduisant la valeur de ρ tirée de (7)

$$c^2 = \rho'^2 - \rho' \rho \sin^2 \delta;$$

on déduit de là

$$\frac{\rho'^2 - c^2}{\rho'} = \rho \sin^2 \delta = \frac{R(2\rho' - R)\sin^2 \delta}{\rho'}. \quad (\text{B})$$

247. Podaires des sections coniques par rapport à un foyer. — Dans le cas de l'ellipse, ρ et ρ' sont positifs et ρ' est le demi-grand axe a; on a donc, d'après (6)

$$a = \frac{R^2}{2R - \rho \sin \delta}.$$

Dans le cas de l'hyperbole, ρ est positif, ρ' est négatif et par suite égal à $-a$, il vient alors

$$a = \frac{R^2}{\rho \sin \delta - 2R}.$$

Dans le cas de la parabole, le rayon de courbure est infini, car l'on a en tous les points de la courbe

$$\rho \sin \delta = 2R.$$

PARAMÈTRES DES SECTIONS CONIQUES. — Considérons la relation (B)

$$\frac{\rho'^2 - c^2}{\rho'} = \rho \sin^2 \delta = \frac{R(2\rho' - R)}{\rho'} \sin^2 \delta \quad (\text{B})$$

Dans toutes les coniques, ρ' et c sont constants; le premier membre est donc constant; cette quantité représente la valeur du *paramètre* de ces courbes.

Si l'on désigne en effet par b le petit axe et par p le paramètre, on a par définition

$$p = \frac{b^2}{a}.$$

---

1. Le numérateur représente comme l'on sait la puissance du point fixe F par rapport au cercle de rayon ρ' dont le centre O' est à une distance c, c'est-à-dire le produit constant des segments des cordes de ce cercle qui passent par le point F.

Mais $b^2 = a^2 - c^2$, $a^2 = \rho'^2$, il vient donc

$$p = \frac{\rho'^2 - c^2}{\rho'}.$$

On a, par conséquent, dans toutes les coniques dont ρ est le rayon de courbure et ρ' le demi-grand axe

$$p = \rho \sin^2 \delta = \frac{R(2\rho' - R) \sin^2 \delta}{\rho'}. \tag{D}$$

On voit que le paramètre est le rapport au demi-grand axe du produit constant des cordes focales dans le cercle décrit sur le grand axe. On sait que c'est également la valeur de la demi-corde focale de l'ellipse perpendiculaire au grand axe.

248. Coniques tangentes et coniques osculatrices à une courbe donnée. — Lorsque deux courbes sont tangentes en un point A (*fig. 140*) leurs podaires, par rapport à un même

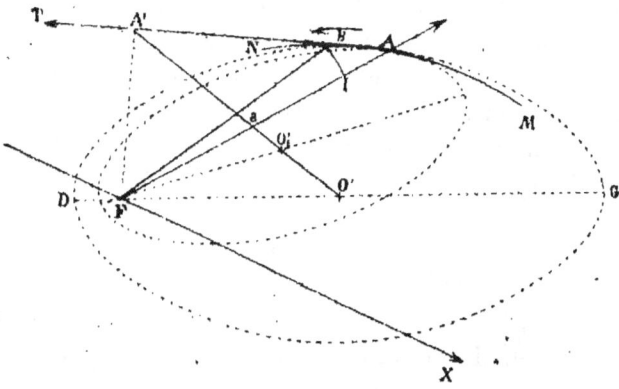

Fig. 140.

point fixe F, sont tangentes en A', car, par la construction qui a été indiquée plus haut, on obtiendra la même normale A'a.

Réciproquement, lorsque deux courbes passant par un

même point A ont les centres de courbure O' et O'₁ de leurs podaires sur une même droite O'O'₁a passant par le milieu du rayon vecteur FA, elles sont tangentes ainsi que leurs podaires. Si en effet on décrit sur FA une demi-circonférence, que l'on prolonge O'a jusqu'à sa rencontre en A', et que l'on joigne A'A, cette droite sera nécessairement tangente aux deux courbes, car toute autre droite menée par A et considérée comme tangente à l'une des courbes donnerait pour la podaire une normale ne passant pas par les points O' et O'₁.

Lorsque les podaires sont osculatrices, c'est-à-dire quand O' et O'₁ coïncident, les deux courbes sont également osculatrices, elles ont en effet d'après (6) même rayon de courbure ρ.

La réciproque est également vraie, car, si ρ' est le même pour les deux podaires, ρ est le même pour les deux courbes.

Cela établi, considérons une courbe MAN. Soit O' le centre de courbure de sa podaire, et O'₁ un autre point de O'a. La conique ayant pour centre O'₁, pour foyer F et passant par le point A sera tangente à la proposée en ce point.

Si l'on fait varier O' sur la droite O'aA', on obtiendra des ellipses intérieures ou extérieures à MAN, et si l'on prend O'₁ en O' on aura la *conique osculatrice*.

Dans tous les cas, le paramètre de la conique tangente a pour valeur, en fonction du rayon vecteur R et du demi-grand axe ρ',

$$p = \frac{\rho'^2 - c^2}{\rho'} = \frac{R(2\rho' - R)\sin^2\delta}{\rho'}, \qquad (8)$$

et en fonction de son propre rayon de courbure ρ au point de contact

$$p = \rho \sin^2\delta. \qquad (9)$$

Si elle est osculatrice, ρ est égal au rayon de courbure de la courbe.

§ 3. — Conséquence des lois de Képler. Réciproque de ces lois.

249. Résumé des formules établies aux deux paragraphes précédents. — Avec les notations résumées page 400, rappelons les suivantes :

w, w_r, w_t, w_p Accélération totale, composantes radiale, tangentielle, perpendiculaire ;

$\dfrac{d\beta}{dt}$ Vitesse angulaire de rotation du plan de l'orbite ;

C Double de la vitesse aréolaire ;
v Vitesse linéaire du mobile ;
p Paramètre d'une section conique ;

ainsi que les formules établies aux deux paragraphes précédents :

$$C = v R \sin \delta, \qquad (1)$$

$$\frac{dC}{dt} = w_t R \sin \delta, \qquad (2)$$

$$\frac{dv}{dt} = w_t + w_r \cos \delta, \qquad (3)$$

$$v \frac{d\alpha}{dt} = - w_r \sin \delta, \qquad (4)$$

$$\frac{d\beta}{dt} = \frac{w_p}{v \sin \delta} = \frac{C}{R} w_p, \qquad (5)$$

$$\rho' = \frac{R^2}{2R - \rho \sin \delta}, \qquad (6)$$

$$\rho = \frac{R(2\rho' - R)}{\rho' \sin \delta} \qquad (7)$$

$$\rho' p = R(2\rho' - R) \sin^2 \delta \qquad (8)$$

$$p = \rho \sin^3 \delta \qquad (9)$$

La formule (8) donne le paramètre de la conique, de demi-grand axe ρ' arbitraire, tangente à la courbe ; la formule (9) celui de la conique osculatrice à la courbe dont ρ est le rayon de courbure.

250. Éléments de la conique osculatrice à la trajectoire d'un point mobile en fonction des éléments du mouvement. — Soit MAN (*fig. 140*) la trajectoire d'un point mobile. Pour obtenir les éléments ρ' et p en fonction des éléments du mouvement, il suffit de remplacer, dans les expressions (6) et (9), le rayon de courbure de la courbe par sa valeur. Or on a

$$\rho = \frac{ds}{d\alpha} = \frac{v}{\frac{d\alpha}{dt}}$$

et par suite, d'après (4)

$$\rho = \frac{-v^2}{w_r \sin \delta};$$

en substituant dans (6) et (9) on obtient

$$\rho' = \frac{w_r R^2}{2 w_r R + v^2}, \qquad (10)$$

$$p = \frac{-v^2 \sin^2 \delta}{w_r} = -\frac{v^2 R^2 \sin^2 \delta}{w_r R^2},$$

et, d'après (1),

$$p = -\frac{C^2}{w_r R^2}. \qquad (11)$$

251. Conséquences des lois de Képler. — Considérons maintenant les différents résultats auxquels a conduit l'observation des planètes.

1° *L'orbite d'une planète est une courbe plane.* — Le mouvement angulaire $\frac{d\beta}{dt}$ est nul, et il résulte de la formule (5) que l'accélération n'a aucune composante w_p perpendiculaire au plan de l'orbite. L'accélération totale est donc toujours dirigée dans ce plan.

2° *La vitesse aréolaire du rayon vecteur est constante.* — Alors

C'est une constante, et l'accélération aréolaire est nulle; la formule (2) montre que l'accélération tangentielle w_t est nulle.

3° *L'orbite est une ellipse dont le Soleil occupe un foyer.* — La courbe étant une ellipse, sa conique osculatrice est invariable, donc p est constant, et comme C est également constant, $w_r R^2$ est constant et négatif (11); donc l'accélération est inversement proportionnelle au carré de la distance et toujours dirigé vers le centre du Soleil.

Le demi-grand axe ρ' est nécessairement constant; il résulte de là que le dénominateur de (10) est constant quand $w_r R^2$ l'est. On peut d'ailleurs s'en assurer directement; désignons en effet par $-j$ la valeur de $w_r R^2$, l'expression (10) devient

$$\rho' = \frac{j}{\dfrac{2j}{R} - v^2}.$$

On obtient en différentiant le dénominateur

$$-\frac{2j}{R^2}\frac{dR}{dt} - 2v\frac{dv}{dt}.$$

Mais la figure 140 donne

$$dR = -ds \cos \mathrm{BAF} \qquad \text{d'où} \qquad \frac{dR}{dt} = +v \cos \delta.$$

La formule (3) donne, en faisant $w_t = 0$ et en remplaçant w_r par $-\dfrac{j}{R^2}$

$$\frac{dv}{dt} = -\frac{j}{R^2} \cos \delta;$$

en substituant dans la variation du dénominateur, on obtient un résultat nul, donc le dénominateur est bien constant.

4° *Pour des planètes différentes, les vitesses aréolaires sont proportionnelles aux racines carrées des paramètres des orbites.*

— Par conséquent, pour des planètes quelconques, la quantité

$$\frac{C}{\sqrt{p}}$$

est une constante; donc, d'après (11), la quantité $w_r R^2$ est constante *d'une planète à l'autre* dans le système solaire.

Si l'on désigne par $-j$ l'accélération que subirait une planète à la distance 1 du Soleil, on aura

$$-w_r R^2 = j \times 1 = j ;$$

par suite, pour une planète quelconque à une distance R, l'accélération est

$$w_r = \frac{-j}{R^2}.$$

Le Soleil imprime donc à *toutes les planètes* des accélérations inversement proportionnelles aux carrés de leurs distances à cet astre.

252. Réciproque des lois de Képler. — Supposons actuellement que, réciproquement, une planète subisse de la part d'un point fixe une attraction inversement proportionnelle au carré de la distance, c'est-à-dire que l'on ait $w_r R^2 = -j$, j étant une constante.

1° *L'orbite sera plane et la loi des aires sera vérifiée.* — Car w_t et w_p étant nuls, $\frac{d\beta}{dt}$ (5) et $\frac{dC}{dt}$ (2) le seront également.

2° *L'orbite sera une section conique dont le centre d'attraction sera un foyer.* — Pour cela, il suffit de démontrer que la podaire est un cercle, et par suite que ρ' est constant. Or le numérateur de ρ' dans (10) est constant, et nous venons de voir que lorsque w_t était nul et wR^2 constant, le dénominateur l'était également, donc ρ' sera bien constant.

4° *La conique pourra être une ellipse, une parabole ou une hyperbole.* — On a vu en effet que la conique affectait ces trois formes suivant que ρ' était positif, infini ou négatif; la valeur de w_r étant négative par hypothèse, l'expression (10) montre que la courbe sera :

1° une ellipse si $v^2 < -2m_r R$ ou $+\dfrac{2j}{R}$

2° une parabole si $v^2 = +\dfrac{2j}{R}$

3° une hyperbole si $v^2 > +\dfrac{2j}{R}$.

5° *Enfin les vitesses aréolaires de divers corps, soumis à la même attraction, seront proportionnelles aux racines carrées des paramètres des orbites.* — On aura en effet, d'après (11),

$$p = \frac{C^2}{j} \qquad \text{d'où} \qquad \frac{C}{\sqrt{p}} = \sqrt{j}.$$

§ 4. — Gravitation universelle.

253. — Il résulte de ce que nous venons de voir que le Soleil imprime à chaque planète une accélération inversement proportionnelle au carré de la distance à laquelle elle se trouve.

Les mêmes lois se vérifient dans les systèmes de *Saturne* et de *Jupiter*. On peut donc conclure de là que les deux planètes jouissent de la même propriété que le Soleil. Toutefois l'accélération j imprimée à l'unité de distance n'est pas la même pour les trois corps, car la valeur de

$$j = \frac{C^2}{p}$$

varie de l'un à l'autre.

Enfin, nous savons que la Terre imprime à la Lune, son satellite, une accélération dirigée vers son centre ; si elle jouit de la même propriété que le Soleil, Saturne et Jupiter, elle imprimera à un corps placé à l'unité de distance une accélération

$$j = \frac{C^2}{p}.$$

Or, nous constatons que la Terre imprime aux corps pesants placés à sa surface une accélération $g = 9^m,81$ par seconde[1], dirigée également vers son centre ; si cette propriété n'est qu'une manifestation de la propriété générale énoncée plus haut, on aura en appelant r le rayon de la Terre

$$gr^2 = j = \frac{C^2}{p}$$

d'où

$$g = \frac{C^2}{pr^2}$$

Cette vérification est aisée à faire ; on a en effet

$$C = \frac{2\pi ab}{T}, \qquad p = \frac{b^2}{a}$$

d'où, en substituant

$$g = \frac{4\pi^2 a^3}{T^2 r^2}.$$

En remplaçant a par 60,264 et T par $27^j 7^h 43^m 11^s$ ou 2 360 591 secondes, il vient

$$g = \frac{4 . \pi^2 . (60,264)^3 r}{(2 360 591)^2}$$

Enfin, pour trouver g en mètres, il faut remplacer r par 6 378 393 mètres, valeur du rayon équatorial.

On obtient ainsi

$$g = 9,88 \,(^2).$$

---

1. Cette valeur devrait être dégagée de l'influence de la rotation de la Terre, mais nous n'avons en vue ici que la simple justification d'une hypothèse, il est donc inutile de chercher une précision extrême.

(2) Nous verrons plus loin que ce résultat doit être corrigé par la soustraction de $\frac{1}{810}$ de sa valeur ; de plus, pour tenir compte de l'attraction perturbatrice exercée par le Soleil, il faut l'augmenter de $\frac{1}{3570}$. Ces deux corrections faites, le calcul exact donne 9,7965, la valeur de g réduite de la force centrifuge de la Terre est 9,798. La différence entre ces résultats est de l'ordre des incertitudes des données numériques du calcul. (Faye, *Astronomie*.)

Cette vérification peut être considérée comme satisfaisante si l'on remarque que l'on ne tient compte que des éléments principaux du problème.

Il résulte de là que le Soleil, Jupiter, Saturne et la Terre, impriment à tous les corps que nous trouvons placés en leur présence des accélérations dirigées vers leurs centres et inversement proportionnelles aux carrés des distances.

Remarquons actuellement que si une planète ou un satellite de masse m reçoit une accélération w, c'est qu'elle est soumise à une force ayant pour intensité

$$m w \quad \text{ou} \quad \frac{mj}{R^2}.$$

Nous en concluons donc que le Soleil, Jupiter, Saturne et la Terre exercent sur tout corps de masse m placé en leur présence des attractions respectivement égales à

$$\frac{mj}{R^2}, \quad \frac{mj'}{R^2}, \quad \frac{mj''}{R^2}, \quad \frac{mj'''}{R^2}.$$

Or il est vraisemblable que l'action d'une planète ne doit pas se borner à ses satellites; Jupiter doit donc imprimer aussi au Soleil une accélération égale à

$$\frac{j'}{R^2};$$

et, si l'on désigne par M la masse du Soleil, l'attraction que Jupiter exerce sur cet astre a pour valeur

$$\frac{Mj'}{R^2}.$$

Ainsi, le Soleil exerce sur Jupiter une attraction qui, en désignant par m' la masse de la planète, a pour valeur :

$$\frac{m'j}{R^2},$$

et Jupiter exerce sur le Soleil une attraction égale à

$$\frac{Mj'}{R^2};$$

en vertu du principe, posé par Newton, de l'égalité de l'action à la réaction, on doit avoir

$$\frac{Mj'}{R^2} = \frac{m'j}{R^2}.$$

d'où

$$Mj' = mj$$

et par suite

$$\frac{j}{M} = \frac{j'}{m'}.$$

En désignant par J la valeur commune de ces rapports, il vient :

$$j = JM, \qquad j' = Jm',$$

et l'on obtient enfin pour expressions des attractions réciproques exercées par ces deux corps à la distance R

$$\frac{Mj'}{R^2} = \frac{m'j}{R^2} = \frac{m'M}{R^2}J.$$

Par suite, ces deux corps exercent l'un sur l'autre des attractions réciproques proportionnelles à leurs masses et inversement proportionnelles aux carrés de leurs distances.

En raisonnant de la même manière, on trouverait le même résultat pour Saturne et la Terre.

Il est permis d'induire de là que l'on se trouve en présence d'une propriété générale de la matière que Newton a formulée ainsi :

Deux particules quelconques de matière exercent l'une sur l'autre des attractions réciproques proportionnelles à leurs masses et inversement proportionnelles au carré de leurs distances.

Tel est le principe de la **Gravitation universelle**.

Ce principe est la plus belle conquête scientifique de l'esprit humain. L'objectif de la science est en effet de découvrir les rapports des phénomènes entre eux, et d'en formuler les lois. Le principe de la gravitation universelle résume dans une formule unique d'une admirable simplicité, les lois des mouvements des planètes autour du Soleil, des satellites autour des planètes, des projectiles lancés sur la Terre. Et son application exclusive au calcul suffit pour prédire avec une précision parfaite les positions des astres dans l'univers pour des périodes d'une longueur aussi grande qu'on pourra l'imaginer. Une fois ce principe posé, les solutions des problèmes de l'astronomie ont été réduites à de pures questions de calcul; elles ne rencontrent pas d'autres difficultés que celles qui résultent des imperfections de l'analyse mathématique.

CHAPITRE XVIII

CONSÉQUENCES DU PRINCIPE DE LA GRAVITATION UNIVERSELLE. — ATTRACTION DES SPHÉROÏDES. — MOUVEMENT DE DEUX CORPS ISOLÉS DANS L'ESPACE. — MASSES DES PLANÈTES ACCOMPAGNÉES DE SATELLITES. — DENSITÉS DES PLANÈTES.

§ 1er. — Conséquences du principe de la gravitation universelle. — Attraction des sphéroïdes.

254. — Il résulte du principe de la gravitation universelle que la propriété attractive réside dans les dernières parcelles de chaque masse ; par conséquent, nous ne pouvons plus en toute rigueur supposer les corps célestes réduits à leur centre.

D'un autre côté, il n'existe plus, comme nous l'avons supposé plus haut dans le cas de deux corps, un centre attractif fixe et un astre attiré ; l'astre attirant et l'astre attiré sont l'un et l'autre en mouvement dans l'espace sous l'influence de leurs attractions mutuelles.

Enfin, dans le système solaire, le système composé par une planète et le Soleil ne peut plus être considéré isolément, car les deux corps subissent à tout instant les actions des autres corps célestes.

Nous allons examiner successivement les trois points que nous venons d'indiquer.

255. Définition et propriété du potentiel. — Soit A (*fig. 141*) un point matériel de masse m ; on appelle *potentiel* de la masse m, en un point O, situé à une distance R, le quotient

$$\frac{m}{R} = V.$$

416 MÉCANIQUE CÉLESTE.

La composante, suivant une direction OI quelconque, de l'attraction exercée par la masse m sur une masse unité placée en O, a pour valeur la dérivée du potentiel par rapport au déplacement $OB = ds$ suivant cette direction. On a en effet

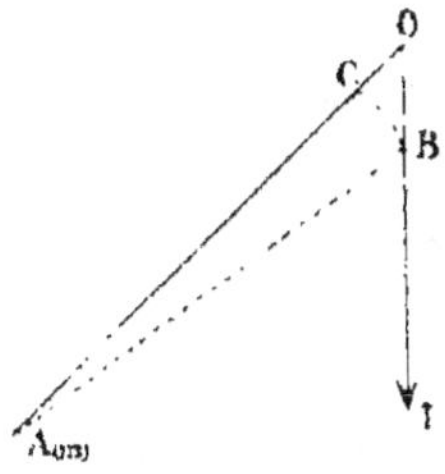

$$dV = -\frac{m}{R^2} dR;$$

divisant par $OB = ds$, il vient

$$\frac{dV}{ds} = -\frac{m}{R^2} \cdot \frac{dR}{ds} = -\frac{m}{R^2}\left(\frac{-OC}{OB}\right)$$

$$\frac{dV}{ds} = \frac{m}{R^2} \cos AOI.$$

Fig. 141.

Cette expression représente bien la composante suivant OI de l'attraction exercée au point O.

POTENTIEL D'UN SYSTÈME. — Le potentiel d'un système quelconque de masses en un point O est la somme des potentiels des masses partielles

$$V = \Sigma \frac{m}{R}.$$

Il est clair que l'attraction du système suivant une direction OI quelconque est encore égale à $\frac{dV}{ds}$, l'élément ds étant pris sur OI.

256. Attraction des couches sphériques infiniment minces.
— *L'attraction d'une couche sphérique homogène infiniment mince, sur un point situé à l'intérieur, est nulle.* — Considérons en effet une couche sphérique homogène (*fig. 142*) dont la masse par unité de volume soit μ, soit e son épaisseur infiniment petite.

Par un point O situé à l'intérieur, faisons passer un cône infiniment petit; l'épaisseur de la couche dans le cône sera aux deux extrémités

$$\frac{e}{\cos CAO} = \frac{e}{\cos CBO};$$

si l'on désigne par $d\sigma$ et $d\sigma'$ les surfaces détachées sur la sphère extérieure par le cône, les volumes compris à l'intérieur seront

$$\frac{d\sigma \cdot e}{\cos \mathrm{CAO}}, \quad \frac{d\sigma' e}{\cos \mathrm{CAO}};$$

et les attractions exercées par les deux masses sur le point O seront

$$\frac{\mu \cdot d\sigma \cdot e}{\overline{\mathrm{OA}}^2 \cos \mathrm{CAO}}, \quad \frac{\mu \cdot d\sigma' \cdot e}{\overline{\mathrm{OB}}^2 \cos \mathrm{CAO}}.$$

Mais les sections $d\sigma$ et $d\sigma'$ sont antiparallèles, elles sont

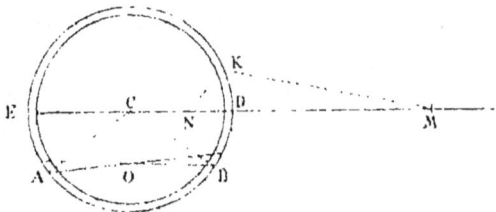

Fig. 141.

donc semblables et proportionnelles aux carrés des distances, on a donc

$$\frac{d\sigma}{\overline{\mathrm{OA}}^2} = \frac{d\sigma'}{\overline{\mathrm{OB}}^2}.$$

Les deux attractions sont donc égales et contraires, et leur résultante est nulle.

En procédant de la même manière pour tous les cônes ayant leurs sommets en O, on obtiendra le même résultat; par conséquent, l'attraction de la couche entière sur le point O est nulle.

POTENTIEL A L'INTÉRIEUR D'UNE COUCHE SPHÉRIQUE HOMOGÈNE INFINIMENT MINCE. — L'attraction étant nulle pour tous les points de l'intérieur, la variation du potentiel est nulle d'un point à l'autre. Le potentiel est donc constant et sa valeur en tous les points est la même qu'au centre C de la couche; elle est donc égale à la masse de la couche divisée par le rayon

$$V = \frac{4\pi R^2 \cdot e \cdot \mu}{R} = 4\pi R e \cdot \mu.$$

POTENTIEL ET ATTRACTION D'UNE COUCHE HOMOGÈNE EN UN POINT SITUÉ A L'EXTÉRIEUR. — On sait que la sphère est le lieu géométrique des points tels que le rapport de leurs distances à deux points donnés soit constant. Soit M le point extérieur dont nous cherchons le potentiel et N le point conjugué de M, c'est-à-dire le point tel que l'on ait

$$\frac{EN}{EM} = \frac{DN}{DM} = \frac{EN + DN}{EM + DM} = \frac{2R}{2MC}.$$

Considérons un point K de la couche et soit m une masse située en ce point; ses potentiels en N et en M seront

$$\frac{m}{KN}, \quad \frac{m}{KM}.$$

Quel que soit le point K, le rapport de ces deux potentiels sera égal au rapport constant des distances KM et KN; par suite, la somme étendue à tous ces points de la sphère sera dans le même rapport et l'on aura, en désignant respectivement par V_m et V_n les potentiels aux points M et N,

$$\frac{V_m}{V_n} = \frac{KN}{KM} = \frac{2R}{2MC}$$

d'où l'on tire

$$V_m = V_n \cdot \frac{R}{MC}.$$

Or on a trouvé pour valeur constante de V_n l'expression $4\pi R e \mu$, par suite on aura

$$V_m = \frac{4\pi R^2 \cdot e \cdot \mu}{MC}.$$

Le numérateur représente la masse totale de la couche, on a donc, en désignant cette masse par M

$$V = \frac{M}{MC}.$$

Le potentiel en un point extérieur est donc le même que si toute la masse de la couche sphérique était condensée en son centre; par suite:

L'attraction d'une couche sphérique homogène infiniment mince sur un point extérieur est la même que si toute la masse était condensée en son centre.

257. Attraction des sphères formées de couches homogènes concentriques. — 1° Sur un point extérieur. — L'attraction des couches concentriques étant la même que si elles étaient condensées au centre, l'attraction totale sera la même que si toute la masse de la sphère était concentrée en ce point.

2° Sur un point intérieur. — L'attraction des couches extérieures au point considéré étant nulle, l'attraction totale se réduit à l'attraction de la partie intérieure qui agit comme si elle était réduite à son centre.

Si la sphère était homogène, l'attraction serait proportionnelle à la distance; on aurait en effet pour le volume de la sphère intérieure de rayon r

$$\frac{4}{3} \pi r^3,$$

pour la masse

$$\frac{4}{3} \pi . r^3 . \mu,$$

et pour l'attraction

$$\frac{4}{3} \frac{\pi r^3 \mu}{r^2} = \frac{4}{3} \pi r \mu.$$

258. Forme d'équilibre d'un sphéroïde tournant sur lui-même. — Une masse liquide, en état d'équilibre, doit avoir sa surface libre normale en tout point à la résultante des forces qui sollicitent la molécule située en ce point ; on conçoit en effet que s'il n'en était pas ainsi, cette molécule glisserait sur la surface.

Lorsque la masse est immobile, elle prend spontanément, sous l'influence des attractions mutuelles de ses parties, la forme sphérique.

Lorsque le mouvement est suffisamment faible, la forme est sensiblement celle d'une sphère ; mais les forces développées dans le mouvement viennent se combiner avec la gravité dirigée vers le centre et en altèrent légèrement la direction, par suite, le sphéroïde est déformé.

Ce problème de la forme d'équilibre d'un sphéroïde tournant sur lui-même est trop compliqué pour que nous puissions donner ici une idée des méthodes par lesquelles on peut arriver à sa solution. Nous pouvons faire remarquer cependant que ce sphéroïde doit prendre spontanément une forme aplatie au pôle et renflée à l'équateur, par suite de la force centrifuge qui est produite par la rotation, et d'autant plus forte que les points sont situés plus loin de l'axe du mouvement.

On démontre que la forme de l'ellipsoïde de révolution convient à l'équilibre.

L'étude de la forme que prend spontanément une masse fluide animée d'un mouvement de rotation rapide a été faite également à l'occasion de l'anneau de Saturne.

Enfin il convient de citer ici les expériences ingénieuses dues à M. Plateau[1] sur les formes d'équilibre que prennent les masses liquides soustraites à l'action de la pesanteur. M. Plateau employa un mélange d'alcool et d'eau en proportions telles que la densité était celle de l'huile d'olive, et, par un dispositif qu'il est impossible de décrire ici, il donna à une petite masse d'huile plongée dans ce mélange un mou-

---

[1] Mémoire sur les phénomènes que présente une masse liquide libre et soustraite à l'action de la pesanteur.

vement de rotation de plus en plus rapide. L'huile soustraite ainsi à l'action de la pesanteur prend la forme d'équilibre résultant de l'attraction mutuelle de ses parties combinée avec les forces centrifuges développées par la rotation. D'abord sphérique, elle commence par s'aplatir vers les pôles, puis, à mesure que la rotation s'accélère, elle s'aplatit davantage, puis bientôt elle se creuse vers les pôles en s'élargissant de plus en plus et finit par se transformer en un anneau circulaire analogue à l'anneau de Saturne.

§ 2. — Mouvement de deux corps isolés dans l'espace.

259. — Considérons actuellement deux corps A et A' (*fig. 143*) de masses m et m', s'attirant réciproquement suivant la

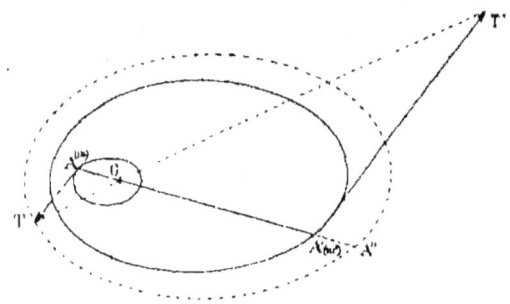

Fig. 143.

loi Newtonienne, et étudions les lois de leurs mouvements simultanés dans l'espace.

On sait que les forces intérieures d'un système n'ont aucune action sur le mouvement du centre de gravité G ; par suite, ce point sera immobile ou animé d'un mouvement rectiligne et uniforme ; mais, comme l'on peut étudier ce mouvement par rapport à des axes animés d'un mouvement de translation uniforme sans rien changer aux forces qui sollicitent les points du système, nous pouvons supposer le point G immobile. Alors les distances à ce point fixe seront à tout instant telles que l'on ait

$$m \cdot GA = m' \cdot GA'$$

et les vitesses seront parallèles et dans le même rapport que ces distances, c'est-à-dire que l'on aura

$$mv = m'v'.$$

Les trajectoires des points A et A' seront donc homothétiques par rapport au point G.

260. Mouvement par rapport au centre de gravité commun. — Nous pouvons nous borner à considérer le point A' puisque les deux trajectoires sont homothétiques.

1° *La loi des aires sera vérifiée dans le mouvement.* — Il est clair en effet que l'attraction du point A sur A' passe toujours par le point G.

2° *Le mobile décrira une section conique dont le point G sera un foyer.* — Pour cela, il suffit de montrer que l'attraction subie par le point A' sera inversement proportionnelle au carré de la distance au point G. Or, en désignant par J l'attraction de l'unité de masse à l'unité de distance, l'attraction de A sur A' a pour valeur

$$\frac{J \cdot mm'}{A'A^2}.$$

Mais on a

$$m \cdot GA = m'GA',$$

d'où l'on tire

$$\frac{m}{GA'} = \frac{m'}{GA} = \frac{m+m'}{AA'},$$

d'où encore

$$AA' = \frac{m+m'}{m} \cdot GA'$$

En substituant dans l'expression de l'attraction, il vient

$$J\frac{mm'.m^2}{(m+m')^2.\overline{GA'}^2};$$

cette quantité est bien inversement proportionnelle à $\overline{GA'}^2$.

261. Mouvement relatif du corps A' par rapport au corps A. — Pour obtenir la trajectoire relative de A' par rapport à A supposé immobile en G, il suffit évidemment de prolonger GA' d'une quantité égale à GA dans toutes les positions de A'.

On aura ainsi

$$GA'' = GA' + GA = AA'.$$

Mais on a vu plus haut que AA' et GA' était dans un rapport constant, il en sera de même de GA'' et de GA ; par suite la trajectoire relative sera une ellipse dont le point A occupera un foyer.

Le mouvement relatif s'effectuera suivant les mêmes lois que le mouvement vrai ; toutefois la force apparente qui produirait ce mouvement sera différente de la force vraie. Les mouvements des points A' et A'' étant en effet semblables, les accélérations seront proportionnelles à GA' et GA''.

On aura donc, en désignant ces accélérations par w' et w'',

$$\frac{w''}{w'} = \frac{GA''}{GA'},$$

et en multipliant au numérateur et au dénominateur par m' pour obtenir les forces qui donnent au corps de masse m' ces accélérations

$$\frac{m'w''}{m'w'} = \frac{GA''}{GA'}.$$

Mais nous avons trouvé plus haut

$$m'w' = \frac{Jmm'}{\overline{AA'}^2}, \qquad \frac{GA''}{GA'} = \frac{AA'}{GA'} = \frac{m+m'}{m}$$

il vient donc, en substituant,

$$m'w'' = \frac{Jm'(m+m')}{AA'^2}.$$

Cette quantité est la valeur de la force qui donnerait au corps A' le mouvement relatif dont il paraît animé; on voit que ce n'est plus l'accélération $\frac{Jm}{R^2}$ que le corps A' reçoit à la distance R, mais l'accélération

$$\frac{J(m+m')}{R^2}.$$

262. Étude directe du mouvement relatif. — On arrive plus rapidement aux résultats qui précèdent par l'application de ce principe de mécanique que, pour étudier le mouvement d'un point matériel de masse m' par rapport à des axes de directions constantes passant par une origine mobile, il suffit d'ajouter aux forces qui sollicitent le point des forces égales et contraires à celles qui lui donneraient l'accélération dont est animée l'origine des axes.

Or, si l'on rapporte le mouvement au centre du corps A, l'accélération de l'origine est égale au quotient de la force $\frac{Jmm'}{R^2}$ par la masse m, c'est-à-dire à

$$\frac{Jm'}{R^2};$$

et dirigée suivant AA'. La force qui donnerait au corps A' cette accélération est égale au produit de cette quantité par m', c'est-à-dire à

$$\frac{Jm'^2}{R^2}$$

il faut donc ajouter à la force réelle $\frac{Jmm'}{R^2}$ qui sollicite A' vers A, une force égale et contraire à la précédente, c'est-à-dire dirigée également vers A ; par suite, il faut prendre pour force apparente dans l'étude du mouvement relatif

$$\frac{Jmm'}{R^2} + \frac{Jm'^2}{R^2} = \frac{Jm'(m+m')}{R^2}.$$

Cette expression montre que l'attraction dans le mouvement relatif est inversement proportionnelle au carré de la distance ; par suite le mouvement s'effectue conformément aux lois de Képler.

Toutefois, *dans ce mouvement relatif*, l'accélération imprimée par le corps de masse m au corps de masse m' à l'unité de distance, n'est plus, comme le suppose la troisième loi de Képler, indépendante de m', elle a pour valeur en effet

$$J(m+m') \text{ au lieu de } Jm.$$

Dans le système solaire, la différence est très faible, car on a

$$J(m+m') = Jm\left(1 + \frac{m'}{m}\right)$$

et le rapport $\dfrac{m'}{m}$, m étant la masse du Soleil, est très faible pour toutes les planètes.

Dans le système formé par la Lune et la Terre, ce rapport est $\dfrac{1}{81}$; il n'est donc pas négligeable.

263. Modifications à faire subir aux formules qui donnent les éléments de l'orbite. — Nous avions trouvé pour expression du demi-grand axe et du paramètre de l'orbite elliptique

$$a = \frac{wR^2}{2wR + v^2}, \qquad p = \frac{C^2}{wR^2}$$

et nous avions remplacé wR^2 par j, accélération imprimée par la masse du corps attirant à l'unité de distance sur l'unité des masses. Nous venons de voir que wR^2 est encore une constante pour une planète déterminée, mais qu'elle a pour valeur, non plus Jm, mais $J(m+m')$; nous aurons donc

$$a = \frac{J(m+m')}{\frac{2J(m+m')}{R} - v^2}, \qquad p = \frac{C^2}{J(m+m')}$$

Les formules

$$a = \frac{j}{\frac{2j}{R} - v^2}, \qquad p = \frac{C^2}{j}$$

resteront encore vraies, mais à la condition que l'on remplace j par la valeur que nous venons d'indiquer et qui varie avec chaque corps pour un même astre attirant.

264. Remarque relative à la troisième loi de Képler. — Les planètes réagissent toutes sur le Soleil, et réagissent les unes sur les autres; mais si l'on imaginait que subitement on vînt à supprimer toutes les planètes à l'exception d'une seule, celle-ci décrirait autour du Soleil une certaine orbite dont le paramètre et la vitesse aréolaire satisferaient à la relation

$$p = \frac{C^2}{J(m+m')}.$$

On aura donc

$$\frac{C}{\sqrt{p}} = \sqrt{J(m+m')}.$$

Nous avons trouvé précédemment que l'on avait (page 333)

$$\frac{C^2}{p} = \frac{4\pi^2 a^3}{T^2} = n^2 a^3;$$

il viendra, par suite,

$$\frac{C}{\sqrt{p}} = na^{\frac{3}{2}} = 2\pi\sqrt{\frac{a^3}{T^2}} = \sqrt{J(m+m')}.$$

MOUVEMENT DE DEUX CORPS. 427

Ces égalités montrent que les quantités $\dfrac{C}{\sqrt{\rho}}$, $na^{\frac{3}{2}}$ et $\dfrac{a^3}{T^2}$ ne seraient pas les mêmes pour toutes les planètes dans les mouvements idéaux que nous venons d'indiquer[1]. Toutefois les masses m' étant très petites, le dernier membre diffère très peu de $\sqrt{J m}$.

Cette remarque offre une grande importance, bien que les mouvements idéaux auxquels elle se rapporte ne puissent pas exister ; nous allons voir en effet bientôt que l'on considère toujours les planètes comme décrivant des orbites idéales de ce genre, mais dont la grandeur et la position varient sans cesse dans l'espace sous l'influence des actions perturbatrices des autres corps célestes.

265. Masses des planètes accompagnées de satellites. — Si les accélérations des planètes et des satellites étaient proportionnelles aux masses du corps attirant, on pourrait, du

---

[1]. Dans le calcul que nous avons fait (page 411) pour vérifier la loi de la gravitation, nous avons supposé que les accélérations imprimées par la Terre à un corps et à la Lune étaient indépendantes de la masse des corps et de la Lune. On voit que le raisonnement doit être rectifié ainsi :

Les accélérations imprimées par la Terre à des corps de masse m' et m'' à des distances R' et R'' sont

$$\frac{J(m+m')}{R'^2}, \qquad \frac{J(m+m'')}{R''^2}.$$

Les corps à la surface de la Terre ont une masse négligeable par rapport à m ; par suite on a, en faisant $m'' = 0$, $R'' = r$,

$$g = \frac{J m}{r^2}$$

Pour la Lune on a

$$J(m+m') = \frac{4\pi^2 R^3}{T^2},$$

il viendra donc

$$g = \frac{4\pi^2 R^3}{T^2 r^2} \cdot \frac{m}{m+m'} = \frac{4\pi^2 R^3}{T^2} \left(\frac{1}{1+\dfrac{m'}{m}} \right),$$

ou sensiblement $\dfrac{4\pi^2 R^3}{T^2 r^2}\left(1 - \dfrac{m'}{m}\right)$; le résultat obtenu précédemment doit donc être diminué de la fraction $\dfrac{m'}{m}$ de sa valeur, c'est-à-dire de $\dfrac{1}{816}$.

mouvement du satellite d'une planète, déduire l'accélération qu'elle imprime à la distance 1, et, en comparant la valeur ainsi obtenue à l'accélération imprimée par le Soleil, déduire le rapport de la masse de la planète à celle du Soleil. Les masses des planètes étant très petites par rapport à celle du Soleil, on peut, lorsque les masses des satellites sont également très petites par rapport à celle de la planète, obtenir des valeurs très approchées de ces rapports par cette méthode. On a vu en effet que, en appelant J l'accélération imprimée par l'unité de masse à l'unité de distance, m la masse d'une planète, m' celle de son satellite, on avait

$$J(m+m') = \frac{C'^2}{p'^2} = \frac{4\pi^2 a'^3}{T'^2};$$

on a de même, pour le mouvement de la planète, en appelant M la masse du Soleil,

$$J(M+m) = \frac{C^2}{p^2} = \frac{4\pi^2 a^3}{T^2};$$

par suite, en divisant, il vient

$$\frac{m+m'}{M+m} = \frac{a'^3}{a^3} \cdot \frac{T^2}{T'^2},$$

ou

$$\frac{m}{M} \cdot \frac{1+\dfrac{m'}{m}}{1+\dfrac{m}{M}} = \frac{a'^3}{a^3} \cdot \frac{T^2}{T'^2}.$$

Si $\dfrac{m'}{m}$ et $\dfrac{m}{M}$ sont très petits, on a sensiblement, comme dans le cas où j et j' sont proportionnels à m et m'

$$\frac{m}{M} = \frac{a'^3}{a^3} \cdot \frac{T^2}{T'^2}.$$

Le rapport $\dfrac{m}{M}$ est toujours très petit, sa plus grande valeur correspond à Jupiter et est $\frac{1}{1050}$; le rapport $\frac{m'}{m}$ est également très petit pour les satellites en général; on peut donc obtenir par la formule qui précède des valeurs très approchées de $\frac{m}{M}$.

Dans le cas de la Terre et de la Lune, $\frac{m'}{m}$ est égal à $\frac{1}{81}$, il n'est donc pas négligeable, et la méthode qui précède ne donnerait pas des résultats satisfaisants; elle ne pourrait être appliquée que dans le cas où l'on aurait déterminé $\frac{m'}{m}$ préalablement par une autre méthode.

Les perturbations des planètes dépendant des masses, on a pu, en comparant les résultats de l'observation aux valeurs assignées par la théorie aux inégalités, obtenir des valeurs des masses beaucoup plus précises que celles que fournirait la méthode précédente.

266. Densité de la Terre et des corps du système solaire.
— Les méthodes dont nous venons de parler ne peuvent donner que les rapports des masses entre elles; par conséquent, tout ce que l'on peut en tirer, c'est la valeur de ces masses par rapport à celle de la Terre prise pour unité.

Mais on conçoit que, si l'on connaissait l'attraction exercée par un corps de masse connue m à l'unité de distance, le rapport de cette attraction à celle de la Terre à la même distance donnerait le rapport de la masse du corps à celle de la Terre.

L'attraction Newtonienne exercée par les corps de dimensions maniables pour des expériences est tellement faible qu'elle ne paraît pas susceptible de mesure; cependant, l'expérience a été réalisée dès 1798 par Cavendish, puis renouvelée plusieurs fois par Reich en 1837 et en 1842, par Baily en 1842 et par MM. Cornu et Baille en 1873.

On a mesuré, à l'aide de la torsion d'un fil, l'attraction exercée par une sphère de poids bien exactement déterminé à une distance connue. On en a déduit l'attraction exercée par l'unité de poids (kilogramme) à l'unité de distance sur l'unité de poids. En comparant avec l'attraction exercée par la Terre dans les mêmes conditions, on a obtenu le poids de la Terre en kilogrammes et ensuite sa densité rapportée à l'eau.

Les résultats obtenus dans les différentes expériences citées plus haut varient entre 5,44 et 5,67, ils offrent donc une concordance assez grande; la discussion de ces résultats tend à faire adopter le chiffre 5,50.

La densité de la Terre est donc très supérieure à celle de l'eau et même des roches qui avoisinent sa surface (2,5 environ).

La densité de la Terre étant connue, il a été facile d'en déduire celle des autres corps célestes. (Tableau 1.)

CHAPITRE XIX

DES PERTURBATIONS. — MARÉES

§ 1er. — Du mouvement troublé. Variations des constantes.

267. Forces troublantes. — Considérons un système de trois corps sphériques A, B, P (*fig. 144*) ayant respective-

Fig. 144.

ment pour masses m, m', m'', et proposons-nous d'étudier le mouvement du corps B par rapport au corps A.

Les corps P, A et B exercent l'un sur l'autre les attractions suivantes :

$$\text{A sur B} \quad \text{et} \quad \text{B sur A} \quad \frac{J mm'}{AB^2},$$

$$\text{A sur P} \quad \text{et} \quad \text{P sur A} \quad \frac{J mm''}{AP^2},$$

$$\text{P sur B} \quad \text{et} \quad \text{B sur P} \quad \frac{J m'm''}{BP^2};$$

Les accélérations dont le corps A est animé sont donc

suivant AB . . $\dfrac{J m'}{\overline{AB}^2}$, et suivant AP . . $\dfrac{J m''}{\overline{AP}^2}$.

Pour étudier le mouvement de B par rapport à des axes de directions fixes passant par A, il faut ajouter aux forces qui sollicitent effectivement B des forces égales et contraires à celles qui lui donneraient les deux accélérations du corps A; ces forces sont

suivant BA . . $\dfrac{J m'^2}{\overline{AB}^2}$, suivant BQ parallèle à PA . . $\dfrac{J m'' m'}{\overline{AP}^2}$.

Par suite, les forces qui sollicitent le corps B dans le mouvement relatif sont

suivant BA . . $\dfrac{J m m'}{\overline{AB}^2} + \dfrac{J m'^2}{\overline{AB}^2} = \dfrac{J(m+m')m'}{\overline{AB}^2} = F_1$,

suivant BP . . $\dfrac{J m' m''}{\overline{BP}^2} = F_2$,

suivant BQ . . $\dfrac{J m' m''}{\overline{AP}^2} = F_3$.

La force F_1 est celle qui donnerait à B le mouvement elliptique relatif autour de A si le corps P n'existait pas; les deux autres forces sont appelées *les forces troublantes*. On voit que F_2 est la force que la planète troublante exerce sur le corps troublé là où il est, et F_3 celle qu'elle exercerait sur le corps s'il était placé au lieu qu'occupe l'astre A.

Si la résultante de F_2 et F_3 est faible relativement à la première, le mouvement elliptique ne subira que de petites perturbations. C'est ce qui a lieu lorsque le corps A est le Soleil et les corps B et P deux planètes, et lorsque le corps A est une planète, B un satellite et P une planète ou le Soleil; mais, dans l'un et l'autre cas, pour des raisons différentes que nous allons indiquer.

Lorsque le corps A est le Soleil, la masse m est considérable par rapport à celle du corps troublant m'', par suite la force F_1 est très grande par rapport à F_2 et F_3.

Lorsque le corps A est une planète et B un satellite, la distance AB est très petite ; par suite les deux forces F_2 et F_3 sont peu différentes en intensité et en direction, leur résultante est donc très faible.

On conçoit ainsi que, dans l'un et l'autre cas, le corps troublé B restera pendant un certain temps dans le voisinage de l'ellipse qu'il décrirait si le corps troublant venait à disparaître ; mais il est clair aussi que, si faibles que soient les actions troublantes, leurs effets pourront à la longue en s'accumulant apporter des changements importants à la forme, la grandeur et la position de cette orbite.

268. Problème du mouvement troublé. — Nous avons vu que l'on avait été conduit, par l'examen des résultats des observations, à admettre d'abord le mouvement elliptique, puis à reconnaître que les éléments des orbites devaient être considérés comme variables pour que les résultats des formules du mouvement elliptique soient en concordance avec les observations. Les géomètres modernes ont adopté le même point de vue pour traiter le problème par l'analyse.

Soit A (*fig. 145*) une position du corps dont on étudie le mouvement par rapport au corps F, et AA' la direction de sa vitesse. Si, à l'instant considéré, les actions des corps troublants venaient à être supprimées subitement, le corps A décrirait une ellipse suivant les lois de Képler. Cette ellipse serait tangente à AA'; son centre, suivant la construction géométrique indiquée, page 404, serait situé sur A'a, a étant le milieu du rayon vecteur ; enfin son demi-grand axe A'O aurait pour valeur (p. 408)

$$a = \frac{j}{\frac{2j}{R} - v^2},$$

j désignant non plus Jm, mais l'accélération $J(m+m')$ produite par la force F_1 à l'unité de distance.

C'est cette ellipse idéale que l'on nomme l'orbite de la planète à l'instant considéré, et l'on appelle *Époque* l'instant où il aurait fallu qu'elle passât à l'une des absides pour arriver en A à l'instant actuel. Il est clair que, connaissant pour l'instant considéré la forme, la grandeur et la position de l'orbite ainsi que l'époque, on pourra en déduire la posi-

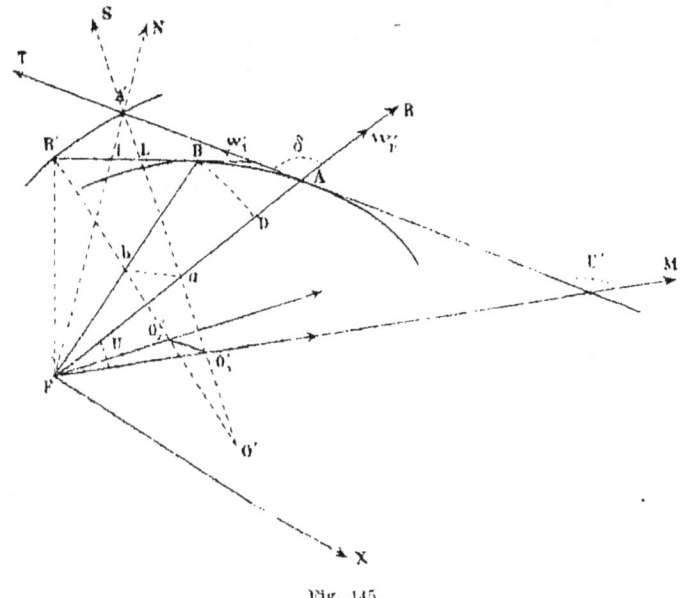

Fig. 145.

tion du corps A à cet instant par l'application des formules du mouvement elliptique, comme si le mouvement s'était réellement effectué suivant les lois de Kepler.

Si les corps A et F étaient isolés l'orbite et l'époque seraient invariables; mais, sous l'influence des forces troublantes, la trajectoire s'éloigne bientôt de cette ellipse; quand la planète sera en B, le centre de l'orbite sera sur $B'b$, à une distance $B'O_2'$ qui aura pour valeur, en appelant

v' la vitesse en B, a' le demi-grand axe et R' le nouveau rayon vecteur

$$a' = \frac{j}{\dfrac{2j}{R'} - v'^2}$$

On voit que le demi-grand axe, la demi-distance focale FO'_1 et la direction FO'_1 de l'apogée changeront sans cesse ; il en sera de même de l'époque. Néanmoins on pourra toujours appliquer les formules du mouvement elliptique à la détermination de la position du corps, à la condition de prendre à chaque instant l'orbite et l'époque qui conviennent.

La solution du problème du mouvement troublé consiste donc dans la détermination des valeurs des éléments suivants à tout instant :

Position du plan de l'orbite . .	Inclinaison.
	Longitude du ☊.
Forme et grandeur de l'orbite .	Demi-grand axe.
	Excentricité.
Position de l'orbite.	Longitude d'une abside dans l'orbite.
Époque.	Instant du passage à l'abside ou longitude du corps à un instant déterminé.

Ces six quantités sont appelées les constantes du mouvement elliptique. Leurs valeurs à un instant donné, dans le mouvement troublé, sont déterminées lorsque l'on connaît à cet instant les grandeurs et les directions du rayon vecteur et de la vitesse. La construction géométrique qui précède montre en effet que la forme, la grandeur et la position de l'orbite sont déterminées ; l'époque l'est également, puisqu'elle est antérieure à l'instant considéré de l'intervalle nécessaire au rayon vecteur pour décrire l'aire comprise entre l'abside et la position actuelle avec la vitesse aréolaire actuelle. Par suite, pour obtenir les variations des constantes, il suffit d'exprimer leurs valeurs en fonction des éléments qui déterminent les grandeurs et les directions du rayon vecteur et de la vitesse, de déduire ensuite de ces expressions les variations cherchées en fonction de celles de ces derniers éléments, et enfin de remplacer dans les résultats ainsi obtenus les variations du rayon vecteur et de la vitesse par leurs valeurs en fonction des forces qui agissent sur le corps troublé.

Les expressions des variations des constantes qui déterminent *la forme et la grandeur de l'orbite* et la position du plan lui-même en fonction des accélérations perturbatrices peuvent se déduire d'une manière très simple des considérations géométriques que nous avons exposées jusqu'ici.

Nous désignerons désormais par w_r, w_t et w_p les accélérations perturbatrices et par w_r' l'accélération radiale totale; de sorte que les composantes réelles de l'accélération totale du corps troublé seront

$$w_r' = w_r - \frac{R^2}{j}, \quad w_t, \quad w_p.$$

Dans le cas d'un corps troublant, les composantes w_r, w_t, w_p sont celles des accélérations produites par les forces F_2 et F_3 (*fig. 144*); dans le cas de plusieurs, ce sont les sommes des composantes provenant de chacun d'eux.

269. Variation du demi-grand axe.

La grandeur du demi-grand axe est donnée par la formule

$$a = \frac{j}{\dfrac{2j}{R} - v^2}, \tag{1}$$

que l'on peut écrire sous la forme

$$\frac{j}{a} = \frac{2j}{R} - v^2.$$

Pour obtenir $\frac{da}{dt}$, il suffit de différentier cette expression par rapport au temps, on obtient ainsi

$$-\frac{j}{a^2}\frac{da}{dt} = -\frac{2j}{R^2}\frac{dR}{dt} - 2v\frac{dv}{dt}. \qquad (1)'$$

Mais on a sur la figure

$$\frac{dR}{dt} = -\frac{AB}{dt} = v\cos\delta\,;$$

d'un autre côté, on a trouvé, en remarquant que w'_r désigne l'accélération radiale entière

$$\frac{dv}{dt} = +w'_r \cos\delta + w_t\,;$$

en remplaçant w'_r par sa valeur, il vient

$$\frac{dv}{dt} = +w_r \cos\delta - \frac{j}{R^2}\cos\delta + w_t\,;$$

en remplaçant enfin $\frac{dR}{dt}$ et $\frac{dv}{dt}$ par ces valeurs, on obtient

$$\frac{da}{dt} = (+w_r \cos\delta + w_t)\, 2\frac{a^2}{j} v. \qquad (2)$$

Le second membre représente le produit par $\frac{a^2}{j}$ de la variation du travail des forces perturbatrices sur la planète.

Remarque. — On aurait pu arriver plus simplement à ce résultat en remarquant que les variations $\frac{dR}{dt}$, $\frac{dv}{dt}$ de la formule (1)' se composent des variations correspondant au mouvement elliptique augmentées des variations dues aux forces perturbatrices; les parties correspondant au mouvement elliptique donnant une variation nulle au demi-grand axe, il suffit de ne conserver que les termes qui contiennent les accélérations troublantes.

On obtient ainsi immédiatement

$$-j\frac{da}{a^2} = -2v\frac{dv}{dt},$$

et, en ne tenant compte que de w_t et w_r dans la valeur de $\dfrac{dv}{dt}$, on obtient l'expression à laquelle nous venons de parvenir.

C'est cette méthode simplifiée que nous emploierons plus loin pour les autres éléments.

270. Variations de l'excentricité et de la longitude des absides. — Désignons par M la direction d'une abside quelconque, la plus éloignée ici (*fig. 145*), par N la direction FA', par S la direction $O'_1 A'$, par R celle du rayon vecteur, et enfin par T celle de la tangente. On aura, conformément aux notations adoptées pages 400 et 406.

$$\widehat{MR} = U, \quad \widehat{MT} = U', \quad \widehat{RT} = \delta, \quad \widehat{ST} = 180° - \delta, \quad \widehat{NT} = 90°$$

$$\widehat{RS} = \widehat{RT} + \widehat{TS} = \widehat{RT} - \widehat{ST} = 2\delta - 180°,$$

$$\widehat{RN} = \widehat{RT} - \widehat{NT} = \delta - 90°$$

D'un autre côté, les segments FO'_1, FA' et $A'O'_1$ ont pour valeurs

$$\overline{FO'_1} = c, \quad \overline{FA'} = R\sin\delta, \quad \overline{A'O'_1} = -a$$

En projetant le contour $FA'O'_1$ et sa résultante FO'_1 sur les droites R et T, on a

$$\overline{FO'_1}\cos\widehat{RM} = \overline{FA'}\cos\widehat{RN} + \overline{A'O'_1}\cos\widehat{RS},$$
$$\overline{FO'_1}\cos\widehat{TM} = \overline{FA'}\cos\widehat{TN} + \overline{A'O'_1}\cos\widehat{TS}.$$

En projetant le même contour sur les droites qui font avec les précédentes l'angle $+90°$, on obtient de même par la substitution des sinus aux cosinus :

$$\overline{FO'_1}\sin\widehat{RM} = \overline{FA'}\sin\widehat{RN} + \overline{A'O'_1}\sin\widehat{RS}.$$
$$\overline{FO'_1}\sin\widehat{TM} = \overline{FA'}\sin\widehat{TN} + \overline{A'O'_1}\sin\widehat{TS}.$$

Introduisant les valeurs qui précèdent, il vient

$$\left.\begin{array}{l}c\cos U = R\sin^2\delta + a\cos 2\delta = a - (2a - R)\sin^2\delta, \\ c\cos U' = a\cos\delta, \\ -c\sin U = -R\sin\delta\cos\delta + a\sin 2\delta = \dfrac{2a-R}{2}\sin 2\delta, \\ -c\sin U' = -R\sin\delta + a\sin\delta = (a - R)\sin\delta.\end{array}\right\} \quad (3)$$

Mais de l'équation (1) on tire

$$2a - R = v^2 \frac{aR}{j};$$

remplaçant v par sa valeur déduite de l'expression de la vitesse aréolaire, c'est-à-dire par

$$v = \frac{C}{R\sin\delta},$$

il vient

$$2a - R = \frac{C^2 a}{jR\sin^2\delta}. \quad (4)$$

Substituant à $(2a - R)$ cette valeur dans la première et la troisième équation du système (3), et divisant par a, on a enfin

$$c\cos U = 1 - \frac{C^2}{jR}, \quad (5)$$

$$-c\sin U = \frac{C^2}{jR}\cotg\delta, \quad (6)$$

$$c\cos U' = \cos\delta, \quad (7)$$

$$-c\sin U' = \left(\frac{a-R}{a}\right)\sin\delta. \quad (8)$$

Pour obtenir les variations de c et de la direction des absides, il suffit de différentier ces équations en ne tenant compte que des variations des éléments qui changent avec w_r et w. Or, la variation de R ne dépend que de la vitesse, il est donc inutile d'en tenir compte; la variation de U est égale à la rotation de la droite R diminuée de celle de la droite M; la première ne dépend que de la vitesse, nous n'avons pas à en tenir compte; on a donc, en désignant par $\dfrac{d\pi}{dt}$ la variation de la longitude des absides

$$\frac{dU}{dt} = -\frac{d\pi}{dt}. \qquad (9)$$

La variation de C est due uniquement à la composante tangentielle w_t; nous avons trouvé en effet (p. 406)

$$\frac{dC}{dt} = w_t R \sin \delta. \qquad (10)$$

La variation de U' est égale à l'excès de la rotation $d\alpha$ de la droite T sur celle de la droite M; en ne tenant compte que de la partie qui provient de l'accélération perturbatrice, on a

$$\frac{d\alpha}{dt} = -\frac{w_r}{v}\sin\delta \qquad \text{d'où} \qquad \frac{dU'}{dt} = -\frac{w_r}{v}\sin\delta - \frac{d\pi}{dt} \qquad (11)$$

Enfin, on a de même, pour variation de l'angle δ, en laissant toujours de côté la variation de la droite R,

$$\frac{d\delta}{dt} = \frac{d\alpha}{dt} = -\frac{w_r}{v}\sin\delta. \qquad (12)$$

En différentiant (5) et (7), il vient

$$\frac{de}{dt}\cos U - e\sin U \frac{dU}{dt} = -\frac{2C}{jR}\frac{dC}{dt},$$

$$\frac{de}{dt}\cos U' - e\sin U' \frac{dU'}{dt} = -\sin\delta \frac{d\delta}{dt}.$$

En introduisant les valeurs des variations obtenues plus haut, il vient

$$\frac{de}{dt}\cos U + e\sin U \frac{d\pi}{dt} = -\frac{2C}{j}w_t\sin\delta,$$

$$\frac{de}{dt}\cos U' + e\sin U' \frac{d\pi}{dt} = +\frac{w_r\sin\delta}{v}(\sin\delta - e\sin U');$$

remplaçant, dans la dernière, $e \sin U'$ par sa valeur (8), il vient au second membre

$$+ w_r \sin^2 \delta \frac{2a - R}{av},$$

et, en remplaçant $(2a - R)$ par sa valeur (4)

$$\frac{w_r C^2}{jvR} = \frac{w_r C}{j} \sin \delta.$$

On a donc enfin

$$\frac{de}{dt} \cos U + e \sin U \frac{d\pi}{dt} = -\frac{2C}{j} w_t \sin \delta, \qquad (13)$$

$$\frac{de}{dt} \cos U' + e \sin U' \frac{d\pi}{dt} = +\frac{C}{j} w_r \sin \delta. \qquad (14)$$

En éliminant $\frac{d\pi}{dt}$ et remarquant que

$$\sin U' \cos U - \sin U \cos U' = \sin(U' - U) = \sin \delta,$$

et opérant de même l'élimination de $\frac{de}{dt}$ on obtient

$$-\frac{de}{dt} = +\frac{C}{j}(2 w_t \sin U' + w_r \sin U), \qquad (15)$$

$$e \frac{d\pi}{dt} = \frac{C}{j}(2 w_t \cos U' + w_r \cos U). \qquad (16)$$

Les quantités $w_t \cos U'$, $w_t \sin U'$ sont les composantes de w_t parallèles et perpendiculaires à la direction de l'abside la plus éloignée; $w_r \cos U$ et $w_r \sin U$ sont les composantes de w_r suivant les mêmes directions; par suite

$$w_t \cos U' + w_r \cos U \qquad \text{et} \qquad w_t \sin U' + w_r \sin U$$

sont ces composantes de l'accélération totale suivant ces directions, et il suffit d'ajouter à ces dernières les composantes de l'accélération tangentielle pour obtenir l'effet total.

On remarquera que les forces qui font tourner l'orbite sont

dirigées suivant son axe et que celles qui la déforment lui sont perpendiculaires.

271. Mouvement du plan de l'orbite. — Le mouvement du plan de l'orbite a été déterminé au chapitre précédent, nous avons trouvé (page 406)

$$\frac{d\beta}{dt} = \frac{w_p}{v \sin \delta} \cdot \qquad (17)$$

§ 2. — Perturbations. — Étude des perturbations séculaires des orbites. — Stabilité du système solaire.

272. Différentes natures de perturbations. — Les astronomes classent les perturbations en deux catégories : les perturbations *périodiques* et les perturbations *séculaires*. Les premières sont celles qui changent de grandeur et de sens dans des périodes relativement courtes, de manière que leurs effets ne s'accumulent pas ; si elles existaient seules, la planète troublée resterait toujours dans le voisinage de l'orbite qu'elle décrirait si elle était isolée dans l'espace avec le corps principal. Les perturbations séculaires s'accumulent au contraire avec le temps et finissent, au bout d'un grand nombre de siècles, par apporter des modifications importantes à l'orbite moyenne dans le voisinage de laquelle l'astre circule.

Pour obtenir ces deux catégories de perturbations, on exprime par les formules du mouvement elliptique les positions des corps considérés pour une époque t ; on en déduit, pour la même époque, les valeurs des quantités qui figurent aux seconds membres des expressions telles que (2) (15) (16) (17) et l'on développe ces résultats en séries trigonométriques dont les termes ont pour facteurs les puissances de quantités petites comme les excentricités, les inclinaisons des orbites, les rapports des masses des planètes à celles du Soleil.

En effectuant ces développements on obtient en général

des termes où le temps entre explicitement et auxquels correspondent par suite les perturbations qui croissent dans le même sens, ce sont les perturbations *séculaires*.

On obtient en outre des termes de la forme

$$\Sigma A_{i,i'} \begin{Bmatrix} \cos(in - i'n')t \\ \sin(in - i'n')t \end{Bmatrix},$$

i et i' étant les nombres entiers successifs et n et n' les moyens mouvements angulaires du corps troublé et du corps troublant autour de l'astre principal. Ces termes représentent les perturbations périodiques. Les angles qui figurent sous les signes cosinus et sinus peuvent être écrits sous la forme

$$in't\left(\frac{n}{n'} - \frac{i'}{i}\right);$$

les mouvements moyens n'étant pas commensurables, les valeurs de la parenthèse sont grandes pour les petites valeurs de i et i'; par suite les angles croissent rapidement avec t, et donnent des perturbations à courte période. Elles peuvent devenir petites pour de très grandes valeurs de i et i', mais alors les coefficients tels que A_{ii} sont très petits et les perturbations correspondantes sont peu sensibles.

Pour Jupiter et Saturne, cependant, les moyens mouvements sont sensiblement dans le rapport de 5 à 2, la quantité $5n' - 2n$ est inférieure à $\frac{n}{74}$, il en résulte pour ces deux planètes des inégalités à très longue période (environ 900 ans). De même, 8 fois le mouvement moyen de Vénus diffère peu de 13 fois celui de la Terre; il en résulte des inégalités dont la période est 240 ans; mais ces inégalités sont déjà très petites, elles dépendent des 5es puissances des excentricités.

Les positions des corps étant exprimées par les formules du mouvement elliptique, les différents termes des développements qui représentent les variations sont exprimées en fonction des éléments elliptiques de chacun des corps considérés. Il en résulte que l'ensemble des expressions obtenues pour les variations des éléments d'un système de corps forme un système d'équations différentielles entre ces éléments et leurs variations.

On intègre ce système en ne tenant compte d'abord que des termes séculaires, on obtient ainsi les perturbations séculaires.

Pour les perturbations périodiques, qui sont en général petites et qui n'embrassent que de courtes périodes, on intègre en supposant les éléments elliptiques des seconds membres constants et en attribuant à ces éléments les valeurs qui conviennent à l'époque considérée.

En introduisant dans les formules du mouvement elliptique les valeurs des constantes sur l'orbite moyenne, c'est-à-dire *en tenant compte seulement des variations séculaires*, on obtient une position moyenne de l'astre troublé que l'on corrige ensuite par l'addition des petites perturbations périodiques.

273. Perturbations séculaires. — Les expressions auxquelles nous sommes parvenus au paragraphe précédent vont nous permettre d'expliquer la nature des déformations et des déplacements séculaires des orbites.

Examinons d'abord les expressions :

$$\frac{da}{dt} = \frac{a^2}{j} \cdot 2v(w_r \cos\delta + w_t), \qquad (2)$$

$$-\frac{de}{dt} = \frac{C}{j}(2w_t \sin U' + w_r \sin U), \qquad (15)$$

$$e\frac{d\pi}{dt} = \frac{C}{j}(2w_t \cos U' + w_r \cos U), \qquad (16)$$

$$\frac{d\beta}{dt} = \frac{w_p}{v \sin\delta}. \qquad (17)$$

Pour obtenir rigoureusement les valeurs de ces variations, il faudrait évaluer à chaque instant les quantités qui figurent aux seconds membres en tenant compte des positions *actuelles* du corps troublant et du corps troublé, mais les variations séculaires des orbites moyennes étant très lentes[1], et les positions de la planète étant très peu écartées de ces orbites par les perturbations périodiques, on peut, au moins pour les explications que nous avons en vue, admettre que les valeurs des quantités dont dépendent ces variations sont, pendant un long intervalle, les mêmes que si le corps troublant et le corps troublé décrivaient leurs orbites moyennes actuelles.

Représentons donc sur la figure 146 l'orbite du corps troublé B et la projection, sur le plan de cette orbite, de celle du corps troublant P. Soient P et B les positions actuelles des deux corps, PP' et BB' les arcs simultanés décrits par l'un et l'autre dans un court intervalle dt.

On peut admettre que les masses des deux corps sont répandues le long de ces arcs, c'est-à-dire que les effets produits par les forces troublantes sont les mêmes que ceux que produirait, dans l'intervalle dt, l'arc matériel PP' supposé fixe sur la portion de matière BB' circulant dans l'orbite B.

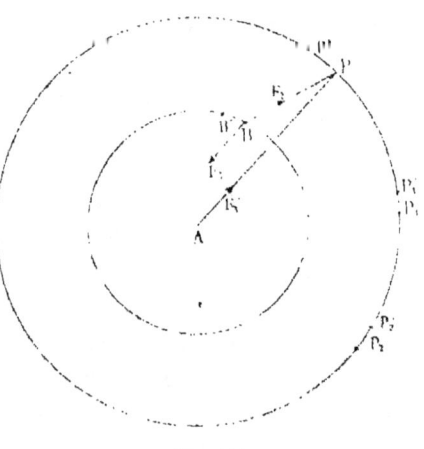

Fig. 146.

Lorsque le corps troublé sera revenu en B après une révolution, le corps P sera dans une position P_1 différente de P, et à cette époque, dans l'intervalle dt, l'action du corps troublant sera la même que si l'arc matériel $P_1 P_1'$ agissait sur

---

[1]. Suivant une remarque de sir John Herschell, la variation de l'ellipse idéale de la Terre dans une révolution est si lente que, les deux courbes étant tracées sur une table de deux mètres de diamètre, l'examen le plus minutieux que l'on pourrait en faire avec le microscope ne permettrait pas de constater entre elles la plus légère différence.

la portion matérielle BB' circulant dans l'orbite. Après une troisième révolution, le corps troublé sera dans une position telle que P_2 et ainsi de suite, et comme les mouvements angulaires des deux corps sont incommensurables, au bout d'un intervalle suffisamment long, l'ensemble des arcs infiniment petits PP' formera le contour complet de l'orbite troublante.

Il résulte de là que, au bout du nombre de siècles nécessaires pour qu'il en soit ainsi, la planète troublée aura subi dans ses passages en BB' le même effet que si un anneau matériel P avait agi sur l'élément de courant BB' de matière circulant sur l'orbite troublée pendant autant de fois dt que le corps B a fait de révolutions.

Ce résultat ne sera obtenu, il est vrai, que lorsque le corps P et le corps B seront revenus aux mêmes points du ciel, c'est-à-dire au bout d'un nombre infini de révolutions si les moyens mouvements sont incommensurables, mais on en approchera d'autant plus que l'on considérera un plus grand nombre de siècles et c'est précisément là le caractère des variations séculaires proprement dites.

En raisonnant de la même manière pour tous les arcs tels que BB' de l'orbite du corps troublé, on arrive à cette conclusion que les seconds membres des expressions (2), (15), (16), (17) auront varié dans une très longue période *à peu près* comme si l'orbite troublante était un anneau matériel et si la planète troublée était remplacée par un courant continu circulant dans son orbite.

Cela établi, remarquons que la force troublante exercée par un arc PP' en B est la résultante des forces F_2 et $F_3 = -F_3'$. Si l'on considère simultanément les actions de tous les arcs, on voit que les forces F_3 ont une résultante nulle, car la résultante des actions de l'anneau sur le centre est nulle[1]; nous

---

[1]. Cette résultante est nulle encore si l'on suppose à l'anneau troublant une forme elliptique; on le démontre aisément en s'appuyant sur cette propriété que les arcs qui contiennent une même quantité de matière sous-tendent des aires égales dans l'ellipse, et que par suite les masses contenues dans les deux parties opposées d'un même angle sont proportionnelles aux carrés des rayons vecteurs.

n'aurons donc à nous occuper que des actions telles que F_2 exercées par l'anneau sur les particules du courant.

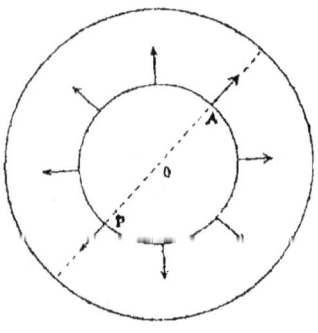

Fig. 117.

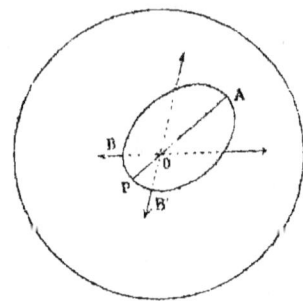

Fig. 148.

Pour apprécier les effets des forces troublantes qui sont indépendants des excentricités, nous supposerons les orbites circulaires (*fig. 147*); pour tenir compte des excentricités, nous supposerons elliptiques *successivement* les deux orbites (*fig. 148 et 149*); pour tenir compte des termes qui comprennent le produit des excentricités, il faudrait supposer les deux orbites excentriques à la fois, mais cette recherche de précision serait excessive pour l'objet que nous avons en vue; elle dépasserait

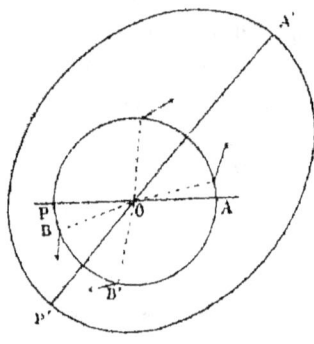

Fig. 149.

d'ailleurs le degré de précision dont la méthode que nous employons ici est susceptible.

274. Invariabilité des demi-grands axes. — Nous avons vu que le second membre de (2) représentait le produit par une constante de la variation du travail des forces troublantes. Or, la force dont nous avons à tenir compte en un point B du courant étant la résultante des actions de l'orbite troublante, on voit par la figure 147 que dans le cas du cercle, par raison de symétrie, elle est normale en chaque point à l'orbite troublée, elle ne produit donc aucun travail. Les figures 148 et 149 montrent que, dans le cas des ellipticités, elle est, toujours pour la même raison, symétrique en deux points B et B′ symétriques par rapport aux grands axes; et, en tenant compte du sens du mouvement du corps troublé, on voit qu'en deux points symétriques les travaux sont égaux et de signes contraires; par suite, la somme des travaux sur le courant total est nulle. On conçoit ainsi pourquoi les *demi-grands axes n'ont pas de variations séculaires*[1]. Les durées des révolutions liées à ces axes par la troisième loi de Kepler sont dans le même cas.

275. Variations de l'excentricité et de la direction des absides.

— Décomposons les variations données par les formules (15) et (16) en deux parties de la manière suivante:

$$\left(\frac{de}{dt}\right)_1 = -\frac{C}{j}(w_t \sin U' + w_r \sin U)$$
$$\left(e\frac{d\pi}{dt}\right)_1 = \frac{C}{j}(w_t \cos U' + w_r \cos U)$$
(18)

et

$$\left(\frac{de}{dt}\right)_2 = -\frac{C}{j} w_t \sin U'$$
$$\left(e\frac{d\pi}{dt}\right)_2 = \frac{C}{j} w_t \cos U'$$
(19)

Les seconds membres des premières variations contiennent les projections des accélérations troublantes sur la ligne des

---

[1]. Ceci n'est vrai que pour les planètes. Pour la Lune, le grand axe subit une diminution lente due, comme l'a montré Laplace, à la diminution de l'excentricité de l'orbite terrestre. Il en résulte une accélération séculaire du mouvement moyen, qu'a constatée Halley à l'aide des éclipses des Chaldéens et que l'on a vérifiée plus tard avec les observations des astronomes arabes du xie siècle.

absides et sur une ligne perpendiculaire. Ceux des secondes ne contiennent que les projections de la composante tangentielle. Nous pourrons, même dans le cas où nous supposerons les orbites circulaires, tenir compte des directions des lignes des absides ; cela reviendra en effet à ne tenir compte, dans l'évaluation des forces et de leurs projections sur cette ligne, que des termes qui ne contiennent pas l'excentricité.

Premières variations. — Pour évaluer les variations (18), il faut déterminer les projections, sur la ligne des absides et sur une perpendiculaire, de la résultante des actions de l'anneau troublant sur le courant qui circule dans l'orbite troublée ; or, la figure 147 montre que, si l'on néglige la valeur des excentricités des orbites, la résultante des projections sur tous les axes est nulle ; les deuxièmes membres de (18) seront donc nuls à cette approximation, c'est-à-dire ne contiendront pas de termes indépendants des excentricités.

Sur la figure 148, on voit que, du côté de la plus haute abside A, plus voisine de l'anneau troublant, les actions seront prépondérantes ; donc, en vertu de la symétrie de la figure, l'ensemble des forces donnera une résultante dirigée vers la plus haute abside. Par conséquent, le second membre de la première des expressions (18) sera nul ; la variation de l'excentricité n'a donc pas de terme dépendant de l'excentricité de l'orbite troublée. Au contraire, le second membre de la deuxième aura une valeur positive, le mouvement des absides sera donc direct.

Considérons actuellement la figure 149. La symétrie de la figure montre que la résultante sera dirigée suivant l'axe de l'orbite troublante ; elle sera de plus dirigée évidemment dans le sens du point le plus voisin, c'est-à-dire de la plus basse abside P' de cette orbite. En désignant par W cette résultante, et par π' et π les longitudes des plus hautes absides des deux orbites, la projection suivant OA sera

$$- W \cos(\pi' - \pi);$$

ce sera elle qui donnera le mouvement à la ligne des absides.

La projection suivant la droite faisant avec OA l'angle $+ 90°$ sera

$$- W \sin(\pi' - \pi); \qquad (20)$$

par suite, la variation correspondante de l'excentricité sera donnée par la formule

$$W \sin(\pi' - \pi). \qquad (21)$$

DEUXIÈMES VARIATIONS. — Pour analyser les deuxièmes variations (19), nous ne devons plus considérer que les forces tangentielles. Or, les figures 147 et 148 montrent que, dans les deux premiers cas, les forces se réduisent aux forces radiales; par suite, les seconds membres de (19) ne contiennent aucun terme indépendant de l'excentricité de l'orbite troublante. Dans le cas de la figure 149, quelles que soient les directions et les intensités des forces tangentielles, elles donneront une résultante dirigée suivant l'axe de l'orbite troublante, par suite, elles donneront lieu à des termes de la forme (20) et (21) pour les deux variations.

RÉSUMÉ. — On voit donc en résumé que les valeurs des seconds membres de (18) et (19) seront, en désignant par e et e' les excentricités des deux orbites troublées et troublantes, de la forme :

$$\frac{de}{dt} = \qquad B e' \sin(\pi' - \pi), \qquad (22)$$

$$e \frac{d\pi}{dt} = A e - B e' \cos(\pi' - \pi),$$

et, par suite, pour la dernière

$$\frac{d\pi}{dt} = A - B \frac{e'}{e} \cos(\pi' - \pi). \qquad (23)$$

C'est en effet à des expressions de cette forme que conduit l'analyse rigoureuse; ces expressions montrent que les variations des excentricités et des longitudes des périhélies sont étroitement liées entre elles.

276. Mouvement du plan de l'orbite. — Considérons actuellement la formule (17); l'action de la composante w_p sur l'un des éléments du courant tend à imprimer à l'axe I, normal au plan de l'orbite troublée, un mouvement de même nature que celui que tendrait à imprimer la même composante à un tore rigide et sans masse dans lequel circulerait le courant de matière. L'effet résultant sera donc de même nature que si l'anneau matériel formé par l'orbite troublante agissait sur un tore.

Pour obtenir la première approximation du résultat, c'est-à-dire la partie la plus importante, considérons deux orbites circulaires inclinées l'une sur l'autre (*fig. 150*). Par raison de symétrie, la résultante des actions de l'orbite troublante sur l'orbite troublée se réduira à un couple MN perpendiculaire à la ligne des nœuds des deux orbites et dont l'axe O☋ sera dirigée sur la figure vers le nœud descendant. Par la propriété connue du tore, l'axe I de l'orbite troublée tournera autour de MN de manière

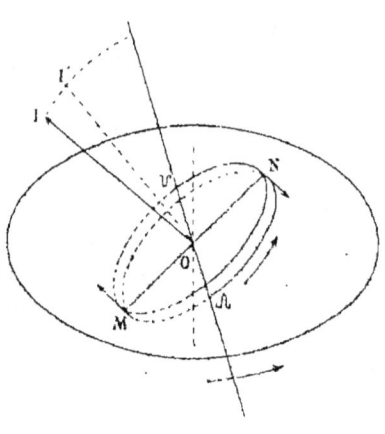

Fig. 150.

à se rapprocher de l'axe du couple perturbateur en direction et en sens. Par suite, *la ligne des nœuds aura un mouvement rétrograde et l'obliquité sur l'orbite troublante restera constante.*

277. Précession et nutation de l'axe de rotation de la Terre. — Le renflement équatorial constitue autour de la Terre un anneau matériel tournant, sur lequel agissent le Soleil et la Lune de la manière que nous venons d'indiquer. Si le Soleil et la Lune avaient leurs orbites confondues, les deux mouvements séculaires se superposeraient exactement et produiraient une précession uniforme; il n'y aurait pas de nutation. La précession est très lente parce que l'action perturbatrice n'agit que sur l'anneau équatorial et qu'elle a à mouvoir la masse entière de la Terre animée d'une rotation rapide.

Le plan de l'orbite de la Lune étant animé d'un mouvement de précession dû à l'action perturbatrice du Soleil, sa ligne des nœuds rétrograde; l'axe du plan de l'orbite tourne autour du pôle de l'écliptique, et l'inclinaison du plan sur l'anneau équatorial varie comme nous l'avons indiqué; par suite, l'action de la Lune est tantôt en augmentation, tantôt en diminution de celle du Soleil; il en résulte l'oscillation appelée nutation dont la période est précisément celle de la révolution des nœuds de la Lune.

278. Stabilité du système solaire. — Ainsi que nous l'avons dit, les demi-grands axes des orbites des planètes n'ont pas de variations séculaires. Les inclinaisons réciproques de l'orbite troublante et de l'orbite troublée sont invariables dans le cas de deux planètes; mais, sous l'influence des actions de l'ensemble, les inclinaisons varient. Enfin, les excentricités des orbites sont elles-mêmes variables.

Bien que ces variations soient très lentes, elles finiraient par amener des changements considérables dans le système solaire si elles continuaient à se produire indéfiniment dans le même sens. Lagrange a démontré que les sommes

$$\Sigma m \sqrt{a}\, e^2 \quad \text{et} \quad \Sigma m \sqrt{a}\, \text{tg}^2 \varphi,$$

φ étant l'inclinaison sur un plan fixe, étaient constantes. Il en résulte que, ces sommes étant petites actuellement, elles le seront toujours; par suite, les excentricités et les inclinaisons des orbites resteront très faibles.

Voici, d'après Leverrier, les limites supérieures des excentricités et des inclinaisons des orbites sur l'écliptique de l'année 1800.

	EXCENTRICITÉS.		INCLINAISONS.	
	MAXIMA.	EN 1800.	MAXIMA.	EN 1800.
Mercure..........	0,2256	0,2056	9° 17'	7° 00'
Vénus...........	0,0867	0,0069	5 18	3 23
La Terre.........	0,0777	0,0168	4 52	0 00
Mars............	0,1422	0,0932	7 09	1 51
Jupiter..........	0,0615	0,0482	2 01	1 19
Saturne..........	0,0849	0,0561	2 33	2 30
Uranus..........	0,0647	0,0466	2 33	0 46

§ 3. — Marées. — Preuves mécaniques de la rotation de la Terre.

279. Notions théoriques. — Nous avons dit que lorsqu'un sphéroïde liquide était animé d'un mouvement de rotation autour d'un axe, il tendait à prendre une forme renflée à l'équateur et aplatie aux pôles, parce que sa surface libre en chaque point, dans l'équilibre, devait être normale à la résultante des forces qui sollicitent la molécule qui y est située. Lorsque le sphéroïde est en outre soumis à l'attraction d'un astre éloigné, il tend pour la même raison à présenter deux protubérances égales, l'une dirigée vers l'astre attirant et l'autre en sens opposé.

Pour le montrer, négligeons la petite déformation que fait subir à ce sphéroïde sa rotation sur lui-même. Soit T (*fig. 151*) le centre de la sphère liquide et L le corps attirant. Pour étudier la forme d'équilibre du corps T, il faut rapporter l'étude mécanique à des axes passant par le centre de ce corps; par suite, ces axes étant mobiles, nous devrons ajouter aux forces qui sollicitent une molécule A une force égale et contraire à celle qui lui donnerait l'accélération dont le point T est animé, c'est-à-dire une force égale et contraire à celle que subirait la même molécule placée en T.

Dès lors la molécule A doit être considérée comme soumise, en outre de la pesanteur F_1, à deux forces troublantes dont les expressions sont, en appelant M la masse de L et m celle de la molécule,

1° $J \dfrac{M m}{AL^2} = F_2$ dirigée suivant AL,

2° $J \dfrac{M m}{LT^2} = F_3$ dirigée parallèlement à LT.

La force F_2 donne deux composantes suivant AI et suivant AX'; cette dernière est très sensiblement égale à la force F_3 elle-même; par suite, sa résultante avec F_2 est sen-

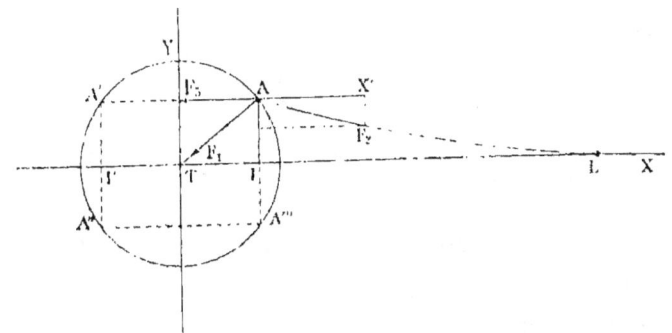

Fig. 151.

siblement égale à la différence des attractions exercées par L en T et en A et est dirigée suivant AX'.

Au point A' symétrique de A par rapport à TY, les deux forces F_2 et F_3 donnent encore une composante dirigée suivant A'I' et une autre composante parallèle à TL, mais dirigée en sens contraire, car la force F_3 exercée en A' est plus petite que la force F_3 exercée en T.

Si l'on considère maintenant l'ensemble des points situés sur les petits cercles qui se projettent suivant AA''' et A'A'', on voit que les forces perturbatrices, le long de leurs contours, tendront à écraser le sphéroïde vers l'axe TL et à l'allonger dans les deux sens.

Si l'on imagine enfin le sphéroïde tournant autour de TY, on voit que les protubérances tendent à évoluer autour du sphéroïde de manière à présenter toujours leurs axes à la direction sensiblement fixe de l'astre attirant.

On pourrait croire au premier abord que, bien que la protubérance soit extrêmement faible, elle ne peut, en raison de son étendue sur le sphéroïde, évoluer qu'à la condition d'entraîner des masses liquides considérables dans un grand parcours pendant la durée d'une révolution de l'astre. Il n'en est pas ainsi; l'évolution de la protubérance peut être produite par des déplacements très petits et d'une extrême lenteur.

Décrivons en effet une circonférence (*fig. 152*), et menons le diamètre TAR; de différents points tels que A_1, A_2..... de cette circonférence, décrivons des circonférences plus petites, et sur chacune d'elle, à partir d'une direction commune $A_1 R_1'$ parallèle à TR, portons un arc $R_1' a_1'$ égal à l'arc AA_1 mais de sens contraire. Le lieu géomé-

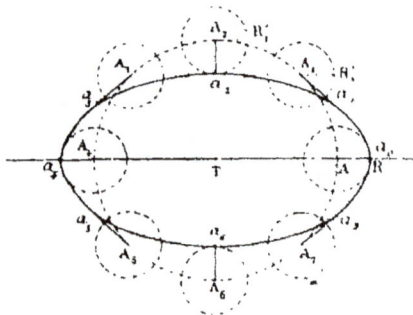

Fig. 152.

trique des points obtenus est une ellipse ayant pour demi-axes la somme et la différence des rayons des circonférences; par suite si l'on imagine aux extrémités telles que a_1 de chacun des rayons $A_1 a_1$ une molécule liquide, on obtiendra une courbe liquide elliptique; et si enfin l'on suppose que toutes les molécules tournent sur leurs cercles avec une même vitesse angulaire, l'ellipse entière paraîtra tourner autour du point T, bien que chaque molécule décrive seulement un petit cercle.

On peut imaginer à l'intérieur de l'ellipse d'autres ellipses liquides semblables, complétant une nappe liquide et animées du même mouvement, et enfin supposer des ellipses semblables superposées aux précédentes de manière à obtenir un ellipsoïde de révolution. Dans le mouvement que nous venons de décrire, l'ellipsoïde présentera successivement ses protubérances dans toutes les directions du plan de la figure bien que chaque molécule décrive un petit cercle.

On voit ainsi que des protubérances d'un mètre d'épaisseur, c'est-à-dire produisant dans une révolution des dénivellements d'un mètre, n'exigeraient des molécules liquides qu'un mouvement circulaire de 50 centimètres de rayon en 24 heures.

280. Phénomènes des marées. — C'est à un effet de cette nature que sont dues les marées sous les actions simultanées du Soleil et de la Lune sur les eaux des Océans. Les allongements que ces deux astres tendent à donner à un sphéroïde liquide placé comme l'est la Terre sont dans le rapport de 7 à 3 environ ; l'action du Soleil est donc plus faible que celle de la Lune, cependant on voit qu'elle est encore relativement importante.

En réalité, ces protubérances ne se produisent pas ; la Lune et le Soleil ont pour effet d'entretenir, dans les eaux des océans, des mouvements ondulatoires dont la période est la même que celle des forces qui tendent à produire les soulèvements, et dont l'amplitude est proportionnelle à la grandeur de ces forces.

Les deux mouvements ondulatoires se superposent sans se confondre, et produisent ainsi des marées en quelque sorte indépendantes. La marée totale est la plus forte quand les crêtes des ondes se superposent, c'est-à-dire aux époques où les deux astres sont en conjonction (*marées de vive eau*). Dans les quadratures, au contraire, les creux de l'onde solaire coïncident avec les crêtes de l'onde lunaire et l'amplitude totale est égale à la différence des amplitudes partielles (*marées de morte eau*).

Les résultantes des forces perturbatrices étant inversement

proportionnelles aux cubes des distances des astres troublants, on en conclut que, par suite de l'ellipticité des orbites, l'amplitude des ondes varie dans le rapport de 10 à 3, les plus fortes correspondant aux époques où le Soleil et la Lune sont en conjonction ou en opposition, et aux périgées de leurs orbites.

Les ondes proprement dites des grands océans ne sont pas très fortes ; théoriquement, elles atteindraient 2 mètres environ. Mais, lorsque dans leur mouvement de translation, elles viennent à atteindre les côtes, elles grossissent comme les lames qui atteignent les plages ; de sorte que, dans les régions où les côtes s'ouvrent en golfes et offrent une résistance à l'écoulement des eaux, elles atteignent des grandeurs considérables. Dans la baie de Fundy, l'amplitude des marées est de 13 mètres environ; à Bristol et Saint-Malo elle atteint près de 15 mètres.

La déclinaison du Soleil et celle de la Lune affectent aussi les marées d'une manière sensible. Les marées les plus fortes arrivent aux équinoxes quand la Lune est en même temps voisine de l'équateur et à son périgée. Les plus faibles ont lieu aux solstices, quand la déclinaison de la Lune est maxima et l'astre à son apogée.

Dans tous les ports de France situés sur l'Océan, les marées de *vive eau* n'ont pas lieu le jour de la syzygie, mais en général un jour et demi après ; il en est de même des marées de *morte eau* par rapport aux quadratures.

284. Preuves mécaniques de la rotation de la Terre. —
Nous avons trouvé dans la parallaxe annuelle des étoiles et dans l'aberration de la lumière des preuves du mouvement de translation de la Terre sur son orbite annuelle. La rotation diurne est une conséquence presque nécessaire de cette translation, puisque le mouvement diurne ne pourrait s'expliquer sans elle que par une rotation de tout le reste de l'univers autour d'un axe entraîné par le centre de la Terre. Il existe d'ailleurs de nombreuses preuves directes de cette rotation.

La forme aplatie de notre planète en est une, mais les plus remarquables consistent dans les mouvements que prennent spontanément les corps lancés avec de grandes vitesses à la surface de la Terre.

On voit en effet, en se reportant à la figure 136 (p. 389) que, pour faire dévier la vitesse d'un corps d'une direction OA à une direction OA′, dans l'intervalle dt, il faut lui imprimer une accélération égale à $\dfrac{AA'}{dt}$. Pour une même déviation angulaire, $d\alpha$, et en supposant que la vitesse OA′ soit égale à OA, on a

$$AA' = v\,d\alpha,$$

et AA′ est perpendiculaire à OA. Par suite, pour dévier la vitesse d'un angle $d\alpha$ dans le temps dt, il faut imprimer au corps une accélération perpendiculaire à la vitesse et égale à

$$w = v\,\frac{d\alpha}{dt},$$

et dirigée dans le sens du mouvement de l'extrémité d'une parallèle à la vitesse ; par conséquent, si le corps a une masse m, il faut lui appliquer une force

$$mw = mv\,\frac{d\alpha}{dt}.$$

A égalité de changement de direction, cette force croît proportionnellement à la vitesse.

Or, imaginons un corps lancé sur la Terre avec une vitesse horizontale dirigée dans le méridien. La tangente au méridien, en un point quelconque, décrit par suite de la rotation de la Terre un cône de révolution ayant pour axe la ligne des pôles ; elle change donc à chaque instant de direction. Par suite, le corps dont nous avons parlé ne pourra rester sur le méridien qu'à la condition qu'on lui applique constamment une force dirigée dans le sens du mouvement de l'extrémité d'une parallèle à la vitesse menée par un point de l'axe de la Terre. Ce sens est celui de la rotation, c'est-à-dire de l'Ouest à l'Est si le corps marche vers l'équateur, et le sens contraire s'il marche vers les pôles.

Dans les cas où il n'existera pas d'appui pour maintenir le corps dans le méridien, il déviera en sens contraire de la force qu'il aurait fallu appliquer pour l'y maintenir. C'est ce qui arrive pour les particules d'air appelées des pôles vers l'équateur par la température élevée de cette région. Les vents permanents, dits *alisés*, des régions tropicales sont dirigés vers le Sud-Ouest dans l'hémisphère nord, et vers le Nord-Ouest dans l'hémisphère sud.

Le célèbre fondateur de la météorologie nautique, le lieutenant Maury, de la marine américaine, a signalé de nombreux effets de cette cause dans les phénomènes des courants marins et fluviaux. Il a remarqué notamment que les épaves entraînées par le Mississipi étaient généralement conduites vers la rive ouest de ce fleuve.

On a remarqué qu'un corps abandonné à lui-même du haut d'une tour, ou à l'orifice d'un puits de mine, atteint le sol à l'est du pied de la verticale du point de chute. Ce résultat est dû à ce que la vitesse absolue du corps vers l'Est, à l'instant initial, est plus grande que celle du pied de la verticale, parce qu'il est situé à une distance plus grande du centre de la Terre. M. Reich, dans une expérience faite aux mines de Freyberg, par une latitude de 39°, a trouvé une déviation vers l'Est de $0^m,0283$ pour une hauteur de chute de $158^m,50$. L'application de la théorie à ce problème donne $0^m,0276$[1]; la vérification est donc très satisfaisante.

PENDULE ET GYROSCOPE DE FOUCAULT. — En outre des preuves qui précèdent, L. Foucault a réussi, dans des expériences mémorables, à mettre la rotation de la Terre en évidence, c'est-à-dire à rendre ce mouvement pour ainsi dire visible à l'observateur.

Supposons que l'on dispose un corps sur un pivot autour

---

1. Bour, *Cours de mécanique*, IIIe fascicule, p. 55.

duquel il puisse tourner librement dans tous les sens sans éprouver aucune résistance de frottement. Si le point de suspension coïncide avec le centre de gravité, quels que soient les mouvements que l'on pourra donner à l'appui, le corps supposé immobile à l'instant initial restera parallèle à lui-même. Un observateur qui réaliserait ce dispositif en un point quelconque de la Terre verrait donc ce corps immobile *par rapport à la sphère céleste*. Par suite, il constaterait un mouvement *apparent* identique à celui de cette sphère, c'est-à-dire une rotation uniforme autour d'une parallèle à la ligne des pôles. Ce dispositif est difficile à réaliser parce que les frottements sont en général assez intenses pour entraîner le corps et lui donner l'immobilité *apparente* par rapport à la Terre. Mais nous avons montré plus haut que, lorsqu'un corps est animé d'une certaine vitesse, il offre aux déviations de la direction de cette vitesse des résistances proportionnelles à sa grandeur; par suite, un corps en mouvement, suspendu de manière que les frottements n'aient que peu d'influence sur les directions des vitesses de ses points, se comporte sensiblement comme si ces frottements n'existaient pas. Nous pourrons donc les négliger dans les explications qui suivent.

Considérons d'abord un pendule oscillant à la surface de la Terre. Il résulte de ce que nous avons vu que, dans la période de l'oscillation pendant laquelle la lentille va vers l'équateur, la vitesse déviera vers l'Ouest, dans la période inverse elle déviera vers l'Est, c'est-à-dire que d'une manière générale le plan d'oscillation, vu du point de suspension, tournera dans le sens des aiguilles d'une montre. Cette propriété a été vérifiée à l'aide d'un pendule suspendu à la coupole du Panthéon.

Considérons, encore, un tore suspendu par un système d'anneaux laissant à cet objet toute liberté de mouvement autour de son centre. Quand le tore est animé d'une rotation rapide, son mouvement est presque indépendant des frottements qui tendent à entraîner son axe. Or, on démontre en mécanique que si l'axe d'un tore est immobile dans l'espace absolu au moment initial, il reste parallèle à lui-même, quels que soient les mouvements imprimés au pied qui le supporte; et que si on lui donne une vitesse angulaire initiale quelconque, cet axe décrit uniformément un cône de révolution autour d'une direction invariable dans l'espace absolu. Il en sera donc de même sur la Terre.

Au moment initial l'axe du tore, immobile par rapport à la Terre, participe à la rotation diurne; par suite, aussitôt qu'il est rendu à la liberté, il décrit un cône par rapport à la sphère céleste. Son mouvement *apparent* est donc le résultat de la superposition de ce mouvement conique au mouvement de la sphère céleste. Le mouvement conique est en général extrêmement faible; il en résulte qu'en réalité l'axe du tore semble fixe par rapport aux étoiles et décrit par suite un cône apparent autour de la ligne des pôles.

Si, par des dispositions quelconques, on gêne ce mouvement, l'axe prend la vitesse composante que permettent ses liens.

Ces résultats ont été réalisés par *L. Foucault* à l'aide d'un instrument appelé *gyroscope*, qui figure aujourd'hui dans les cabinets de physique.

LIVRE V

MONOGRAPHIES DES ASTRES

CHAPITRE XX

DU SOLEIL

§ 1ᵉʳ. — Propriétés physiques du Soleil : Dimensions, rotations, taches, etc.

Le Soleil est placé au foyer commun des différentes ellipses que décrivent les diverses planètes du système d'astres (connu sous le nom de *système solaire*) dont fait partie la Terre.

Le Soleil possède un éclat propre ; il est la source originelle de l'*énergie* répandue sous forme de chaleur, de lumière et d'actions vitales dans le système solaire.

282. Dimensions du Soleil. — La parallaxe horizontale du Soleil lorsque cet astre est à sa distance moyenne de la Terre paraît, d'après les procédés de détermination dont il a été parlé ci-dessus, page 355, pouvoir être prise égale à 8",86 (avec une erreur possible de quelques centièmes de seconde d'arc en plus ou en moins). On en conclut que la moyenne des distances du centre du Soleil au centre de la Terre est égale à *23 000 fois* environ (exactement, d'après la valeur de parallaxe indiquée ci-dessus, 23 280,45) la longueur du rayon équatorial de la Terre, soit à *148 millions de* *kilomètres* environ (exactement 148 491 880 kilomètres[1]), le rayon équatorial de la Terre, déduit des mesures géodésiques effectuées à la surface de celle-ci, étant de 6 378 kilomètres (6 378 253 m. ± 75 m. d'après l'*Annuaire du Bureau des Longitudes* de l'année 1891, page 177).

La mesure des différents diamètres du Soleil effectuée à un même moment quelconque montre que tous ces diamètres sont égaux entre eux ; on en conclut que le Soleil est un corps sphérique.

La valeur commune des rayons du Soleil est de 108,56 rayons terrestres équatoriaux, soit 692 428 kilomètres[2].

Le volume de la Terre étant pris pour unité, le volume du Soleil est de 1 284 000.

La masse et la densité de la Terre étant prises pour unités, la masse et la densité du Soleil sont respectivement égales à 324 000 et à 0,253. Par rapport à l'eau, la densité du Soleil est de 1,39.

283. Rotation du Soleil. — Le Soleil tourne sur lui-même autour d'un de ses diamètres. Ce fait est mis en évidence par l'observation du déplacement des *taches*, points relativement obscurs de la surface du disque solaire et qui, par suite, constituent sur ce disque étincelant des repères propres à mettre en évidence son mouvement. La durée d'une révolution complète du Soleil sur lui-même est d'un peu plus de 25 jours ($25^j 4^h 29^m$ d'après l'*Annuaire du Bureau des Longitudes* de 1891);

---

[1]. Une erreur de 1/100e de seconde dans la mesure de la parallaxe solaire correspond à une erreur de 170 kilomètres dans la distance du Soleil à la Terre. Les trois ou quatre derniers chiffres du nombre de kilomètres ici indiqué pour mesure de cette distance ne peuvent par suite être garantis.

[2]. On peut faire au sujet de cette valeur une remarque assez curieuse : La distance de la Terre à la Lune est égale à 60 rayons terrestres environ, soit un peu plus de la moitié du rayon du Soleil. Le Soleil est donc tellement grand que, si l'on supposait le système formé par la Terre et la Lune transporté tout d'une pièce dans le Soleil de telle façon que le centre de la Terre coïncidât avec celui du Soleil, ce système serait tout entier contenu dans le globe solaire et la Lune s'y trouverait à peu près à égale distance du centre et de la surface.

l'équateur du Soleil, c'est-à-dire le grand cercle tracé sur la surface de cet astre perpendiculairement à son axe de rotation, fait un angle de 7 degrés environ (plus exactement 6°58′) avec le plan de l'orbite terrestre, autrement dit avec le plan de l'écliptique. Le sens de la rotation est *direct*, par conséquent le même que celui de la rotation de la Terre sur elle-même.

Nous venons de dire que le Soleil tournait sur lui-même en un peu plus de 25 jours. Mais un observateur terrestre qui suit le mouvement d'une quelconque des taches du Soleil constate qu'il s'écoule toujours un peu plus de 27 jours (plus exactement 27j,3) entre le moment où il voit pour la première fois une tache et le moment où il constate que cette tache occupe de nouveau la même position sur le disque solaire. Ce fait tient à ce que le mouvement *apparent* des taches du Soleil par rapport aux différents points de la surface terrestre résulte en réalité de deux mouvements distincts : le mouvement de rotation du Soleil sur lui-même et le mouvement de déplacement du centre de la Terre sur l'écliptique, en sorte que, pour avoir la valeur de la vitesse angulaire du mouvement propre de rotation du Soleil sur lui-même, il faut, d'après une règle connue, composer la vitesse angulaire du mouvement apparent des taches avec la vitesse angulaire moyenne de la Terre sur son orbite[1].

---

[1]. On a, en prenant le jour solaire moyen pour unité de temps :

Vitesse angulaire du mouvement apparent des taches . . . . . $\dfrac{2\pi}{27,3}$

— — de la Terre sur son orbite . . $\dfrac{2\pi}{365,25}$

On en conclut pour la vitesse angulaire du mouvement de rotation du Soleil :

$$\dfrac{2\pi}{27,3} + \dfrac{2\pi}{365,25}$$

La durée de la rotation du Soleil sur lui-même est par suite égale à

$$\dfrac{2\pi}{\dfrac{2\pi}{27,3} + \dfrac{2\pi}{365,25}} = 25^j 4^h 29^m.$$

466   MONOGRAPHIES DES ASTRES.

284. Taches, facules, lucules. — Pour pouvoir observer les taches, il faut, afin de diminuer l'éclat du Soleil, regarder celui-ci à travers une lunette munie de verres colorés.

Les taches ne se produisent que sur les parties de la surface du Soleil comprises entre deux bandes symétriques par rap-

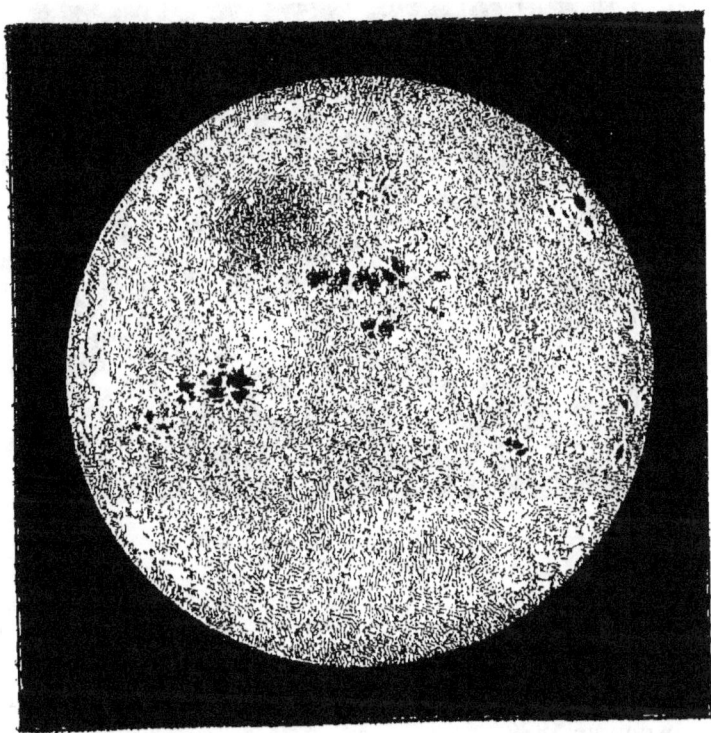

Fig. 153. — Le Soleil, d'après une photographie directe.

port à l'équateur solaire et limitées dans chaque hémisphère par les parallèles ayant respectivement 10° et 35° de latitude héliocentrique. Exceptionnellement, on a constaté quelques taches jusque dans les environs des parallèles de 50° de latitude.

Les taches ont parfois une étendue considérable ; on en a

noté qui avaient en dimensions linéaires plus de vingt rayons terrestres.

Elles changent d'ailleurs incessamment de forme et de dimensions et possèdent de petits mouvements propres.

Elles ont des durées d'existence variant de quelques jours

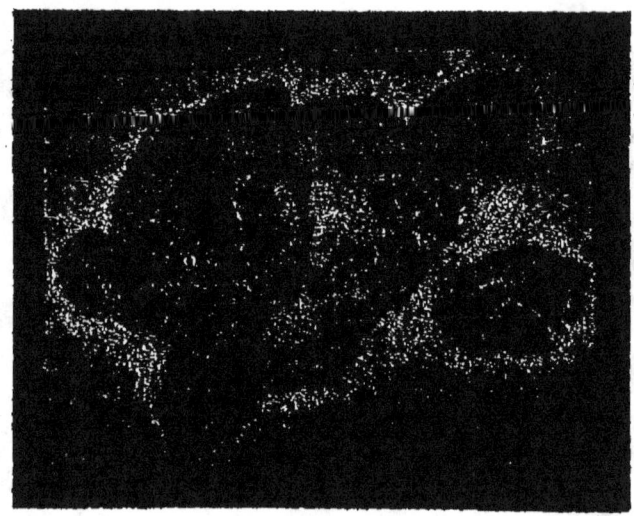

Fig. 154. — Type des taches solaires.

à deux mois. Leur nombre présente des maxima et des minima très accentués. Il s'écoule environ $11^{ans},1$ entre deux maxima ou deux minima consécutifs. Le dernier minimum a eu lieu en 1889.

— Si l'on étudie attentivement une tache un peu grande à travers une lunette de fort grossissement, on remarque que cette tache se compose de deux parties, savoir :

1° Au centre, une partie sombre appelée *noyau noir*;

2° Tout autour du noyau noir, une zone annulaire moins obscure nommée *pénombre*.

Les contours limites de séparation du noyau noir et de la pénombre ainsi que ceux qui bornent la pénombre sur le disque brillant du Soleil sont ordinairement nettement tranchés.

L'éclat relatif de la pénombre est un peu renforcé dans celles de ses parties qui sont voisines du noyau noir.

Lorsque l'on suit une même tache pendant plusieurs jours de suite dans toute l'étendue de la trajectoire qu'elle décrit depuis le bord oriental[1] jusqu'au bord occidental du Soleil, on remarque qu'au moment de l'apparition de la tache, la rive orientale de la pénombre est vue tout d'abord et grandit constamment jusqu'à ce que le noyau noir, puis la rive occidentale de la pénombre soient aperçus. Quand la tache parvient dans le voisinage du centre du Soleil, on voit également bien tout le développement de la pénombre et le noyau noir au centre de celle-ci. Enfin, lors de la disparition de la tache sur le bord occidental du Soleil, les phénomènes se présentent en sens inverse de ceux de l'apparition : la rive orientale de la pénombre décroît la première et finit par s'effacer, puis le noyau noir et enfin la rive occidentale de la pénombre font de même. Ces apparences montrent manifestement que les taches doivent être considérées comme formant autant de creux à la surface solaire, creux dont le noyau noir est le fond, la pénombre, les parties (talus ou redans superposés) placées entre ce fond et la couche extérieure du Soleil.

On peut d'ailleurs démontrer directement le fait que les taches sont des creux existant à la surface du Soleil au moyen d'une ingénieuse expérience due à M. Warren de la Rue : On prend deux photographies du Soleil à quelques jours d'intervalle; si ensuite on regarde simultanément ces photographies dans un stéréoscope, on voit les taches se modeler en creux.

— On donne le nom de *facules* à de petites taches brillantes qui ressortent vivement en clair sur le disque lumineux du Soleil.

---

1. Bord situé à la gauche d'un observateur placé en Europe et regardant le Soleil.

Les bords des taches sombres sont souvent accompagnés de facules.

On appelle *facules* des rides lumineuses qui apparaissent comme un filet étendu sur toute la surface du disque solaire lorsque l'on regarde celui-ci à travers un puissant télescope. Herschel a comparé l'aspect de la surface solaire vue dans

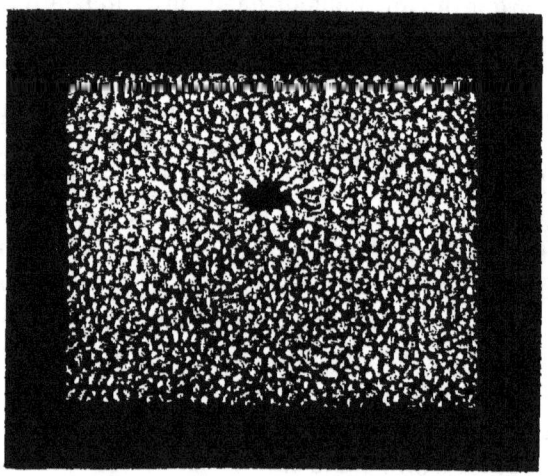

Fig. 155. — La surface du Soleil vue au télescope à l'aide d'un fort grossissement.

ces conditions à celui que présente la peau d'une orange (*fig.* 155).

L'étude des taches solaires est d'un grand intérêt en raison des renseignements qu'elle fournit sur la constitution du Soleil. Les taches étant en effet, comme il a été établi ci-dessus, des creux dont le noyau noir forme le fond, la constatation ainsi mise en évidence nous donne la notion nette de l'existence tout autour du globe central du Soleil d'une enveloppe déchirée par endroits et laissant voir par ses ouvertures le globe enveloppé. D'autre part, le fait de la variabilité des taches indique que ladite enveloppe est composée de matières essentiellement mobiles et déformables.

L'enveloppe dont on est par là conduit à reconnaître l'existence porte le nom de *photosphère*.

Quant aux facules, on les attribue généralement à des mouvements ascendants, précurseurs de l'apparition des taches, qui, venant soulever la matière de la photosphère, projettent cette matière au-dessus du niveau général de la surface limitative du Soleil et dégagent les emplacements où peu après se produisent les creux correspondant aux taches à noyau noir. Autrement dit, les facules sont les prodromes des déchirements de la photosphère.

§ 2. — Analyse spectrale. — Constitution du Soleil.

Les faits que nous venons de résumer ont constitué pendant longtemps les seules notions que l'astronomie ait possédées sur la constitution du globe solaire. Mais, depuis une trentaine d'années, une nouvelle méthode de recherches physiques a été créée qui, sous le nom d'*analyse spectrale* ou *spectroscopie*, a pris une grande importance et s'annonce comme devant être de plus en plus féconde. Ses très intéressantes applications à l'étude des astres et principalement du Soleil ont permis d'arriver à une connaissance intime de la nature des principaux corps célestes et de développer ainsi considérablement la branche d'astronomie désignée par l'appellation d'*Astronomie physique*.

285. Composition chimique de la photosphère. — M. Kirchhoff, l'un des créateurs de la spectroscopie (voir l'appendice historique), est aussi l'un des premiers promoteurs de l'emploi de cette belle méthode d'analyse à l'étude de la constitution du Soleil. Voici sur quel plan étaient généralement conçues les nombreuses et remarquables expériences qu'il a instituées dans cet ordre d'idées : Faisant arriver les rayons solaires par la moitié inférieure de la fente d'un spectroscope, il éclairait la moitié supérieure de cette fente avec une étincelle électrique jaillissant entre deux électrodes métalliques. La nature du métal de ces électrodes variait à chaque expérience. Quand l'on constatait la coïncidence du système des raies brillantes du spectre de l'étincelle électrique et du système des raies obscures du spectre solaire, on en concluait la présence dans la photosphère du Soleil du métal constitutif des électrodes essayées. Ces expériences répétées avec beaucoup de soin et de patience ont montré que la photosphère renferme la plupart des métaux communs existant sur la Terre, notamment le sodium, le bismuth, le magnésium, le chrome, le nickel, le fer, etc., mais que l'or, l'argent, le mercure, l'étain, le plomb, l'arsenic y font défaut. La présence du platine y a été récemment signalée par M. Thollon.

C'est à l'existence des vapeurs métalliques ainsi constatées dans la photosphère qu'il faut attribuer le grand éclat de celle-ci.

286. Chromosphère. — La photosphère est enfermée dans une enveloppe extérieure concentrique presque exclusivement gazeuse et par suite de moindre éclat; cette enveloppe porte le nom de *chromosphère*; on en reconnaît l'existence en explorant le contour du disque solaire avec un spectroscope ayant sa fente dirigée tangentiellement à ce contour[1]; on obtient ainsi un spectre à raies brillantes qui montre que l'enveloppe en question est composée d'hydrogène et parfois de quelques autres corps parmi lesquels le magnésium est celui que l'on rencontre le plus souvent. Le P. Secchi a en outre signalé la présence dans cette enveloppe d'une substance caractérisée par une raie d'un jaune vif et qui ne semble pas avoir été trouvée jusqu'ici sur la Terre; il a

---

1. Cette méthode de recherche procède du même ordre d'idées que celle imaginée par M. Janssen pour l'étude en tout temps des protubérances dont il va être parlé ci-après. Naturellement, la découverte des protubérances est antérieure à celle de la chromosphère et, si nous parlons de celle-ci avant celles-là, c'est uniquement pour la facilité de l'exposition.

donné le nom d'*hélium* à cette substance d'une nature indéterminée[1].

287. Protubérances. — Enfin, au delà de la chromosphère, c'est-à-dire à une distance encore plus grande du centre du Soleil, on remarque de puissants jets d'hydrogène, connus sous le nom de *protubérances*, qui s'échappent irrégulièrement et à époques variables du Soleil en rompant la régularité de la courbure du disque de celui-ci. Vu leur faible éclat qui est effacé par la vive clarté de la photosphère voisine, ces protubérances ne sont visibles en temps ordinaire ni à l'œil nu, ni même à l'œil armé d'une lunette astronomique. Ce qui a révélé tout d'abord leur existence, ce sont les observations faites à l'occasion des éclipses de Soleil. Pendant la durée de ces éclipses, le disque éblouissant du Soleil, occulté par le disque noir de la Lune, devient invisible, et alors apparaissent tout autour de ce disque occulté, des dépendances, « des jets de lumière, des langues de feu, quelquefois comme des montagnes embrasées (Janssen) » (*fig.* 156).

---

[1]. La question de savoir s'il existe de l'oxygène dans les enveloppes gazeuses extérieures du Soleil a été longtemps discutée. On percevait bien dans le spectre solaire les raies obscures caractéristiques de l'oxygène ; mais, comme la lumière solaire, pour arriver jusqu'à nous, traverse l'atmosphère terrestre, il était permis de penser que les raies obscures ainsi constatées étaient dues à l'action de l'oxygène terrestre, autrement dit que ces raies étaient des raies *telluriques*. C'est en effet ce qui semble maintenant définitivement établi à la suite des belles recherches de M. Janssen qui, pour élucider la question, a procédé à un grand nombre d'observations comparatives en des stations correspondant respectivement à de grandes variations dans l'épaisseur de la couche d'atmosphère traversée par les rayons solaires (observations faites en plaine à Meudon, sur la tour Eiffel, au chalet des Grands-Mulets (octobre 1888) à 3050 mètres d'altitude sur la route du Mont-Blanc et enfin (22 août 1890) sur le sommet du Mont-Blanc à 4810 mètres). On peut lire, soit dans les *Comptes rendus de l'Académie des sciences* (2ᵉ semestre 1890), soit dans l'*Annuaire du Bureau des longitudes* de 1891, le très intéressant récit fait par M. Janssen de son ascension sur le Mont-Blanc qui vient de clore si heureusement la série de ces patientes et fructueuses observations à la suite desquelles on doit désormais considérer les enveloppes gazeuses du Soleil comme dénuées d'oxygène, « tout au moins de l'oxygène ayant « la constitution qui « lui permet d'exercer sur la lumière les phénomènes d'absorption qu'il produit « dans notre atmosphère et qui se traduisent dans le spectre solaire par le sys- « tème de raies et de bandes que nous connaissons (Janssen) ».

Les protubérances ainsi mises en évidence ont été observées avec le plus grand soin, notamment par M. Janssen à Guntoor (Indes anglaises) dans la belle éclipse du 18 août 1868 ; elles ont une couleur rouge et l'analyse spectrale montre qu'elles sont principalement composées d'hydrogène accompagné

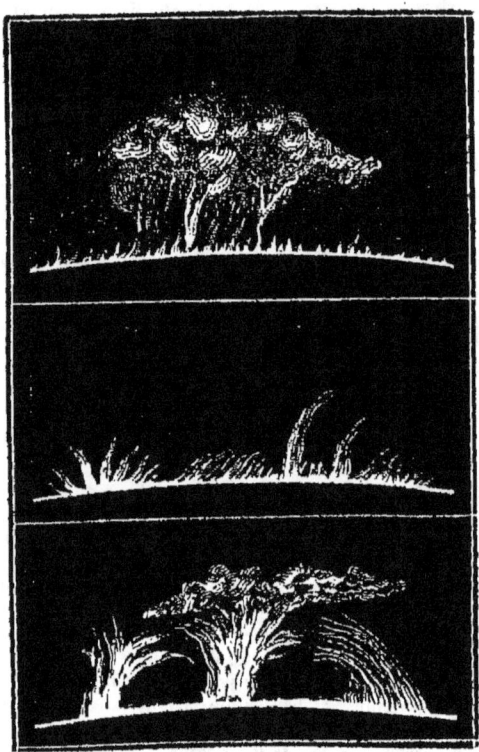

Fig. 156. — Les flammes du Soleil. Types des principales formes.

parfois (Secchi) des principaux métaux que l'on trouve dans la chromosphère.

Ce qui caractérise l'observation faite à Guntoor, ce pourquoi il y a lieu de la citer spécialement, c'est qu'elle a donné lieu à l'invention d'une méthode particulière et bien inattendue, grâce à laquelle on peut maintenant arriver à observer

les protubérances, même en dehors des éclipses, tous les jours où il en existe. C'est le lendemain de l'éclipse précitée du 18 août 1868 que M. Janssen eut l'idée de tenter ce nouveau procédé d'investigation : « A l'aide d'une lunette cher-
« cheur je plaçai, dit-il, la fente du spectroscope sur le bord
« du disque solaire (normalement à ce disque) dans les régions
« mêmes où la veille j'avais observé les protubérances lumi-
« neuses; cette fente placée en partie sur le disque solaire et
« en partie en dehors donnait par conséquent deux spectres,
« celui du Soleil et celui de la région protubérantielle », et, ayant ainsi disposé son instrument, M. Janssen, à l'aide de quelques précautions dont on trouvera le détail dans son très intéressant rapport (*Annuaire du Bureau des longitudes*, 1869), parvint à constater la formation des raies brillantes caractéristiques du spectre des protubérances. La raison de la réussite de la méthode ainsi créée est facile à saisir; elle est indiquée par M. Janssen dans son rapport précité : Lorsqu'on regarde le Soleil avec les instruments ordinaires des observatoires, l'éclat de toutes les parties situées en dehors du disque solaire proprement dit est effacé par la lumière éblouissante émanée de celui-ci ; mais, quand on met le spectroscope en action, la dispersion produite par l'effet du prisme sur la lumière à composition très complexe du disque solaire a pour résultat de répandre cette lumière dans toute l'étendue du spectre et par suite d'en diminuer l'éclat en raison de la dispersion réalisée ; les protubérances au contraire, grâce à leur simplicité de composition, n'éprouvent que peu de dispersion ; leurs radiations restent concentrées dans une petite région du spectre et peuvent ainsi devenir visibles par le fait de l'affaiblissement relatif de la lumière émanée du disque.

Le phénomène des protubérances est, cela va sans dire, essentiellement variable ; ces éruptions de la surface extérieure du Soleil changent constamment de forme et d'aspect ; elles peuvent avoir des dimensions énormes atteignant parfois la moitié du rayon du Soleil (soit plus de 50 fois le rayon terrestre, plus de 300000 kilomètres) et varient en quelques minutes du simple au double. D'après le P. Secchi, leur vitesse d'ascension (vitesse de formation comptée suivant les rayons du Soleil) dépasserait à certains moments 50 kilomètres à la seconde.

La matière constitutive des protubérances ne diffère pas de celle de la chromosphère dont elles semblent n'être que des projections accidentelles et momentanées.

288. Résumé des notions qui viennent d'être indiquées. — En résumé, on peut dire que le Soleil comprend :

1° Un globe central, relativement obscur, visible par endroits à travers les déchirures (taches) des enveloppes extérieures du Soleil ; ce globe central est d'une nature encore mal déterminée ; on le regarde généralement comme étant composé de matières portées à une température très élevée, sans doute à l'état de *dissociation* (voir l'hypothèse de M. Faye, page 477 ci-après) ;

2° Tout autour de ce globe central, une première enveloppe très brillante, la *photosphère*, constituée par des gaz portant en suspension des vapeurs métalliques et animée de mouvements internes incessants manifestés par les *taches* et les *facules* ;

3° Autour de la photosphère, une seconde enveloppe sans grand éclat, la *chromosphère*, formée de gaz, notamment d'hydrogène, contenant parfois quelques vapeurs métalliques ;

4° En saillie sur la surface sphérique qui limite extérieurement la chromosphère, des *protubérances*, sortes d'éruption de couleur rouge, d'intensité variable, pouvant atteindre des dimensions considérables (la moitié du rayon du Soleil) et qui paraissent dues à des projections accidentelles de la matière de la chromosphère.

Nous ajouterons que, d'après les idées admises par beaucoup d'astronomes sur la nature du phénomène de la *lumière zodiacale*, la matière qui donne naissance à cette lumière constituerait en quelque façon une troisième enveloppe du

Soleil, enveloppe assez vaste pour enfermer en son intérieur les planètes les plus voisines du Soleil et notamment la Terre.

289. Hypothèses sur la constitution du Soleil. — La question que doit maintenant se poser le lecteur après la description que nous venons de faire de la structure des diverses enveloppes du Soleil est de savoir quelle est la nature même de cet astre, son organisation, la raison d'être et le mode d'entretien de l'*énergie* qu'il tire sans cesse de lui pour la répandre si largement dans notre système planétaire.

Cette question très intéressante ne peut pas encore être résolue d'une façon certaine : on en est réduit aux hypothèses, sauf à se guider, pour le choix entre les diverses hypothèses présentées, sur la connaissance des faits positifs ci-dessus exposés.

L'hypothèse la plus ancienne, mais qui paraît maintenant définitivement rejetée, consiste à regarder le Soleil comme constitué par un immense amas de matières combustibles se consumant lentement. Cette hypothèse ne semble plus soutenable : on peut en effet, d'après la mesure de la quantité de chaleur que le Soleil envoie annuellement en une région déterminée quelconque de la surface terrestre, calculer celle qu'il rayonne dans l'espace tout autour de lui pendant un espace de temps donné[1] ; et l'on reconnaît ainsi que, produisant d'une façon continue la quantité de chaleur calculée comme il vient d'être dit, le Soleil, assimilé à un énorme bloc de houille, aurait été entièrement brûlé au bout de cinq siècles. (Jamin, *Cours de physique de l'École polytechnique.*)

Une autre hypothèse très ingénieuse est basée sur les enseignements de la théorie mécanique de la chaleur : Elle consiste à admettre que l'énergie du Soleil s'entretient par les apports dus aux chocs incessants de corpuscules qui,

---

[1]. D'après Pouillet, cette chaleur est telle qu'elle serait suffisante pour fondre en une année une croûte de glace qui, répandue uniformément sur la surface extérieure du Soleil, aurait 6 000 kilomètres d'épaisseur (soit environ le rayon de la Terre ou le centième du rayon du Soleil).

arrivant des espaces planétaires, viennent se jeter sur lui en lui abandonnant leur force vive, laquelle se transforme en chaleur[1]. On a calculé que, pour assurer le maintien de la température du Soleil, il suffirait que l'épaisseur de la couche formée tout autour du globe solaire par les corpuscules en question s'accrût de 20 mètres par an ; on conçoit que, dans ces conditions, il faudrait bien des siècles avant que l'augmentation du diamètre du Soleil résultant de cette arrivée incessante de corpuscules à sa surface devînt appréciable à nos instruments ; mais la variation de masse du Soleil qui en serait la conséquence aurait pour effet de modifier assez rapidement la vitesse de rotation de cet astre sur lui-même ; aussi, cette vitesse de rotation ne paraissant pas avoir varié depuis plus d'un siècle qu'on l'observe, l'hypothèse dont il s'agit semble peu plausible.

M. Faye a présenté une hypothèse qui s'accorde mieux avec les faits connus : Dans le système de M. Faye, le Soleil aurait été formé originairement par la condensation d'une énorme quantité de matière cosmique, laquelle, primitivement répandue dans toute l'étendue de notre système solaire, serait venue se rassembler sous l'influence des actions attractives réciproques de ses diverses parties. Cette matière serait à une température très élevée résultant de la quantité de chaleur produite par le travail des forces attractives qui ont déterminé la condensation et elle se trouverait, précisément en raison de sa température très élevée, en cet état particulier où toutes les affinités chimiques ont disparu et dont la notion a été introduite dans la science par Sainte-Claire-Deville sous le nom de *dissociation*. Elle constituerait ainsi le globe central, ce qui expliquerait l'obscurité relative de celui-ci, attendu que l'on peut admettre, par analogie avec les consta-

---

1. Le phénomène serait analogue à celui que l'on constate lorsqu'on se trouve en face d'un projectile arrêté brusquement dans son mouvement par un choc contre un obstacle, par exemple contre une muraille. La force vive du projectile se transformant en chaleur, les températures de la muraille et du projectile s'élèvent brusquement à tel point que l'on se brûle fortement en touchant le projectile.

tations faites sur les gaz, que la matière dissociée n'a qu'un pouvoir lumineux très faible. Tout autour du noyau central formé de matière dissociée comme il vient d'être dit, la température du Soleil s'abaisse par le rayonnement et, les affinités chimiques reparaissant par suite de la diminution de la température, les molécules se groupent ; des corps se forment, ce sont ceux dont l'on constate la présence dans la photosphère. Mais les corps de la photosphère, une fois constitués, sont attirés par la matière du globe central ; en même temps, d'autres parties de la matière de ce globe marchent vers la photosphère et, en arrivant dans celle-ci, s'organisent à leur tour en combinaisons chimiques déterminées. On conçoit que, dans ces conditions, la photosphère soit le siège de courants incessants marchant suivant les prolongements des rayons du globe central les uns vers l'extérieur (courants formés par les parties de matière passant de l'état de dissociation à l'état de combinaisons chimiques), les autres vers l'intérieur (courants constitués par les combinaisons chimiques en train de se dissocier). Les taches et les autres phénomènes qui nous révèlent les perturbations incessantes de la photosphère sont expliqués. L'hypothèse ainsi édifiée par M. Faye concorde avec tous les faits connus ; elle est d'ailleurs en filiation directe avec les découvertes récentes de la chimie et avec la théorie mécanique de la chaleur ; à tous les points de vue, par conséquent, elle mérite d'être prise en très sérieuse considération.

CHAPITRE XXI

DE LA LUNE

§ 1er. — Rotations ; librations.

290. Principaux éléments. — La Lune est représentée dans les calculs d'astronomie par le symbole ☾.

La Lune est un globe sphérique. La moyenne des distances de son centre au centre de la Terre est égale à 60,2745 (en prenant pour unité le rayon terrestre équatorial). L'orbite qu'elle décrit autour de la Terre (abstraction faite des perturbations dues aux attractions du Soleil et des planètes) est une ellipse dont le centre de la Terre occupe l'un des foyers et qui a une excentricité égale à 0,055 ; cette orbite a une inclinaison moyenne de 5°8′48″ sur l'écliptique ; le temps que la Lune met à la parcourir, autrement dit la durée de la révolution sidérale de la Lune, est égal à $27^j 7^h 43^m 11^s,5$ (temps moyen) ; le sens de la marche de la Lune sur cette orbite est le sens direct.

Le rayon du globe lunaire est égal à 0,273 (le rayon terrestre équatorial étant pris pour unité), soit à 1 741 kilomètres. Sa masse est : 0,013, la masse de la Terre étant prise pour unité. Sa densité est égale à 0,615 par rapport à celle de la Terre et à 3,38 par rapport à celle de l'eau. La pesanteur à sa surface est de 0,174, en tenant compte de la force centrifuge due à sa rotation, la pesanteur à la surface terrestre étant prise pour unité.

291. Rotation. — La surface de la Lune est très accidentée ; on y voit de hautes montagnes dont il sera parlé en détail plus loin ; il est donc aisé de trouver sur le disque apparent de la Lune des points de repère propres à mettre en évidence le mouvement de rotation possible de cet astre. Or, si l'on examine à ce point de vue pendant plusieurs jours de suite le disque lunaire, on constate ce fait remarquable que, abstraction faite de petites perturbations connues sous le nom de *librations* dont l'origine sera expliquée ci-après, ce disque présente constamment le même aspect dans les différentes positions de la Lune ; autrement dit, c'est toujours la même face de la Lune qui regarde la Terre. On doit en conclure que la Lune tourne sur elle-même dans le sens direct autour d'un axe perpendiculaire au plan de son orbite et avec une vitesse angulaire égale à la vitesse angulaire moyenne de sa révolution sidérale.

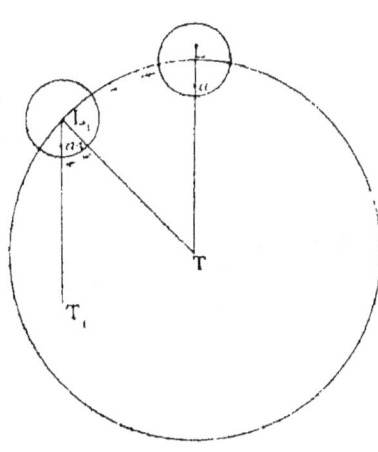

Fig. 157.

Pour le prouver, prenons le plan de l'orbite lunaire pour plan de la figure et admettons d'abord que cette orbite (qui est en réalité une ellipse à faible excentricité) soit exactement circulaire. Soit T le centre commun de l'orbite et de la Terre ; supposons qu'un observateur placé en ce centre regarde le disque lunaire. Considérons la Lune en une position quelconque L et appelons a la projection sur le plan de la figure d'un quelconque (A) des points de la surface de la Lune situés dans le plan normal au plan de la figure passant par le rayon vecteur LT. L'observateur placé en T voit tous les points de ce plan et en particulier le point (A) se projeter sur le disque lunaire suivant le diamètre de ce disque normal au plan de la figure. Prenons maintenant la Lune en une autre position quelconque L_1; menons $L_1 T_1$ parallèle à LT. Si la Lune se transportait dans l'espace sans tourner, de telle façon par conséquent que tous ses plans diamétraux restassent constamment parallèles à eux-mêmes, tous les points de sa surface situés dans le plan normal LT devraient, quand la Lune serait venue en L_1, se trouver dans le plan normal parallèle passant par $L_1 T_1$; le point (A) notamment serait sur la normale au plan de la figure menée par le point a_1 qui marquerait sur la droite $L_1 T_1$ la nouvelle position du point a. L'observateur placé en T verrait donc le point (A) se projeter sur le disque lunaire non pas sur le diamètre de ce disque normal au plan de la figure, mais sur une corde parallèle audit diamètre. Or, d'après ce que nous avons dit ci-dessus, l'aspect du disque lunaire reste le même à toute époque, ce qui signifie que, quelle que soit la position L_1 de la Lune, les points tels que (A) qui, lorsque la Lune était en L, se projetaient sur son disque suivant le diamètre de celui-ci normal au plan de la figure, sont encore vus en projection sur le diamètre normal au même plan dans la position L_1 de la Lune. Il faut donc que, pendant que la Lune passe de L en L_1, le plan normal LT tourne autour d'un axe mené par le centre de la Lune normalement au plan de la figure de telle façon que la trace de ce plan normal sur le plan de la figure devienne la ligne $L_1 T$. Le plan LT et avec lui toute la Lune tournent par conséquent, autour de l'axe ci-dessus défini, d'un angle $T_1 L_1 T$ égal à l'angle $L_1 TL$ décrit dans le même temps par le rayon vecteur de l'orbite. Et, comme la chose doit avoir lieu quel que soit l'angle $L_1 TL$, on voit que la vitesse angulaire de rotation de la Lune sur elle-même est bien égale à celle de sa révolution sidérale supposée uniforme, autrement dit égale à la vitesse angulaire moyenne de la révolution sidérale.

L'inspection de la figure montre d'ailleurs immédiatement que le sens de la rotation est le même que celui de la révolution sidérale, c'est-à-dire direct.

292. Librations. — Mais, si l'on réfléchit attentivement au raisonnement qui vient d'être présenté, on reconnaît qu'il exige l'exactitude de trois conditions, savoir :

1° Que l'orbite de la Lune soit circulaire ;

2° Que le diamètre de la Lune autour duquel s'effectue la rotation de celle-ci soit normal au plan de l'orbite ;

3° Que le lieu d'où l'on observe la Lune soit le centre de la Terre.

Or, en réalité, aucune de ces trois conditions n'est exactement remplie :

L'orbite de la Lune est non pas un cercle, mais une ellipse à faible excentricité ;

Le diamètre autour duquel tourne la Lune n'est pas exactement normal au plan de l'orbite (la discussion des faits montre que ce diamètre fait un angle de 1° 37′ environ avec la normale au plan de l'orbite) ;

Les observateurs placés sur la Terre sont non au centre, mais à la surface de celle-ci.

Il en résulte que, bien que la durée de la rotation de la Lune soit en réalité exactement égale à celle de sa révolution sidérale, les parties de la surface de la Lune que nous apercevons de la Terre ne sont pas toujours exactement les mêmes ; certaines régions apparaissent, d'autres disparaissent ; et, au bout d'un certain temps, quand on rapproche les observations faites, on constate que le total des portions de surfaces vues de la Lune surpasse sensiblement l'aire d'un hémisphère de l'astre. Tout se passe comme si la Lune éprouvait autour d'axes d'orientation variables passant par son centre de petits mouvements de rotation se succédant suivant des lois périodiques et avec continuité. On donne le nom de *librations* à ces petits mouvements et l'on distingue :

1° La *libration en longitude* occasionnée par le fait de l'ellipticité de l'orbite ;

2° La *libration en latitude* produite par le fait de l'inclinaison de l'axe de rotation ;

3° La *libration diurne* due au fait de la position excentrique des observateurs.

Les effets de la libration diurne sont d'ailleurs peu sensibles et notablement moins marqués que ceux produits par les deux autres librations.

Le phénomène des librations de la Lune a été utilisé par M. Warren de la Rue pour obtenir, sous des points de vue légèrement différents, des épreuves photographiques du disque lunaire qui, étant accouplées deux à deux et placées dans un stéréoscope, permettent de se rendre bien compte du relief des montagnes et autres accidents de la surface de la Lune.

§ 2. — Montagnes. — Absence d'atmosphère.

293. Montagnes de la Lune. — Nous venons de parler de montagnes. La surface de la Lune en est couverte et ces montagnes sont relativement très grandes ; elles ont en effet des hauteurs à peu près égales à celles des plus grandes montagnes de la Terre, ce qui est considérable pour un petit globe comme la Lune, dont le rayon ne dépasse guère le quart du rayon terrestre.

Pour justifier ce que nous disons ici, nous allons donner une idée des méthodes employées

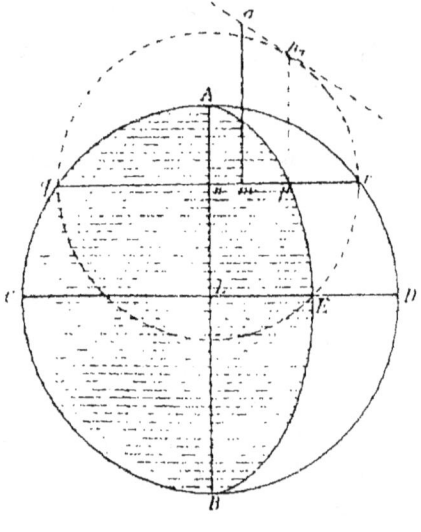

Fig. 138.

pour déterminer la hauteur des montagnes lunaires :

Soit, à une époque quelconque, AEB la ligne de séparation

de la partie éclairée AEDB et de la partie obscure AECB du globe lunaire. Si l'on examine attentivement cette partie obscure AECB, on y constate la présence de points brillants tels que le point m par exemple ; ces points sont les projections sur le disque lunaire de sommets d'autant de montagnes qui s'élèvent assez au-dessus du niveau général de la surface du globe lunaire pour que leurs faîtes, perçant la surface cylindrique circonscrite au globe lunaire suivant la ligne AEB, arrivent dans la zone de l'espace éclairée par les rayons du Soleil. Pour tirer parti de cette observation, menons par le centre L du disque lunaire deux axes de coordonnées, l'un AB normal, l'autre CD parallèle au plan passant au moment de l'observation par les centres du Soleil, de la Terre et de la Lune. Nous pouvons, au moyen d'une lunette micrométrique, mesurer les coordonnées par rapport aux axes AB, CD : 1° du point m, 2° du point p déterminé sur la ligne AEB de manière à avoir même ordonnée Ln que le point m.

Cela posé, considérons sur le globe lunaire le petit cercle qr qui a pour trace sur le plan du disque la droite $qnmpr$. La connaissance de l'ordonnée Ln et du rayon du disque nous permet de déterminer le rayon nr de ce cercle. Rabattons le cercle qr en question sur le plan du disque en faisant tourner ce cercle autour de son diamètre qr; dans le rabattement, le point p de la surface du globe lunaire viendra en p_1 sur la circonférence du cercle rabattu et le sommet de la montagne observée se placera en s sur la tangente $p_1 s$ menée en p_1 au cercle rabattu (en admettant, sous réserve de l'observation ci-après, que le sommet de la montagne ne s'élève que d'une quantité négligeable au-dessus de la surface cylindrique circonscrite au globe lunaire suivant la ligne AEB séparative de la partie éclairée et de la partie obscure de ce globe). La position du point s étant ainsi fixée, nous pourrons obtenir par le calcul la longueur de l'ordonnée ms. Si maintenant nous supposons le cercle qr relevé et replacé par conséquent dans sa véritable position, nous voyons que l'ordonnée ms mesure la distance du sommet s de la montagne au plan du disque lunaire, c'est-à-dire au plan des deux axes AB, CD, et que par suite la distance de ce sommet s au centre L de la Lune n'est autre chose que la diagonale d'un parallélipipède droit rectangle ayant les droites Ln, nm, ms, pour arêtes ; la distance en question est donc égale à

$$\sqrt{\overline{Ln}^2 + \overline{nm}^2 + \overline{ms}^2}$$

et la hauteur de la montagne à

$$\sqrt{\overline{Ln}^2 + \overline{nm}^2 + \overline{ms}^2} - \rho.$$

ρ désignant le rayon de la Lune.

Cette méthode, très simple, n'est pas très exacte ; car la hauteur obtenue est toujours un peu moindre que la hauteur véritable, puisque, pour que le sommet s de la montagne soit éclairé, il faut évidemment que ce sommet soit situé non pas (comme le suppose l'énoncé ci-dessus) juste sur la surface cylindrique circonscrite à la Lune suivant la ligne AEB, mais un peu au delà de cette surface par rapport à la Lune. Pourtant, en appliquant cette méthode avec précaution, en s'efforçant de bien saisir le moment où le point brillant m tend à s'effacer sur le disque lunaire, on arrive à se rendre compte d'une façon assez précise des hauteurs des montagnes observées.

Certaines montagnes par leur position sur les bords du disque lunaire ou au centre d'un cirque formé par d'autres montagnes ne se prêtent pas à l'emploi de la méthode qui vient d'être exposée. On détermine alors leur hauteur par la mesure de l'ombre qu'elles projettent sur le disque lunaire pris dans des conditions d'éclairage convenable.

La plus grande hauteur de montagne trouvée sur la Lune est celle du mont Curtius, qui atteint 8830 mètres (la plus haute montagne terrestre, le Gaorisankar, dans l'Himalaya, a 8840 m.). Viennent ensuite, parmi les montagnes lunaires, le mont Newton : 6900 mètres, puis le mont Casatus : 6470 mètres, et plusieurs autres dépassant le Mont-Blanc de France qui n'a que 4810 mètres.

Fig. 159. — La montagne lunaire de Copernic. Type des grands cratères.

Les principales montagnes de la Lune ont l'aspect de bouches de volcans éteints ; assez souvent elles sont distribuées en cirque entourant un plateau d'altitude élevée dont le centre est occupé par un pic isolé. Cette disposition se présente, par exemple, dans le mont Tycho-Brahé (6 120 m. de hauteur) dont le plateau a près de 100 kilomètres de diamètre. Le mont Copernic (3 400 m. de hauteur) est remarquable par la régularité du contour de son cirque.

294. Absence d'atmosphère. — La Lune ne semble pas avoir d'atmosphère. Voici les faits sur lesquels on s'appuie pour arriver à cette conclusion :

1° Les parties éclairées du disque de la Lune apparaissent toujours avec la même netteté (quand l'atmosphère terrestre est bien transparente, autrement dit quand le temps est clair); on ne voit jamais devant la Lune de ces taches sombres, fixes ou mobiles, que l'on observe sur les disques de la plupart des planètes et qui sont regardées comme étant des nuages et par conséquent des indices d'existence d'atmosphère ;

2° La ligne de séparation de la partie éclairée et de la partie obscure du disque lunaire est toujours bien distincte et franchement tracée suivant la forme géométrique qu'elle doit avoir d'après le relief de la surface de la Lune; or, si la Lune était enveloppée d'une atmosphère, il se produirait, par suite de la présence de cette atmosphère, des phénomènes de crépuscule qui feraient que la partie éclairée et la partie obscure du disque lunaire se raccorderaient suivant une zone à teintes fondues variant progressivement sans saut brusque de la lumière à l'ombre ;

3° Les étoiles devant lesquelles la Lune vient à passer par suite de son déplacement sur la surface de la sphère céleste sont toujours occultées brusquement et font ensuite leur réapparition avec soudaineté, comme cela arrive pour les objets devant lesquels passe un écran à bords nettement délimités ; il est clair que les choses ne se passeraient pas ainsi si la Lune avait une atmosphère ; l'existence de celle-ci aurait pour effet d'éteindre et ensuite de ranimer graduellement l'éclat des étoiles occultées.

La Lune, n'ayant pas d'atmosphère, ne doit pas non plus

avoir d'eau à sa surface; car, faute d'atmosphère, l'eau qui pourrait s'y trouver se vaporiserait instantanément.

Dans ces conditions, sauf le cas peu probable où il existerait quelques lambeaux d'atmosphère dans les poches profondes des montagnes de la Lune, la vie humaine, tout au moins la vie d'hommes organisés comme ceux qui habitent la Terre, n'est pas possible sur la Lune.

CHAPITRE XXII

PLANÈTES. — COMÈTES

§ 1ᵉʳ. — **Planètes.**

295. Mercure. — La planète Mercure est généralement représentée dans les ouvrages d'astronomie par le symbole : ☿.

C'est de toutes les planètes la plus rapprochée du Soleil ; aussi est-elle difficilement et rarement visible, l'éclat du Soleil empêchant généralement de la distinguer nettement ; l'astronome Copernic n'a jamais pu l'apercevoir.

Cependant, en France, il se passe peu d'années dans lesquelles on ne puisse l'apercevoir au moins une fois. Il faut la chercher aux époques de ses plus grandes élongations une demi-heure avant le lever ou après le coucher du Soleil.

Pour les raisons exposées page 379 ci-dessus, Mercure est soumis à des phases. D'après M. Schiaparelli, cette planète posséderait une atmosphère très épaisse. Elle présente, aux pôles, des taches blanches qui ont fait croire à Schrœter que la corne sud du croissant était tronquée. Cette troncature avait été attribuée à la présence d'une montagne élevée.

L'observation des taches a permis de reconnaître que la planète Mercure tourne sur elle-même dans le sens direct ; la durée de la rotation est de 88 jours (d'après M. Schiaparelli, cette durée n'ayant pas encore été déterminée d'une façon absolument certaine). Si la valeur de durée de rotation ainsi indiquée peut être définitivement établie, comme par ailleurs la durée de la révolution sidérale de Mercure est également de 88 jours (exactement $87^j,969$,) il en résultera qu'on devra admettre que, sauf de petites variations dues à des librations possibles, Mercure tourne toujours la même de ses faces vers le Soleil, absolument comme la Lune le fait pour la Terre.

En raison de sa plus grande proximité du Soleil, Mercure reçoit, sur chaque mètre carré de sa surface éclairée, six fois plus de chaleur et de lumière [1] que la Terre (dans le même temps). La température à la surface de Mercure doit donc être très élevée ; l'eau et les liquides analogues qui peuvent s'y trouver sont sans doute en état continuel d'ébullition ou tout au moins soumis à une évaporation très active. Aussi l'atmosphère de Mercure paraît être constamment chargée de nuages épais dont la présence peut d'ailleurs diminuer assez notablement l'intensité de la chaleur qui parvient jusqu'au noyau même de la planète.

Mercure jouit de la propriété de passer (comme le fait Vénus) à certaines époques entre la Terre et le Soleil sur lequel il se projette alors pendant la durée de son passage sous forme d'un petit point noir traversant le disque lumineux. Le grand rapprochement relatif de Mercure et du Soleil ne permet pas d'utiliser efficacement ces passages (comme ceux de Vénus) pour la détermination de la parallaxe solaire.

D'après Le Verrier, pour bien expliquer toutes les particu-

---

[1]. On sait que l'intensité d'un rayonnement calorifique (ou d'un rayonnement lumineux) se mesure par la quantité de chaleur (ou de lumière) reçue dans l'unité de temps par l'unité de surface placée normalement à la direction du rayonnement. On sait également que, pour une même source de rayonnement, cette intensité varie en raison inverse du carré de la distance à la source. Par conséquent, si I représente l'intensité du rayonnement solaire pour un astre situé à la distance δ du Soleil et I' l'intensité de ce même rayonnement pour la Terre, on a (en prenant la distance du Soleil à la Terre pour unité de distance) : $\frac{I}{I'} = \frac{1}{\delta^2}$.

Pour Mercure $\delta = 0,4$ environ. Donc : $\frac{I}{I'} = \frac{1}{0,4^2} = \frac{1}{0,16} = 6$ environ.

larités du mouvement de Mercure par rapport au Soleil, il conviendrait d'admettre l'existence d'une ou de plusieurs planètes situées entre le Soleil et Mercure et venant agir sur celui-ci de manière à l'écarter légèrement de la trajectoire elliptique qu'il suivrait rigoureusement s'il était soumis à la seule attraction solaire. L'existence de ces planètes inférieures à Mercure n'a pu jusqu'ici être établie par l'observation d'une façon précise.

Mercure n'a pas de satellites.

296. Vénus. — Symbole : ♀.

Vénus est une planète brillante, très facilement visible, qui, vu son peu d'éloignement du Soleil, apparaît (comme Mercure d'ailleurs) soit le matin un peu avant le lever du Soleil, soit le soir un peu après le coucher de celui-ci. Elle a tellement d'éclat qu'on l'aperçoit parfois en plein jour.

Le rayon de cette planète est presque égal à celui de la Terre.

L'observation de taches apparentes sur le disque de Vénus a permis de reconnaître que cette planète tourne sur elle-même dans le sens direct en 225 jours (valeur encore incertaine donnée par M. Schiaparelli). La durée de la révolution sidérale de Vénus étant également de 225 jours (exactement $224^j,701$), il résultera de la confirmation de la durée de rotation ici indiquée que l'on devra, conformément à la remarque faite ci-dessus pour Mercure, regarder Vénus comme tournant toujours la même de ses faces vers le Soleil.

On pense que Vénus a une atmosphère. La surface de cette planète paraît très accidentée ; par des méthodes analogues à celles indiquées pages 483-485 ci-dessus pour la mesure de la hauteur des montagnes lunaires, on y a constaté l'existence de montagnes atteignant jusqu'à 44 kilomètres de hauteur.

On croit avoir vu parfois dans le voisinage de Vénus un astre qui serait un satellite de cette planète ; mais la chose ne paraît pas établie d'une façon certaine.

Vénus a, comme on sait, une grande importance en astro-

297. Mars. — Symbole : ♂,

Les taches de la planète Mars ont montré qu'elle tournait sur elle-même dans le sens direct en 24ʰ 37ᵐ 23ˢ (temps moyen) autour d'un axe incliné sur le plan de son orbite elliptique à peu près comme celui de la Terre l'est par rapport à l'écliptique. Il résulte de là que les variations des longueurs des jours et des nuits suivant les saisons, aux différentes lati-

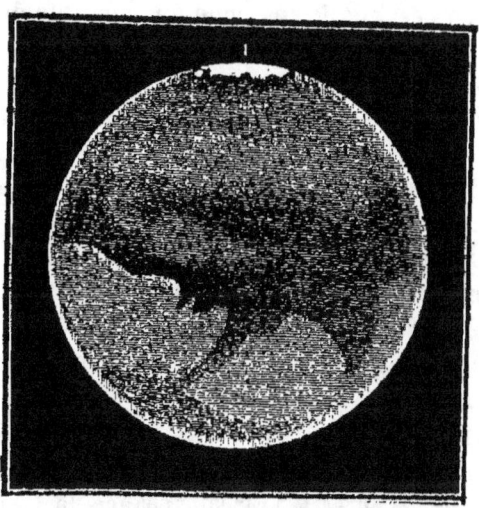

Fig. 160. — Aspect télescopique de Mars, le 10 septembre 1877, d'après M. Henry, de l'Observatoire de Paris.

tudes de Mars, ont vraisemblablement beaucoup d'analogie avec les variations analogues relatives à la Terre (avec cette différence toutefois que les saisons de Mars sont notablement plus longues, l'année de Mars ayant, conformément à la troisième loi de Képler, plus de durée que l'année de la Terre).

La valeur de l'aplatissement de Mars n'a pu jusqu'ici être déterminée sûrement.

Mars présente en chacun de ses pôles de larges taches blanches (*fig.* 160) qui sont vraisemblablement dues à l'existence d'amas de glaces analogues à ceux qui se trouvent près des pôles du globe terrestre. Ces taches, comme cela doit être, varient tour à tour d'étendue suivant les saisons de la planète ; à chaque retour de chaleur amenée à l'un des pôles par le jeu des saisons, il se produit une fusion partielle de la glace accumulée à ce pôle et en même temps une recrudescence de congélation à l'autre pôle.

L'étude des aspects successifs de la planète Mars est au reste fort intéressante en raison du fait de la proximité relative de cette planète et de la Terre. Au moment de l'*opposition* (moment où Mars est aussi rapproché que possible de la Terre), l'on peut se rendre compte, dans une certaine mesure, des changements qui se produisent à la surface de Mars. A ce point de vue, l'attention des savants a été particulièrement fixée par les belles images de Mars que M. Perrotin a adressées de l'Observatoire de Nice à l'Académie des Sciences[1].

Les images dont il s'agit représentent la planète aux diverses dates de mai et de juin 1888 et mettent en évidence des changements rapides et importants survenus dans son aspect pendant ce court intervalle de deux mois ; les changements en cause consistent principalement en la formation et en la disparition successives de larges bandes sombres, généralement rectilignes, tracées suivant diverses directions sur le disque de la planète et dénommées, assez improprement sans doute, *canaux*. D'après M. Fizeau (séance de l'Académie du 25 juin 1888), la formation de ces bandes serait due à de vastes craquelures qui se produisent dans les glaciers dont, vu son assez grand éloignement du Soleil, la planète Mars est couverte. Il serait à désirer que, comme l'a fait remarquer M. Janssen, pour continuer l'étude des phénomènes signalés par M. Perrotin, on pût faire de bonnes photographies donnant les divers aspects successifs de Mars ; mais la chose se-

---

1. Voir pages 494-495 ci-contre.

rait difficile, les phénomènes dont il s'agit étant d'une perception très délicate.

Mars est la seule des planètes supérieures qui présente des phases appréciables; son disque est plein et nettement circu-

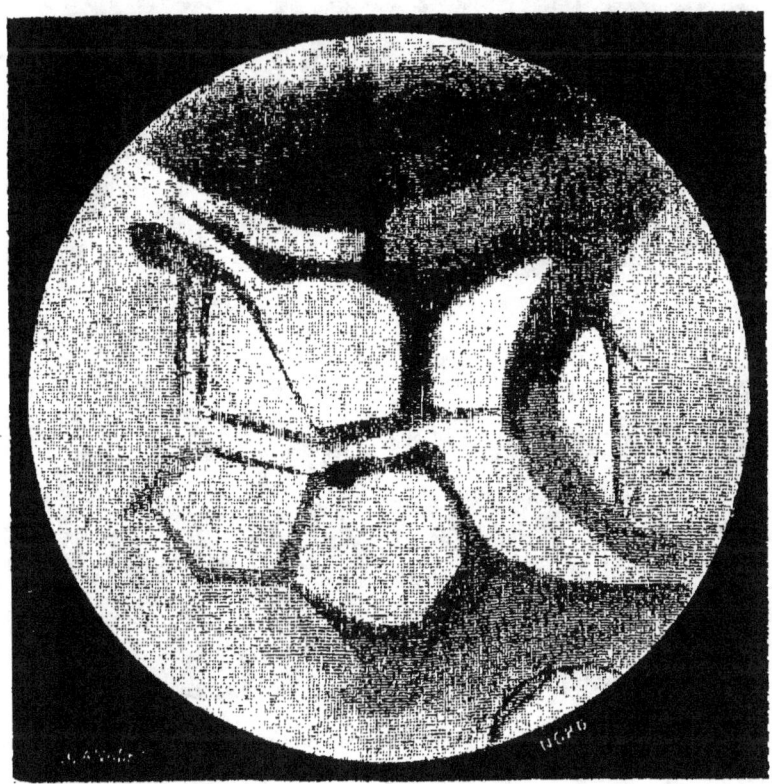

Fig. 161. — Vue de Mars le 8 mai 1888.

laire dans ses oppositions et conjonctions; mais il est légèrement échancré dans ses quadratures.

C'est grâce à la grande excentricité (0,093) de la trajectoire elliptique décrite par Mars autour du Soleil que, comme nous l'avons vu page 326, Képler a pu reconnaître la nature de cette trajectoire et arriver ainsi à la conception des trois lois célèbres qui servent de base à la théorie du monde solaire.

Mars a deux satellites dont la découverte est toute récente ; car ce n'est qu'en 1877 qu'ils ont été signalés par M. Asaph

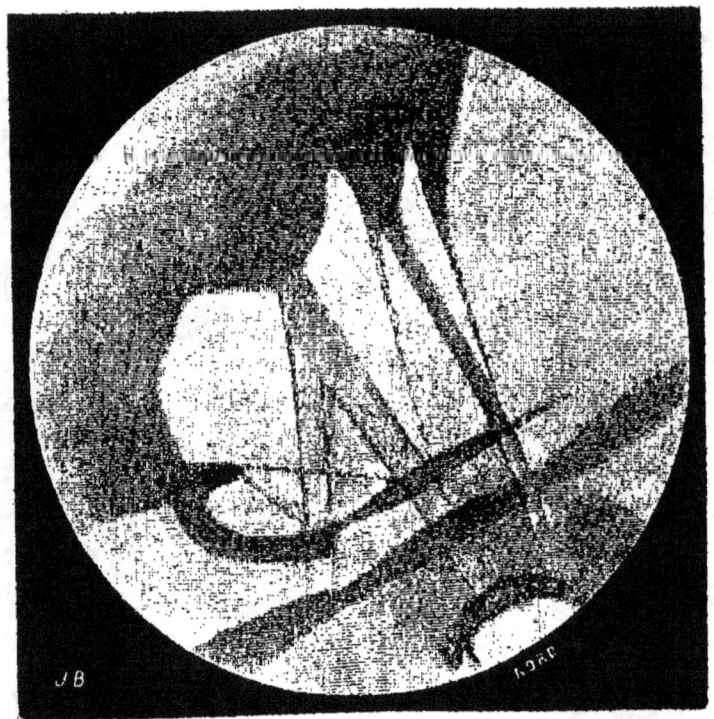

Fig. 162. — Vue de Mars le 4 juin 1888.

Hall. On les nomme Phobos et Deimos. Ils sont très près de la planète, leurs distances maxima du centre de celle-ci n'étant que de 2,771 et 6,921 (en prenant le rayon de la planète pour unité).

298. Petites planètes. — Les petites planètes que l'on rencontre entre Mars et Jupiter et qui, à l'exception d'une seule

(Vesta), sont invisibles à l'œil nu, ont toutes été découvertes dans ce siècle. C'est en effet le 1ᵉʳ janvier 1801, premier jour du siècle, que la première connue d'entre elles, Cérès, a été signalée par l'astronome Piazzi. En 1845, on n'en connaissait encore que 4 : Cérès, Pallas (découverte par Olbers en 1802), Junon (découverte par Harding en 1804) et Vesta (découverte par Olbers en 1807). La cinquième, Astrée, fut trouvée, le 8 décembre 1845, par Hencke. Depuis, on en a découvert un grand nombre qui est sans doute destiné à s'accroître encore; car on en signale fréquemment de nouvelles. C'est ainsi que dans l'année 1890 on en a trouvé 15, lesquelles occupent les nᵒˢ 288 à 302 de la série.

On représente en astronomie chacune des petites planètes par le symbole : ⓝ, n désignant le numéro d'ordre de découverte de la planète considérée. Ainsi le symbole de Cérès est ①, celui d'Astrée ⑤, etc.

Les distances des diverses petites planètes au Soleil sont loin d'être les mêmes : parmi ces planètes, il y en a dont la distance moyenne au Soleil est voisine de 2 (la distance moyenne de la Terre au Soleil étant prise pour unité) ; la distance de Flore ⑧ au Soleil est 2,2 ; la plus petite distance moyenne est celle de Méduse ⑲ : 2,13. Il y en a d'autres dont la distance moyenne dépasse 4 (exemple : Thulé ㉗₉ dont la distance, la plus grande de toutes, est 4,26).

Le lecteur trouvera au besoin, dans l'Annuaire du Bureau des longitudes, la liste complète des planètes connues, avec l'indication de tous les éléments de leurs mouvements.

Le fait de la découverte des petites planètes a permis d'introduire dans la série de Bode (page 367) le 5ᵉ terme et de combler le vide que cette série présentait au siècle dernier entre le 4ᵉ terme (Mars) et le 6ᵉ terme (Jupiter). La distance au Soleil de la première petite planète connue, Cérès, est : 2,77, nombre très voisin du 5ᵉ terme : 2,8 de la série de Bode.

Les trajectoires des diverses petites planètes sont très rapprochées les unes des autres et emmêlées confusément. Pour employer une comparaison due à M. d'Arrest, on peut dire que, si ces trajectoires étaient matérialisées sous forme d'autant de cerceaux rigides, on ne saurait toucher à l'un de ces cerceaux sans ébranler en même temps tous les autres.

La moyenne des inclinaisons sur l'écliptique des orbites des petites planètes est de 8°, un peu supérieure à celle de l'orbite de Mercure. Mais parmi les inclinaisons de ces orbites, il y en a qui s'écartent notablement de la moyenne ainsi indiquée ; la plus grande inclinaison est celle de Pallas ⊕ qui atteint 34° 44′.

La moyenne des excentricités des orbites des petites planètes est : 0,15, nombre notablement supérieur à celui qui mesure la moyenne correspondante (0,086) pour les grosses planètes. L'excentricité de la planète Œthra, la plus forte de toutes, est de 0,38.

En tenant compte des excentricités, on constate que la planète Œthra, celle qui précisément vient d'être désignée comme ayant la plus grande excentricité, peut s'approcher à la distance 1,61 du Soleil, tandis que Andromaque s'en éloigne jusqu'à la distance 4,73.

Pour avoir plus de détails sur la question des petites planètes, on peut lire avec beaucoup de fruit une très intéressante notice que M. Tisserand a publiée dans l'Annuaire du Bureau des longitudes de 1891 ; on verra notamment dans cette notice les raisons qui doivent faire rejeter une hypothèse émise au commencement du siècle par Olbers, d'après laquelle les petites planètes seraient des fragments d'une grosse planète brisée par une commotion interne.

Les dimensions des petites planètes sont très faibles. Les divers observateurs qui ont cherché à déterminer ces dimensions ont trouvé des résultats peu concordants ; mais les plus grandes valeurs indiquées pour les diamètres ne dépassent pas quelques centaines de kilomètres. (D'après W. Herschel, le diamètre de Cérès serait de 250 kilomètres.)

299. Jupiter. — Symbole: ♃.

Planète brillante, ayant un éclat un peu inférieur à celui

de Vénus. On aperçoit sur son disque des bandes plus ou moins larges réparties principalement vers la région équatoriale et que l'on suppose formées par des nuages flottant dans l'atmosphère de la planète.

La figure 163 montre une tache ovale apparue en 1877 et qui a toujours été revue depuis. Cette tache est rougeâtre ; on n'a pas pu jusqu'ici en expliquer la cause.

L'observation de taches visibles sur le disque de Jupiter a montré que cette planète tournait sur elle-même dans le

Fig. 163. — Suite des variations annuelles de Jupiter.

sens direct en $9^h 55^m 37^s$ (temps moyen); l'axe de rotation est presque perpendiculaire au plan de l'orbite de la planète.

Jupiter a quatre satellites qui tournent autour de lui dans le sens direct et dans des orbites peu inclinées sur la sienne[1].

L'illustre Laplace a étudié en détail la théorie des mouvements de ces satellites ; entre autres résultats intéressants, il a montré la raison d'être de curieuses relations que les obser-

---

[1]. Un cinquième satellite vient d'être découvert (septembre 1892) par M. Barnard.

vations avaient fait découvrir et qui peuvent s'énoncer comme il suit :

« Le moyen mouvement du premier satellite (le plus rap-
« proché de la planète), plus deux fois celui du troisième, est
« égal à celui du second.

« La longitude moyenne du premier satellite, plus deux
« fois celle du troisième, est égale à trois fois la longitude du
« second, plus une demi-circonférence. » (Laplace, *Exposition du système du monde.*)

Les satellites de Jupiter lui présentent toujours la même de leurs faces ; cette propriété remarquable de leurs mouvements, dont l'explication théorique a également été donnée par Laplace, se constate aussi, comme l'on sait, dans le mouvement de la Lune par rapport à la Terre et sans doute aussi dans les mouvements de Mercure et de Vénus (voir les monographies de ces planètes ci-dessus) par rapport au Soleil.

Les trois premiers satellites de Jupiter sont éclipsés à toutes leurs révolutions ; pour le quatrième, beaucoup plus éloigné que les autres de la planète[1], il peut arriver que, par suite de l'inclinaison ($1°57'$) de son orbite sur celui de Jupiter, il passe à certaines révolutions au-dessus ou au-dessous du cône d'ombre sans être éclipsé.

L'observation des éclipses des satellites de Jupiter fournit aux voyageurs un moyen de calculer leur longitude. La *Connaissance des temps* prédisant ces phénomènes en fonction du temps moyen, il suffit de déterminer l'heure locale au moment de la constatation d'une éclipse pour pouvoir déduire de ces éléments la longitude du lieu où l'on se trouve. Mais ce procédé manque de précision ; la diminution de l'éclat des satellites lors de leur pénétration dans le cône d'ombre de la planète se produit en effet graduellement en sorte que l'instant précis de l'occultation est difficile à déterminer.

---

[1]. En prenant pour unité le rayon équatorial de Jupiter, les distances des satellites au centre de la planète sont respectivement égales à 6, 9,5, 15, 26,5. Les excentricités des orbites sont très faibles. Les durées des révolutions satisfont à la troisième loi de Képler.

Les satellites de Jupiter sont invisibles à l'œil nu ; ils peuvent être aperçus distinctement dans les longues-vues et lunettes grossissant 20 fois. Le docteur Barth raconte que, dans un de ses voyages, il a rencontré un Soudanien qui pouvait, à l'œil nu, indiquer les positions des satellites.

Les satellites de Jupiter ont une célébrité toute particulière dans les fastes astronomiques ; c'est en effet en cherchant à expliquer des divergences constatées entre les instants des occultations et les prédictions y relatives des tables de J. D. Cassini que l'astronome danois Roëmer a découvert le fait de la propagation successive de la lumière.

300. Saturne. — Symbole : ♄.

Saturne est une planète visible à l'œil nu dont l'observation présente un intérêt tout spécial en raison de l'anneau qui l'entoure.

L'anneau est complètement distinct du globe central ; dans

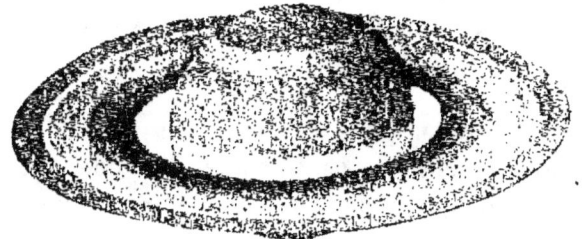

Fig. 161.

le mouvement de celui-ci, il se transporte parallèlement à lui-même et, comme il est fortement incliné sur le plan de l'orbite du globe et par suite sur l'écliptique, l'aspect sous lequel il nous apparaît change constamment ; nous le voyons tantôt sous forme d'une large couronne elliptique nous présentant soit l'une de ses faces, soit l'autre avec une large tache sombre produite par l'ombre portée du globe central, tantôt (quand son plan passe par le centre de la Terre) sous la figure d'une mince lame lumineuse coupant le globe central.

L'anneau est dirigé à peu près perpendiculairement au globe central. La distance du bord intérieur de l'anneau au centre du globe central est égale à 1,482 ; celle du bord extérieur à 2,229 (le rayon équatorial de Saturne étant pris pour unité).

L'épaisseur de l'anneau ne paraît pas dépasser 400 kilomètres.

La durée de la rotation de l'anneau sur lui-même est en temps moyen de : $10^h 32^m 15^s$, un peu plus longue par conséquent que celle du globe central ; le sens est direct.

L'anneau, observé avec des instruments puissants, paraît se diviser en trois autres concentriques : l'anneau extérieur brillant, séparé par la *division de Cassini* de l'anneau moyen brillant également, et l'anneau intérieur dont la teinte est dégradée. L'ensemble de la figure des anneaux paraît variable ; on avait constaté dans l'anneau extérieur une division appelée division d'Encke; MM. Henry et M. Trouvelot l'ont cherchée en vain en 1884.

La masse de l'anneau, d'après M. Tisserand, est égale à $\frac{1}{620}$ de celle du globe central.

Il est à présumer que, vu sa faible densité (0,70), Saturne est en grande partie composé de matières liquides ou gazeuses. La même remarque s'applique à Jupiter, à Uranus et à Neptune.

Saturne a 8 satellites :

Mimas, situé à la distance 3,11 du centre de la planète (le rayon équatorial de celle-ci étant pris pour unité), découvert par W. Herschel en 1789;

Encelade, à la distance 3,98 (W. Herschel, 1789);

Théthis, à la distance 4,95 (J. D. Cassini, 1684);

Dioné, à la distance 6,34 (J. D. Cassini, 1684);

Rhéa, à la distance 8,86 (J. D. Cassini, 1672);

Titan, à la distance 20,48 (Huygens, 1655);

Hypérion, à la distance 25,07 (Bond et Lassel, 1848);

Japetus, à la distance 59,58 (J. D. Cassini, 1671).

301. Uranus. — Symbole : ♅.

Cette planète n'était pas connue des anciens. Elle a été découverte par W. Herschel en 1781 ; elle avait été d'ailleurs observée avant cette époque par divers astronomes qui l'avaient portée dans les catalogues d'étoiles sans se douter qu'il s'agissait d'un astre mobile, c'est-à-dire d'une planète.

MM. Paul et Prosper Henry ont constaté sur la planète la présence de deux bandes grises droites et parallèles situées symétriquement de part et d'autre du centre, et, entre ces bandes, d'une zone brillante correspondant vraisemblablement à la région équatoriale. On trouverait ainsi 41° environ pour l'angle compris entre l'équateur et le plan des orbites des satellites.

Uranus a quatre satellites :

Ariel, situé à la distance 7,72 du centre de la planète (le rayon équatorial de celle-ci étant pris pour unité), découvert par Lassel en 1851 ;

Umbriel, à la distance 10,76 (Lassel, 1851) ;

Titania, à la distance 17,65 (W. Herschel, 1787) ;

Obéron, à la distance 23,60 (W. Herschel, 1787).

Les satellites d'Uranus présentent cette particularité remarquable que les plans de leurs orbites font des angles considérables (voisins de 98°) avec l'écliptique ; ces angles étant supérieurs à 90°, les mouvements de satellites projetés sur le plan de l'écliptique se font dans le sens rétrograde, contrairement par conséquent au sens ordinaire des mouvements des astres dépendant du système solaire[1].

302. Neptune. — Symbole : ♆.

La planète Neptune est célèbre par l'histoire de sa décou-

---

[1]. L'inclinaison de la trajectoire d'un corps en astronomie se mesure par l'angle dont il faudrait faire tourner le plan de cette trajectoire pour l'appliquer sur l'écliptique dans des conditions telles qu'après l'application le mouvement du corps fût direct. Il en résulte que le mouvement de la projection des corps sur l'écliptique est direct ou rétrograde suivant que l'inclinaison de sa trajectoire est < 90° ou > 90°.

verte dont les circonstances mémorables sont exposées dans la notice historique comprise au présent ouvrage.

Chose curieuse : il s'est produit pour Neptune ce qui est arrivé, voir page 502 ci-dessus, pour Uranus. La planète Neptune, découverte seulement le 23 septembre 1846, avait été vue deux fois à Cambridge avant cette époque, le 4 et le 12 août 1846, par un astronome anglais, M. Challis, qui l'avait laissée passer sans se douter qu'il tenait une nouvelle planète dans son télescope.

La planète Neptune est invisible à l'œil nu.

Il doit faire très froid sur Neptune ; l'intensité de la chaleur solaire y est tout au plus égale à la millième partie de ce qu'elle est sur la Terre. De plus, Neptune se trouve dans une éternelle nuit ; le Soleil, vu de cette planète, n'apparaît que comme une étoile.

Neptune possède un satellite découvert en 1846 par Lassel ; ce satellite est à la distance 14,54 du centre de Neptune (le rayon de celui-ci étant pris pour unité) et fait sa révolution sidérale en $5^j 21^h 2^m 44^s,2$.

L'angle que fait le plan de l'orbite du satellite de Neptune avec l'écliptique est encore plus considérable que ceux des plans des orbites d'Uranus ; il atteint en effet 145°. Il présente en outre cette particularité d'éprouver des variations assez rapides que, d'après M. Tisserand (séance de l'Académie des sciences du 19 novembre 1888), on pourrait expliquer en attribuant au pôle de l'orbite du satellite un mouvement suivant un petit cercle dont le centre serait au pôle de l'équateur de la planète.

§ 2. — Comètes.

303. Le mot « comètes » a son origine étymologique dans le mot grec κομήτης qui signifie : « chevelu ».

C'est qu'en effet la plupart des comètes se présentent sous l'aspect d'un assemblage lumineux composé de :

1° Un *noyau* ou *tête* brillant ayant l'apparence d'une étoile ;

2° Tout autour du noyau, une sorte de nuage doué d'un éclat moins vif que le noyau et qui est ce que l'on nomme la *chevelure* ;

3° Une longue traînée, de plus en plus pâle à mesure qu'elle s'éloigne de la tête, que l'on appelle *queue*.

Toutefois les comètes ne possèdent pas toutes les divers éléments que nous venons d'énumérer : quelques-unes n'ont ni noyau, ni queue, et apparaissent alors sous forme d'un simple amas de matière lumineuse plus ou moins brillant, plus ou moins régulièrement arrondi. D'autres comètes n'ont ni chevelure, ni queue, et ressemblent à des étoiles ordinaires.

Par contre, il y a des comètes qui ont plusieurs queues : l'un des exemples les plus remarquables de comètes de ce genre est celle qui a été observée en 1744 et est connue sous le nom de comète de *de Chézeaux*.

On voit que, malgré l'origine du mot qui sert à désigner les comètes, ce n'est pas le fait de posséder une chevelure qui caractérise ces astres. Voici en réalité comment on peut définir les comètes :

Les comètes sont des corps qui jouissent de la double propriété de posséder sur la voûte céleste un mouvement apparent de déplacement rapide (d'une vitesse comparable à celles des planètes) et de n'être visibles que pendant une certaine période de temps (généralement un certain nombre de jours ou quelques mois au plus) après laquelle ils échappent à notre perception.

On voit nettement d'après cette définition en quoi les comètes se distinguent des autres astres : étoiles, nébuleuses, planètes.

Tandis que les étoiles et les nébuleuses restent, comme nous le verrons au chapitre XXIII ci-après, sensiblement immobiles sur la voûte céleste à tel point qu'il faut des années ou l'emploi de procédés spéciaux (méthode Doppler-Fizeau) pour en déceler les mouvements, les comètes marchent rapidement dans le Ciel (comme le font les planètes) et, par suite, en observant une même comète deux fois à quelques heures ou, au plus, à quelques jours de distance, on constate que ses coordonnées géocentriques ont changé ; on peut, à l'aide d'observations convenables, construire, comme on le fait pour les planètes, les trajectoires des comètes et en calculer ensuite d'avance des arcs plus ou moins étendus.

Les caractères qui différencient les comètes des planètes sont de leur côté parfaitement nets. Nous savons que les planètes décrivent autour du Soleil des trajectoires qui peuvent être considérées dans une première approximation comme des ellipses à faible excentricité. Il en résulte que les distances de la Terre aux planètes n'éprouvent que des variations relatives assez faibles et que par suite à toute époque les planètes sont visibles pour des observateurs placés en des points convenables de la surface terrestre. Les comètes au contraire ne peuvent être aperçues que pendant une certaine période de temps : cela tient à ce que leurs trajectoires sont ou des courbes fermées très grandes (se rapprochant d'ellipses à grands axes et à fortes excentricités) ou peut-être pour certaines d'entre elles des courbes ouvertes (de la forme de la parabole et de l'hyperbole) ; l'éclat des comètes n'étant pas d'ailleurs très vif, il résulte de cet ensemble de circonstances que ces astres ne sont visibles que pendant qu'ils décrivent la portion de leurs trajectoires voisine du Soleil ; ils apparaissent d'abord faiblement, deviennent plus brillants les jours suivants, éprouvent souvent d'importantes modifications d'aspect en approchant du Soleil, tournent autour de celui-ci, puis s'en éloignent en diminuant d'éclat pour disparaître au bout d'un certain temps.

Les comètes peuvent d'ailleurs se mouvoir sur des trajectoires fortement inclinées sur l'écliptique ; et, pour cette raison, alors que les planètes restent toujours dans la zone du Ciel voisine de l'écliptique dont elles ne s'écartent jamais que de quelques degrés au plus, les comètes sillonnent la voûte céleste dans tous les sens. Certaines comètes (la célèbre comète périodique de Halley par exemple) ont des trajectoires dont l'inclinaison sur l'écliptique est supérieure à

90° et présentent par suite cette particularité que (contrairement à ce qui a lieu pour les planètes, mais conformément à ce qui arrive pour les satellites d'Uranus et de Neptune), leur projection sur l'écliptique a un mouvement rétrograde.

Quelques comètes sont *périodiques*, ce qui veut dire qu'elles reviennent dans notre Ciel à certaines époques se succédant suivant des lois mathématiques et séparées par de longs intervalles de non-visibilité ; les trajectoires de ces comètes périodiques sont nécessairement fermées. Mais la plupart des comètes ne nous apparaissent qu'une fois et, après avoir brillé plus ou moins longtemps à nos yeux, elles nous échappent pour toujours.

Il en résulte cette conséquence qu'il est impossible de prévoir d'avance l'arrivée des comètes autres que les comètes périodiques. A une époque quelconque et sans que rien ne nous l'annonce, nous pouvons recevoir la visite d'une comète de la plus belle espèce.

304. Comètes périodiques. — Les comètes périodiques sont peu nombreuses. L'*Annuaire du Bureau des longitudes* de 1892 en cite 14 dont le retour a été observé et 64 dont on ne connaît qu'une seule apparition, mais que, d'après l'étude de la portion visible de leur trajectoire, on suppose devoir être périodiques.

Au sujet de ces comètes périodiques présumées, il convient de remarquer que, la masse des comètes étant toujours faible, les prévisions que l'on peut déduire par le calcul des observations faites sur ces astres n'ont jamais le degré de certitude que possèdent celles concernant les planètes ; car une comète est exposée à rencontrer sur sa route bien des astres (planètes ou autres comètes) aux attractions desquels elle est obligée d'obéir et qui peuvent ainsi modifier considérablement la forme de sa trajectoire.

Parmi les comètes périodiques dont le retour a été observé, les plus célèbres sont :

1° La comète de Halley.

Cette comète a été observée en 1682 par Halley qui établit qu'elle n'était autre qu'un astre dont la présence avait déjà été notée en 1531 et 1607. Ayant ainsi introduit dans la science la notion alors entièrement nouvelle des comètes périodiques, Halley put annoncer que la comète dont il s'agit reviendrait encore en 1759 et fixa approximativement la date de son retour. Les calculs d'Halley furent revus après sa mort (1742) par Clairaut qui, tenant compte de l'influence des attractions de Jupiter et de Saturne sur le mouvement de la comète, put prédire avec une erreur de moins d'un mois l'époque de la réapparition de la comète en 1759. La même comète a été revue en 1835 ; et cette fois, grâce à la connaissance plus précise que l'on avait de la valeur de la masse de Saturne, l'erreur commise sur la date du retour de la comète n'a été que de trois jours.

On voit d'après cela que la durée de la révolution sidérale de la comète de Halley est de 76 années environ (plus exactement : $76^{ans},37$).

La comète de Halley est remarquable par l'amplitude des variations de ses distances au Soleil : à son périhélie elle s'approche du Soleil jusqu'à 0,59 (la distance moyenne du Soleil à la Terre étant prise pour unité), soit plus près que Vénus dont la distance moyenne au Soleil est de 0,723 ; à son aphélie, elle s'éloigne jusqu'à 35,4, plus loin par conséquent que Neptune, la planète extrême de notre système, dont la distance moyenne n'est que 30,055. On voit d'après cela que l'intensité de la chaleur et de la lumière émanées du Soleil que reçoit la comète de Halley à son périhélie est environ 3600 fois plus forte qu'à son aphélie (car : $\dfrac{35,4^2}{0,59^2} = 3600$).

2° La comète d'Encke.

La comète d'Encke, signalée pour la première fois par Méchain à Paris en 1786, a été retrouvée en 1795 par Miss Caroline Herschel à Slough, Carle à Berlin et Bouvard à Paris ; elle put alors être suivie du 7 au 24 novembre. Elle a été découverte une troisième fois en 1805 par Pons à Marseille, Huth à Francfort-sur-l'Oder, Bouvard à Paris et encore une quatrième fois en 1818 par Pons.

C'est la planète qui a la plus petite durée de révolution sidérale : 3^{ans},308, autrement dit 1 205 jours. Il en résulte qu'elle a passé deux fois à son périhélie entre 1786 et 1795, encore deux fois entre 1795 et 1805 et enfin trois fois entre 1805 et 1818 sans avoir été aperçue. Depuis 1818 aucun de ses passages n'a échappé aux observateurs. C'est d'ailleurs en 1818 seulement qu'Olbers soupçonna l'identité qu'il y avait entre les comètes apparues, comme il a été expliqué ci-dessus, en 1786, en 1795, en 1805 et 1818 et arriva bientôt à établir qu'elles constituaient une seule et même comète.

Peu après, Encke commença des recherches approfondies sur cette comète et arriva à ce résultat inattendu : que la durée de sa révolution diminue sans cesse sous l'effet d'une accélération due à la combinaison des forces de l'attraction universelle et d'une force inconnue qui paraît avoir son origine dans l'action d'un milieu résistant.

Le dernier passage de la comète d'Encke au périhélie a eu lieu en 1891. Elle est visible à l'œil nu et a une forme à peu près ronde, sans queue.

3° La comète de Gambart ou de Biéla.

Cette comète a été vue pour la première fois à Limoges en 1772 par Montaigne; elle fut retrouvée en 1805 par Pons, Bouvard et Huth et de nouveau en 1826 par Biéla et Gambart.

La durée de sa révolution sidérale étant d'un peu moins de 7 ans (voir la durée exacte ci-après), elle a passé quatre fois à son périhélie sans avoir été signalée entre l'apparition de 1772 et celle de 1805, deux fois entre celle de 1805 et celle de 1826.

Depuis 1826 on a observé régulièrement ses passages. Celui de 1832 est resté célèbre parce que des calculs erronés (et rectifiés d'ailleurs avant le moment de l'apparition) avaient fait croire que dans son mouvement la comète rencontrerait la Terre, éventualité qui ne s'est pas produite, mais dont la perspective avait effrayé bien des personnes.

La comète de Biéla a présenté une autre singularité remarquable : elle s'est dédoublée à l'apparition de 1846 et depuis elle possède deux noyaux d'inégale grandeur qui n'ont pas la même vitesse et qui par suite s'éloignent de plus en plus l'un de l'autre : L'un fait sa révolution sidérale en $6^{ans},587$, l'autre en $6^{ans},629$.

Cette comète est visible à l'œil nu. Sa distance au Soleil au périhélie est de : 0,86 ; à l'aphélie, elle atteint 6,17 pour l'un des noyaux (celui qui fait sa révolution en $6^{ans},587$), 6,20 pour l'autre.

4° La comète d'Arrest.

Durée de révolution sidérale : $6^{ans},691$. Distance au périhélie : 1,32, à l'aphélie : 5,78. Dernier passage au périhélie : 17 septembre 1890.

5° La comète de Tuttle ou Peters.

Durée de la révolution sidérale : $13^{ans},760$. Distance au périhélie : 1,02, à l'aphélie : 10,46. Dernier passage : 11 septembre 1885.

6° La comète d'Olbers.

Durée de la révolution sidérale : $72^{ans},63$. Distance au périhélie : 1,20, à l'aphélie : 33,62. Dernier passage : 8 octobre 1887.

7° La comète de Faye.

Découverte à Paris par M. Faye le 22 novembre 1843, retrouvée à Cambridge en 1850 par M. Challis.

Durée de la révolution sidérale : $7^{ans},566$. Distance au périhélie : 1,74, à l'aphélie : 5,97. Dernier passage en 1888.

8° La comète de Brorsen.

Durée de la révolution sidérale : $5^{ans},456$. Distance au périhélie : 0,59, à l'aphélie : 5,61. Dernier passage au périhélie : 24 février 1890.

9° La comète de Pons-Brooks.

Durée de la révolution sidérale : $71^{ans},48$. Distance au périhélie : 0,78, à l'aphélie : 33,67. Dernier passage au périhélie : 25 janvier 1884.

Quelques comètes périodiques ont des durées de révolution

sidérale très grandes ; en 1882 on en a signalé une dont la durée de révolution paraît atteindre 772 ans et qui s'éloigne du Soleil jusqu'à la distance 168,3. Cette même comète a une distance au périhélie égale à : 0,00775, inférieure au double du rayon solaire (dont la valeur, estimée en prenant la distance du Soleil à la Terre pour unité, est de 0,0045 environ).

Parmi les comètes non périodiques les plus remarquables de ce siècle, on peut citer la célèbre comète de 1811 (queue énorme ayant une longueur égale à la distance du Soleil à la Terre), celle de 1843, celle de Donati en 1858, celles de 1861 et 1862.

— Bien des questions restent à élucider sur la nature des comètes : Quel est l'état de la matière qui les composent ? La queue a-t-elle la même constitution que la tête ? Les comètes ont-elles une lumière propre ? Ce sont là des problèmes auxquels on ne peut donner que des solutions incertaines.

On doit pourtant dire que, d'une part, il faut que la lumière propre des comètes, s'il y en a une, soit bien faible puisque ces astres ne sont visibles que quand ils sont à petite distance du Soleil qui les illumine alors par réflexion ; que, d'autre part, la matière constitutive de la chevelure et de la queue est tellement divisée que fréquemment les étoiles de la voûte céleste restent visibles à travers.

On s'est demandé ce qui arriverait si une comète trouvait la Terre sur son passage et s'il ne résulterait pas de la collision une terrible catastrophe. Il y a lieu de penser que, si une rencontre de ce genre se produisait, l'état d'extrême division de la matière constitutive de la planète ferait que les conséquences n'en seraient vraisemblablement pas bien redoutables pour la Terre. A l'appui de cette manière de voir on peut citer un fait d'observation : en 1770, une comète traversa le système formé par Jupiter et ses satellites sans en altérer en rien le mouvement ; la comète seule éprouva une forte déviation de route occasionnée par les puissantes attractions auxquelles elle fut momentanément soumise.

M. Lœwy estime qu'il y a eu en juin 1860 une rencontre effective de l'atmosphère terrestre et de la queue d'une comète : le phénomène se manifesta simplement par une forte lueur, analogue à une aurore boréale, qui vint la nuit éclairer une région de l'atmosphère ; il est vrai, remarquons-le, que l'on se trouvait en l'espèce avoir seulement affaire à une queue de comète et non à un noyau.

Ceux de nos lecteurs qui voudraient de plus amples détails sur les comètes pourront consulter avec fruit les *Annuaires* récents du *Bureau des longitudes* (années 1882 à 1893) ; ils y trouveront des notices très intéressantes de MM. Lœwy et Schulhof contenant la monographie de toutes les comètes parues en ce siècle. La plupart des indications qui précèdent ont été extraites de ces notices.

CHAPITRE XXIII

ÉTOILES[1]. — NÉBULEUSES

§ 1er. — Éclat; colorations; scintillation; analyse spectrale.

On donne le nom d'*étoiles fixes* ou plus simplement d'*étoiles* à tous les astres qui, placés à très grande distance de la Terre, semblent immobiles aux observateurs placés sur celle-ci.

A vrai dire, il ne serait pas absolument exact de considérer les étoiles comme complètement fixes sur la voûte céleste; car, comme nous le verrons ci-après, page 523, indépendamment des très petits déplacements apparents qu'ils éprouvent par suite des phénomènes d'aberration (page 383), ces astres ont des mouvements propres parfaitement caractérisés dont les vitesses linéaires sont énormes et comparables à celles des *astres errants* (planètes, comètes, étoiles filantes, etc.). Seulement, à cause de l'immensité des distances qui séparent les étoiles de la Terre, les déplacements angulaires correspondants sont peu sensibles aux observateurs terrestres et demandent pour se manifester des périodes de temps assez longues (des mois ou des années) contrairement à ce qui ar-

---

1. Ceux de nos lecteurs qui voudraient approfondir les questions traitées dans ce chapitre pourront consulter avec fruit le beau livre du P. Secchi, *les Étoiles*, et les *Annuaires* récents (notamment ceux de 1887 et de 1893) du *Bureau des longitudes*.

rive pour les déplacements des astres errants qui, vu la proximité relative de ces astres, deviennent appréciables au bout d'intervalles de temps courts (quelques heures).

305. Des constellations. — Il y a d'ailleurs peu de temps (un siècle environ) que les astronomes ont commencé à reconnaître et à analyser les mouvements propres des étoiles : les Anciens s'imaginaient que les étoiles étaient absolument fixes, fichées comme des clous d'or dans l'immuable azur de la voûte céleste qu'ils assimilaient à une sphère solide non susceptible de déformation. Partant de cette conception, ils avaient été naturellement amenés, pour faciliter la désignation des différentes étoiles, à les répartir en constellations formant les figures bien connues dont les noms se sont conservés sans altération jusqu'à nos jours. Cette méthode de définition des étoiles est fort commode ; et, malgré la fausseté du principe qui lui sert de point de départ (la prétendue fixité des étoiles), elle a conservé rang dans la science où elle est d'une application journalière. Elle a même reçu, dans les temps modernes, un perfectionnement important : en 1603, l'astronome allemand Bayer imagina, pour distinguer les différentes étoiles d'une même constellation, de les désigner par les diverses lettres de l'alphabet grec, auxquelles il ajouta pour les constellations très riches en étoiles les lettres de l'alphabet latin. Dans sa nomenclature, Bayer s'est attaché à ranger les diverses étoiles d'une même constellation suivant l'ordre d'éclat décroissant, en sorte que (sauf quelques exceptions dues à des erreurs d'appréciation ou peut-être à des variations séculaires dans les éclats relatifs) l'étoile α d'une constellation quelconque est la plus brillante des étoiles de cette constellation, l'étoile β celle dont l'éclat est le plus voisin de celui de l'étoile α et ainsi de suite.

En fait, malgré les mouvements propres des étoiles, l'aspect des constellations ne paraît pas avoir changé sensiblement depuis l'antiquité. Seulement, par suite du déplacement sur la voûte céleste des pôles de l'équateur terrestre, déplacement auquel est dû, nous le savons, le phénomène de la précession des équinoxes, les constellations visibles en chaque lieu de la surface de la Terre ne sont pas toutes les mêmes qu'autrefois (la portion de la surface de la sphère céleste limitée par l'horizon du lieu ayant changé).

306. Ordre de grandeur des étoiles. Éclat des étoiles. — Nous venons de parler de l'éclat des étoiles. Les astronomes ont cherché à définir l'échelle des valeurs relatives que prend cet élément physique pour les diverses étoiles qu'ils ont été ainsi amenés à répartir par ordre de grandeur. La première grandeur correspond aux étoiles les plus brillantes ; d'après le P. Secchi, on peut citer une vingtaine d'étoiles rentrant dans cet ordre, notamment : dans l'hémisphère nord, Sirius (α du Grand-Chien), Véga (α de la Lyre), Pollux (β des Gémeaux), la Chèvre (α du Cocher), Arcturus (α du Bouvier), Bételgeuse (α d'Orion), Aldébaran (α du Taureau), Régulus (α du Lion), etc.; — dans l'hémisphère sud, Rigel (β d'Orion), Antarès (α du Scorpion), Canopus (α du Navire), Fomalhaut (α du Poisson Austral), α du Centaure, etc. Parmi les étoiles de deuxième grandeur, on peut énumérer les six étoiles du chariot de la Grande-Ourse, la Polaire dans la Petite-Ourse, les étoiles β et suivantes de la Croix du Sud, etc.[1].

Les étoiles sont visibles à l'œil nu jusqu'à la sixième grandeur ; quelques vues perçantes distinguent les étoiles de septième grandeur. Au reste, la distinction des ordres de grandeur des étoiles ne repose ou plutôt ne reposait jusque dans ces derniers temps sur aucune définition précise et il était difficile de dire à quel degré d'éclat correspondait le passage d'un ordre de grandeur à l'autre. Mais, comme nous le verrons ci-après, page 531, le fait récent de l'application de la photographie à l'étude des étoiles permet maintenant

---

[1]. On trouvera dans l'*Annuaire du Bureau des longitudes*, p. 316-317-318 de l'édition de 1891, les positions moyennes de la plupart des étoiles de première grandeur et d'un grand nombre d'étoiles de deuxième grandeur.

de donner une règle de fixation de l'ordre de grandeur des étoiles d'après la durée des temps de pose nécessaires pour en obtenir l'image.

On estime à 7 000 environ pour la totalité de la voûte céleste le nombre des étoiles comprises dans l'ensemble des six premiers ordres de grandeur, autrement dit le nombre des étoiles visibles à l'œil nu.

On a cherché à déterminer l'intensité absolue de la lumière des étoiles, c'est-à-dire l'intensité de leur lumière comparée à celle du Soleil prise pour unité. On a trouvé ainsi, en se servant de l'intensité de la lumière de la Lune comme terme de comparaison intermédiaire, que l'intensité de la lumière de la belle étoile α du Centaure est égale à 2,32 ; par conséquent, pour un observateur placé à égale distance du Soleil et de l'étoile en question, cette dernière paraîtrait plus brillante que le Soleil. Si donc le Soleil nous semble avoir tant d'éclat à nous, habitants de la Terre, c'est uniquement parce qu'il est près de nous ; en réalité, les étoiles capables d'égaler ou même de dépasser le Soleil sous le rapport de la puissance lumineuse ne doivent pas être rares.

Nous verrons, page 521 ci-après, que l'éclat de certaines étoiles est susceptible de varier d'une époque à l'autre.

307. Coloration de certaines étoiles. — Les étoiles ne sont pas toutes blanches, comme on le croit généralement. Beaucoup présentent des couleurs nettement marquées ; on en trouve de bleues (Sirius, Véga, Castor, Régulus, d'après le P. Secchi), beaucoup de rouges (exemple remarquable : l'étoile de première grandeur Antarès du Scorpion), de jaunes, d'orangées. Ces couleurs sont, il est vrai, assez variables suivant les circonstances de l'observation et surtout selon les observateurs. Mais le fait que les étoiles n'ont pas toutes la même coloration n'en est pas moins certain.

Assez souvent, dans les systèmes formés de deux étoiles accouplées (systèmes connus sous le nom d'étoiles doubles et dont nous reparlerons page 523 ci-après), les couleurs des deux étoiles composantes sont complémentaires, c'est-à-dire telles que leur superposition donnerait la couleur blanche. Si, par exemple, l'une des étoiles est orangée, l'autre est bleue.

308. Étude spectroscopique des étoiles. — Les astronomes ont été naturellement amenés à chercher à appliquer à l'étude des étoiles la méthode spectroscopique qui, comme nous l'avons vu en un chapitre précédent, a donné des résultats si remarquables relativement à la connaissance de la constitution du Soleil. Le P. Secchi notamment a fait d'importantes recherches à ce sujet ; il a examiné au spectroscope plus de 4000 étoiles.

A la suite de ces observations, on a été conduit (voir à ce sujet une note de M. Cornu en l'*Annuaire du Bureau des longitudes de 1891*, p. 327) à répartir les spectres des étoiles en trois classes principales :

Classe 1. — Étoiles blanches ou bleues.

Dans les étoiles de cette classe, qui est la plus nombreuse, on peut citer :

α du Grand-Chien (Sirius) ; α de la Lyre (Véga) ; α de l'Aigle (Altaïr) ; α du Lion (Régulus) ; α des Gémeaux (Castor) ; β d'Orion (Rigel) ; α du Poisson Austral (Fomalhaut), etc.

Les spectres des étoiles de cette classe se rapprochent beaucoup de celui du Soleil, mais toutefois en diffèrent par quatre raies obscures très fortement marquées. D'après les principes de la spectroscopie, la présence de ces raies obscures indique l'existence, autour du noyau des étoiles de cette classe, d'une atmosphère absorbante qui, eu égard aux positions desdites raies, doit se composer d'hydrogène. Or des expériences de MM. Plucker et Cailletet ont montré que l'hydrogène produit dans le spectre solaire des raies d'absorption d'autant plus larges et plus marquées que ce gaz a une pression plus forte. Le P. Secchi en a conclu par analogie que les spectres de la première classe correspondent à des étoiles constituées à peu près comme notre Soleil, avec cette différence que la température et la pression de leur enveloppe extérieure sont plus élevées que celles de l'enveloppe du Soleil.

Classe II. — Étoiles jaunes.

Parmi les étoiles de cette classe on remarque :

α du Bouvier[1] (Arcturus); α du Taureau[1] (Aldébaran); α du Cocher (la Chèvre); α de la Grande-Ourse, etc.

Les spectres de cette classe présentent des raies métalliques

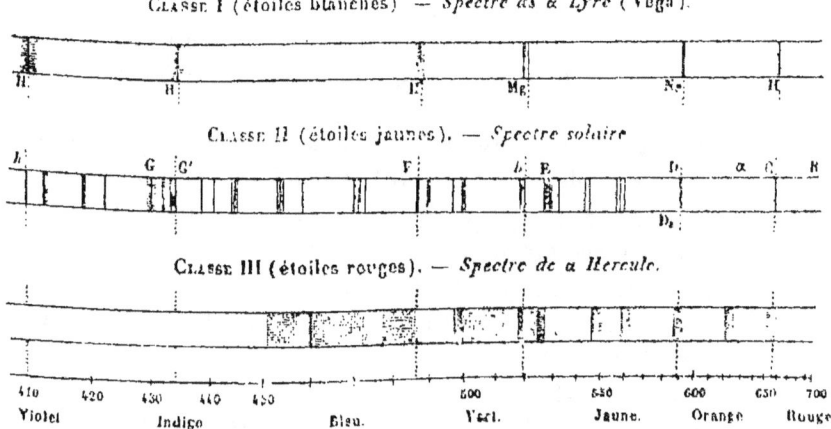

Fig. 165.

nombreuses, semblables à celles que l'on voit dans le spectre solaire; ces spectres doivent par conséquent appartenir à des astres constitués comme notre Soleil.

Classe III. — Étoiles rouges ou orangées.

A cette classe appartiennent :

α d'Orion (Bételgeuse); α du Scorpion (Antarès); α d'Hercule, etc.

---

1. Comme il va être dit ci-après, ces étoiles étant variables, leurs spectres changent d'aspect avec le temps et se rapprochent à certains moments de ceux de la troisième classe.

Les spectres de cette classe sont caractérisés par des teintes progressivement dégradées, séparées par de fortes lignes sombres qui leur donnent l'aspect de tronçons de fûts de colonnes cannelées.

En se basant sur des rapprochements faits avec certaines expériences de laboratoire, le P. Secchi a émis l'hypothèse que les spectres de la troisième classe sont propres à des étoiles qui contiennent beaucoup d'oxyde de carbone et qui doivent par suite être à une température moins élevée que les autres étoiles.

En résumé, on voit que, grâce à la spectroscopie, on est arrivé à ce résultat curieux de se faire une idée de la grandeur relative des températures des diverses étoiles; on a pu ainsi reconnaître leur constitution chimique et prouver qu'elle diffère peu en général de celle du Soleil, de la Terre et des planètes [1].

Le P. Secchi a en outre constaté que pour certaines étoiles qui, comme Aldébaran, Arcturus, etc., éprouvent des modifications dans leur coloration suivant les époques, étant tantôt jaunes, tantôt rouges, les spectres changent en même temps d'aspect et ont des tendances à passer d'une classe dans une autre, ce qui montre que les variations de couleurs constatées correspondent à des changements considérables dans la constitution des étoiles en question et indique que ces étoiles sont agitées par des révolutions physiques et chimiques très violentes.

Enfin le P. Secchi a noté que les étoiles correspondant à des spectres de même type étaient souvent groupées les unes près des autres de telle façon que certaines régions du ciel sont caractérisées par la prédominance d'un type bien déterminé de spectres. Cette particularité semble indiquer l'exis-

---

[1]. Comme nous le verrons plus loin, la spectroscopie permet de plus, par l'application de la méthode Doppler-Fizeau, de se rendre compte dans une certaine mesure de la grandeur d'un élément, qui *à priori* semblait devoir toujours échapper à nos investigations, la composante de la vitesse du déplacement des étoiles suivant la ligne joignant notre œil à la position de chacune d'elles, autrement dit suivant le rayon visuel.

tence de groupes naturels d'étoiles formant des systèmes de composition fixe propre à chacun d'eux.

309. Scintillation. — Les étoiles présentent toutes un caractère remarquable qui permet de les distinguer à première vue des planètes : leur éclat varie sans cesse, passant dans la même seconde par des maxima et des minima fréquemment accompagnés de changements de coloration. Ce phénomène, très apparent et que l'on observe aisément à l'œil nu en regardant les étoiles par un temps clair, a reçu le nom de *scintillation*. Son origine doit être rattachée à la présence de l'atmosphère terrestre qui par ses variations de constitution altère à chaque instant l'aspect des étoiles. Pour saisir nettement cette explication, il convient de se rappeler que, comme l'analyse spectrale nous l'apprend, les rayons lumineux émanés des étoiles sont composés d'un certain nombre de rayons élémentaires de couleurs et de réfrangibilités différentes. Si l'on considère l'ensemble des rayons qui, partis d'une même étoile, viennent se croiser dans l'œil d'un observateur placé à la surface de la Terre et déterminent ainsi par leur superposition l'image de l'étoile, on voit que chacun de ces rayons a dû suivre à travers l'atmosphère terrestre une trajectoire particulière qui est déterminée par sa réfrangibilité propre ; d'autre part, par suite des mouvements internes de l'atmosphère, les diverses régions de celle-ci changent continuellement de constitution et par conséquent de pouvoir absorbant ; on conçoit dès lors qu'à un moment déterminé quelconque l'intensité relative des divers rayons partant de l'étoile observée est atténuée pour les uns, renforcée pour les autres, ce qui produit d'un moment à l'autre des variations dans l'éclat et dans la coloration de ladite étoile.

Plusieurs faits d'observation viennent confirmer cette explication : D'abord, sur les hautes montagnes, la scintillation est beaucoup diminuée, parce que la couche d'atmosphère que les rayons lumineux ont à traverser est moins épaisse et aussi généralement plus calme qu'elle ne l'est en pays de plaine. D'autre part, en une même localité, la scintillation d'une même étoile est, toutes choses égales d'ailleurs, d'autant plus sensible que cette étoile est plus près de l'horizon, parce que, plus l'étoile est proche de l'horizon, plus est longue la route que les rayons lumineux ont à parcourir dans l'atmosphère terrestre pour arriver jusqu'à l'œil de l'observateur. Les étoiles placées au zénith ne scintillent guère que les jours de grand vent. Enfin, dans les pays tropicaux, la scintillation est faible parce que l'atmosphère y est relativement calme.

Par suite de la scintillation, les spectres des étoiles paraissent être continuellement parcourus par de grandes ondulations lumineuses qui passent sur eux en laissant immobiles leurs raies obscures. Cette particularité de l'immobilité des raies obscures montre bien que les étoiles ne bougent pas dans le phénomène de la scintillation qui par suite, comme il a été déjà expliqué ci-dessus, réside simplement dans le fait des variations d'intensité relative des divers rayons arrivant à la surface de la Terre.

Nous avons dit plus haut que le phénomène de la scintillation est caractéristique des étoiles et par suite n'existe pas pour les planètes. Il est aisé de comprendre pourquoi celles-ci ne scintillent pas ; la raison en est que leur disque a un diamètre apparent sensible : chaque point de la surface du disque d'une planète envoie à la Terre une lumière qui, si elle était isolée, présenterait le caractère de la scintillation ; mais cette lumière n'est pas isolée ; les observateurs placés à la surface terrestre perçoivent simultanément des images formées par des rayons partis de tous les points de la planète ; l'effet produit par la juxtaposition de toutes ces images élémentaires dont les unes ont un éclat plus fort, les autres un éclat moindre que l'éclat moyen, est le même que si chacune desdites images possédait un éclat invariable. Cette explication montre qu'une planète peut scintiller si à certaines époques elle est vue dans des conditions telles que l'une des dimensions de son disque soit très petite; c'est en effet ce qui arrive pour la planète Vénus quand, par suite de la succession de ses phases, elle se montre sous la forme d'un croissant très étroit.

Indépendamment du fait de la scintillation, l'image d'une étoile quelconque peut éprouver par suite des ondulations de l'atmosphère terrestre des mouvements d'ensemble qui la font osciller autour d'une position moyenne; mais ces mouvements, qui naturellement s'observent aussi dans le cas des planètes, ont des amplitudes excessivement faibles et sont bien moins sensibles que le phénomène de la scintillation.

310. Variations séculaires des étoiles. — Nous avons vu, page 517 ci-dessus, que certaines étoiles, telles que Arcturus, Aldébaran, éprouvent des variations de constitution périodiques manifestées par des changements de coloration et des modifications dans la composition de leur spectre. Il y a d'autres étoiles qui subissent des changements lents exigeant parfois des siècles pour se produire; ces changements peuvent se manifester non seulement par des variations d'éclat, mais même par l'extinction complète ou l'apparition subite des étoiles. C'est ainsi qu'en 1572 il apparut subitement dans la constellation de Cassiopée une très brillante étoile qui avait un éclat comparable à celui de la planète Vénus et qui s'éteignit au bout de quelques mois après avoir été successivement blanche, jaune, rouge, puis de nouveau blanche.

Ces faits extraordinaires ne sont pas aussi rares qu'on pourrait le croire à *priori* et il y en a qui se sont produits tout récemment : M. Courbebaisse, directeur des travaux hydrauliques au port de Rochefort, a signalé en 1866, dans la Couronne Boréale, une étoile nouvelle qui, atteignant la troisième grandeur le jour de sa découverte, décrut progressivement d'éclat et finit par s'éteindre au bout de quelques mois.

En 1876, le 24 novembre, M. Schmitt reconnut dans la

constellation du Cygne une nouvelle étoile de troisième grandeur qui perdit rapidement son éclat, à tel point que, le 5 janvier suivant, elle n'était déjà plus que de septième grandeur. Le spectre de cette étoile subit en même temps diverses variations tout en présentant constamment des lignes brillantes dont l'existence paraît indiquer que l'étoile observée était le siège de violents incendies. (Secchi.)

Certaines étoiles éprouvent des variations de grandeur périodiques : Comme exemple célèbre d'étoiles présentant ce caractère, on peut citer l'étoile « Omicron » de la Baleine, aussi connue sous le nom de « Mira », nom qui rappelle la singularité de la succession des divers aspects par lesquels elle passe. Quand elle est à son maximum d'éclat, cette étoile est de la deuxième grandeur ; à partir du moment de ce maximum, elle diminue pendant trois mois, reste invisible pendant cinq mois et se remet à croître pendant trois mois. Dans son beau livre *les Étoiles*, le P. Secchi donne la liste de toutes les étoiles à variabilité périodique ; il en compte 147 pour lesquelles le caractère de variabilité est certain, 35 pour lesquelles il est douteux.

La cause de la variabilité des étoiles paraît due à des changements dans l'activité des phénomènes chimiques dont elles sont le siège, changements qui peuvent consister suivant les cas soit en un renforcement, soit en une atténuation de l'intensité desdits phénomènes. On peut ajouter ici, à titre de rapprochement, que le Soleil qui, comme nous l'avons remarqué d'après les résultats précités, page 515 ci-dessus, de l'analyse spectrale, ne paraît être autre chose qu'une assez belle étoile, le Soleil, disons-nous, est affecté d'une variabilité périodique manifestée par un renforcement de ses taches et de ses protubérances ; la durée de la période de cette variabilité paraît être de onze années.

§ 2. — Étoiles doubles. — Nébuleuses. — Voie lactée. — Photographie stellaire. — Méthode Doppler-Fizeau pour la détermination de la composante des vitesses des étoiles suivant le rayon visuel.

311. Étoiles doubles. — Il y a des étoiles dont l'étude présente un intérêt tout particulier à cause des conclusions que l'on peut en tirer relativement à la généralité du principe de la gravitation universelle. Ce sont les *étoiles doubles*, autrement dit, les systèmes formés par deux étoiles gravitant autour d'un centre commun.

Assez souvent, l'une des étoiles d'un système de ce genre étant notablement plus grosse que l'autre, le centre de gravité du système diffère peu du centre de la grosse étoile. La petite étoile prend alors le nom de *compagnon* ; elle est en réalité un satellite de la grosse étoile autour de laquelle elle opère ses révolutions successives comme dans notre système planétaire les planètes le font autour du Soleil. On peut se proposer de déterminer par l'observation la trajectoire de la petite étoile par rapport à la grosse ; et, si l'on trouve que :

1° Cette trajectoire est une ellipse ayant la grosse étoile pour foyer,

2° Les aires décrites par le rayon vecteur joignant à tout instant les deux étoiles sont proportionnelles au temps, — autrement dit, si l'on constate que le système de la grosse étoile et du compagnon obéit aux lois de Kepler, on devra en conclure, d'après les formules bien connues établies à ce sujet en mécanique rationnelle, que le compagnon peut être considéré comme attiré par la grosse étoile suivant la ligne joignant les deux étoiles et en raison inverse du carré de la distance de ces étoiles. On pourra par suite dire que le principe de la gravitation universelle tel qu'il a été établi par

Newton pour notre système planétaire s'étend aux systèmes immensément éloignés de nous que forment les étoiles doubles.

C'est principalement en vue d'arriver à cette belle et intéressante extension du principe de Newton que l'étude des propriétés des étoiles doubles a été commencée dans notre siècle. Cette étude est basée sur la détermination de la position relative du compagnon au moyen d'un système de coordonnées polaires composé de : 1° la distance angulaire du compagnon à l'étoile centre du système, 2° l'angle de position (angle compris entre le rayon vecteur du compagnon et une direction fixe sur la sphère céleste, par exemple le cercle horaire de la grosse étoile). On a, au moyen de mesures ainsi faites, reconnu les éléments d'une trentaine de trajectoires qui, comme on s'y attendait, ont la forme elliptique en général (les attractions d'astres voisins, visibles ou invisibles, pouvant d'ailleurs amener des anomalies dans les résultats constatés).

La durée des révolutions observées jusqu'ici est ordinairement considérable : l'une des révolutions les plus rapides, celle de l'étoile double ζ d'Hercule, dure 36 ans; la révolution de l'étoile double ζ du Verseau paraît mettre plus de 1600 ans à s'accomplir.

Il est à remarquer que pour chaque étoile double observée la trajectoire déterminée par la mesure des coordonnées polaires ci-dessus définies n'est pas la trajectoire réelle parcourue par le compagnon autour de l'étoile centrale, mais seulement la projection de cette trajectoire sur le plan tangent à la sphère céleste au point de celle-ci occupé par le système observé. Aussi la grosse étoile ne se trouve pas exactement au foyer de la trajectoire mesurée et ce n'est que par induction que l'on est conduit à admettre que cette étoile est au foyer de la trajectoire réelle. Il en résulte que le fait de l'extension des lois de la gravitation universelle aux systèmes formés par les étoiles doubles n'est pas absolument démontré; ce fait doit seulement être regardé comme ayant une très grande probabilité, laquelle résulte de ce que dans les étoiles doubles observées (sauf le cas de perturbations dues à des influences extérieures) la trajectoire du compagnon est une ellipse et en outre que le déplacement du compagnon sur cette trajectoire elliptique se fait conformément à la loi des aires[1]. Mais par contre, une fois la chose admise, on voit qu'on obtient immédiatement pour chaque étoile double un élément de plus, l'angle que le plan de la trajectoire elliptique du compagnon fait avec le plan tangent à la sphère céleste en la position de la grosse étoile (plan normal au rayon visuel passant par cette étoile); car il suffit pour avoir cet angle de chercher comment il faut placer le plan d'une ellipse (E) pour que celle-ci se projette sur un plan donné (le plan tangent à la sphère céleste) suivant une ellipse (E′) égale à celle dont les éléments ont été mesurés sur la voûte céleste et dans des conditions telles que la grosse étoile occupe le foyer de l'ellipse (E); c'est là un problème de géométrie dont la solution est facile.

Une fois la forme et la position de l'orbite du compagnon connues, il reste à en déterminer les dimensions métriques ; ce nouveau problème exige la mesure préalable de la distance de la Terre à l'étoile double, mesure qu'on obtient (quand elle est possible) par l'observation de la *parallaxe annuelle* (voir page 357).

312. Nébuleuses. Groupes stellaires. — On donne le nom générique de *nébuleuses* à des amas confus de matières qui apparaissent sur la voûte céleste comme de légers nuages blanchâtres dans lesquels se remarquent parfois des points plus éclatants analogues aux étoiles.

La plus célèbre et la plus grande des nébuleuses est celle d'Orion qui s'étend en ascension droite de 79° à 84°; elle est

---

1. L'emploi judicieux de la nouvelle méthode de recherches, connue sous le nom de méthode Doppler-Fizeau, dont il va être parlé ci-après, permettra sans doute, par la détermination des composantes de vitesses normales à la voûte céleste, de transformer cette probabilité en certitude.

de forme irrégulière, imitant grossièrement la gueule d'un animal fantastique.

Parmi les autres nébuleuses remarquables, on peut citer celles d'Argo, du Petit-Renard, de l'Écu de Sobieski, de la

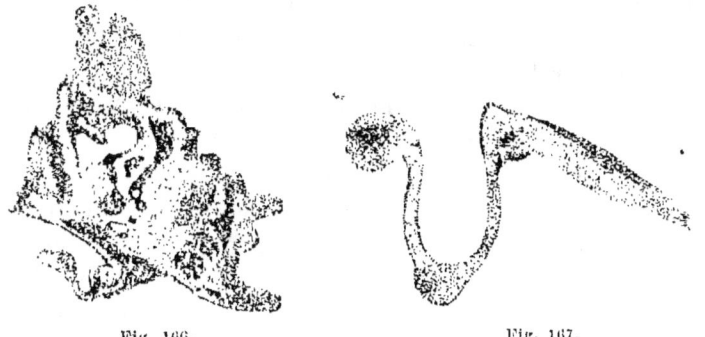

Fig. 166.   Fig. 167.

Lyre, etc. La nébuleuse des Lévriers ou Chiens de Chasse attire spécialement l'attention par sa disposition en spirales rayonnant autour d'un centre commun.

Les plus belles nébuleuses sont de forme irrégulière.

Parmi les nébuleuses de dimensions relativement faibles,

Fig. 168.

beaucoup ont la forme d'un œuf allongé ; ce sont les nébuleuses dites *elliptiques* dont la plus importante se trouve dans la ceinture d'Andromède. D'après le P. Secchi, ces nébuleuses elliptiques seraient composées de masses gazeuses animées de mouvements giratoires et ayant pour enveloppes des solides de révolution que nous voyons déformés par la perspective par suite de l'obliquité relative de leurs axes de rotation.

Quelques nébuleuses se présentent sous forme de disques circulaires plus ou moins nettement délimités, brillant d'une lumière presque uniforme comme celle des planètes ; ce sont les nébuleuses planétaires, parmi lesquelles on peut citer la nébuleuse du Sagittaire.

On a discuté longtemps pour savoir si les nébuleuses étaient ou n'étaient pas résolubles, c'est-à-dire susceptibles ou non d'être divisées en astres nettement distincts séparés par des vides. La question est maintenant bien élucidée par l'analyse spectrale qui a montré que les nébuleuses, du moins les plus visibles, celles dont l'éclat est suffisant pour que l'on puisse en obtenir un spectre, sont formées de matières gazeuses (notamment d'hydrogène) reconnaissables aux raies brillantes des spectres observés. Les nébuleuses doivent donc être regardées comme n'étant généralement pas résolubles. Il faut ajouter qu'il existe dans certaines nébuleuses des parties qui, par suite d'une condensation ou d'une activité de combustion plus grandes, sont douées d'un éclat assez vif, ce qui donne à ces parties l'apparence, mais l'apparence seulement, d'étoiles scintillant sur le fond pâle de l'ensemble.

— Par ailleurs, il y a dans le ciel des assemblages d'étoiles très rapprochées les unes des autres que l'on a pris autrefois pour des nébuleuses, mais qui ont été décomposés dans les temps modernes en astres distincts, grâce à l'emploi d'instruments suffisamment puissants. Ces assemblages sont désignés sous le nom de *groupes stellaires*, l'appellation de nébuleuses étant désormais réservée aux amas de matières gazeuses non résolubles dont il vient d'être parlé ci-dessus. Les groupes stellaires les plus importants sont ceux des Pléiades, de Persée, des Caustiques, du Verseau, d'Hercule, de la Chevelure de Bérénice, du Toucan, des Nuages de Magellan, etc.

Le nombre d'étoiles contenues dans un groupe est très variable ; en tout cas, il est toujours considérable ; l'un des groupes les moins riches, celui de la Croix du Sud, ne contient guère qu'une centaine d'étoiles ; mais les groupes renfermant plusieurs milliers d'étoiles ne sont pas rares.

Certains groupes présentent des teintes particulières dues aux colorations de leurs étoiles composantes : le beau groupe du Toucan est rouge orangé dans sa partie centrale, blanc sur ses bords ; le groupe précité de la Croix du Sud est remarquable par les belles étoiles bleues, rouges, vertes, blanches qu'il contient.

La plupart des nébuleuses et groupes stellaires sont diffi-

Fig. 169. — Amas du Toucan.

cilement visibles ou même complètement invisibles à l'œil nu, leur pâle clarté étant effacée par celle des brillantes étoiles voisines. Parmi les groupes visibles à l'œil nu, on peut citer les Nuages de Magellan.

313. Voie Lactée. — Nous venons de dire que les nébuleuses et groupes stellaires sont généralement invisibles à l'œil nu. Il y a pourtant à cela une exception très remarquable ; c'est celle qui est constituée par la *Voie Lactée*, ce magnifique assemblage d'innombrables étoiles que l'on voit par les temps clairs se projeter suivant un grand cercle de la sphère céleste.

La Voie Lactée occupe toute une circonférence de grand cercle ; sa largeur est variable aux différents points de son développement ; le maximum de cette largeur vaut environ six diamètres lunaires, le minimum atteint vingt-quatre diamètres. Sur une partie de sa longueur la Voie Lactée se bifurque en deux branches distinctes, sensiblement parallèles entre elles.

L'éclat et la richesse en étoiles de la Voie Lactée ont des valeurs très différentes en ses diverses régions ; on y remarque des trous noirs (tels que celui connu sous le nom de *sac à charbon*) presque dépourvus d'étoiles ; dans d'autres endroits, le télescope y fait découvrir des étoiles en nombre incalculable.

Ce qui constitue pour nous autres, habitants de la Terre, l'intérêt spécial de la Voie Lactée, c'est qu'elle définit la forme générale de la portion de l'Univers perceptible à nos sens. Il est en effet manifeste à première vue que le nombre des étoiles qui pour nous se projettent dans le Ciel sur la Voie Lactée est infiniment plus considérable que celui des étoiles dont la projection tombe en dehors de la Voie. On est donc ainsi conduit à concevoir le système de points formé par les centres de toutes les étoiles visibles (y compris le Soleil et ses planètes) comme ayant pour enveloppe limitative dans l'espace une surface idéale dont la forme serait celle d'un grand disque plat ayant ses bases parallèles au grand cercle moyen de la Voie Lactée.

W. Herschel a cherché, en se basant sur la mesure des éclats relatifs des étoiles, à se faire une idée des dimensions du système de l'Univers défini comme il vient d'être dit. D'après cet illustre astronome, les étoiles de seizième grandeur, les plus petites que l'on puisse apercevoir au télescope, seraient plus de 2 000 fois éloignées de nous que les étoiles de première grandeur et par suite la lumière mettrait plus de 10 000 ans à nous arriver de ces étoiles de seizième grandeur. L'immense espace que la lumière peut parcourir en 10 000 ans (à raison de 300 000 kilomètres à la seconde), voilà donc une limite inférieure du rayon du disque-enveloppe de notre Univers. Quant à l'épaisseur de ce disque, évaluée d'après l'estimation de la largeur apparente de la Voie Lactée, elle serait d'environ 80 fois la distance de la Terre aux étoiles les plus proches de nous ; la lumière mettrait d'après cela 300 ans à parcourir la longueur du segment de droite qui mesure cette épaisseur.

314. Photographie stellaire. — Les procédés d'observation des étoiles ont reçu en ces dernières années un grand perfectionnement par l'application qui leur a été faite des méthodes photographiques. Ceux de nos lecteurs qui seraient désireux de connaître le détail de cette application pourront étudier avec fruit la très intéressante notice que lui a consacrée M. le contre-amiral Mouchez, directeur de l'observatoire de Paris, dans l'*Annuaire du Bureau des longitudes* de 1887. Nous allons résumer ici les parties essentielles de ladite notice.

L'idée d'appliquer la photographie à l'étude des astres n'est pas nouvelle ; il y a bien des années qu'elle a été mise en pratique et de belles images du Soleil, de la Lune, des principales planètes, ont été obtenues, notamment par M. Warren de la Rue, dont nous avons déjà eu occasion de citer le nom dans le cours du présent ouvrage. Mais c'est dans ces dernières années seulement que deux astronomes de l'Observatoire de Paris, MM. Henry frères, ont pu arriver à donner aux procédés photographiques la perfection de délicatesse nécessaire pour obtenir des clichés de la voûte céleste nets, détaillés, possédant une réelle valeur scientifique. La plaque sensible employée par MM. Henry est au gélatino-bromure ; pour l'opération de la pose, elle est placée dans une lunette achromatisée avec un soin particulier et montée sur un appareil d'horlogerie qui lui donne un déplacement réglé suivant un cercle parallèle à l'équateur de telle façon que, pendant toute la durée de la pose, la lunette et par suite la plaque sensible regardent toujours exactement la même partie du Ciel.

Un premier résultat obtenu par MM. Henry a été de pouvoir classer d'une façon précise les étoiles par ordre de grandeur, chose qui, comme nous l'avons vu ci-dessus, page 514, n'avait pu être faite jusqu'à ce jour. Le temps de pose nécessaire pour l'apparition d'une étoile déterminée sur les clichés est en effet d'autant plus long que l'éclat de l'étoile est plus faible. Partant de là, MM. Henry ont pu établir pour le temps clair à Paris une échelle de durée de pose correspondant aux diverses grandeurs d'étoiles ; cette durée est de :

1/200 de seconde pour la première grandeur,
1/5 de seconde pour la cinquième grandeur,
20 secondes pour la dixième grandeur,
33 minutes pour la quinzième grandeur,
1 heure 20 minutes pour la seizième grandeur.

L'échelle dont quelques-uns des degrés viennent d'être ainsi indiqués montre que l'on peut à Paris, les jours de beau temps, photographier des étoiles de 16e grandeur (on a même obtenu quelques étoiles de 17e grandeur). Les astres de cette catégorie ont un éclat excessivement faible et sont à peu près invisibles au télescope. La photographie permet donc d'arriver à constater la présence d'astres que l'œil humain, même quand il est armé des plus puissants appareils de grossissement, ne parvient pas à percevoir nettement par vue directe.

On pouvait craindre que les défauts accidentels de la couche impressionnable placée sur les clichés ne fussent confondus avec les images de ces très petites étoiles dont il vient d'être parlé. Pour éviter toute cause d'incertitude à ce sujet, MM. Henry ont imaginé un expédient très ingénieux consistant à prendre sur la même plaque trois clichés successifs de la même région du Ciel en ayant soin au commencement de chacune des deux dernières poses de déplacer légèrement la plaque ; on obtient ainsi sur la même plaque pour chaque astre trois images placées respectivement aux sommets d'un petit triangle qui a ordinairement 2 ou 3 secondes d'arc pour valeur de côtés. Ces clichés reproduits sur le papier donnent pour chaque astre une image ronde et nette qui à l'œil nu paraît unique ; il faut examiner ladite image au microscope pour y reconnaître ses trois composantes. Si parmi les astres photographiés sur les clichés, il s'en trouve un qui soit mobile, une comète ou une petite planète par exemple, cette singularité est révélée par l'aspect particulier du triangle y relatif, lequel présente alors une forme un peu allongée dans le sens du mouvement de l'astre mobile. On a donc là un moyen aisé, peut-être plus commode que l'observation directe, de découvrir et de reconnaître les planètes et les comètes.

Nous venons de montrer quelques-uns des avantages de l'application de la photographie à l'étude des astres : le classement des étoiles par ordre de grandeur, la possibilité de percevoir des astres invisibles ou peu visibles au télescope ; un moyen simple de distinguer les astres mobiles, comètes et planètes. Un autre avantage très important, le plus considérable de tous sans aucun doute, réside dans la facilité que donne la photographie pour l'établissement d'une carte céleste précise et complète.

Jusque dans ces derniers temps la confection d'une carte du Ciel était un énorme travail ; on peut dire que c'était un labeur presque au-dessus des forces humaines. Il fallait noter une à une les étoiles des divers ordres de grandeur, mesurer leurs coordonnées, les porter dans un catalogue, toutes opérations pénibles et longues à cause du nombre immense d'étoiles auquel elles devaient s'appliquer. On estime en effet qu'il y a sur l'ensemble de la voûte céleste 6 000 à 7 000 étoiles visibles à l'œil nu (ce sont les étoiles des six premiers ordres de grandeur) ; quant aux étoiles perceptibles au télescope, c'est par millions qu'on les compte. On a essayé à différentes reprises de dresser des catalogues d'étoiles ; le plus ancien est celui d'Hipparque (128 av. J.-C.) qui contient 1 028 étoiles ; le plus récent est dû à Argelander (1862) ; il comprend les étoiles jusqu'à la dixième grandeur et en renferme 324 188.

Grâce à la photographie, la longue et pénible opération de la constitution d'un catalogue d'étoiles se trouve bien simplifiée ; elle n'est même plus nécessaire, à vrai dire ; car au catalogue on peut substituer une carte céleste photographiée directement. Avec une dizaine d'observatoires répartis sur la surface du globe terrestre on obtiendrait aisément l'image de toute la voûte céleste et il n'y aurait guère que 2 000 clichés à faire ; ce serait, on le voit, un travail relativement facile. La carte céleste ainsi établie serait à l'abri des erreurs et omissions qui se produisent dans les meilleurs catalogues ; elle constituerait un document d'une authenticité indiscutable pour définir l'état du ciel à la fin du xix° siècle et permettrait par suite aux générations futures de comparer sûrement et aisément cet état avec celui qu'elles pourraient observer. Aussi les astronomes des divers pays, vivement frappés de tous ces avantages, se sont-il réunis en 1887 en congrès à l'Observatoire de Paris pour jeter les bases d'un programme de confection de carte céleste obtenue tout entière par la photographie.

Pour comprendre dans quelle énorme proportion la substitution de la carte photographiée aux catalogues augmente le nombre des étoiles dont la position se trouve déterminée, il suffira de dire ici qu'un cliché de MM. Henry pris au hasard et représentant 4 degrés carrés (carré de 2 degrés de côté) de la voûte céleste contient 5 000 étoiles alors que le catalogue d'Argelander n'en donne que 170 pour le même espace du Ciel.

La photographie est susceptible de rendre encore d'autres services signalés dans l'étude du Ciel. Elle permet en effet de :

1° Se rendre compte de la variabilité dans la suite des temps des étoiles, des nébuleuses, en général des différents astres ;

2° Mesurer avec une grande précision sur les clichés les mouvements relatifs des composantes des étoiles doubles ;

3° Déterminer les différences de déclinaison des diverses étoiles.

Voici comment on procède pour cette dernière opération :

On arrête le mouvement d'horlogerie qui entraîne le cliché ; celui-ci étant devenu immobile, les étoiles qui défilent devant lui par suite du mouvement apparent de la voûte céleste impriment leur image sous forme de traits parallèles entre eux et à l'équateur; la mesure micrométrique des distances de ces traits parallèles permet d'évaluer avec une très grande précision pour les étoiles voisines les unes des autres les différences de déclinaison, et cela sans que l'on ait à se préoccuper des corrections de réfraction et d'aberration (ces corrections ayant sensiblement mêmes valeurs pour les étoiles très voisines). Des différences de déclinaison on déduit par simple addition les valeurs mêmes des déclinaisons en mesurant directement celles-ci pour quelques étoiles prises comme point de repère dans diverses régions du Ciel.

— Nous citerons encore quelques résultats curieux relatés par l'amiral Mouchez :

L'image du satellite de Neptune a été obtenue tout près de la planète, à des distances descendant jusqu'à 8 secondes d'arc.

Saturne a été photographié avec son anneau dans des conditions telles que le vide apparent sur le cliché entre le noyau central et l'anneau ne correspond qu'à une amplitude de 4 dixièmes de secondes d'arc.

De ce fait on doit conclure qu'on peut dès maintenant produire photographiquement des images distinctes de points de la surface du ciel séparés par une distance mesurée par une fraction de seconde d'arc. Or une seconde d'arc correspond sur le disque de la Lune à une longueur de 2 000 mètres environ. Si donc il se produisait désormais sur la Lune des changements assez faibles pour ne se faire sentir que sur la petite longueur de 2 kilomètres, la photographie arriverait sans doute à révéler ces changements. Voilà une simple remarque qui fait apprécier toute la puissance d'exploration de la méthode photographique.

315. Méthode Doppler-Fizeau pour la détermination des composantes des vitesses des étoiles suivant le rayon visuel. — Nous avons eu occasion d'étudier dans les pages précédentes (voir notamment ce qui a été dit au sujet des étoiles doubles) un certain nombre de résultats d'observations concernant les mouvements des étoiles.

Tous ces résultats se rapportent à des déplacements constatés sur la voûte céleste, autrement dit aux projections des mouvements des étoiles sur le plan perpendiculaire en chaque région de l'espace au rayon visuel joignant le centre de cette région à l'œil de l'observateur terrestre.

Il est évidemment très désirable (et nous avons déjà noté, page 524 ci-dessus, l'importance de ce desideratum) de chercher à compléter l'étude des mouvements des étoiles par la détermination des composantes de leurs vitesses suivant les rayons visuels. Le problème que l'on est ainsi conduit à se poser paraît à priori impossible à résoudre ; nous allons voir pourtant que, malgré de sérieuses difficultés, il n'est pas absolument inaccessible à nos moyens d'action. On possède en effet depuis quelque temps une méthode spéciale d'emploi de l'analyse spéciale, la méthode Doppler-Fizeau, qui permet d'acquérir des notions positives sur les composantes dont il s'agit[1].

Le principe servant de base à cette méthode a été énoncé en 1842 par le physicien Doppler. Pour bien faire comprendre le principe en question, nous prendrons comme point de départ une expérience organisée en 1844 par Buys-Ballot à la suite de la publication du mémoire de Doppler :

Considérons une locomotive circulant sur des rails de chemin de fer. Lorsque la locomotive est en repos, le sifflet à vapeur dont elle est munie donne une certaine note invariable, résultant de la disposition et des dimensions de ses organes constitutifs. Plaçons maintenant un observateur immobile près de la voie à quelque distance de la locomotive et faisons courir celle-ci sur les rails. L'observateur constatera

---

[1]. Pour avoir de plus amples détails sur cette méthode, le lecteur pourra consulter avec fruit une très intéressante notice de M. Cornu qui est contenue en l'*Annuaire du Bureau des longitudes* de 1891 et dont le présent exposé est un résumé.

alors que le sifflet produit non plus la note qu'il faisait entendre lorsque la locomotive était immobile, mais une note plus haute ou plus basse suivant que la locomotive en marchant s'approche ou s'éloigne du poste d'observation.

L'explication de cette expérience est bien simple. Désignons par N le nombre de vibrations par seconde du son émané du sifflet. Tant que la locomotive ne bouge pas, chacune de ces N vibrations arrive à l'observateur à une époque postérieure de la quantité constante $\frac{D}{V}$ à l'époque de l'émission (D étant la distance de la locomotive à l'observateur et V la vitesse de propagation du son dans l'air) en sorte que l'observateur, recevant N vibrations par seconde, perçoit la note propre caractéristique du sifflet. — Voyons ce qui se passe quand la locomotive marche sur les rails avec une certaine vitesse quelconque v :

La vibration partie du sifflet à une époque quelconque T parvient à l'oreille de l'observateur à l'époque $T + \frac{D}{V}$, D désignant la distance de la locomotive à l'observateur à l'époque T. La vibration suivante quittera le sifflet à l'époque $T + t$, t représentant l'intervalle de temps qui s'écoule entre deux vibrations consécutives du sifflet $\left(\text{en sorte que } t = \frac{1}{N}\right)$; or, pendant le temps t, la distance D a diminué, par le fait du mouvement de la locomotive, de vt; la vibration partie à l'époque $T + t$ arrive par conséquent à l'observateur à l'époque $T + t + \frac{D - vt}{V}$; l'intervalle de temps séparant la perception par l'observateur de deux vibrations consécutives est par suite égal à $t - \frac{vt}{V} = t\left(1 - \frac{v}{V}\right)$. Si donc on appelle N' le nombre de vibrations reçues par l'observateur en une seconde, on aura la relation :

$$\frac{1}{N'} = t\left(1 - \frac{v}{V}\right) = \frac{1}{N}\left(1 - \frac{v}{V}\right)$$

que l'on peut écrire :

$$N' = \frac{N}{1 - \frac{v}{V}}$$

Et cette relation montre bien que le son constaté par l'observateur lorsque la locomotive est en mouvement est plus haut ou plus bas que celui donné par la locomotive immobile suivant que la vitesse v est positive ou négative, c'est-à-dire suivant que la locomotive se rapproche ou s'éloigne de l'observateur.

Ceci établi, on conçoit que, en raison de l'analogie qui existe entre les propriétés du mouvement vibratoire producteur du son et celles du mouvement vibratoire générateur de la lumière, le même principe puisse s'étendre aux phénomènes lumineux. Considérons d'après cela une onde lumineuse partie d'une étoile. Si l'étoile reste à distance invariable de l'observateur, celui-ci recevra une onde possédant un nombre de vibrations par seconde exactement égal à celui des vibrations de l'onde issue de l'étoile. Mais si l'étoile, au lieu d'être en repos relatif, a une composante de vitesse dirigée suivant le rayon lumineux allant à l'observateur, le nombre de vibrations de l'onde recueillie par cet observateur sera différent du nombre de vibrations de l'onde émanée de l'étoile ; il sera plus grand ou plus petit suivant que l'étoile ira en s'approchant ou en s'éloignant de l'observateur.

Tel est le principe posé par Doppler ; on en saisit de suite toute l'importance. Mais il ne faudrait pas croire que son application pratique fût immédiate et aisée ; il a fallu beaucoup de temps pour la dégager des limbes qui en entravaient le développement. Les radiations lumineuses émanées des étoiles sont, on le sait, fort complexes ; elles sont constituées, comme l'étude des spectres le montre, par la superposition d'un grand nombre d'ondes de réfrangibilités différentes. Et ce serait une erreur de croire, comme l'avait d'abord pensé Doppler, qu'une étoile, jaune quand elle est immobile, paraît être violette ou rouge pour les observateurs terrestres si elle est animée d'un mouvement la rapprochant ou l'éloignant de la Terre. Car, même en supposant, ce qui n'est pas, que la vitesse de ce mouvement fût suffisante pour amener dans chacune des diverses ondes émanées de l'étoile une variation du nombre des vibrations correspondant à un aussi considérable changement de teinte, il n'y aurait en fait rien de modifié dans l'aspect de l'étoile ; les ondes constitutives de la lumière totale de cette étoile se substitueraient les unes aux autres ; dans le cas d'un mouvement dirigé vers la Terre par exemple, les rayons violets s'évanouiraient, les rayons jaunes deviendraient violets, les rouges jaunes, les rayons invisibles correspondant dans l'état de repos de l'étoile aux parties du spectre moins réfrangibles que le rouge deviendraient rouges et l'effet total produit par la superposition de ces différents rayons altérés resterait invariable.

Bref, Doppler avait énoncé un principe exact, mais qui ne pouvait être appliqué directement à l'étude des mouvements des étoiles ; il restait à en dégager une méthode susceptible d'un emploi utile. C'est ce qu'ont fait d'abord M. Fizeau en 1848, puis MM. Huggins et Maxwell en 1868 en associant le principe de Doppler à la notion très précise des raies des spectres.

Considérons un astre quelconque. Son spectre présentera, comme nous le savons, un certain nombre de raies, les unes obscures, les autres brillantes, raies dont la position dans le spectre caractérise celui-ci en lui donnant une individualité propre. Si l'astre, au lieu d'être immobile, a un mouvement de progression vers la Terre, toutes les radiations élémentaires qui composent sa lumière seront perçues, d'après le principe de Doppler, par les observateurs terrestres comme si leur nombre de vibrations par seconde et par suite leur réfrangibilité étaient augmentés ; les raies du spectre de cet astre seront par conséquent toutes déplacées vers son extrémité violette. Si au contraire l'astre s'éloigne de la Terre, les raies de son spectre seront déviées vers l'extrémité rouge de celui-ci. D'où il résulte qu'en comparant les spectres des divers astres avec les spectres émanés de corps immobiles[1], on peut de la mesure des déplacements des divers groupes de raies identiques relevés dans les spectres comparés arriver à déterminer le sens et la grandeur des composantes suivant le rayon visuel des vitesses des astres étudiés.

Il restait, avant de pouvoir utiliser la méthode dont la base était ainsi établie, à en trouver une vérification expérimentale dans l'observation de phénomènes célestes convenablement choisis. La chose était difficile, le déplacement des raies devant être dans tous les cas très faible. Après bien des essais tentés par divers savants, M. Thollon est enfin parvenu en 1880 à réaliser ce résultat important; ses expériences, dont la première idée est due à M. Zöllner, ont été faites à l'observatoire de Nice; elles consistent à comparer les radiations parties du bord occidental du Soleil avec celles issues du bord oriental; le mouvement de rotation du Soleil sur lui-même a pour effet de donner à ses bords des composantes de vitesse (2 kilomètres à la seconde) en sens inverse et il doit en résulter une légère différence dans les positions des raies des spectres relatifs à chacun des bords; c'est cette différence que M. Thollon a constatée en comparant les raies déviées aux raies invariables dues au passage de la lumière solaire dans l'atmosphère terrestre et connues sous le nom de *raies telluriques*.

D'autres vérifications furent faites par MM. Rowland, Dunér, Vogel. M. Vogel, en particulier, opérant sur le spectre de la planète Vénus, a pu déduire de ses observations une évaluation de la vitesse de translation de cette planète différant peu de celle obtenue par les procédés classiques. La nouvelle méthode ainsi fortifiée par ces vérifications réitérées put enfin être appliquée à son véritable objet: la mesure de la composante suivant le rayon visuel des vitesses des étoi-

---

[1]. On peut par exemple constituer un spectre de ce genre (et c'est généralement là en effet le procédé employé, l'hydrogène existant dans la plupart des étoiles) en décomposant la lumière de l'hydrogène raréfié contenu dans un tube de verre et rendu incandescent par l'étincelle électrique.

les. C'est ainsi qu'on a fait à Greenwich en 1875 (avant les expériences de M. Thollon par conséquent) et à Potsdam à partir de 1888 un certain nombre de déterminations (dont l'on trouvera le tableau à la page 31 de la notice de M. Cornu, *Annuaire du Bureau des longitudes* de 1891); ces déterminations présentent entre elles certaines concordances qui sont de bon augure pour le complet succès de la méthode dans l'avenir; mais il y a encore, pour arriver à des résultats entièrement satisfaisants, des progrès à réaliser.

— La méthode a été perfectionnée récemment par l'application de la photographie à l'étude des spectres stellaires. La photographie a en l'espèce deux avantages importants : elle permet d'une part, en prolongeant suffisamment la durée de l'exposition, de compenser la faiblesse de l'intensité du rayonnement des étoiles; d'autre part, elle donne une reproduction particulièrement bonne des régions violettes et ultra-violettes des spectres, régions qui, on le sait, sont à peu près inaccessibles à l'observation directe. Par un habile emploi ainsi fait de la spectro-photographie, M. Vogel, à Potsdam, a pu constater que la belle étoile β de Persée (Algol), qui, observée au télescope, paraît immobile, possède en réalité une vitesse passant par des variations périodiques et semble devoir être considérée comme animée d'un mouvement de translation sur un cercle qui aurait 1 700 000 kilomètres de rayon (environ le 1/80 du rayon de l'orbite terrestre). Des résultats analogues ont été ensuite obtenus pour d'autres étoiles : par M. Pickering et Miss Maury à l'observatoire du Harvard Collège (États-Unis) pour β du Cocher et ζ de la Grande-Ourse et encore par M. Vogel pour α de la Vierge (Épi).

Au reste, on aura une idée précise de la puissance de la nouvelle méthode lorsqu'on saura qu'elle peut mettre en évidence des mouvements qui se traduisent par des variations maxima de distance angulaire de $0'',004$ seulement, quantité absolument inappréciable pour les plus grands télescopes et qui théoriquement exigerait un objectif de 30 mètres d'ouverture pour être perçue par la vision directe.

La méthode Doppler-Fizeau, bien qu'étant à peine née et ayant encore besoin de perfectionnements, paraît donc appelée à un grand avenir. « Par la délicatesse des détails qu'elle a déjà révélés, elle promet de nous faire pénétrer dans la structure intime de l'Univers plus profondément encore que ne l'ont fait jusqu'ici les plus puissants télescopes. » (Cornu, *loc. cit.*)

APPENDICE

HISTORIQUE SUCCINCT DES PRINCIPALES DÉCOUVERTES ASTRONOMIQUES

Période préhistorique. — Il est très vraisemblable que l'aspect du ciel, ses mouvements, les phénomènes qui s'y accomplissent, ont éveillé la curiosité des hommes dès les premiers âges, chez tous les peuples, et que la connaissance des faits dont la constatation n'exige ni instruments spéciaux, ni enregistrement, remonte à l'origine même des civilisations. Aujourd'hui encore les peuplades primitives, chez lesquelles n'ont pu pénétrer les moindres rudiments des connaissances astronomiques des peuples civilisés, connaissent les variations annuelles des ombres des gnomons, les oscillations des points de lever et de coucher du Soleil à l'horizon, l'invariabilité des figures des constellations, les changements des positions qu'occupent ces figures sur l'horizon dans les nuits successives, et la coïncidence des apparitions des mêmes constellations au coucher du Soleil avec les retours des saisons.

Aussi loin que l'on puisse remonter dans l'antiquité avec les documents qui ont été conservés, on constate l'existence de notions sur la *zone zodiacale* formée par l'ensemble des constellations qui se lèvent et se couchent aux mêmes points que le Soleil aux différentes saisons, et sur sa division en *signes*, et la connaissance des planètes *Mercure*, *Vénus*, *Mars*, *Jupiter* et *Saturne* parcourant les constellations de cette zone. Les époques de l'année sont distinguées par l'indication des constellations qui se lèvent au coucher du Soleil. A ces notions se joignent quelques idées vagues relatives à la sphéricité du ciel et à sa rotation diurne.

Toutes ces connaissances doivent être regardées comme préhistoriques.

L'astronomie ne peut être considérée comme science qu'à partir de l'époque où l'on a commencé à observer méthodiquement et à enregistrer les phénomènes célestes.

Les Chaldéens. — Les observations les plus anciennes que nous possédions sont celles des Chaldéens. Les prêtres de cette nation, favorisés par la pureté du climat et stimulés par l'espoir de lire dans le ciel les événements futurs, observaient du haut de la tour du temple de Bélus les levers et les couchers des astres, les phases de la Lune et les éclipses. Ils enregistraient, dit-on, ces phénomènes sur des briques. D'après certains auteurs, leurs observations auraient commencé 1900 ans avant notre ère ; cette assertion est très douteuse, mais il est du moins certain qu'elles remontent à plus de 700 ans avant J.-C., car Ptolémée emploie dans ses calculs une éclipse observée par les Chaldéens l'an 26 de Nabonassar (720 av. J.-C.).

Grâce à l'enregistrement des éclipses, ils purent découvrir la période de 18 ans et 11 jours (Saros) qui ramène ces phénomènes dans le même ordre.

D'après l'astronome arabe Albategnius, ils attribuèrent à l'année la durée assez exacte de $365^j 6^h 11^m$ ou $365^j,257$.

C'est à ces notions que paraissent s'être bornées les connaissances des Chaldéens. Il ne semble pas qu'ils aient fait usage d'instruments.

Les Grecs avant l'École d'Alexandrie. — Les renseignements que l'on possède sur les connaissances astronomiques des anciens Grecs sont très confus. *Thalès* le Milésien (600 av. J.-C.) rapporta en Ionie des notions qu'il avait acquises chez les prêtres égyptiens. D'après Hérodote, il aurait prédit la fameuse éclipse de Soleil qui fit cesser la guerre entre les Mèdes et les Lydiens ; mais il n'est pas admissible que les Grecs fussent déjà, à cette époque, en possession des données nécessaires à la prédiction de ces phénomènes ; l'annonce de Thalès doit avoir été déduite de la période de 18 ans et 11 jours des Chaldéens (page 301).

Anaximène et Anaximandre introduisirent en Grèce l'usage des gnomons et des cartes géographiques.

Méton qui découvrit le cycle de 19 ans (page 286) vivait à Athènes 432 ans avant J.-C.

La valeur de l'obliquité de l'écliptique (24°) est mentionnée pour la première fois dans un fragment d'Eudemus, disciple d'Aristote.

L'École d'Alexandrie. — C'est à partir de l'École d'Alexandrie que les notions se précisent et que commencent les observations méthodiques.

Euclide (320 av. J.-C. environ) a laissé un traité des *Phénomènes* où se trouvent exposées pour la première fois avec précision les indications relatives aux différents cercles de la sphère céleste : pôle, zénith, équateur, horizon, tropiques.

Aristille et Timocharis recueillirent des observations qu'utilisa plus tard Hipparque.

Erastosthènes (276 av. J.-C.) inventa les premières *armilles* pour mesurer les coordonnées équatoriales. Il mesura le degré de méridien entre Alexandrie et Syène et détermina l'obliquité de l'écliptique (23°51').

Pour les planètes, il est impossible de préciser l'époque à laquelle remonte l'explication de leurs mouvements irréguliers sur la zone zodiacale par des épicycles. *Platon* (430 à 348 av. J.-C.) avait proposé aux mathématiciens d'expliquer ces mouvements par des combinaisons de mouvements circulaires uniformes. C'est, croit-on, *Apollonius de Perge* (né en

240 av. J.-C.) qui, le premier, eut l'idée de faire mouvoir ces astres sur des *épicycles* dont les centres étaient entraînés eux-mêmes sur des cercles appelés *déférents*, ayant la Terre pour centre.

La figure ci-dessous, où toutes les orbites sont supposées rabattues sur le plan de l'écliptique, représente les mouvements que les anciens attribuaient à la Lune, aux planètes Mercure

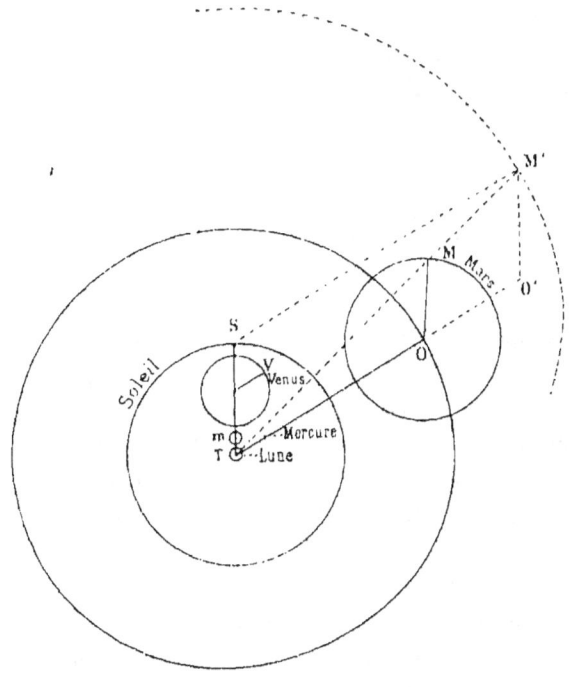

Fig. 170.

et Vénus et aux planètes extérieures telles que Mars. La Lune et le Soleil décrivent leurs orbites autour de la Terre immobile en T; les centres des épicycles de Mercure et Vénus restent situés sur le rayon vecteur TS du Soleil. Les déférents de Mars et des autres planètes extérieures sont extérieurs à l'orbite du Soleil; la planète se trouve toujours sur son épicycle dans une direction parallèle au rayon vecteur du Soleil.

Si l'on imagine un système de sphères transparentes ayant T pour centre commun, et les déférents du Soleil et des planètes pour grands cercles, puis une sphère extérieure sur laquelle seraient les étoiles (sphère des fixes), et enfin toutes ces sphères portées par un même essieu et entraînées en un mouvement diurne, on aura l'ensemble de l'univers tel que les anciens le croyaient constitué.

Ce système rend bien compte de toutes les apparences qu'offriraient les planètes sur des orbites circulaires. Les anciens n'ayant en effet aucune notion des distances réelles ne pouvaient évaluer que leurs rapports. Or, si, sans changer les rapports des rayons des déférents et des épicycles des planètes intérieures, on transporte les centres de ces derniers cercles au centre du Soleil, on n'apporte aucun changement à l'aspect du système et l'on obtient précisément les orbites réelles de Mercure et Vénus entraînées par le Soleil dans son mouvement apparent.

Transportons de même en O' le centre O de l'épicycle de Mars, assez loin pour que le rayon de l'épicycle O'M' devienne égal à celui de l'orbite solaire ; alors la figure SM'O'T deviendra un parallélogramme ; SM' sera égal à TO' et constant ; par suite la planète paraîtra décrire une orbite de rayon SM' entraînée par le Soleil dans son mouvement apparent. On voit que le système des anciens ainsi transformé devient précisément celui que nous avons décrit (page 274). L'explication adoptée par eux satisfaisait donc complètement aux apparences qui auraient résulté de mouvements circulaires uniformes des planètes et de la Terre autour du Soleil.

Ainsi que le fait remarquer M. Faye (*Cours d'astronomie*, ch. IX), les anciens, adoptant *a priori* l'hypothèse de l'immobilité de la Terre, et obligés par l'idée des sphères à recourir à des mouvements dans lesquels chaque planète ne fut pas astreinte à pénétrer dans la sphère voisine, ont profité de l'indétermination que laissaient les observations aux grandeurs absolues des déférents et des épicycles pour arriver à concilier ces conditions.

Le véritable fondateur de l'astronomie est **Hipparque** le *Bithynien* (nommé le *Rhodien* par Pline). Hipparque observa à l'île de *Rhodes* et, dit-on, à *Alexandrie*; on estime qu'il s'est fixé à Rhodes vers 160 avant J.-C. Ptolémée emploie une éclipse observée par lui en ce lieu vers l'an —140.

Hipparque créa à la fois les instruments et les méthodes de l'astronomie: il inventa l'*astrolabe* à l'aide duquel il mesura les coordonnées écliptiques des astres; il dressa un catalogue de 1080 étoiles par longitudes et latitudes et découvrit la précession dont il donna une valeur approchée. Les calculs qu'il a exécutés indiquent qu'il savait résoudre les triangles rectilignes et même sphériques; il avait fait un traité des cordes qui constitue le premier ouvrage de trigonométrie dont on ait trace. On lui attribue également la projection stéréographique, dont il faisait usage sans doute pour la résolution des triangles sphériques.

Hipparque a déterminé aussi les moyens mouvements du Soleil et de la Lune, reconnu l'inégalité des mouvements en longitude (équation du centre) et montré que l'on peut en donner l'explication en faisant circuler ces astres soit sur des cercles dont le centre ne coïncide pas avec la Terre, soit sur des épicycles. Il détermina les inclinaisons des deux orbites, leurs excentricités et les positions des absides, et enseigna le moyen de calculer les éclipses. Il calcula, d'après les éclipses observées, la valeur de la parallaxe de la Lune et en conclut que, le rayon de la Terre étant pris pour unité, la plus petite distance est 62, la plus grande 72, résultat extraordinaire pour l'époque. Enfin, il laissa pour ses successeurs des observations sur les planètes qui permirent à Ptolémée de déterminer leurs inégalités et de les expliquer.

Si l'on considère qu'au moment où Hipparque est survenu, il n'existait comme documents que les éclipses enregistrées par ses prédécesseurs et quelques vagues descriptions du ciel, sans mesure précise; si, d'un autre côté, on envisage l'état dans lequel il a laissé la science, on doit reconnaître qu'il fut une des intelligences les plus puissantes qui aient jamais existé. L'accumulation patiente d'un grand nombre d'observations d'une précision étonnante témoigne en outre de sa puissance de travail et de la conscience qu'il apportait à ses travaux. Il a dépassé d'une telle hauteur les hommes de son époque à tous les points de vue que, pendant environ trois siècles, on ne trouve que des commentaires insignifiants de ses ouvrages.

Après lui vint **Ptolémée** (25 ap. J.-C.) dont les travaux, quoique inférieurs à ceux du père de l'astronomie, constituent cependant une des plus importantes étapes de la science. Après lui l'astronomie est restée à peu près stationnaire pendant environ 13 siècles.

Ptolémée a laissé différents ouvrages dont le plus important est la *Syntaxe*. C'est par ce traité que l'on a pu discerner le rôle d'Hipparque dans la science, car les ouvrages de l'astronome de Rhodes ont été perdus pour la plupart. Ptolémée expliqua le mouvement de précession des étoiles, qu'Hipparque avait découvert, par une rotation lente de la sphère céleste autour du pôle de l'écliptique; il découvrit l'inégalité du mouvement de la Lune appelée l'évection.

Pour les planètes connues des anciens, il donna les rapports des rayons des épicycles à ceux des déférents, ce qui équivaut aux valeurs des rapports des demi-grands axes des orbites à celui de la Terre. Il expliqua les premières inégalités des planètes (équations du centre) par des excentricités et d'autres épicycles; il détermina les absides des orbites et leurs inclinaisons. Enfin, la trigonométrie créée par Hipparque, perfectionnée par Menelaüs, le fut encore par Ptolémée.

Les Arabes et les Tartares. — Après Ptolémée, les documents relatifs à l'histoire de l'astronomie sont très rares et très confus pour une période de plusieurs siècles. Les premiers astronomes qui méritent d'être cités sont les Arabes et les Tartares. Aucune idée nouvelle ne surgit et ne surgira d'ailleurs jusqu'à Copernic. Les Arabes ont adopté et transmis à leurs successeurs, sans y apporter aucun changement, les idées de Ptolémée[1] sur la constitution de l'univers ; mais ils s'appliquent avec activité aux observations, perfectionnent et agrandissent les instruments, et s'occupent spécialement de la rectification des éléments déterminés par Ptolémée et de ses tables.

Les principaux astronomes arabes sont *Albategnius* vers 880, *Ebn-Jounis* et *Aboul-Wefa* vers l'an 1000 ; on leur doit quelques perfectionnements à la trigonométrie, notamment la substitution des sinus aux cordes (Albategnius) et l'introduction des tangentes (Aboul-Wefa).

Après eux encore, le prince tartare *Ulugh-Beigh*, fils de Tamerlan, fournit le premier catalogue d'étoiles après Hipparque (1437).

L'Europe avant Copernic. — Le plus ancien ouvrage d'astronomie de l'Europe est le *Traité de la sphère* du moine anglais *Sacrobosco* (Jean Halifax, vers 1220), simple abrégé composé d'extraits de Ptolémée et des astronomes arabes. Mais, bientôt après, *Alphonse*, plus tard roi de Castille (né en 1226, mort en 1284), donna une impulsion très vive à la science. Il appela à Tolède les astronomes et mathématiciens de ses États, chrétiens, juifs, maures, et publia en 1252 les *Tables Alphonsines*, le jour même de son avènement au trône. C'est au roi Alphonse que l'on attribue ces mots : *Si Dieu m'avait consulté au moment de la création, je lui aurais donné de bons avis.*

Après Alphonse on ne trouve que quelques commentateurs et quelques observateurs remarquables comme l'Autrichien *Purbach* (1423), son disciple *Regiomontanus* (Jean Müller, né en 1436 à Kœnigsberg ou *Regius mons*, mort en 1476) ; ce dernier est l'auteur des premières éphémérides méritant une réelle attention (publiées à Nuremberg en 1474).

L'Astronomie moderne. — La troisième grande étape de

---

1. C'est d'eux que vient le nom d'*Almageste*, donné aujourd'hui à la *Syntaxe* de Ptolémée (μεγίστη Σύνταξις, la très grande composition).

la science astronomique commence à **Copernic**, que l'on peut appeler le fondateur de l'astronomie moderne. Copernic (son vrai nom était, dit-on, Zepernick), fils d'un paysan serf, naquit en 1472, à Thorn, en Pologne; il mourut en 1543. Il plaça le Soleil au centre du monde, supprima les épicycles d'Apollonius, mais conserva les épicycles et les excentricités par lesquels Ptolémée avait expliqué les premières inégalités (équations du centre). Il montra que la précession des étoiles résultait d'un balancement de l'axe de la Terre.

Le système de Copernic eut les plus grandes difficultés à se répandre, autant par la tendance tenace des hommes à considérer leur globe comme le centre du monde que par suite de l'idée commune à cette époque que ses théories étaient contraires aux Saintes-Écritures.

Après lui vint **Tycho-Brahé**, le plus grand observateur, le plus consciencieux et le plus laborieux qui ait existé après Hipparque. Tycho appartenait à l'une des plus anciennes familles du Danemark; il naquit en 1546 dans la terre de Knudstorp, en Scanie. Une querelle qu'il eut avec un Danois à Rostock ne fut pas étrangère, dit-on, au parti qu'il prit de s'ensevelir dans la retraite et de s'y consacrer à l'étude du ciel (il eut le nez coupé dans le duel qui suivit cette querelle). Il obtint du roi Frédéric II l'île de Huen (détroit du Sund) avec une pension et un fief en Norwège. Diverses autres libéralités lui permirent, sa fortune personnelle aidant, de construire le château d'Uranibourg où il resta enfermé 25 ans. Après la mort de son protecteur, les persécutions d'un ministre le forcèrent à chercher un asile en Bohême; il y porta ses instruments et y mourut en 1601.

Tycho revint en partie au système de Ptolémée, mais rectifié par la transposition au Soleil des centres de toutes les orbites des planètes; il obtint ainsi le système que nous avons décrit (page 375, *fig. 129*). Il fit une première table des réfractions d'après l'observation, dressa des catalogues d'étoiles supérieurs en précision à ceux d'Hipparque et d'Ulugh-Beigh et découvrit par ses observations la deuxième inégalité de la Lune (la variation). Par l'importance de ses travaux qui ont servi de base aux découvertes de Képler, il mérite d'être cité auprès d'Hipparque, Ptolémée, Copernic.

Bientôt après, **Képler** (né en 1571 à Magstatt, mort à Ratisbonne en 1630), à l'aide des observations de Tycho-Brahé, rectifia la valeur de l'excentricité de l'orbite apparente du Soleil. Cette excentricité étant très faible, l'hypothèse du mouvement uniforme sur un cercle excentrique satisfait convenablement aux observations. Alors, adoptant le système de Copernic, et connaissant désormais le mouvement de la Terre, il détermina comme nous l'avons montré (page 325) la forme de l'orbite de la planète Mars et découvrit les lois auxquelles on a donné son nom ; il avait choisi cette planète à cause de la grande excentricité de l'orbite. On doit aussi à Képler la découverte de l'équation annuelle de la Lune ; il soupçonna l'attraction du Soleil, mais sans arriver à en formuler la loi.

A partir de cette époque, les ressources de l'observateur et du calculateur se perfectionnent et l'astronomie progresse avec une extrême rapidité.

Viète (1540 à 1603) avait perfectionné la trigonométrie des Arabes, donné les formules de résolution des triangles et de construction des tables et *Neper* inventé les logarithmes. *Neper* publie ses tables de logarithmes des sinus de minute en minute ; *Ursinus* bientôt après en publie de 10" en 10" ; enfin *Briggs* donne les tables de logarithmes vulgaires des nombres en 1618.

Vernier (1634) invente l'instrument auquel on a donné son nom, et qui accroît la précision des mesures des angles ; on donne quelquefois, bien à tort, au vernier le nom de *Nonius* ; l'invention de Nonius était basée sur un principe tout différent, et d'ailleurs peu pratique.

En même temps encore surgissent les *lunettes* ; l'invention de ces précieux instruments est attribuée à *Jacques Metius* d'Alcmaër (Hollande) ; mais elle est due en réalité au hasard, un artiste de Middelbourg en avait fabriqué avant lui.

Galilée, noble florentin (1564-1642), contemporain de Képler, professeur de mathématiques à Venise pendant 18 ans, appelé à Pise par Côme II, apprit cette invention ; il appliqua les mathématiques au problème et obtint une lunette grossissant 30 fois, avec laquelle il aperçut les phases de Vénus qui confirment le mouvement de cette planète autour du Soleil. Il vit des taches sur le Soleil et constata sa rotation. Galilée adopta et professa les idées de Copernic, victorieusement démontrées par ses découvertes, et subit des persécutions pour « avoir tenu comme vraie la doctrine que le Soleil est immobile au centre du monde et que la Terre a un mouvement diurne ».

C'est Galilée encore qui aperçut le premier les satellites de Jupiter et l'anneau de Saturne dont Huygens plus tard expliqua les apparences.

L'astronome *Morin* (1634) constate que l'on peut apercevoir les étoiles en plein jour avec les lunettes, mais cette idée reste stérile avec lui. *Gascogne* (1640), puis *Auzout*, imaginent le réticule à fils mobiles pour les mesures micrométriques.

Huygens (1629-1695) applique le pendule aux horloges, invente le spiral qui permet d'obtenir les horloges portatives, devenues si précieuses pour la détermination des longitudes. Il perfectionne la théorie des lunettes. On doit aussi à Huygens une théorie des forces centrales (1672) et une théorie de la figure de la Terre.

Jean Picard, prêtre, prieur de Reuillé en Anjou (né à La Flèche en 1620, mort en 1682), professeur d'astronomie au Collège de France, effectue la première mesure précise de la Terre (1640), celle dont Newton devait bientôt faire usage pour vérifier l'exactitude de son hypothèse sur la gravitation. Il invente le réticule fixe et applique les lunettes à la mesure des angles (1667). Il invente le cercle mural ; c'est à lui qu'est due l'idée de ramener les observations à la détermination des passages et des hauteurs méridiennes.

Riché avait constaté en 1672, à Cayenne, l'accourcissement de la longueur du pendule qui bat la seconde à l'équateur.

APPENDICE.

C'est à cette époque si active et si féconde que survient l'immortel auteur de la découverte de la gravitation.

Newton (né en 1642, mort en 1727) invente la *méthode des fluxions* dont la découverte avait été amenée à maturité par les travaux des mathématiciens; il l'applique à l'étude des mouvements des planètes et démontre le principe de la gravitation universelle. Poussant ensuite l'analyse de ce principe jusque dans ses conséquences, il donne l'explication de la précession, une théorie des inégalités de la Lune et des marées, et émet l'idée du mouvement parabolique des comètes.

Le livre des *Principes* dans lequel sont exposées ces découvertes mémorables parut pour la première fois en 1687. La mesure du degré d'Amiens, par Picard, a joué un grand rôle dans la découverte de Newton. Croyant tout d'abord que le mille anglais de 1760 yards = 1609 mètres valait une minute du méridien, Newton avait obtenu pour l'évaluation de la pesanteur (page 411) une valeur trop faible d'environ 1/6; il rejeta alors une hypothèse que condamnait son calcul. Ce n'est que 16 ans après que, ayant entendu parler de la mesure de Picard, il reprit son calcul et constata l'exactitude de ses conjectures.

Parmi les contemporains de Newton, on compte encore l'astronome anglais *Flamsteed* (1646-1719) qui a laissé des cartes et des catalogues d'étoiles. Sur les cartes de Flamsteed on a trouvé la planète Uranus, découverte plus tard par Herschel.

L'astronome anglais *Halley* (1656-1742) fut envoyé à Sainte-Hélène (1676) pour y dresser un catalogue des étoiles australes. On lui doit la méthode des passages de Vénus pour déterminer la parallaxe du Soleil et la découverte de la périodicité des comètes; il annonça pour 1758 le retour de la comète de 1682. Il reconnut l'accélération du moyen mouvement de la Lune qui a été expliquée plus tard par Laplace. C'est encore Halley qui, le premier, a proposé l'application de la méthode des distances lunaires à la détermination des longitudes.

Cassini (Dominique) est aussi contemporain de Newton (né à Perinaldo en 1625, mort en 1712). D'abord professeur d'astronomie à Bologne, il commença à observer pour corriger les tables. Louis XIV l'admit au nombre des membres de l'Académie des sciences. Appelé à Paris en 1669, il fut consulté pour l'installation de l'Observatoire, puis choisi pour le diriger. On lui doit les déterminations des rotations du Soleil, de Mars et de Jupiter, et la découverte de quatre satellites de Saturne. Il s'occupa d'une manière particulière des mouvements des satellites et en publia des tables. Il découvrit la lumière *zodiacale* et donna le premier une théorie assez satisfaisante de la réfraction.

L'astronome danois *Rœmer* (1644-1710), amené en France par Picard en 1671, y resta 10 ans; c'est pendant cette période (1675) qu'il fit la découverte de la propagation successive de la lumière. Cassini, en dressant ses tables des satellites de Jupiter, avait constaté une inégalité dont il ne pouvait trouver l'explication. Rœmer remarqua qu'elle produisait une avance dans les éclipses quand Jupiter était voisin de l'opposition et que cette avance se changeait en retard quand la Terre était à une distance supérieure à la distance moyenne (page 386). Il l'expliqua par la propagation successive de la lumière, malgré l'avis contraire de Cassini.

Rœmer a perfectionné avec Picard les instruments d'observation; on lui doit la première lunette méridienne.

L'astronome le plus célèbre de l'Angleterre avec Halley est *Bradley* (1692-1762) qui lui succéda à l'observatoire de Greenwich. Il expliqua par l'*aberration de la lumière* (1728), un mouvement annuel des étoiles en longitude de 40", dont Picard avait constaté l'existence sans pouvoir en discerner les causes. La continuation de ses recherches sur les mouvements des étoiles le conduisit, après vingt ans de travaux, à la découverte de la nutation (1748). C'est à ces deux découvertes que l'astronomie moderne doit sa haute précision.

C'est vers les mêmes temps qu'est mise hors de doute la diminution de l'obliquité de l'écliptique, signalée par le chevalier *Louville* dès 1714 et vérifiée par *Lemonnier* en 1765 avec le grand gnomon de Saint-Sulpice.

Pendant cette période si féconde en grands hommes, les géomètres perfectionnent les méthodes de l'analyse mathématique et s'appliquent à la recherche de la solution théorique du problème des perturbations, que Newton avait à peine indiqué.

Euler, d'Alembert, Clairaut, Lagrange, Laplace créent la mécanique céleste.

La Caille publie en 1758 les premières tables du Soleil basées sur la théorie. *Tobie Mayer* (le même à qui l'on doit le principe de la répétition des angles pour la précision des mesures et le cercle à réflexion, plus tard perfectionné par *Borda*) publie en 1760 les premières tables de la Lune basées sur la théorie.

L'astronomie est désormais en possession de toutes ses méthodes modernes d'observation. Grâce à l'accroissement de la puissance des instruments d'optique, *Herschel* (1738-1822) découvre la planète Uranus et dresse un catalogue de 2500 nébuleuses. Le système solaire s'enrichit des planètes télescopiques situées entre Mars et Jupiter, dont la première fut découverte par Piazzi le 1er janvier 1801 et dont le nombre dépasse aujourd'hui 300.

En même temps que les observations augmentent de précision, les méthodes analytiques de la théorie des perturbations planétaires se perfectionnent.

Leverrier entreprend en 1839 la révision complète des tables du Soleil et des planètes. Commençant par la théorie de la Terre, il complète les travaux de Laplace par l'addition des termes très petits que celui-ci avait négligés, et, comparant les formules avec de nombreux résultats de l'observation, il rectifie par une discussion approfondie les valeurs des différentes constantes. Il passe ensuite aux planètes pour lesquelles il fait le même travail et constate que, malgré ses efforts, il est impossible de représenter par le calcul toutes les perturbations de la planète Uranus. Il se range alors à l'avis, partagé à cette époque par divers astronomes, qu'il existait au delà d'Uranus une planète ayant une masse assez considérable produisant les inégalités que ne pouvait expliquer l'action des astres connus. Il osa alors entreprendre, sur le conseil d'Arago, la recherche de la position de la planète troublante d'après les inégalités qu'elle produisait. Il réussit dans son entreprise et, le 31 août 1846, fixa définitivement la position de l'astre inconnu. Le 18 septembre il écrivit à M. Galle, astronome de Berlin, pour lui signaler la position de l'astre cherché. M. Galle l'aperçut le jour même de la réception de la lettre, sensiblement à la place que lui avaient assignée les calculs. Le même problème a été résolu en même temps par l'astronome anglais *Adams*. Le nouvel astre reçut le nom de *Neptune*.

Indépendamment de la gloire dont cette découverte a illustré les noms de Leverrier et d'Adams, elle restera inscrite dans l'histoire de la science comme une des plus belles conquêtes de l'intelligence humaine ; elle constitue la plus haute consécration que pût recevoir le principe de la gravitation universelle.

De toutes les découvertes dont l'astronomie s'est enrichie dans les temps modernes, la plus surprenante et celle qui réserve encore les résultats les plus féconds, est la découverte de *l'analyse spectrale*. *Wollaston* et après lui *Fraunhofer* ont remarqué que si l'on examine avec attention le spectre produit par la lumière du Soleil filtrant par une fente étroite, on aperçoit des raies sombres très fines et très serrées accumulées par régions et parsemées en très grand nombre dans toute l'étendue du spectre.

Sur les indications de Babinet, on construisit pour l'examen du spectre des instruments appelés *spectroscopes* dans lesquels la lumière à examiner pénètre par une fente étroite placée au foyer principal d'une lentille. Les rayons émis par la fente sortent de la lentille en faisceaux parallèles et viennent frapper un prisme divergent qui disperse la lumière. Chacune des couleurs est ainsi transmise en un faisceau parallèle que l'on reçoit dans une seconde lunette, au foyer de laquelle vient se placer l'image de la fente produite par les rayons de la couleur que l'on veut observer.

En examinant avec cet instrument la lumière émanant d'un corps solide incandescent, tel qu'une lame de fer rougie ou un charbon ardent, à une température suffisamment élevée pour obtenir le spectre complet, on n'aperçoit aucune trace de raies sombres ou brillantes. Au contraire, les spectres des vapeurs métalliques et des gaz incandescents donnent des raies brillantes dont la position dans le spectre est caractéristique de la nature du corps. La nature d'un corps incandescent est ainsi révélée par l'examen du spectre qu'il donne. Cette découverte est due à MM. *Kirchhoff et Bunsen* (1860) ; elle leur révéla deux nouveaux métaux, le *rubidium* et le *Césium* ; M. *Crookes* découvrit le *thallium*, Rechter l'*indium*, M. Lecoq de Boisbaudran le *gallium*.

Le spectroscope révèle également la nature des corps que traversent les rayons lumineux ; lorsque l'on interpose sur le trajet des rayons une substance transparente, on voit se produire des raies et des bandes sombres provenant de l'absorption des rayons lumineux de cette substance.

Foucault a découvert et M. Kirchhoff a démontré expérimentalement qu'une vapeur métallique est précisément opaque pour les rayons qu'elle est capable d'émettre ; de sorte que son interposition produit des bandes et des raies sombres là où se produisent des bandes et des raies brillantes lorsqu'elle est incandescente.

La spectroscopie qui a déjà fourni des renseignements précieux, non seulement sur la constitution du Soleil, mais encore sur celle de tous les astres que nous apercevons, promet de devenir plus féconde encore, car elle va permettre de *mesurer* les vitesses des étoiles dans le sens du rayon visuel. (Voir page 534.)

PRINCIPAUX ÉLÉMENTS DU SYSTÈME SOLAIRE[1]

Planètes.

TABLEAU I.

NOMS des PLANÈTES.	RAYONS.	MASSES.	GLOBES. DENSITÉS. Eau = 1.	PESANTEUR à l'équateur.	ROTATION en temps moyen.	INCLINAISON de l'équateur sur l'orbite.	APPLATISSEMENTS.	RÉVOLUTION sidérale en années juliennes de 365,25.	ORBITES. 1/2 GRANDS AXES.	EXCENTRICITÉS.	INCLINAISONS.
Mercure..	0,373	0,061	6,45	0,439	88j. h 6m »	90°	»	87j,67	0,3870	0,2056	7° 0′,1
Vénus...	0,969	0,787	4,44	0,802	225 ? » »	75	»	224,70	0,7233	0,0068	3 23,6
La Terre..	1,000	1,000	5,50	1,000	23 56	23	$\frac{1}{302}$	1° 0,51	1,0000	0,0168	0 0,0
Mars....	0,528	0,105	3,01	0,376	24 37	29	$\frac{1}{174}$	1 321,73	1,5237	0,0933	1 51,0
Jupiter..	11,061	309,815	1,33	2,251	9 56	3	$\frac{1}{17}$	11 314,88	5,2028	0,0483	1 18,7
Saturne .	9,299	91,919	0,70	0,892	10 14	28	$\frac{1}{9}$	29 166,97	9,5389	0,0561	2 29,7
Uranus..	4,234	13,518	1,07	0,754	»	»	$\frac{1}{11}$	84 7,39	19,1832	0,0463	0 46,3
Neptune.	3,798	16,469	1,65	1,142	25j 4 29	»	»	164 280,1	30,0551	0,0090	1 47,0
Soleil...	108,558	324,439	1,39	27,625	27 7 43	7	Insensible	»	»	»	»
Lune...	0,273	0,013	3,38	0,174	»	1 37	Id.	»	»	»	»

[1]. Extraits de l'Annuaire du Bureau des longitudes.

Orbites des satellites.

TABLEAU II.

PLANÈTES.	SATELLITES.	INCLINAISONS sur L'ÉCLIPTIQUE.	DEMI-GRANDS AXES en rayons de la planète.	RÉVOLUTIONS SIDÉRALES en jours et heures, etc.
Terre.......	Lune	7°09'	60,27	27^j. 7^h 43^m
Mars.......	1	26 17	2,771	0 7 39
	2	25 47	6,921	1 6 18
Jupiter.....	1	2 8	5,93	1 18 28
	2	1 39	9,44	3 13 14
	3	2 00	15,06	7 3 43
	4	1 57	26,49	16 16 32
Saturne.....	1	»	3,11	0 22 37
	2	27 16	3,98	1 8 53
	3	27 24	4,95	1 21 18
	4	28 1	6,34	2 17 41
	5	27 54	8,86	4 12 25
	6	27 39	20,48	15 22 41
	7	27 4	25,07	21 6 39
	8	18 31	59,58	79 7 54
	anneau	28 10	2,23	0 10 32
Uranus.....	1	97 58	7,72	2 12 29
	2	98 21	10,76	4 3 28
	3	97 47	17,65	8 16 56
	4	97 54	23,60	13 11 7
Neptune.....	1	145	14,54	5 21 3

PRINCIPAUX ÉLÉMENTS DU SYSTÈME SOLAIRE. 561

Comètes périodiques dont le retour a été observé.   TABLEAU III.

NOMS DES COMÈTES.	RÉVOLUTIONS SIDÉRALES (années).	PASSAGE AU PÉRIHÉLIE.	DISTANCES		EXCENTRICITÉS.	INCLINAISONS.
			PÉRIHÉLIE.	APHÉLIE.		
Encke	3,30	17 octobre 1891	0,340	4,095	0,846	12°55'
Tempel	5,21	2 février 1889	1,387	4,663	0,552	12 45
Tempel-Swift	5,53	14 novembre 1891	1,087	5,171	0,653	5 23
Brorsen	5,46	24 février 1890	0,588	5,610	0,810	29 24
Winnecke	5,82	30 juin 1892	0,886	5,583	0,726	14 32
Tempel	6,51	25 septembre 1885	2,073	4,897	0,405	10 50
Biela { Noyau 1	6,59	23 septembre 1852	0,860	6,167	0,755	12 33
Biela { Noyau 2	6,63	22 septembre 1852	0,861	6,197	0,755	12 34
D'Arrest	6,69	17 septembre 1890	1,324	5,778	0,627	15 42
Wolf	6,82	3 septembre 1891	1,59	5,604	0,557	25 15
Faye	7,57	22 janvier 1881	1,738	5,970	0,549	11 20
Tuttle	13,76	11 septembre 1885	1,025	10,460	0,822	55 14
Pons-Brooks	71,48	25 janvier 1884	0,775	33,671	0,955	74 3
Olbers	72,63	8 octobre 1887	1,200	33,616	0,931	44 34
Halley	76,37	15 novembre 1835	0,589	35,411	0,967	162 15

COURS D'ASTRONOMIE.   36

Points radiants des principaux essaims d'étoiles filantes.   TABLEAU IV.

ÉPOQUES.	POINT RADIANT.		ÉTOILE VOISINE.	OBSERVATIONS. (Les comètes indiquées sont celles auxquelles paraissent se rattacher les essaims.)
	Æ.	D.		
19-30 avril	271°	+ 33°	104 Hercule.	Flux considérable qui a provoqué parfois de nombreuses chutes de météores. — Comète I de 1861.
26-29 juillet	342	− 34	δ Poisson austral.	Observable dans l'hémisphère sud.
9-11 août	44	+ 56	η Persée.	Perséides. — Comète III de 1862.
9-14 août	»	»	»	Courant de Saint-Laurent; nombreux points radiants.
13-14 novembre	149	+ 23	ς Lion.	Léonides. — Comète I de 1866.
27 novembre	25	+ 43	γ Andromède.	Comète de Biela.
6-13 décembre	149	+ 41	»	Ces essaims ne sont pas actuellement très riches, mais il y a eu à cette époque, plusieurs fois, des chutes considérables d'étoiles filantes.

TABLE DES MATIÈRES

LIVRE PREMIER

LA TERRE ET LA SPHÈRE CÉLESTE

CHAPITRE PREMIER

PREMIER SYSTÈME DE COORDONNÉES LOCALES, SPHÉRICITÉ DE LA TERRE, ATMOSPHÈRE ET RÉFRACTIONS

	Pages
§ 1er. — Premier système de coordonnées locales, théodolite	1
§ 2. — Premier aperçu de la sphéricité de la Terre	11
§ 3. — Atmosphère ; notions sur ses réfractions	14
§ 4. — Tables donnant les corrections des effets de la réfraction	27

CHAPITRE II

SPHÈRE CÉLESTE ; CLASSIFICATION DES ASTRES. — MOUVEMENT DIURNE. ROTATION DE LA TERRE ; IMMOBILITÉ DES ÉTOILES

§ 1er. — Étude de la sphère céleste	36
§ 2. — Mouvement diurne ; phénomènes diurnes. — Orientation de la méridienne. — Mesure de la latitude	43
§ 3. — Rotation de la Terre ; immobilité des étoiles	59
§ 4. — Importance des propriétés de la sphère céleste pour les observations astronomiques	64

CHAPITRE III

COORDONNÉES URANOGRAPHIQUES, GÉOGRAPHIQUES ET LOCALES. — ASPECT GÉNÉRAL DU MOUVEMENT DIURNE. — CONVERSION DES COORDONNÉES. — CALCUL D'ANGLE HORAIRE.

Pages.

§ 1ᵉʳ — Coordonnées uranographiques. Coordonnées géographiques. Coordonnées locales 69

§ 2. — Aspect général du mouvement diurne dans les différents lieux 76

§ 3. — Sphère universelle. Conversion des angles horaires simultanés 81

§ 4. — Formules de conversion des coordonnées. — Calcul d'angle horaire 89

CHAPITRE IV

COORDONNÉES APPARENTES DES ASTRES VOISINS DE LA TERRE. PARALLAXES ; DEMI-DIAMÈTRES

§ 1ᵉʳ — Des astres voisins de la Terre 95
§ 2 — Formules des parallaxes et des demi-diamètres 102

CHAPITRE V

DESCRIPTION SUCCINCTE DES PRINCIPAUX INSTRUMENTS ASTRONOMIQUES 106

CHAPITRE VI

FORME ET GRANDEUR DE LA TERRE. — CARTES GÉOGRAPHIQUES ; CARTES CÉLESTES ; CATALOGUES D'ÉTOILES

§ 1ᵉʳ — Forme et grandeur de la Terre 118
§ 2. — Formules donnant le rayon de la Terre, l'angle à la verticale et la parallaxe correspondant à une latitude donnée 129

§ 3. — Cartes géographiques ; cartes célestes ; catalogues d'étoiles 134

LIVRE II

LE SOLEIL ET LA LUNE

CHAPITRE VII

MOUVEMENT DU SOLEIL SUR LA SPHÈRE CÉLESTE ;
SAISONS ET CLIMATS

§ 1er — Mouvement du Soleil sur la sphère céleste. — Origine des ascensions droites. Précession 155
§ 2. — Phénomènes dus au mouvement du Soleil ; zones terrestres, saisons et climats. 163

CHAPITRE VIII

TEMPS SOLAIRE VRAI. — CADRANS SOLAIRES

§ 1er — Horloge solaire vraie. Cadrans solaires. 177
§ 2. — Temps civil. — Calendrier solaire 185
§ 3. — Temps vrais simultanés des différents lieux 200

CHAPITRE IX

MOUVEMENT APPARENT DU SOLEIL DANS L'ESPACE. — TEMPS SOLAIRE
MOYEN. — PRÉDICTION DES ÉPHÉMÉRIDES DU SOLEIL

§ 1er — Mouvement apparent du Soleil dans l'espace. — Inégalité des jours vrais et des saisons. 208
§ 2. — Temps solaire moyen. — Conversion des intervalles . 218
§ 3. — Prédiction des éphémérides du Soleil 234
§ 4. — Explication et usage des éphémérides du Soleil . . . 239

CHAPITRE X

COMPLÉMENT A L'ÉTUDE DU MOUVEMENT DU SOLEIL. — FORMULES DÉFINITIVES DE PRÉDICTION

Pages.

§ 1er - Formules du mouvement elliptique. — Problème de Kepler 249
§ 2. - - Développement en séries du rayon vecteur et de l'anomalie vraie. 252
§ 3. - - Variations des constantes. — Formules définitives de prédiction 256

CHAPITRE XI

LOIS DES MOUVEMENTS DE LA LUNE. — PHASES

§ 1er — Observations préliminaires. — Mesure des distances zénithales et des ascensions droites. — Mesure de la distance à la Terre 265
§ 2. — Étude du mouvement de la Lune. — Prédiction des éphémérides. — Révolutions sidérales et synodiques. 271
§ 3. - - Variations périodiques de la déclinaison maxima de la Lune; explication des phases; leur prédiction. — Calendriers lunaire et lunisolaire 280

CHAPITRE XII

ÉCLIPSES DE LUNE ET DE SOLEIL. — OCCULTATIONS DES ÉTOILES

§ 1er - Éclipses de Lune 290
§ 2. - Éclipses de Soleil 297
§ 3. - Prédiction approchée et tracé des éclipses. Occultations 302

LIVRE III

PLANÈTES, ETC. — ENSEMBLE DU SYSTÈME SOLAIRE

CHAPITRE XIII

MOUVEMENT DES PLANÈTES ET DES SATELLITES

	Pages.
§ 1er — Translation de la Terre et de la Lune autour du Soleil.	310
§ 2. — Mouvement des planètes	319
§ 3. — Mouvement des satellites	333

CHAPITRE XIV

COMÈTES. — ÉTOILES FILANTES. — AÉROLITHES

§ 1er — Mouvement des comètes.	337
§ 2. — Étoiles filantes. — Bolides, aérolithes.	342

CHAPITRE XV

MESURE DE L'UNIVERS. — PARALLAXE ANNUELLE DES ÉTOILES, PARALLAXE DU SOLEIL

§ 1er — Résumé des notions acquises sur les distances des corps célestes. — Parallaxe annuelle des étoiles	351
§ 2. — Parallaxe du Soleil.	355

CHAPITRE XVI

ENSEMBLE DU SYSTÈME SOLAIRE. — APPARENCES POUR L'OBSERVATEUR TERRESTRE

§ 1er — Caractères généraux des mouvements réels des astres du système solaire.	366
§ 2. — Mouvements apparents des planètes pour l'observateur terrestre.	371
§ 3. — Aberration de la lumière	380

LIVRE IV

NOTIONS DE MÉCANIQUE CÉLESTE

CHAPITRE XVII

GRAVITATION UNIVERSELLE

	Pages.
§ 1er — Notions préliminaires de mécanique.	389
§ 2. — Notions sur quelques propriétés des coniques	399
§ 3. — Conséquences des lois de Kepler. Réciproque de ces lois.	406
§ 4. — Gravitation universelle.	410

CHAPITRE XVIII

CONSÉQUENCES DU PRINCIPE DE LA GRAVITATION UNIVERSELLE, ETC.

§ 1er — Conséquences du principe de la gravitation universelle. — Attraction des sphéroïdes	415
§ 2. — Mouvement de deux corps isolés dans l'espace.	421

CHAPITRE XIX

DES PERTURBATIONS. — MARÉES

§ 1er — Du mouvement troublé. Variations des constantes.	431
§ 2. — Perturbations. — Étude des perturbations séculaires. — Stabilité du système solaire.	442
§ 3. — Marées. — Preuves mécaniques de la rotation de la Terre.	453

LIVRE V

MONOGRAPHIES DES ASTRES

CHAPITRE XX

DU SOLEIL

	Pages.
§ 1ᵉʳ — Propriétés physiques du Soleil, etc.	463
§ 2. — Analyse spectrale. — Constitution du Soleil	470

CHAPITRE XXI

DE LA LUNE

§ 1ᵉʳ — Rotation ; librations.	479
§ 2. — Montagnes. — Absence d'atmosphère.	483

CHAPITRE XXII

PLANÈTES. — COMÈTES

§ 1ᵉʳ — Planètes.	489
§ 2. — Comètes.	503

CHAPITRE XXIII

ÉTOILES. — NÉBULEUSES

§ 1ᵉʳ — Éclat ; colorations ; scintillation ; analyse spectrale.	511
§ 2. — Étoiles doubles. — Nébuleuses. — Voie lactée. — Photographie stellaire. — Méthode Doppler-Fizeau, etc.	523

APPENDICE

	Pages.
HISTORIQUE SUCCINCT DES PRINCIPALES DÉCOUVERTES ASTRONOMIQUES	543
Tableaux des principaux éléments du système solaire	559
Tableau I. — Planètes	559
Tableau II. — Orbites des satellites	560
Tableau III. — Comètes périodiques dont le retour a été observé	561
Tableau IV. — Points radiants des principaux essaims d'étoiles filantes	562

Nancy, impr. Berger-Levrault et Cie.

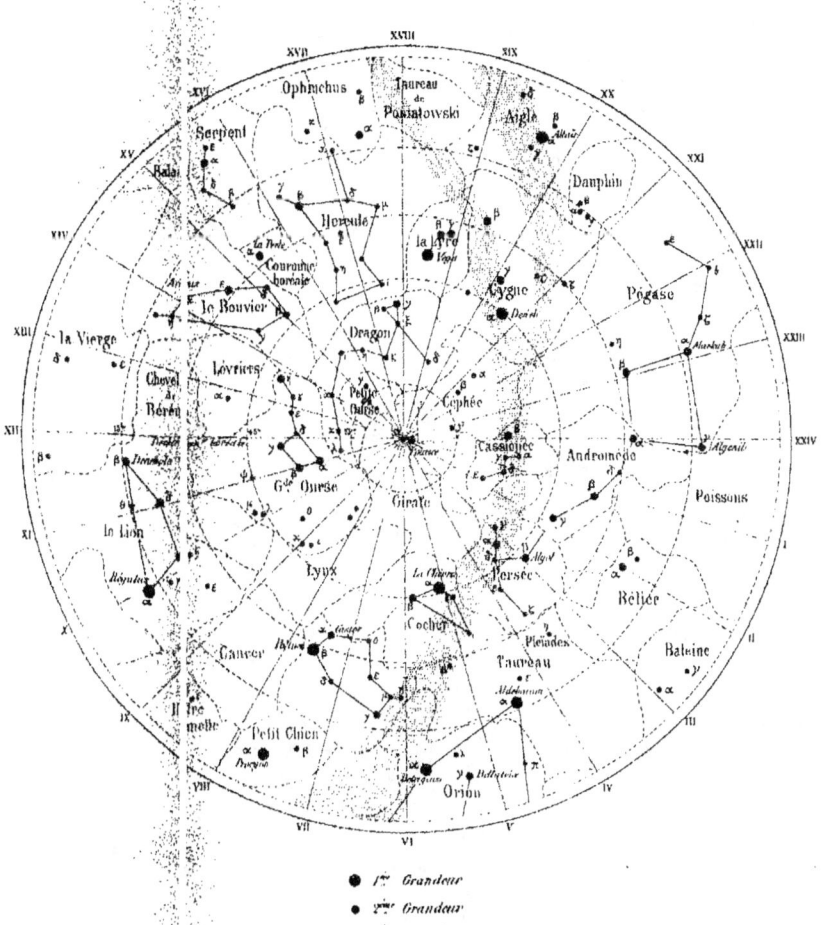

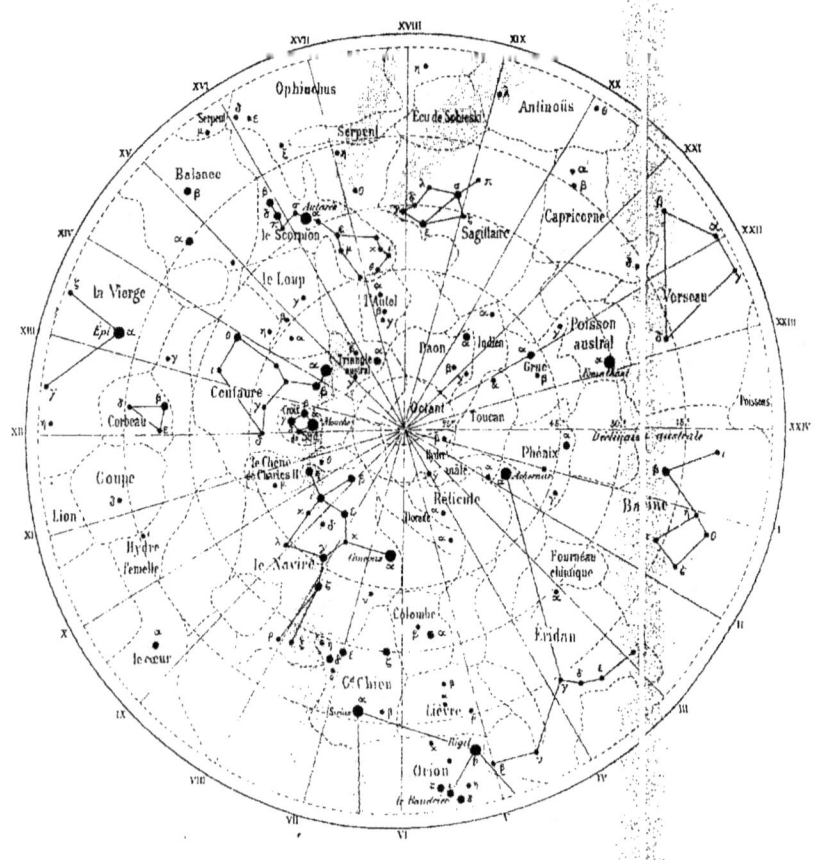